作者简介

王志成

王志成，博士，浙江理工大学特聘副研究员，硕士生导师，浙江省哲学社会科学重点培育研究基地秘书，《丝绸》杂志青年编委。主要从事中华传统造物艺术史及其创新转化研究，主持国家社科基金重点项目1项、浙江省哲学社会科学规划课题重点项目1项，参与国家级重大重点项目3项。出版学术专著3部，发表CSSCI、SSCI等权威期刊论文10余篇，研究成果入选浙江省高校哲学社会科学精品文库，获部委级优秀出版物一等奖1项，受省级领导肯定性批示1项。

崔荣荣

崔荣荣，博士，二级教授，博士生导师，浙江理工大学服装学院院长，浙江省哲学社会科学重点培育研究基地主任，中国丝绸博物馆理事会理事长，中华衣时尚艺术馆馆长，《服装学报》和《丝绸》编委会副主任，中国美术家协会服装设计专业艺术委员会委员。主要从事设计史论与时尚创新研究，主持教育部哲学社会科学研究重大课题攻关项目1项、国家社科基金重点项目2项，出版学术专著20余部，发表论文60余篇，第一署名荣获教育部高等学校科学研究优秀成果奖（人文社会科学）二等奖2项、三等奖1项，省哲社科优秀成果奖3项，中华优秀出版物奖2项。

时新衣著

民国汉族传统女装结构演变的规律及特色实证

王志成　崔荣荣　著

化学工业出版社
·北京·

浙江省哲学社会科学重点培育研究基地
浙江理工大学数智风格与创意设计研究中心成果

内容简介

本书立足设计学，通过“新物首证”“旧物新证”等大量一手实物资料的整理与研究，从衣型、袍型、裙型、裤型、领型五大类型对民国时期汉族传统女装结构演变的细节、规律与特色进行系统实证。本书以问题意识为切入，重点剖析当时中国传统女装在面对新生产生活及社交穿衣等需求，主动吸纳并充分结合新技术、新面料等要素，开展了结构改良与优化设计，在继承中华传统服饰平面式结构基因的基础上，创制和衍生出卓尔多姿的设计巧思。本书丰富并构建了我国民国时期汉族传统女装的结构知识谱系，提供了先辈们开展传统服饰结构传承与创新设计的大量优秀案例，对今后“中国风格”时尚设计、华服创新设计，特别是中国特色服装结构设计范式的构建，具有重要的史料图谱及理论研究意义。

本书对近代史、设计史、服装史的研究人员，服装与服饰设计、服装设计与工程等相关专业的高校师生，时尚产业的设计师、工艺师，以及传统服饰文化爱好者等具有重要的参考价值。

图书在版编目（CIP）数据

时新衣著 ：民国汉族传统女装结构演变的规律及特色实证 / 王志成，崔荣荣著. -- 北京 ：化学工业出版社，2024. 12. -- ISBN 978-7-122-47058-4

Ⅰ. TS941.717

中国国家版本馆 CIP 数据核字第 2024TC3707 号

责任编辑：徐　娟　　加工编辑：冯国庆　　版式设计：中图智业
责任校对：李雨晴　　封面设计：刘丽华

出版发行：化学工业出版社（北京市东城区青年湖南街 13 号　邮政编码 100011）
印　　装：盛大（天津）印刷有限公司
889mm×1194mm　1/16　印张 25　字数 594 千字　2024 年 12 月北京第 1 版第 1 次印刷

购书咨询：010-64518888　售后服务：010-64518899
网　　址：http://www.cip.com.cn
凡购买本书，如有缺损质量问题，本社销售中心负责调换。

定　　价：398.00 元

版权所有　违者必究

序

从“时新衣著”到“东方范式”

——从民国传统女装结构改良中寻找东方智慧

时新衣著，不待经营。

这是宋代程大昌创作的一首词《韵令·硕人生日》中通过描述穿着时尚，生活富足，祝福家庭和谐繁荣、幸福美满，同时也表达了对美好未来的向往和追求。中国人每逢过年、庆生等重大庆典，向来有添置新衣的习俗。时尚，是美好生活的重要表征之一，不仅要穿得暖，还要尽可能地穿得新、穿得好。小到每个人的穿衣选择，大到一个群体的审美风格，乃至一个国家的品牌构建，这里的“新”和“美”，可以归结到“风格”与“文化”。

改革开放以来，中国人的穿衣选择与时尚文化伴随国家社会与经济的快速发展，发生了天翻地覆的变化。从起初的学习模仿、参考借鉴，逐渐演变至当下的多元多姿、文化自信。不管是学界还是产业界，都在围绕“国潮”“国风”“新中式”等议题开展着大量的研究阐释和创新实践；与此同时，国际和国内的社会大众对此呈现出的兴趣度和关注点也在逐渐攀升。值得关注的是，这期间人们对于着装和时尚的需求也悄然发生了变化，过去主要依赖国际流行进行的设计与生产早已不能满足人们日益增长的对于品质、情感、艺术、文化、精神等更高层次的需求。作为中国时尚的研究者、设计者、生产者，我们需要扎根历史、立足学理、面向生活，去思考和书写时尚设计中的“东方范式”。

由崔荣荣教授指导、王志成博士完成的《时新衣著：民国汉族传统女装结构演变的规律及特色实证》便是一部优秀的新作。作者通过整理由田野调查征集以及相关博物馆珍藏的大量民国时期的传世实物，从“改良”“创新”的视角看待民国时期传统女装的设计变化，揭示出旗袍、“文明新装”等创制的细节、规律及特色，为我们提交了一份民国时期先辈们在面对当时西方时尚流行时，对本民族服饰文化及时尚传统进行坚守和创新的成功方案。在当时“西风东渐”浩浩荡荡的历史洪流下，先辈们巧借西方制衣技术，在继承了中华传统服饰平面型结构基因的基础上，完成了一部具有民族标识和“东方范式”的“时新衣著”。

本书的研究与出版，对当下“东方范式”时尚设计，特别是在款式与结构设计上具有重要的参考意义。书中一个个详实、特色的服装结构设计案例，充满东方的制衣巧思，为打造“中国特色、中国风格、中国气派”的时尚产品呈现出一个个充满智慧的“中国方案”。

以史为鉴，通过我们对中华优秀传统服饰文化遗产的应时解读和演绎创新，一定能够创造出属于当下和未来的“时新衣著”，引领创造更加幸福和自信的生活方式。

是为序。

吴海燕
著名服装设计师
中国美术学院教授
2024 年 12 月

自　序

党的十八大以来，习近平总书记高度重视民族文化的保护、传承与复兴，提出了新的时代选题，指出："中华优秀传统文化是中华民族的精神命脉，是涵养社会主义核心价值观的重要源泉，也是我们在世界文化激荡中站稳脚跟的坚实根基。"并强调"历史和现实都表明，一个抛弃了或者背叛了自己历史文化的民族，不仅不可能发展起来，而且很可能上演一幕幕历史悲剧。"2020 年 10 月 29 日，中国共产党第十九届中央委员会第五次全体会议通过了《中共中央关于制定国民经济和社会发展第十四个五年规划和二〇三五年远景目标的建议》，再次提出了"传承弘扬中华优秀传统文化，加强文物古籍保护、研究、利用，强化重要文化和自然遗产、非物质文化遗产系统性保护，加强各民族优秀传统手工艺保护和传承"的战略布局和时代号召。因此，深入研究阐释纺织服饰等优秀传统文化的基本构成、发展脉络及风格特征等是新时代人心所向、时代所需。

纺织服饰是中华文明的重要载体和文化符号显性要素，是中华优秀传统文化重要的组成部分。汉族纺织服饰文化历史悠久、博大精深，广泛涉及农业、手工业等行业和领域，是数千年来汉族人民用勤劳的双手创造出来的智慧结晶，并与传统的社会、生活、民间艺术、民俗风情、民族情感以及理想信念等紧密连接，能够最直接通俗地展示出璀璨的物质文化遗产与丰厚的非物质文化遗产，既是中华文明中物质文化的呈现内容，也是中华精神文化的形式载体，对其进行整理与研究、传承与创新是新时代中华民族文化复兴战略中不可忽视的重要内容，具有重要的学术、应用和社会价值。

传统服饰的基本属性是世代传承、延绵不断，"传"和"变"是其核心特征，在时间范围上主要指 1949 年以前，包含民国时期"文明新装"、旗袍、中山装等基于传统的创新服饰在内的所有具备传统文化基因的服饰形式。传统服饰承载了染、织、绣、绘等工艺美术基因，折射出审美、礼仪、精神等思想文化经典，成为中华优秀传统文化的重要组成部分。

在传统服饰研究中，虽然民国时期的传统服饰研究成果最为丰硕，但是从结构角度开展的整理与研究成果相对有限。

首先，在研究对象上，主要存在对“结构”的界定不清以及细化不足的问题。其一，“形制”与“结构”的混淆是典型问题。在对民国传统服饰结构开展研究之前，首先需要厘清“结构”一词的定义。“结构”并非近代舶来之新词，古已有之。早在晋代，葛洪著《抱朴子·勖学》中便有关于建筑结构的记载：“文梓干云而不可名台榭者，未加班输之结构也。”❶ 指出结构是建筑由原始材料营造成建筑实体的关键要素。易言之，没有结构，材料无以造物。南北朝时期，《真诰》所载左元放游历道教句曲洞天时的情景：“元放周旋洞宫之内经年，宫室结构，方圆整肃，甚惋惧也，不图天下复有如此之异乎！”❷ 首次以“方圆整肃”的造型语汇来形容宫室的建筑结构特征。除了建筑外，古代文献史料中关于结构的表述，还较多地出现在书法、绘画以及文学作品中，形容书画艺术中形式语言的搭配与排列，以及文学作品的提纲布局和写作逻辑编排等。如晋代著名女书法家卫夫人《笔阵图》曾论述：“结构圆备如篆法，飘飏洒落如章草。”❸ 这里的结构指书法字体的造型与行笔墨迹的构图。至近代，伴随西学东渐，结构的语义得到了前所未有的拓宽，衍生出社会结构、家庭结构、人体结构、宇宙结构、工业结构、戏剧结构等新阐释。

服饰材料的平面性和服用人体的立体性决定了任何一件服饰品从设计之初到成品的完成，必然会经历由平面到立体的时空转变过程。这种转变表现在平面造型的古典华服中并不明显，在讲究立体造型的西洋服饰中表现相对突出。对于服饰品由“平面”和“立体”的两种存在状态，目前有许多概念性的描述：形制、样式、式样、款式、造型、结构、纸样、裁剪图等。这些概念都是现代服装工业语境下产生的，并且通常被研究者互相混淆误用。典型的是对于“形制”与“结构”的混淆，在传统服饰文化的研究领域，研究者以服饰“形制”替代服饰“结构”的研究现象大量存在。回归平面与立体，即二维与三维的空间角度来看这些概念，可分为两类：一类是基于设计与制作层面的结构、纸样、裁剪图等；另一类是基于成品视觉呈现层面的形制、样式、式样、款式、造型等。两者有着本质区别。因此针对服饰，其结构即是其立体造型的平面表达。

---

❶ 陈方柱．创新调研写作三十六讲 [M]. 北京：中国言实出版社，2011:67.

❷ 魏斌．三联·哈佛燕京学术丛书“山中”的六朝史 [M]. 北京：生活·读书·新知三联书店，2019:195.

❸ 沈乐平．行草艺术通讲 [M]. 杭州：浙江工商大学出版社，2019:236.

其二，针对民国汉族传统女装结构的细化内容不足。形制是结构的二维表达，目前针对民国汉族传统女装的通史类、断代史以及专题研究主要集中在民国女装形制演变及局部特征的整理和研究，对民国时期汉族女性结构的关注有待细化，特别是除了旗袍及上衣之外的女裤、女裙、女领等其他重要品类及部件的研究不足。举例来讲，例一，在女性文化视角下的民国汉族传统形制及结构研究中，除了对结构研究的深度不足之外，在广度上，目前学界也基本忽视了针对民国女性脖颈解放的“废领”运动，而此运动对于民国汉族传统女装中的领型结构演变及创新改革具有革命性的价值；例二，在女裙研究中，目前学界基本廓清了民国时期女裙由传统围式结构（马面裙）向筒式结构（筒裙）演变的基本脉络，但是针对马面裙至筒裙如何演变的过程考察不足，学者对质变结果的关注远大于对量变过程的分析。

其三，在研究视野及研究方法上，主要存在对服装本身的实证性整理与研究不足。目前有关民国汉族传统女装研究主要从历史学、社会学、民俗学等研究视野开展，缺乏从服装设计与工程、设计学的视角，通过艺、工交叉的综合视野，对女装结构问题开展深入研究，特别是针对民国汉族传统女装结构演变的过程、细节等微观问题。因此，在研究方法上，同样存在文史类背景概述和理论阐释有余，但是从服装设计与过程出发，对民国汉族传统女装实物的科学整理、测量绘图、工艺分析、结构复原等实证性不足，因而经常导致所谓“有理无据”“有论无证”等学术问题，即缺乏对传世实物标本的数理实证分析。笔者希望服装研究，尤其是服装中的结构问题研究，必须回归服装作为物质的原始属性，通过对传世实物的“解构”，充分利用现代服装设计与过程相关方法，对传统服装的结构进行设计演示和过程复原，从而得出可复制、可验证的研究成果。

其四，在研究材料上，未被整理和研究的实物史料仍潜藏着重要信息有待实证。如前所述，已有研究成果对实物史料的整理相对集中，主要来自于北京服装学院民族服饰博物馆、江南大学民间服饰传习馆、东华大学纺织服饰博物馆（原东华大学纺织史博物馆和东华大学服饰艺术博物馆），对其他馆所机构收藏实物史料的整理与研究相对较少。近年来，在中华民族文化复兴及国潮、汉服等社会潮流影响下，各地方文博系统越来越重视对织绣类文物的宣传和展览，包括民国汉族传统女性服饰在内的大量传统服饰织绣被征集和保护，为民国服装结构研究提供了新的实证材料。

最后，在研究观点上，结构演变的宏观性总结有余，微观性细节及特色研究不足。通过对前人研究现状的综述不难发现，民国传统女装形制及结构的演变脉络基本被廓清，伴随历史发展和社会进步，女装结构在总体上呈现窄小化、简洁化、修身化、适体化特征和趋势，但是对这些结构特征出现之前的过程分析，对过程中具备过渡形制的服装形制和结构考证，以及对服装改良定型之后出现的结构设计巧思和特色的深究，表现不足。

综上所述，今后相关民国汉族传统女装结构的研究者需要通过对“结构”的清晰界定和认知，不断深化和细化研究对象，丰富结构的内涵及外延，采用艺、工融合的交叉研究视野及数理测绘和分析方法，选取尚未被整理和研究的实物史料开展微观方面、过程方面、特色方面的实证研究，以期产出新的学术观点。

为此，本书以民国时期汉族传统女装的“结构演变”为研究对象，以“规律”和“特色”为研究重点，以“纵、横”的脉络设计研究框架。其中，“纵”指历史时间演变的纵向脉络，“横”指女装构成要素的横向脉络。

本书遵循事物的客观、科学发展规律，强调女装结构演变中的细节、要诀、秘诀，体现服装设计研究过程中的科学性、实践性、反思性。针对研究内容的选择，以“问题导向”选择尚未被研究的对象，以“过程导向”选择结构演变中尚未被重视的过渡细节，以期构建民国汉族传统女装结构演变的规律及特色。本书的主要研究内容及思路如下。

第一，民国汉族传统女装衣型结构整理与研究：细证民国汉族传统女装衣型结构窄化的量变过程。首先，从礼服和常服两种类型，对民国早期和中后期汉族女装衣型结构进行复原和对比，实证了礼服的纹章规制与常服的省道结构；其次，重点关注“旧衣改制”结构现象，提出“异类改制”“同类改制”结构窄化范式，实证民国改制的流行及范式构建；实证民国汉族传统女装衣型结构窄化的质变——“倒大袖”上衣的结构创制，总结了“倒大袖”上衣的总体规律、结构范式与衍生制式，提出并首证出“倒大袖”上衣中存在收省结构设计，并指出其本质仍属结构改制；为解决后中不破缝上衣门襟缝份处理问题，实验并复原出对襟、大襟上衣结构设计过程中的“偏出”技术，并认为借用归拔处理工艺和面料自身伸缩性能，也可以实现“偏出”的功能。

第二，民国汉族传统女装袍型结构整理与研究：再证民初女袍创制结构特征，提出其本质为长衣的延续，所谓大襟“长衣”，且袍型男女制式无差，性别难辨；新证改良旗袍结构演变。首先，实证了民国第二次、第三次《服制条例》规定礼服旗袍的结构范式，指出第三次《服制条例》规定礼服旗袍的 X 形腰身结构特征；其次，针对日常旗袍，规避已有研究成果，重点复原和考证了“倒大袖”旗袍、具备“倒大袖”结构的马甲旗袍与两种收省旗袍的实物标本，丰富了民国旗袍结构研究谱系；为解决中国数千年存续的儿童“成人化”问题，重点关注女童袍型（旗袍、连体服）的结构创制与设计改良，指出通过材料性能考量下的面料优化、人体工程主导下的结构优化、领襟形制及闭合方式改良、“自上而下”的便宜脱衣方式、撤扣式尿布设计及其与连体开裆裤的搭配等，实现了民国汉族女童着装的合理化；从服装材料的层面，首次整理并科学研究了民国时期“编结”旗袍的创制与结构特色，重点指出蕾丝旗袍的立领半开襟结构特征及其与衬裙的关系和搭配，实验并复原了手工编结旗袍的成型工艺，并指出其在技术、文化和市场上的价值。

第三，民国汉族传统女装裙型结构整理与研究。为揭示女裙结构改良动机问题，梳理中华数千年不变的汉族女装裙型围式结构脉络，指出清末民初生活方式变革为女裙设计提出了新的功能需求；为深化女裙结构演变规律，首证民国汉族传统女裙由围式向筒式过渡的过程与细节，发现并复原出由马面裙闭合而成的“筒裙”、由马面裙改制而成的“筒裙”和遗存“马面”结构的筒裙３类以及数种过渡结构设计，厘清了筒裙定型之前的量变细节；为解决定型筒裙的内空间营造问题，梳理了纽扣与风纪扣组合、系带抽绳及其与揿扣组合等裙腰闭合方式改良方案，重点提出筒裙侧身１层、４层、６层褶裥的“隐形”设计和褶裥“显形”后的遮蔽设计，诠释了美用共生的设计理念。

第四，民国汉族传统女装裤型结构整理与研究。为厘清现有女裤实物标本结构“杂乱”问题，从面料幅宽的角度，归纳总计民国汉族传统女裤结构设计的诸多方案，体现其中的灵活和变化；聚焦服装材料对结构的影响，实证基于２种及数种材料拼接下的女裤结构设计特征，复原马面裙改制女裤的结构演化过程，提出“旧料新用”在女裤中的存在；基于对材料的幅宽、多寡、新旧问题实证，结合四片式、六片式女裤结构设计流程的实验与复原，总结出裤裆余量设计原理及其衍生出的平面“倒Ｖ”型体系；为实证民国女裤结构改良问题，立足“倒Ｖ”型体系，提出女裤裆弯线结构、育克抽褶结构等西式结构的出现与改良，并强调了中式传统侧缝平直结构的保留。

第五，民国汉族传统女装领型结构整理与研究。考证中华立领结构的传承及其在清末民初的鼎盛；聚焦“废领”运动，首证民国立领的废黜运动，从生理、生活和审美维度揭示立领废黜的正当性，重点研究并提出“废领”衍生的“中衣西领”结构共生范式，指出西式形制和结构在中式女装上的设计转译；回顾民国中后期立领的复兴，发现立领的高低和起翘等已取消“元宝领”夸张范式，在保证女性脖颈适用功能下开展时尚设计。

本书在研究视野及方法上，以设计学为主要研究视野，交叉采用服装设计与工程以及社会学、历史学、民俗学等相关学科视野及方法，形成“艺、工结合”的交叉研究方式，综合整理与揭示民国汉族传统女装的结构演变规律及特色。

其中，采用实证研究法综合对比可征集和调研的博物馆珍藏实物，通过大量的对比和汇总，选取具有代表性的实物标本对其进行全息数据采集和形制、结构、工艺细节的复制与复原。测量方法和手段力求专业、准确：以拓取结合测量的方法最大限度地测绘和复原其制作裁片的平面结构图（净图样），将误差减少到最低值，记录各裁片的丝缕方向、结构特性、分割情况等结构属性，从而为本书研究提供科学实证。

为了验证、检查以及评价复原结构的准确性，本书还采用 CLO3D 虚拟试衣技术、AutoCAD 裁片面积测算功能等，对民国汉族传统女装的穿着形态、结构裁片的面料利用率等进行量化评定，从而进一步提高了结构研究的实证性。

在文献研究中，主要检索与民国传统服饰有关的历史文献、书籍、杂志、风俗志、地方志等资料，同时对全国报刊索引等民国文献数据库进行检索查阅，主要收集整理并研究了《妇女杂志》《女子月刊》《方舟》《紫罗兰》《剧学月刊》《民俗学研究集刊》等民国期刊记载文献，重点研究了有关民国汉族传统女装形制结构特征及裁剪示例的技术文献，为实物考证中的结构技术问题、细节问题提供（可以明确断代）直接证据。

同时，开展田野调查，通过走访汉族各地域文化圈，了解民国传统女装服饰传承与发展实况，考证传统服饰形态、样式分类，记录风俗习惯，进一步为课题深化提供事实依据。调研广州市博物馆、苏州中国丝绸档案馆等国内藏有民国汉族传统女装实物的馆所，选择并整理研究代表性实物标本，获取馆藏实物编号、年代、地域、品类、命名等基本身份信息，为研究提供一手资料。

面对颇为丰富的前人研究成果，如何通过研究材料、研究视野等发现新的研究问题，产出新的研究观点，是本书创新的关键。本书的主要创新点如下。

一是整理新材料（史料）获得新证据。研究史料是研究的基石和关键，直接决定了研究内容及结果的产出。本书以实物史料为核心证据，坚持"新物新证"的原则，尽量规避已有研究史料及成果，以期通过对新实物史料的整理与研究，得出民国汉族传统女装结构演变过程中更多新的、特色的研究结论。

一方面，"新物首证"。本书主要对广州市博物馆、苏州中国丝绸博物馆等珍藏民国时期汉族传统女装实物的整理和研究，这两大博物馆珍藏民国实物史料目前尚未被整理和研究过，且存在大量在结构上极具特色的实物标本，如改制上衣、改制女裤以及具备过渡形制的女裙等，本书为这些实物的首次考证研究。

另一方面，"旧物新证"。针对江南大学民间服饰传习馆等珍藏民国汉族传统女装实物中已被研究但存在研究不足或研究误证的对象，如"民国朱红绸盘金绣西装领女褂婚礼服"，作为十分罕见的中衣西领结构设计案例，前人研究不仅未将其作为"废领"运动衍生产物进行分析，而且还将其误判为戗驳领结构，笔者通过复原与实践得出其实际是扁领的结构，只是在形制上表现为戗驳领的样式。

二是聚焦新对象（问题）提炼新观点。民国汉族传统女装品类丰富，存世实物的数量庞大，在实物拍摄、测量、绘制与考证上容易造成内容的堆叠与重复等问题，因此不仅在选择史料上，而且在选择研究对象上也需要尽量规避研究已有研究内容，否则便成为“新物旧证”，以珍贵的新史料来实证旧问题、旧对象，没有创新价值。

基于此，本书在研究对象上重点选择了民国汉族传统女装结构演变中出现的“旧衣改制”现象、“成人化”现象、筒裙侧裥设计现象、女裤裆弯线改良现象、“废领”运动现象等尚未被或较少被学界关注和研究的新问题，从而实证并总结出民国汉族传统女装中女衣结构的窄化规律及“偏出”特色、女袍结构的创制规律及“编结”特色、女裙结构的过渡规律及“显隐”特色、女裤结构的变化规律及“倒V”型特色、女装立领结构的废立规律及“共生”特色等，从而构建了民国汉族传统女装结构演变的规律与特色。

三是借用新技术（方法）呈现新样式。创新采用CLO3D技术对民国汉族传统女装进行虚拟试衣，一方面验证全息数据采集、结构测绘与复原的准确性；另一方面，也对服装的穿着效果进行还原和评测。经过结构的导入（除了上述主结构外，补充立领、镶滚等辅料结构），并通过虚拟缝合等系列操作之后，完成了女装由2D平面向3D立体空间的结构转换，进而对服装对人体产生的压力等进行评测和对比研究，不仅使本书结构研究更具实证性，也为今后开展设计创新提供更加直观的参考。

最后，感谢为本书提供资助和支持的基金项目：①教育部哲学社会科学研究重大课题攻关项目“汉族纺织服饰史料整理与中国风格实证研究”（编号：21JZD048）；②广州市博物馆委托项目“广州博物馆藏丝织品研究保护”，同时感谢广州市博物馆李晋主任、罗玮娜馆员等对本书的支持；③苏州中国丝绸档案馆委托项目“旗袍整理与数字化研究”。

甲辰年十月廿二

于杭州

目 录

第一章 民国汉族传统女装衣型的结构窄化与新装

作为中华最早服饰形制之一的上衣，创制于先秦，是汉族女性“上衣下裳”着装系统的重要品类，占据着汉族传统女装的“半壁江山”。在女袍即旗袍创制之前，上衣是民国以前女性遮蔽上身的唯一服饰品类。通过对数千件民国时期汉族传统女装的整理与汇总，从“量变引起质变”的角度来看，民国汉族传统改良女装的两种代表性结构类型为“窄衣化”女装与“文明新装”上衣。

那么，这种结构上的量变与质变的具体表现为何？改良后女上衣与传统上衣在结构上的区别与联系如何？经过改良设计，哪些结构要素得以保留？又有哪些结构要素发生改变？本章选取民国汉族传统改良女上衣代表性实物标本，通过对上衣各部位的主结构进行测绘与复原，考证改良设计的细节与匠心。

第一节 民国传统衣型的结构窄化

“民族之生存尚有赖于文化”❶。清末以来，在饱受帝国主义压迫的中国，以爱国精神为主流的民族主义成为中国文化的重要主题，民国以后更是以此为主旋律❷。复兴民族与服制被紧密联系在一起：“故吾人以为预谋名族之复兴，一切改革必须力求其彻底。大而一国之政体，小而一身之衣服，举凡悖理之法，失时之制，皆宜以大刀阔斧，斫伐而铲翦之。务使全部皆呈新气象；然后‘复兴’二字，始有足严。”❸清朝的封建君主专制可以被一夜推翻，但传统的艺术文化不可能戛然而止。

民国承接清末，传统服饰中的上衣下裳、长袍、长衫等样式仍是人们着装的主流选择。但需要指出的是，此时的传统服饰已经不是旧时的原样，伴随社会的变革与生活的变迁，服饰结构、纹饰等设计细节势必发生改良。改良的要点主要有四个：尚武（或“可舞”）、简朴（经济、美观）、去阶级以及提倡国货❹。“博采西制，加以改良”❺的“窄衣化”服饰、“文明新装”、旗袍、中山装等应运而生，各地甚至出现各种改良服装展览会❻、研究合理服装的组织团体❼以及改良服饰的化妆表演活动❽等。更重要的是，在传统文化的回归与西风东渐的双重浸染下，改良后的传统服饰始终占据了民国时尚的主导权❾。

上衣的窄化在清末便已开始，主要出现在1875年以后。据《重辑张堰志》记载：“衣服之制，历来宽长，雅尚质朴，即绅富亦鲜服绸缎。咸丰以来，渐起奢侈，制尚紧短。同治年，又尚宽长，马褂长至二尺五六寸，谓之‘湖南褂’（时行营哨官、管带，皆宽袍长褂，多湘产，故云）。光绪年，又渐尚短衣窄袖。至季年，马褂不过尺四五寸，半臂不过尺二三寸，且仿洋装，制如其体，妇女亦短衣窄袖（先行长至二尺八九寸），胫衣口仅三寸许（先行大口，至尺二三寸），外不障群（裙）

---

❶ 郑师渠，史革新．近代中西文化争论的反思 [M]. 北京：高等教育出版社，1991:328.

❷ 郑师渠，黄兴涛．中国文化通史　民国史 [M]. 北京：北京师范大学出版社，2009:41.

❸ 陈嘉庚．复兴民族与服制 [J]. 东方杂志，1937,34(1):29-31.

❹ 懵．言论：改良服装应行注意之要点 [J]. 邮声，1928,2(6):38.

❺ 颜浩．民国元年：历史与文化中的日常生活 [M]. 西安：陕西人民出版社，2012:221.

❻ 佚名．慈幼漫谈：改良服装展览会开会讯 [J]. 慈幼月刊，1931,2(4):57.

❼ 佚名．社言：服装改良 [J]. 兴华，1931,28(37):4.

❽ 佚名．化装表演：十年前广东女子之服装：彩照 [J]. 东方杂志，1934,31(5):1.

❾ 崔荣荣，牛犁．民国汉族女装的嬗变与社会变迁 [J]. 学术交流，2015(12):214.

（女子十七八犹辫，而不梳髻，不缠足，遵天足会令也）。尤近今风尚之变。”❶可以看出光绪年间，女性着装受西风影响，形制逐渐“短衣窄袖”。

步入20世纪以后，服装更是逐渐窄化，据《嘉定县续志》记载：“光绪初年讫三十年之间，邑人服装朴素，大率多用土布及绵绸、府绸，最讲究者亦以湖绉为止。式尚宽大，极少变化。厥后，渐趋窄小，衣领由低而高，质料日事奢侈，多以花缎为常服矣，唯乡间染此习者尚鲜。”❷图1-1记录了1908年民国之前上海的五位女子均着“上衣下裳”形制，上衣为素色及碎花袄衫，形制均为立领，右衽大襟，袖长至手腕，衣长至膝盖上方，腰身及袖身基本贴合于人体，衣内余量较少。图1-2所示为民国初期，一位北京孤儿院女助手同样身着“上衣下裳”，上衣形制与前面五位女性相比，立领高度更高，袖口更近，衣长更短，变得更加的适体和修身。

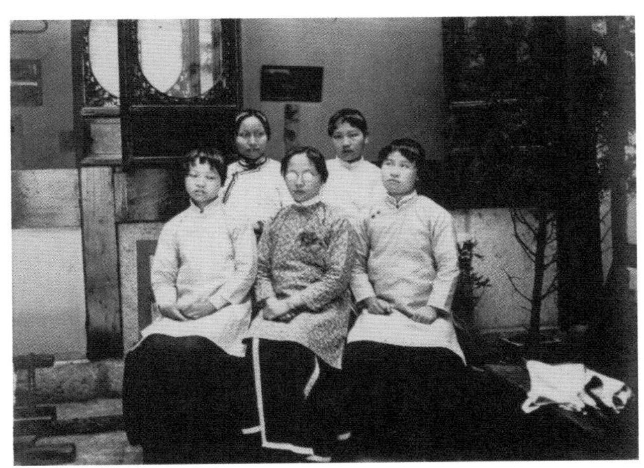

图1-1　1908年上海女子群像中“窄化”上衣

图1-2　1918～1919年北京孤儿院女助手着“窄化”上衣

❶ 丁世良，赵放．中国地方志民俗资料汇编　华东卷（中）[M]．北京：书目文献出版社，1995:43．

❷ 上海市地方志办公室，上海市嘉定区地方志办公室．上海府县旧志丛书　嘉定县卷4[M]．上海：上海古籍出版社，2012:2828．

一、礼服衣型结构及纹章规制

礼服是在庄重的正式场合或举行仪式时穿的服装，区别于日常生活中劳动生产时穿着的一般服饰，在形制及纹章规制上一般具有固定范式。1935 年浩然在《评礼服运动：提倡国货礼服》中称："呈国府军委会行政内政部，请通令全国，凡遇举行纪念週重要会议以及喜庆丧葬等事，均宜穿着礼服。"❶

（一）刺绣团纹礼服衣型结构

1. 结构特征

针对民国时期女性所着礼服，民国政府曾先后三次颁布《服制条例》，对女性礼服进行形制、面料及装饰层面的详细规定。1912 年民国建立初始颁布第一次《服制》，在第二章女子礼服第九条中明确规定"女子礼服式如第八图，周身得加绣饰"，并通过图绘的形式公布服式具体样貌，以供民众参考。在公布的图示中，分上衣下裳两件，上衣为一件女褂，"长与膝齐，袖与手腕齐，对襟"，如图 1-3（a）所示；下裳为裙式，褶裥马面裙，"前后中幅平，左右有裥，上缘两端用带"❷，如图 1-3（b）所示。图 1-3（c）示出上衣下裳搭配穿着的完整形态。需要注意的是，虽然图示中未刻画，但是据明文规定可知，刺绣纹饰是女性礼服不可或缺的装饰物，上衣与下裳均需刺绣纹饰。

---

❶ 浩然 . 评礼服运动：提倡国货礼服 [J]. 湖州月刊，1935,6(5-7):24.

❷ 佚名 . 服制 (附图)[J]. 政府公告，1912(157):3-9.

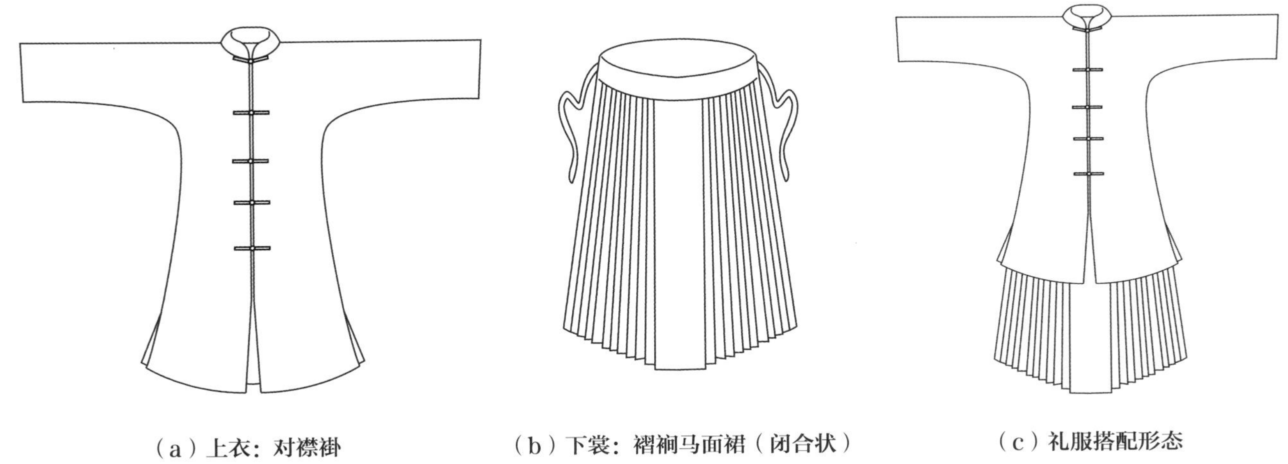

（a）上衣：对襟褂　　（b）下裳：褶裥马面裙（闭合状）　　（c）礼服搭配形态

图 1-3　1912 年颁布《服制》中的女子礼服形制

依据《服制》规定的女性礼服上衣，对现有传世实物进行整理和汇总，选取可获取且具代表性实物标本，如表 1-1 所示，在管窥女褂具体结构特征及纹章规制的同时，也从动态的角度，对比礼服女褂的发展演变与差异，从而更加立体、生动地还原民国汉族女性所着礼服上衣的设计特征。

表 1-1　民国汉族女子传统礼服女褂的实物标本汇考

馆藏编号	实物标本	馆藏来源	结构特征	纹章规制
—		笔者课题组收藏	无领（圆领），对襟，5 副盘扣，袖口渐窄，衣摆渐宽，左右开衩，结构基本延续清代旧制	由寿字纹、万字纹、葫芦纹、梅花纹构成贺寿团纹，共计 8 团，衣摆设江崖海水纹
PM-G003		江南大学民间服饰传习馆	无领（圆领），对襟，4 副盘扣，袖口渐窄，衣摆渐宽，但整体较平直，左右开衩	“鹤穗”团纹，8 团布局，袖口及衣摆有江崖海水纹，牡丹穿插其中
—		笔者课题组收藏	立领，对襟，4 副盘扣，袖口渐窄，程度微弱，衣摆渐宽，且长度较 PM-G003 短	由仙鹤与牡丹等花卉构成团纹，共计 8 团，分布胸背，左右腰部与肩部

馆藏编号	实物标本	馆藏来源	结构特征	纹章规制
—		笔者课题组收藏	立领，对襟，2副盘扣，有系带闭合设置，袖口渐窄，衣摆渐宽，与上式同	由仙鹤、嘉禾及“日、月”构成团纹，共计8团，袖口、衣摆饰江崖海水纹
—		笔者课题组收藏	立领，对襟，3副盘扣，袖型平直，衣摆渐宽，无接袖结构	“鹤穗”团纹，共计8团，袖口及衣摆设置江崖海水纹，并穿插牡丹
—		笔者课题组收藏	立领，对襟，3副盘扣，衣摆渐宽，衣长较短，无接袖及插角等拼接结构设计	由仙鹤、嘉禾、牡丹构成团纹，共计10团，衣摆袖口设江崖海水纹，但变低
—		笔者课题组收藏	3副不同盘扣：自上而下第一处为领窝一字盘扣，第二处设在胸前里料（隐藏），第三处为花扣结合系带	“鹤穗”团纹，共计8团，袖口及衣摆设置江崖海水纹，并以菊花、牡丹穿插其中
—		笔者课题组收藏	立领，对襟5副盘扣，领口、袖口、门襟、衣摆及开衩处设置镶边结构	“鹤穗”团纹，共计8团，袖口及底摆仅有极窄江崖海水纹
—		笔者课题组收藏	立领，对襟，5副盘扣，袖口渐窄，衣摆渐宽，无接袖结构	由牡丹和嘉禾构成团纹，共计8团，衣摆及袖口设置江崖海水纹
MFB000154		北京服装学院民族服饰博物馆	立领，对襟，盘扣，设置系带，直身式袿，平袖，袖长及腕，衣摆左右开衩	10团纹，前身5团，后身3团，左右肩各2团，下摆及袖口处饰江崖海水纹
WSC-091		广州市博物馆	对襟，4副盘扣，腰身微收，下摆渐宽，袖口渐窄，袖长及腕，衣摆左右开衩	“鹤穗”团纹、牡丹纹，均衡对称分布于女袿左右

续表

馆藏编号	实物标本	馆藏来源	结构特征	纹章规制
SX-G006		江南大学民间服饰传习馆	立领，对襟，4副盘扣，领窝、门襟、开衩设置云头或宝箭头镶边结构	团纹设计，但取消了左右双肩处团纹，仅剩胸背及左右腰侧团纹
PM-G004		江南大学民间服饰传习馆	立领，对襟，5副盘扣，袖口渐宽，凸显“倒大袖”结构特征，腰身更为明显	嘉禾牡丹构成团纹，8副，制同WSC-091，江崖海水纹降低
SD-G002婚	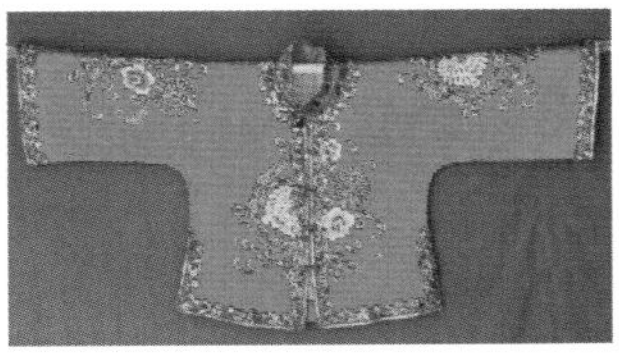	江南大学民间服饰传习馆	立领，对襟，5副盘扣，袖口渐宽，同PM-G004，但袖长衣长缩短，下摆渐直	取消团纹构图，但布局仍沿袭旧制，经营于前胸后背、左右双肩
MG-073		广州市博物馆	对襟，3副盘扣，在最低1副盘扣处，设置细带；衣摆渐宽；衣摆开衩，袖口开衩	通身刺绣，在前后衣摆、门襟、开衩、袖口、领口及领座处装饰海水纹
MFB009833		北京服装学院民族服饰博物馆	立领，对襟，设有系带，平阔袖，袖长及腕，除袖型外同PM-G004	非团纹，布局同MG-073，且题材也为牡丹，只是取消了江崖海水纹
ZY-S048		江南大学民间服饰传习馆	立领，对襟，5副盘扣，有系带设置；衣摆渐宽，袖口渐窄，左右开衩	非团纹构图，布局同MG-073，题材为牡丹纹样的新艺术风格设计
MFB001226-1		北京服装学院民族服饰博物馆	立领，对襟，5副盘扣，设有系带，衣型修身适体，同MG-073	非团纹，满绣精工，以龙凤为主体，牡丹、祥云、鸳鸯、海水等为辅纹

由表 1-1 可以得出如下结论和规律。

（1）女褂的廓型整体由宽博、平直向瘦窄、修身演变，民国初期的女性礼服在结构上基本延续了清代旧制的宽衣博袖，袖口基本平直，只有衣摆渐宽，但腰身非常宽博。袖型整体也由渐宽向渐窄演变，期间还出现过“倒大袖”结构。

（2）领型除了早期沿袭清制服装时的圆领外，其余均为立领，对襟为统一制式；在闭合件上，均为盘扣，且数量大多为 5 副，与《服制》图示保持一致；部分礼褂还增设了系带的设置，这也是礼服的重要结构标识之一。

（3）在纹章规制上，以团纹最为常见，在数量上以 8 团最为常见，此外还有 10 团设置，在布局经营上严格遵循着以领窝为中线，以前后中线和肩线为纵、横坐标的十字形结构体系，形成左右、前后完全对称的布局规制。以 8 团布局为例，在前胸及对应后背中心布局 1 团，在对应腰节周围前、后、左、右各布 1 团，在两肩上再各布 1 团。此外，在衣摆和袖口处还设置了江崖海水纹，这也是礼服的重要标识之一。演变后期，团纹逐渐被打破甚至取消，江崖海水纹的高度也逐渐变低甚至消失，但是纹章规制也形成了以前后中线为中心，左右随衣身及袖型结构散布的规制，且满绣精工，在装饰上丝毫不逊团纹礼褂。在纹章的题材上，早期以嘉禾、仙鹤为主，江崖海水纹、牡丹纹为辅，后期牡丹纹“喧宾夺主”，成为主体。

（4）此外，值得注意的一点是，民国时期的礼服色彩以黑、红两色为主，从现有实物来看，也证实了这一点。

为了深入整理和研究民国汉族女性礼服的结构特征与纹章规制，选取其中极具代表性的两件实物标本进行个案解构。

其一，黑绸“鹤穗”嘉禾团纹刺绣礼服女褂（图 1-4），为民国初期典型礼服形制，或称“披风”，形制为立领，对襟，4 副盘扣，腰身微收，下摆渐宽，袖口渐窄，袖长至手腕，衣长至股下，左右开衩（图 1-5 和图 1-6）。女褂前后的胸腰部及臂部装饰是由嘉禾和仙鹤组成的“鹤穗”团纹、牡丹纹，均衡对称地分布于女褂左右。

（a）正面

（b）背面

图 1-4　民国黑绸“鹤穗”嘉禾团纹刺绣礼服女褂实物

（资料来源：广州市博物馆藏品）

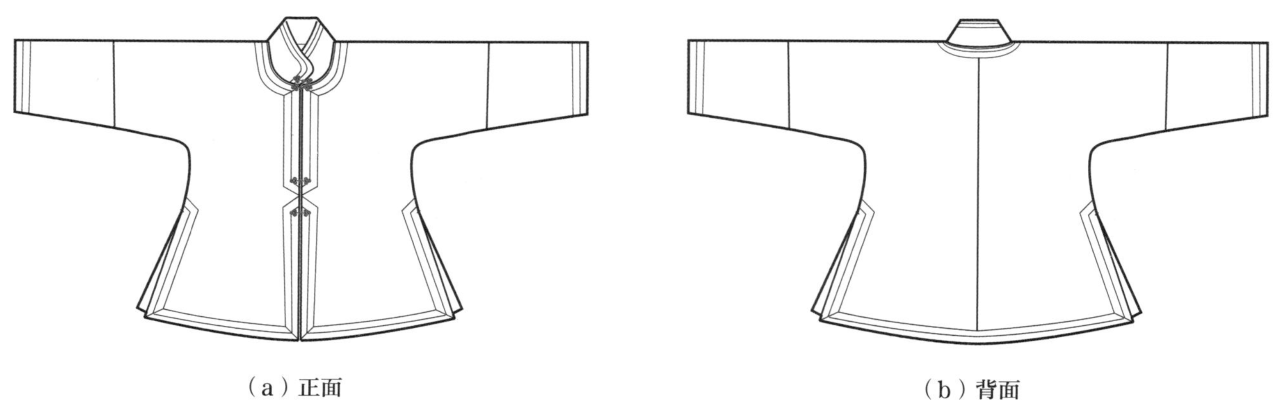

（a）正面　　（b）背面

图 1-5　民国黑绸“鹤穗”嘉禾团纹刺绣礼服女褂形制

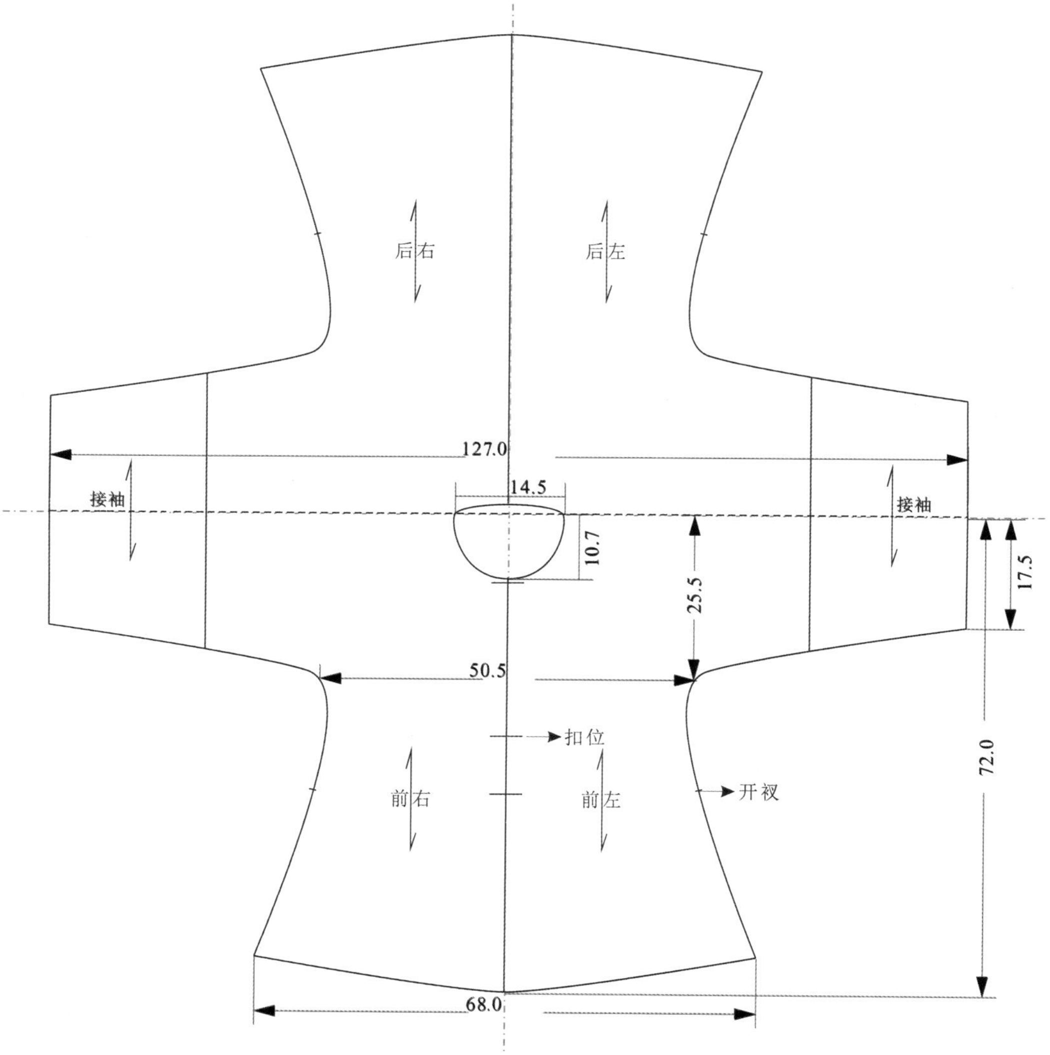

图 1-6　民初黑绸“鹤穗”嘉禾团纹刺绣礼服女褂主结构测绘与复原（单位：cm）

为了实证研究测绘与复原结构的准确性，同时也对该结构进行更深一步的评价，试采用 CLO3D 技术，将传统二维结构进行三维可视化，开展虚拟试衣实践。首先，构建虚拟仿真模特，在体型上采用最符合中国汉族女性体态特征的模特（图 1-7），相关人体尺寸数据设计如表 1-2 所示。

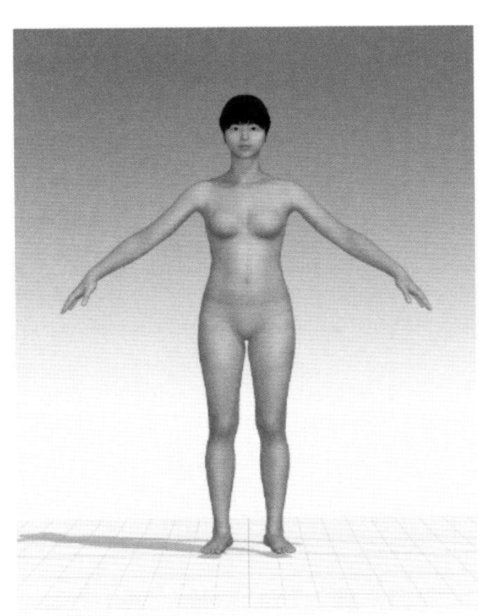

（a）正面

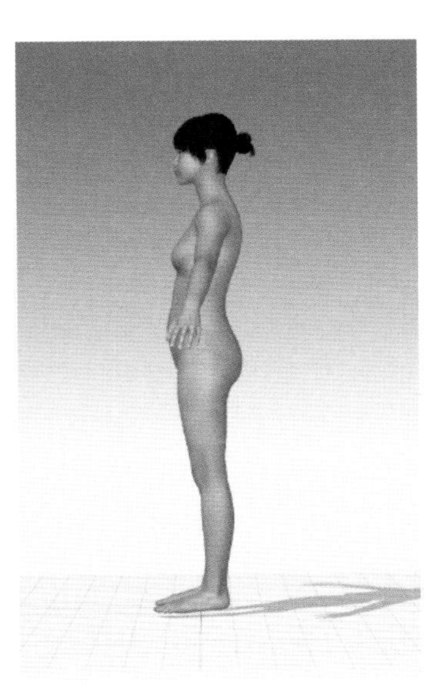

（b）侧面

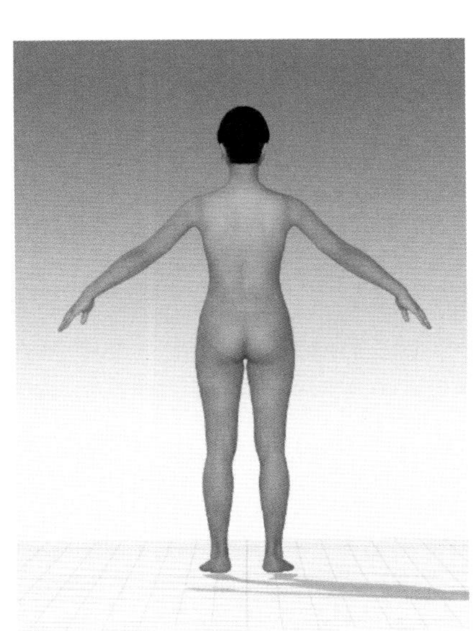

（c）背面

图 1-7　虚拟仿真女模的设计与构建

表 1-2　CLO3D 虚拟模特尺寸设计

人体部位			尺寸 /cm
全身	高度	全部高度	158.00
	宽度	胸围围长	84.00
细节	颈围	颈根围（圆周）	34.75
		全浪（经肩点，高度）	135.80
	肩	全肩（曲线）	38.00
	前中	前领至腰	31.45
	背高	后领至腰	35.23
	胸围	胸围（圆周）	84.00
		下胸围（圆周）	70.60
	胸点	胸点（左）至胸点（右）	16.33
		肩点至胸点	24.13
	腰围	腰围（圆周）	66.00
		到上臀围	11.81
		到下臀围	24.02
	臀围	上臀围（圆周）	80.00
		下臀围（圆周）	90.00
	腿围	浪高（高度）	75.48
		大腿围（圆周）	52.00
		膝盖围（圆周）	32.00
		小腿围（圆周）	33.21
	手臂	后颈点至手腕	71.77
		手臂围（圆周）	25.99
		肘围（圆周）	23.00
		手腕围（圆周）	16.00
		手	15.41
	额外测量	全浪（前腰跨浪至后腰）	70.09
		头	50.55

采用 CLO3D 技术对民初黑绸“鹤穗”嘉禾团纹刺绣礼服女褂进行虚拟试衣，一方面验证结构测绘与复原的准确性；另一方面，对女褂的穿着效果进行还原和评测。经过结构的导入（除了上述主结构外，补充立领、镶滚等辅料结构），并通过虚拟缝合等系列操作之后，完成了女褂由 2D 平面向 3D 立体空间的结构转换（图 1-8），缝合之后的民初黑绸“鹤穗”嘉禾团纹刺绣礼服女褂如图 1-9 所示，虚拟试穿实验分析如图 1-10 所示，袖长至手腕，衣长至股下。在双臂平举、双臂侧抬和双臂垂落三种状态下，女褂在颈部、肩部、手腕以及胸部、腰部等部位宽松适体，较少出现面料的余量堆积。

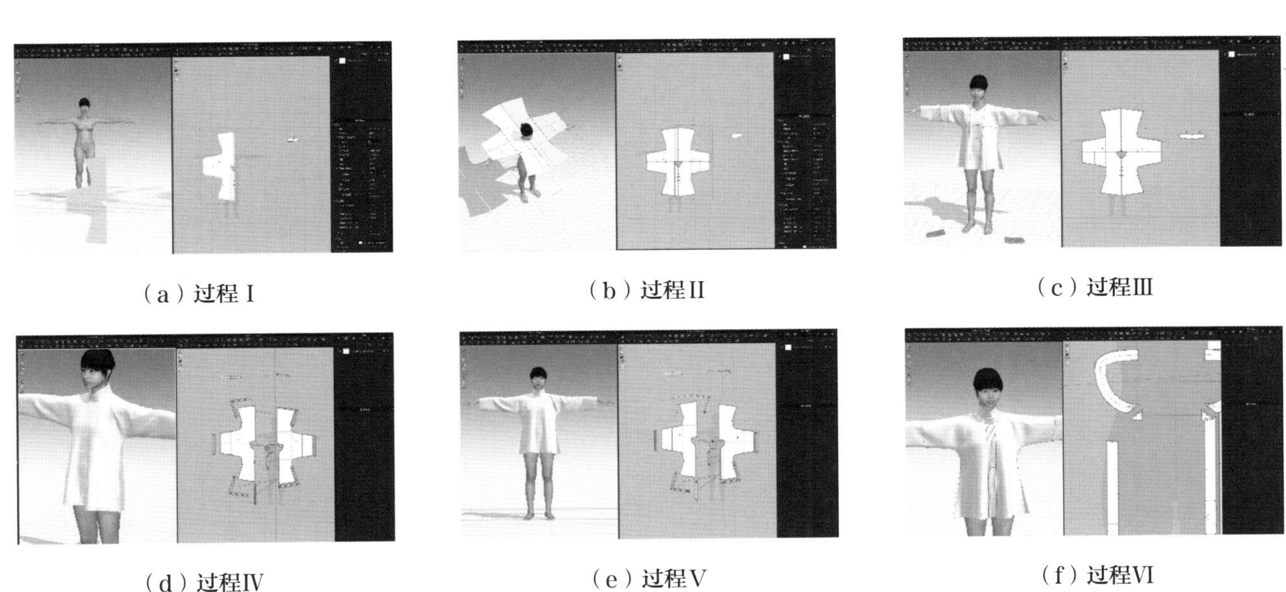

（a）过程Ⅰ　（b）过程Ⅱ　（c）过程Ⅲ

（d）过程Ⅳ　（e）过程Ⅴ　（f）过程Ⅵ

图 1-8　民初黑绸“鹤穗”嘉禾团纹刺绣礼服女褂由 2D 向 3D 转化

（a）正面　（b）侧面　（c）背面

图 1-9　缝合之后的民初黑绸“鹤穗”嘉禾团纹刺绣礼服女褂

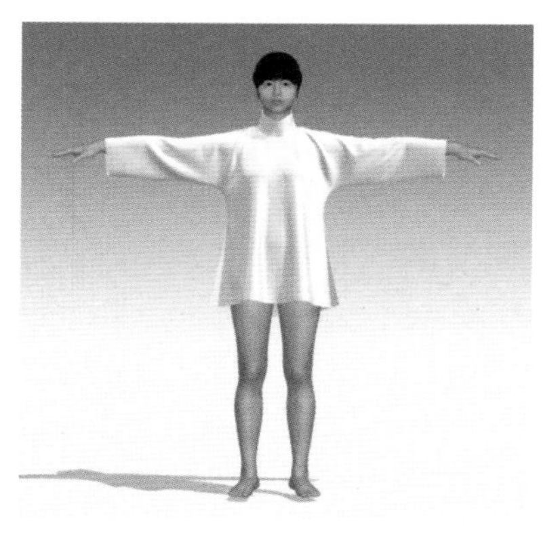

（a）双臂平举

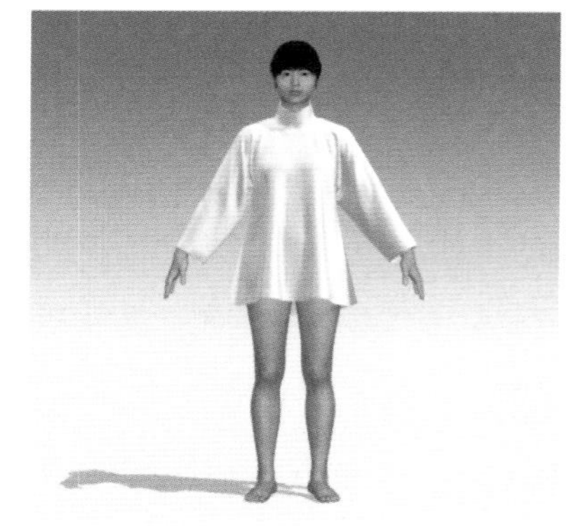

（b）双臂侧抬

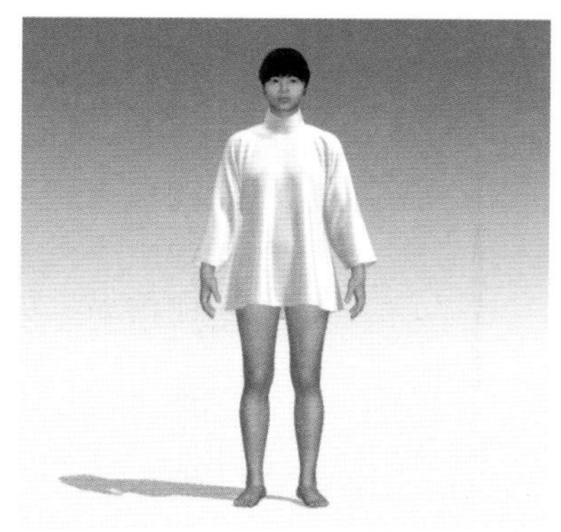

（c）双臂垂落

图 1-10　民初黑绸“鹤穗”嘉禾团纹刺绣礼服女褂的虚拟试穿实验分析

服装压力舒适性是服装舒适性评价的重要指标之一，更是服装人体工效学的核心要素。在 CLO3D 平台的压力测试中，每个区域内导致服装变形的外部压力将以颜色及数字的形式出现。压力图以 8 种颜色表现，红色表示最强的压力（100kPa），蓝色表示没有变形（0kPa），中间数值将以两种颜色之间的渐变色来表示。压力图表现了向 3D 服装上施加的外部压力值，显示 3D 服装由于外部压力作用下所造成的拉伸，没有拉伸的部分显示为绿色，拉伸变形越大，服装颜色越接近红色。外部压力导致的服装变形率以比例（%）的形式表示，红色表示 120% 的拉伸率，蓝色表示 100%，没有变形，中间数值以红蓝之间的渐变色表示。图 1-11 示出在 CLO3D 虚拟试衣中女袄胸围线点正面左侧的压力与应力数值获取。

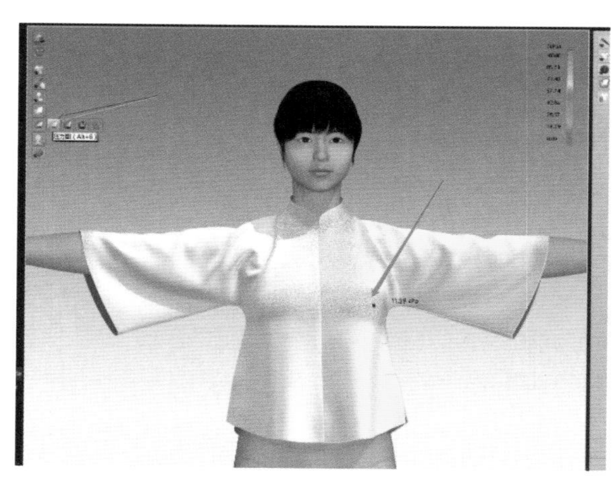

（a）压力

（b）应力

图 1-11　CLO3D 虚拟试衣中压力与应力分析

在虚拟试衣过程中，测试民初黑绸“鹤穗”嘉禾团纹刺绣礼服女褂对虚拟人体的服装压力，选取虚拟模特背面、肩点（两侧）、手臂侧面、胸围线点（正面）、腰围线（两侧）等关键部位压力与应力分析值，如表1-3所示。在虚拟试衣中打开显示压力点（图1-12）和应力点（图1-13），可以得出女褂的压力主要集中在肩部和胸周，其他部位压力较小，可见女褂穿着效果较为宽松舒适。

表1-3　民初黑绸“鹤穗”嘉禾团纹刺绣礼服女褂穿后女体关键部位压力与应力分析

受力	背面	肩点（两侧）		手臂侧面		胸围线点（正面）		腰围线（两侧）	
	中	左	右	左	右	左	右	左	右
压力/kPa	3.8	30.0	31.0	8.0	8.2	3.3	3.2	2.0	1.8
应力/%	102	125	126	105	104	105	105	102	103

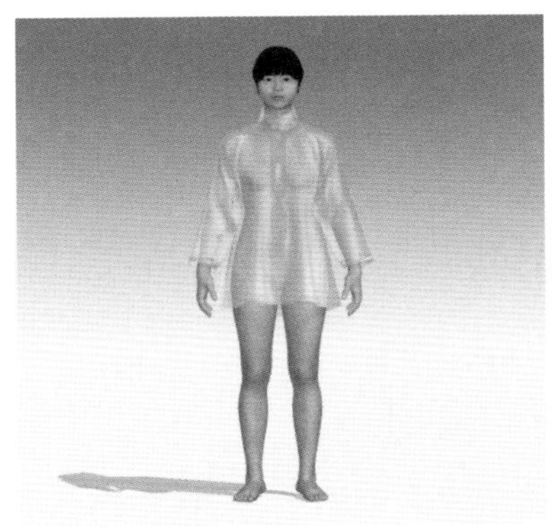

（a）正面

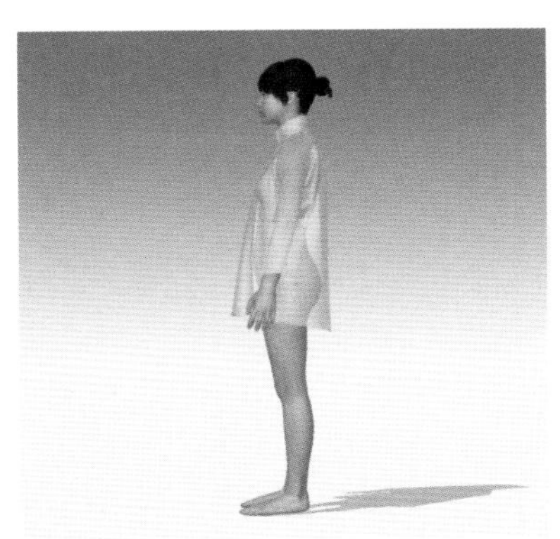

（b）侧面

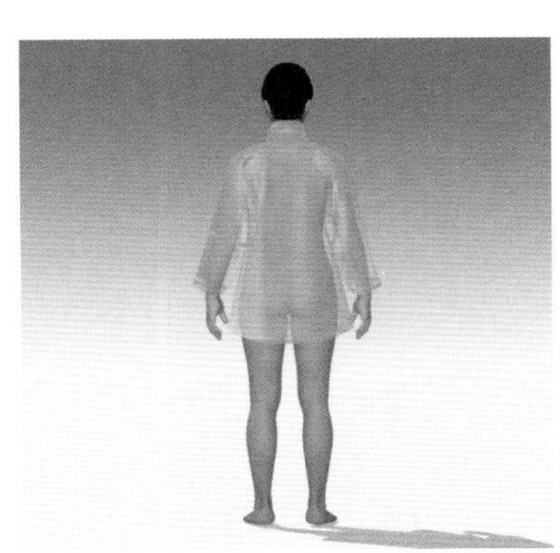

（c）背面

图1-12　民初黑绸“鹤穗”嘉禾团纹刺绣礼服女褂对人体的服装压力分析

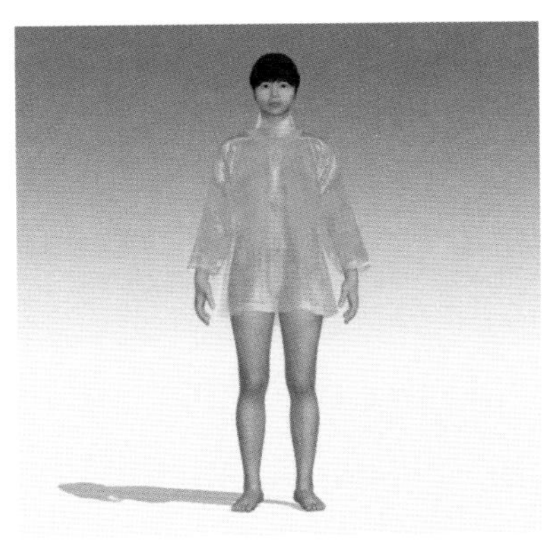

（a）正面

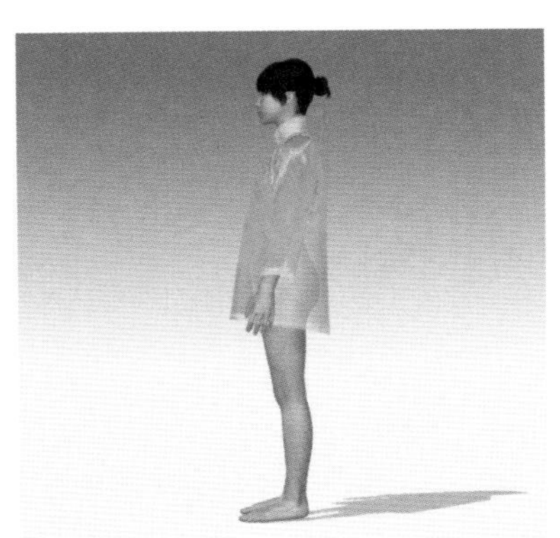

（b）侧面

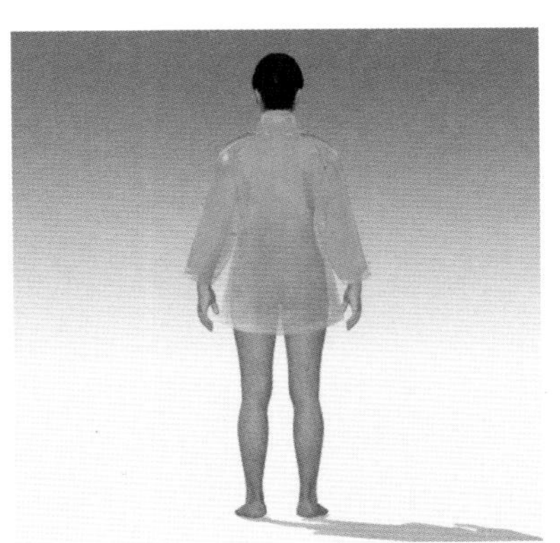

（c）背面

图1-13　民初黑绸“鹤穗”嘉禾团纹刺绣礼服女褂对人体的服装应力分析

2. 纹样规制

近代以来，女褂开始摆脱清朝对襟褂的影响，从石青颜色和团装花纹逐渐发展成黑褂红裙，纹饰中出现了嘉禾团纹。其中最具代表性的传世实物当属宋庆龄母亲倪桂珍赠其嫁衣——黑绸嘉禾纹刺绣礼服（下配马面流苏刺绣裙）。1915 年，孙中山和宋庆龄在日本东京结婚，夫妇二人回国后宋母向他们赠送了大批结婚礼物，希望女儿平安幸福。其中最引人注目的是宋母自己的结婚礼服。黑褂上绣有精细的团状的仙鹤麦穗纹和海水纹，做工精美异常。宋庆龄对它十分珍视，30 年来一直带在身边，直到民国末期，为筹集律师费，营救被美国迫害的和平人士有吉幸治，在情急之下忍痛把它相赠。有吉家人不舍得变卖这件名贵礼服，将其珍藏起来，并于 1981 年捐赠回中国，现藏于北京宋庆龄故居。如图 1-14 所示的形制及纹饰复原图，前后衣身共饰八团由仙鹤嘉禾组成的嘉禾团纹，衣领、衣袖分饰独立的嘉禾纹饰，在底摆江崖海水纹中出现了左右对称的两柱嘉禾纹，且为“一禾七穗”的造型，其寓意与江崖海水照相呼应，鉴于“穗”字与“岁”的谐音，表现出河清海晏、岁岁平安的符号意义。图 1-15 为清末穿嘉禾纹礼服的女性，粉炭水墨纸本，考据绘于清末，妇人上身穿嘉禾纹刺绣对襟褂礼服，下穿凤栖牡丹纹刺绣马面裙。

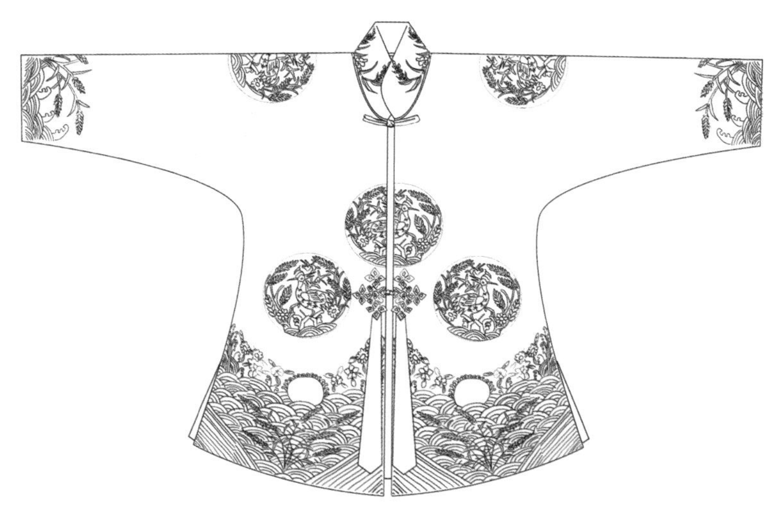

图 1-14　清末宋庆龄母亲倪桂珍嫁衣上的嘉禾纹复原图

（笔者绘，资料来源：实物采自北京宋庆龄故居藏品）

针对女性礼服刺绣纹饰的题材虽然在《服制》中没有提及，但是据笔者考据遗存的大量绘图、老照片等历史图像资料，以及大量传世实物发现，以嘉禾与仙鹤、牡丹等组成的团纹是礼服刺绣的最主要题材。图 1-16 所示为袁世凯儿媳陈徽的历史影像，上着嘉禾纹刺绣对襟褂礼服（长度缩短，与胯齐，为后期礼服改良样式），下穿凤栖牡丹纹马面裙。图 1-17 为笔者依据实物样式绘制的民初黑绸“鹤穗”嘉禾团纹刺绣礼服女褂上衣样式，图 1-18 为笔者绘制的民初嘉禾纹刺绣装饰的褶裥马面裙样式。对比图中衣裳与《服制》条例中规定的样式可见，由嘉禾纹刺绣装饰的礼服是民初礼服的典型样式。

图 1-15　穿嘉禾纹礼服的女性

图 1-16　民初陈徽穿嘉禾纹刺绣对襟褂礼服

图 1-17　民初黑绸“鹤穗”嘉禾团纹刺绣礼服女褂上衣样式

（笔者依据实物样式绘制）

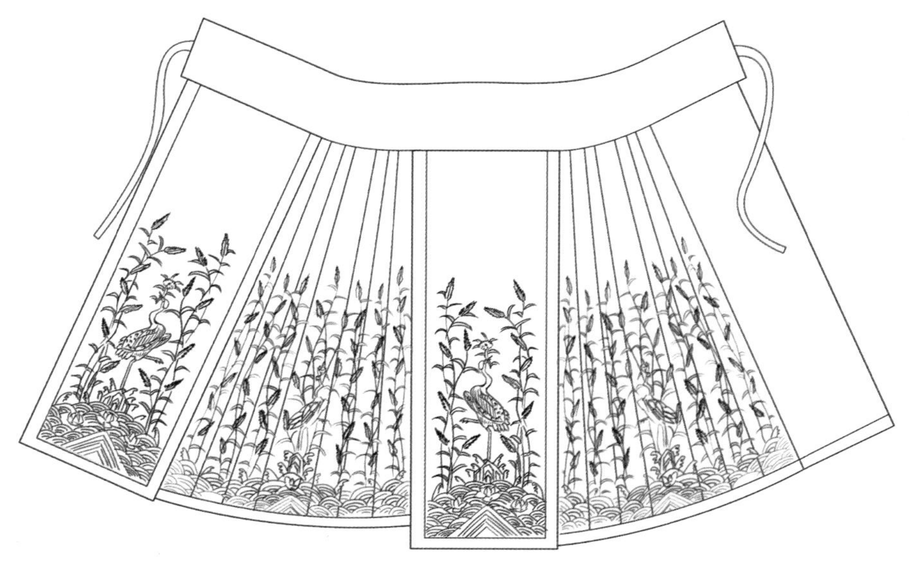

图 1-18　民初嘉禾纹刺绣装饰的褶裥马面裙样式

（笔者绘，资料来源：北京服装学院民族服饰博物馆藏品）

礼服中的嘉禾纹，在题材上集中表现为与仙鹤的组合。鹤为古代祥鸟、仙禽，经常出现在瓷器、服饰等生活用品中，蕴含延年益寿之意。汉代《淮南鸿烈解》记载："鹤寿千岁，以极其游"[1]。作为祥瑞符号的嘉禾纹通过与鹤纹的巧妙组合，组成"鹤穗"纹样，并寓意"鹤穗千年"。图 1-19（a）~（c）示出民初三种代表性"鹤穗"纹，其中嘉禾一般为五穗、七穗或九穗，所谓一禾生五穗、七穗、九穗，在传统文化语境中是祥瑞的征兆。仙鹤基本单脚站立，双翅展开，嘴衔谷穗或牡丹，形象颇为生动。需要注意的是，牡丹纹是"鹤穗"组合纹中除鹤、穗外第三种最常见的纹样。并且，释读一些传世实物发现，有时牡丹还会替代仙鹤，成为组合纹样的中心纹样，如图 1-19（d）和（e）所示，并且牡丹的花瓣在形态上还分为圆角和尖角两种，特此说明。

[1] 蒯德模，蒯光典，蒯文铮点注．蒯氏家集（上）[M]. 合肥：黄山书社，2019: 121.

（a）“鹤穗”纹（一禾七穗，鹤衔花）　（b）“鹤穗”纹（一禾九穗，鹤衔穗）　（c）“鹤穗”纹（一禾五穗，含日月纹）　（d）牡丹禾穗纹（一禾七穗，圆角）　（e）牡丹禾穗纹（一禾五穗，尖角）

图 1-19　民国女性礼服上衣中常见嘉禾组合团纹

［笔者绘，资料来源：实物（a）~（c）（e）来自笔者课题组藏品；实物（d）来自江南大学民间服饰传习馆藏品］

在构图上，首先是嘉禾组合纹自身的构图方式，主要为团纹的形式。如前所述，嘉禾团纹的这种构图方式可以追溯到清末的“五谷丰登”团纹。仙鹤或牡丹作为团纹的中心，多股谷穗由下向上，相互承接，围绕仙鹤或牡丹构成一个闭合的圆环，整体构图疏密有度、繁而不杂。其次是嘉禾团纹在礼服中的经营布局情况，通过解构实物发现，嘉禾团纹在礼服中最常以八团或十团的数量布局，且以八团为主，十团等其他布局十分罕见。如图 1-20（a）所示八团纹的经营布局，前后衣身各三团，分别位于中心线及左右两侧，共计六团，其余两团则分别位于左右两肩处，并且各团纹在前后左右相互之间都是两两对称的关系。图 1-20（b）示出罕见十团纹的经营布局，其中八团纹与图 1-20（a）一致，只是在后背两肩下接近袖口处设置一对团纹，较为隐蔽，若从正面实物图中观测，根本无法发现。因此，八团纹与十团纹的礼服，其正面的团纹布局是一样的。

此外，需要注意的是，团纹虽然两两对称，但是方向确实颇有意思。如图 1-20 中箭头方向所示，以仙鹤头部朝向及嘉禾生长朝向作为团纹方向的话，则所有团纹的方向均指向衣领部位，由此可见中国古典华服制衣及装饰中对五行方位的匠心运用，亦即领口所处位置在十字形平面结构中对应于五行中的中（土），两袖及前后底摆则分别代指东、南、西、北（金、木、水、火）四个方位。此外，除衣身中的嘉禾团纹外，礼服衣领处也装饰由多股谷穗交错构成的嘉禾纹饰。并且据相关传世实物显示，有的礼服还会将衣身中的团纹隐去，只在衣领处留下嘉禾纹样，衣身则以一般花卉纹样替代。总之，嘉禾纹是民初女性礼服中最常见、最典型也是最具代表性的刺绣纹饰，极大地促进了嘉禾纹在民国时期的发展，提高了时人对其的认知度。

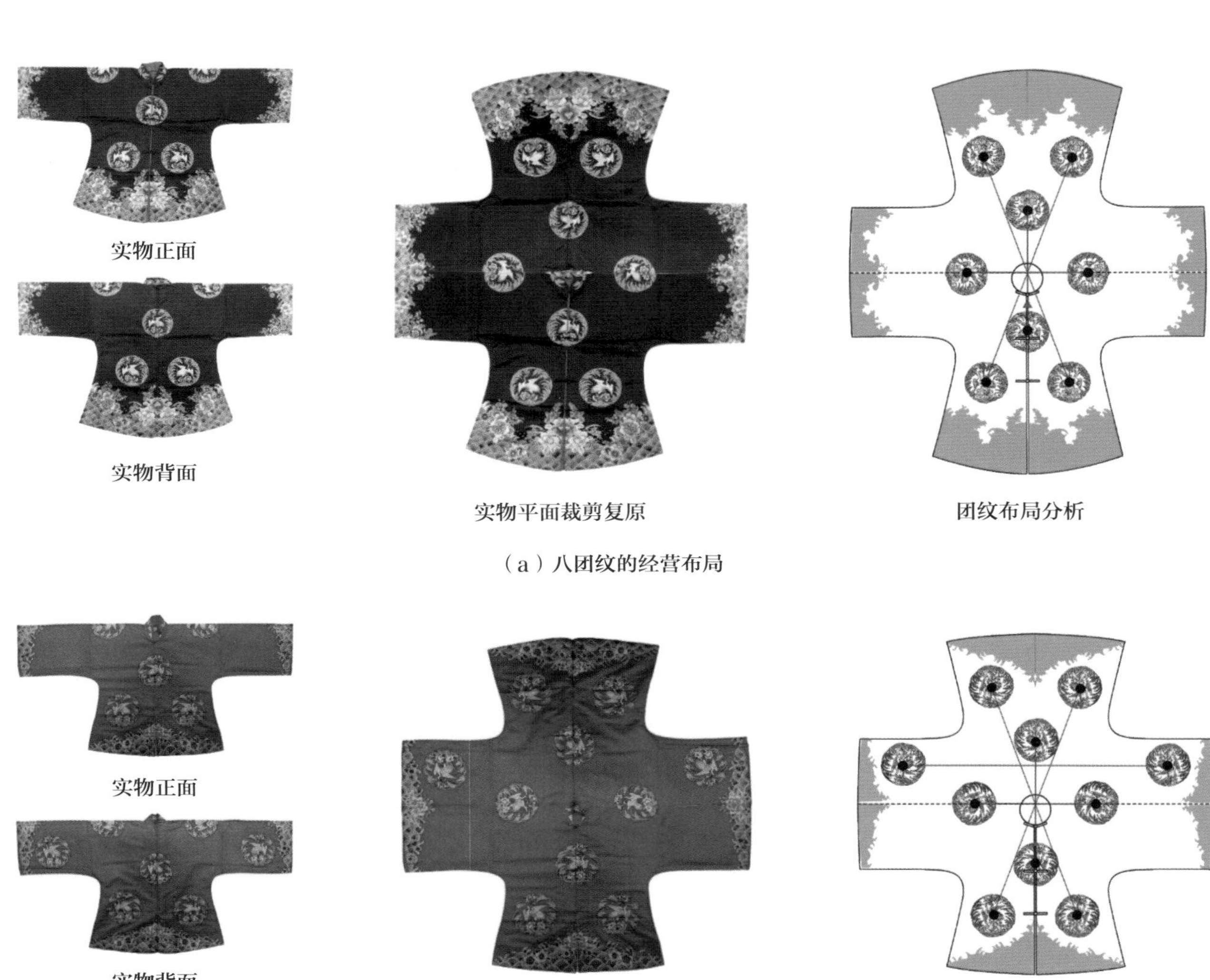

图 1-20　民初礼服刺绣“鹤穗”团纹经营分布的结构复原

（笔者绘，实物来源：笔者藏品，为民初黑绸八团“鹤穗”江崖海水纹刺绣女褂、民初红绸十团“鹤穗”江崖海水纹刺绣女褂）

3. 数理之美

艺术设计中的“几何分析”是一项基于数理测绘技术并依托几何形态的视觉分析方法，或是一种过程。撰写《设计几何学》的美国学者金伯利·伊拉姆曾指出：“几何分析认为比例系统和辅助线构成了艺术作品、建筑、产品和平面设计作品中构图的整体性”，认为观者可以“通过比例和校准的量化测量方式”来明确自身积极的直觉反应[1]。可见，比例是几何分析的核心要义。易言之，比例直接构建了一幅画面中最基本的视觉关系：长与宽的对比、局部与整体的对立等。需要指出的是，观者在鉴赏一幅作品或欣赏一件衣裳时，往往不会注意到点线面之间具体的比例，只会直觉地体察到由比例产生的和谐美。因此，笔者将通过剖析、解构，展示民国礼服结构及纹章的数理之美。

在中国传统中，最具数理之法的理论即对“方”“圆”的认知，所谓“不圆则方”的物类形象法则。据成书于约公元前 1 世纪，中国最古老的天文学和数学著作《周髀算经》记载：“数之法，出于圆方。圆出于方，方出于矩。矩出于九九八十一。故折矩，以为句广三，股修四，径隅五。既方之外，半其一矩。环而共盘，得成三、四、五。两矩共长二十有五，是谓积矩。故禹之所以治天下者，此数之所生也。”这是商高对周公“数安从出”的总括回答，指出数学的方法出于圆与方的数理特性。在中国的生产、生活实践及宗教、科学活动和哲学思维中，圆和方被认为是两个基本的图形元素，两者既相互对立，又相互转化[2]。正如《周礼》注疏：“凡物类形象，不圆则方。”根据商高勾股圆方图显示，互为相切和转化的形式有两种，外圆内方的“方圆图”和内圆外方的“圆方图”（图 1-21），“或毁方而为圆，或破圆而为方”，不仅规可作圆，矩亦可作圆，所谓“环矩以为圆”。饰有团纹的女性礼服，其左右两肩及前胸和后背四个团纹正好构成了一个典型的“方圆图”（图 1-22）。

为了进一步解读女性礼服中的数理之美，对民初黑绸八团“鹤穗”江崖海水纹刺绣女褂、民初红绸十团“鹤穗”江崖海水纹刺绣女褂两件礼服进行详细的方圆分析，如图 1-23 所示，不仅前后衣摆呈圆弧形，而且前后衣摆、袖口处团纹等均为前后、左右对称，构成各式矩形，这便形成了民国女性礼服上衣的结构和纹章经营范式。

---

[1] 金伯利·伊拉姆，设计几何学 [M]. 沈亦楠，赵志勇，译 . 上海：上海人民出版社，2020: 45.

[2] 张岂之主编，曲安京著 .《周髀算经》新议 [M]. 西安：陕西人民出版社，2002:3.

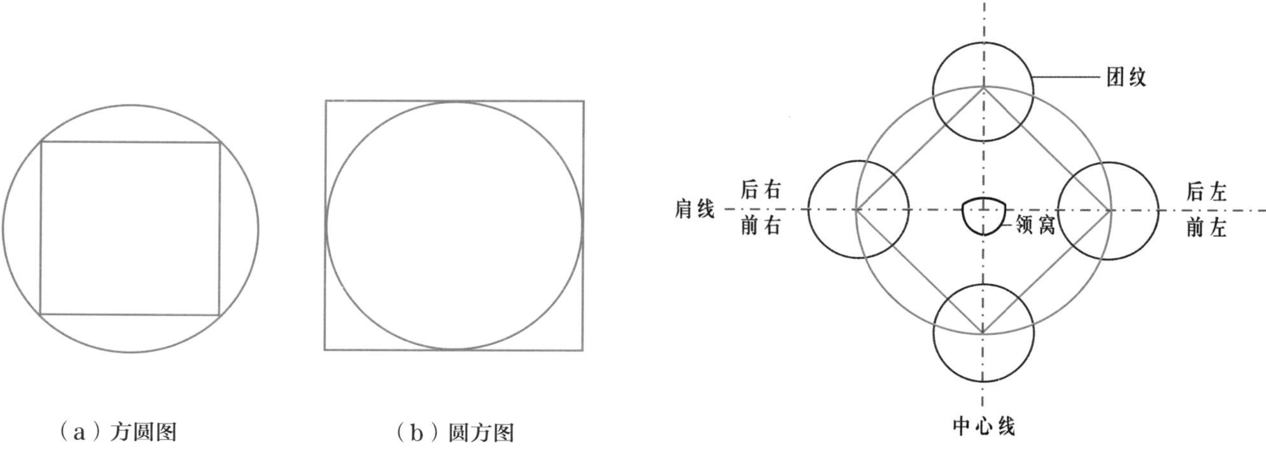

（a）方圆图　　（b）圆方图

图 1-21　商高勾股圆方图（补正）

图 1-22　四团章纹营对“方圆”的契合

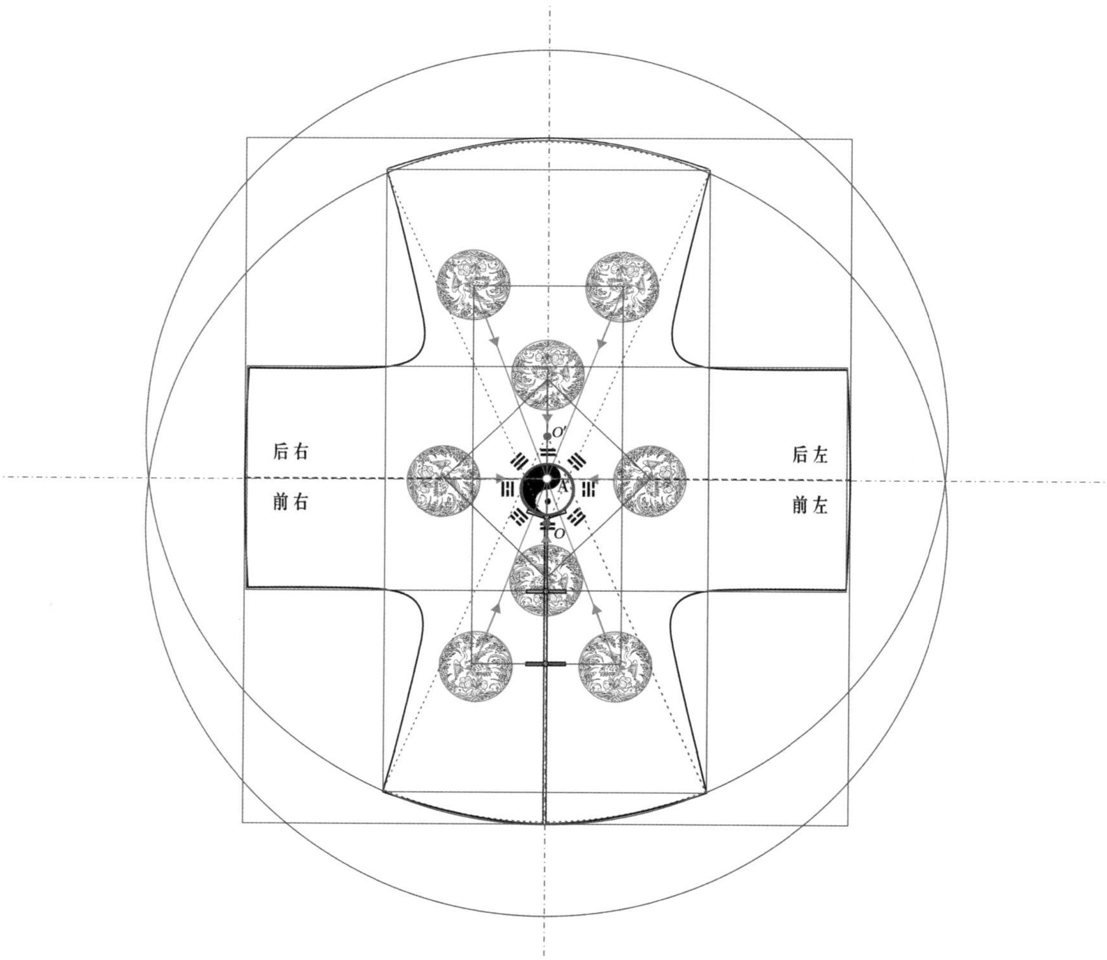

后右
前右
后左
前左

（a）民初黑绸八团“鹤穗”江崖海水纹刺绣女褂

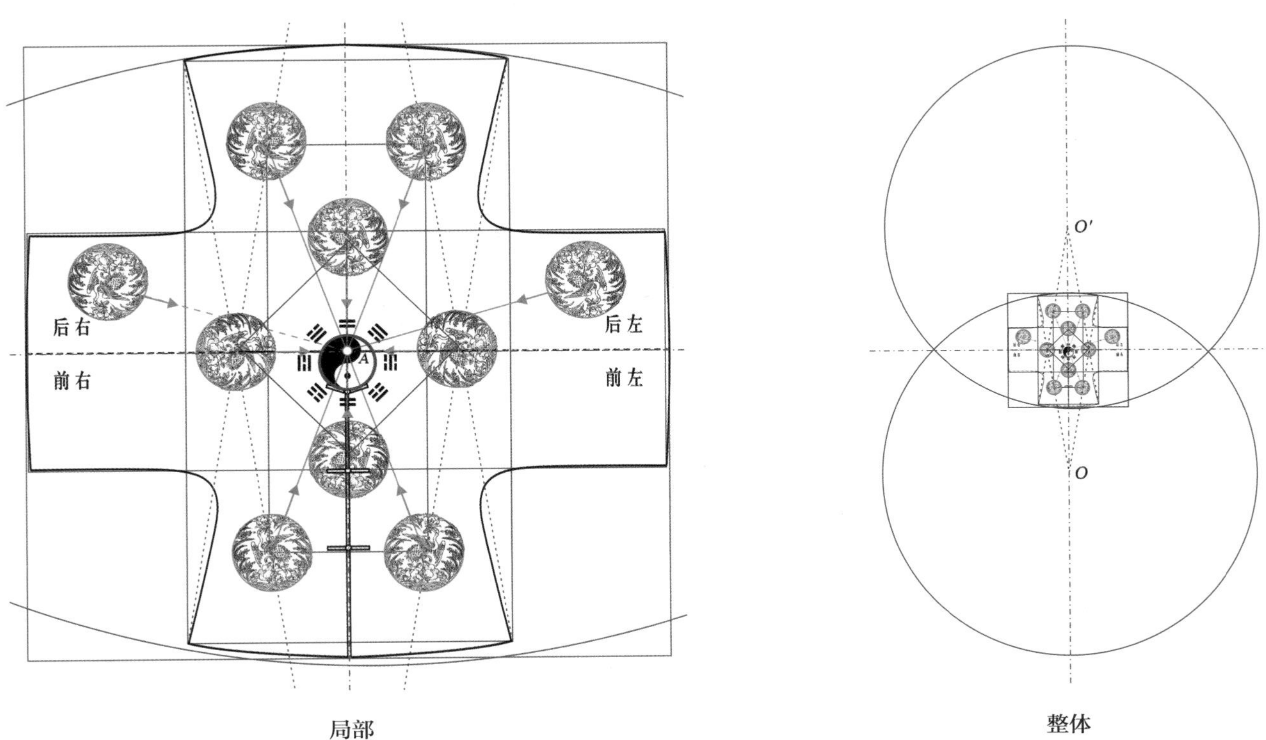

（b）民初红绸十团“鹤穗”江崖海水纹刺绣女褂

图 1-23　民初女性礼服平面结构及章纹布局中的方圆分析

在传统服饰的营造过程中，第一步便是纹章布局，随后依次为结构裁剪、缝合镶滚及闭合配置，而纹章布局和结构裁剪的设计过程形成了传统华服的造物特色。民初女性礼服上衣的结构和纹章规制，完美继承了传统华服的制衣顺序和设计理念，在中华十字形平面结构系统下，衍生出“方圆法式”蕴藏下的规矩之美。方和圆是物象的两极形态，在民初女性礼服中的广泛使用，不仅是华服造物设计中对“线”的化境之用，还体现了物象之间的关系与哲思，两者既相互依存，又相互转化，共同构筑了女性礼服的结构的美性经验。

（二）改良刺绣礼服衣型结构

除了上述经典结构和纹章规制，民国时期女性的礼服还有改良制式，不仅在结构上更加窄化，在纹章上也打破了原有团纹的固定范式，形成散地式构图特征，但是在装饰手法上仍然沿用了《服制》规定的刺绣技艺。图 1-24 所示为 1934 年《大众画报》介绍中国妇女服装演变史时对“民国初年结婚礼服”的展示，上衣结构与民初黑绸“鹤穗”嘉禾团纹刺绣礼服女褂类似，但是在尺寸上稍显窄小且精短些，但是纹饰还是团纹的规制；图 1-25 所示为 1938 年黎美女士在服装表演筹赈会上展示的“民初服装”[1]，结构延续了立领对襟的基本形制，但是衣长，特别是袖长变得更短，袖长缩短至肘部以下手腕以上，而且纹饰则变为散地满绣[2]。

图 1-24　民国初年结婚礼服

（资料来源：《大众画报》1934 年第 11 期）

图 1-25　民初礼服

（资料来源：《东方画刊》1938 年第 9 期）

广州市博物馆珍藏一件罕见的民国改良女性礼服——黑绸牡丹纹刺绣礼服女褂（图 1-26），形制为立领，对襟，3 副盘扣，在最低 1 副盘扣处，即对应腰节处设置了两条细带；衣长至腰下股上，袖长至手腕，衣摆渐宽；后中破缝，不仅左右衣摆开衩，在左右袖口下也设置了一段开衩，目的是适合手腕活动（图 1-27）。此褂全手工制作，通身装饰刺绣，在前后衣摆、门襟、开衩、袖口、领口及领座处装饰海水纹，纹样构图精简，由数个半圆形构成海水波浪式样，且无“江崖”穿插其中，可以看出是对民国礼服中江崖海水纹的继承和简化。在前后衣身、袖身，包括立领和两条细带上，均装饰了不同大小和造型的连枝牡丹，并遵循衣身、双袖及其他部件的形制走势进行构图排布，基本充盈了衣身各处，形成满绣、精工的视觉观感。

---

❶ 佚名 . 服装表演筹赈会：（右）民初服装，黎美女士饰：照片 [J]. 东方画刊，1938, 1(9):33.

❷ 佚名 . 中国妇女服装变迁史：各时代代表人物之衣饰：清女侠十三妹、民国初年结婚礼服为现代服装之嚆矢：照片二幅 [J]. 大众画报，1934(11):30.

（a）正面

（b）背面

图 1-26　民国黑绸牡丹纹刺绣礼服女褂实物

（资料来源：广州市博物馆藏品）

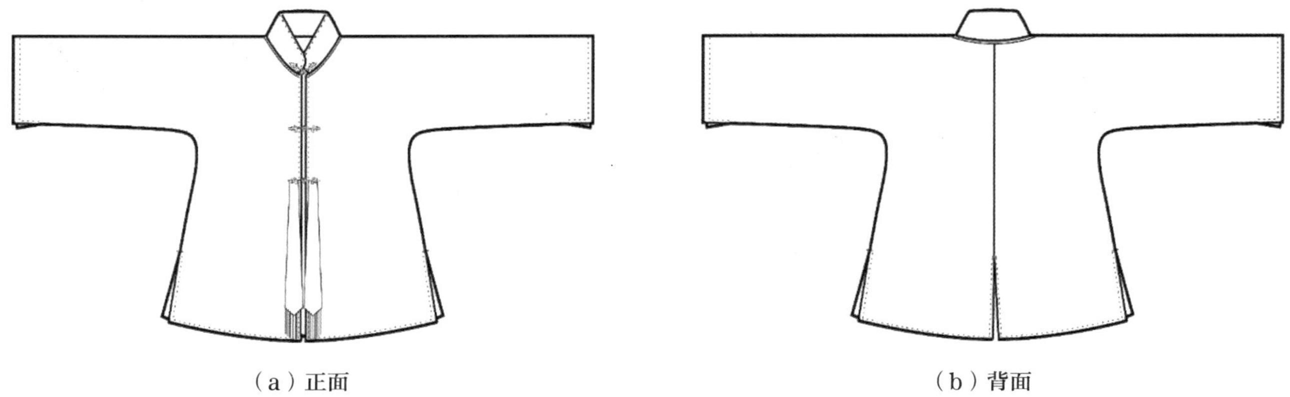

（a）正面　　（b）背面

图 1-27　民国黑绸牡丹纹刺绣礼服女褂形制

通过对结构进行测绘和复原发现（图 1-28），此褂非常适体和修身。首先，长度变短，只有 61.0cm，底摆介于腰与股之间，相较民初黑绸“鹤穗”嘉禾团纹刺绣礼服女褂剪短了 11.0cm；其次，宽度变窄，胸宽仅 40.5cm，底摆宽 49.0cm，相较民初黑绸“鹤穗”嘉禾团纹刺绣礼服女褂尺寸缩减了 10.0cm 有余。也正是因为结构，特别是腰身结构的整体窄化，民国黑绸牡丹纹刺绣礼服女褂在后中缝处增设了长 16.0cm 的开衩，使适体的衣身在前后左右均有不同程度的开衩设计，从而满足穿着者的正常活动。经过结构和纹章的双重改良，黑绸牡丹纹刺绣礼服女褂的这种女性礼服范式基本定型，并且一直延续至今，在如今各大民国风婚礼新娘服上，基本沿用了此种结构和纹章装饰范式。因此，民国中后期的这种改良礼服设计，体现出了重要的创新价值。

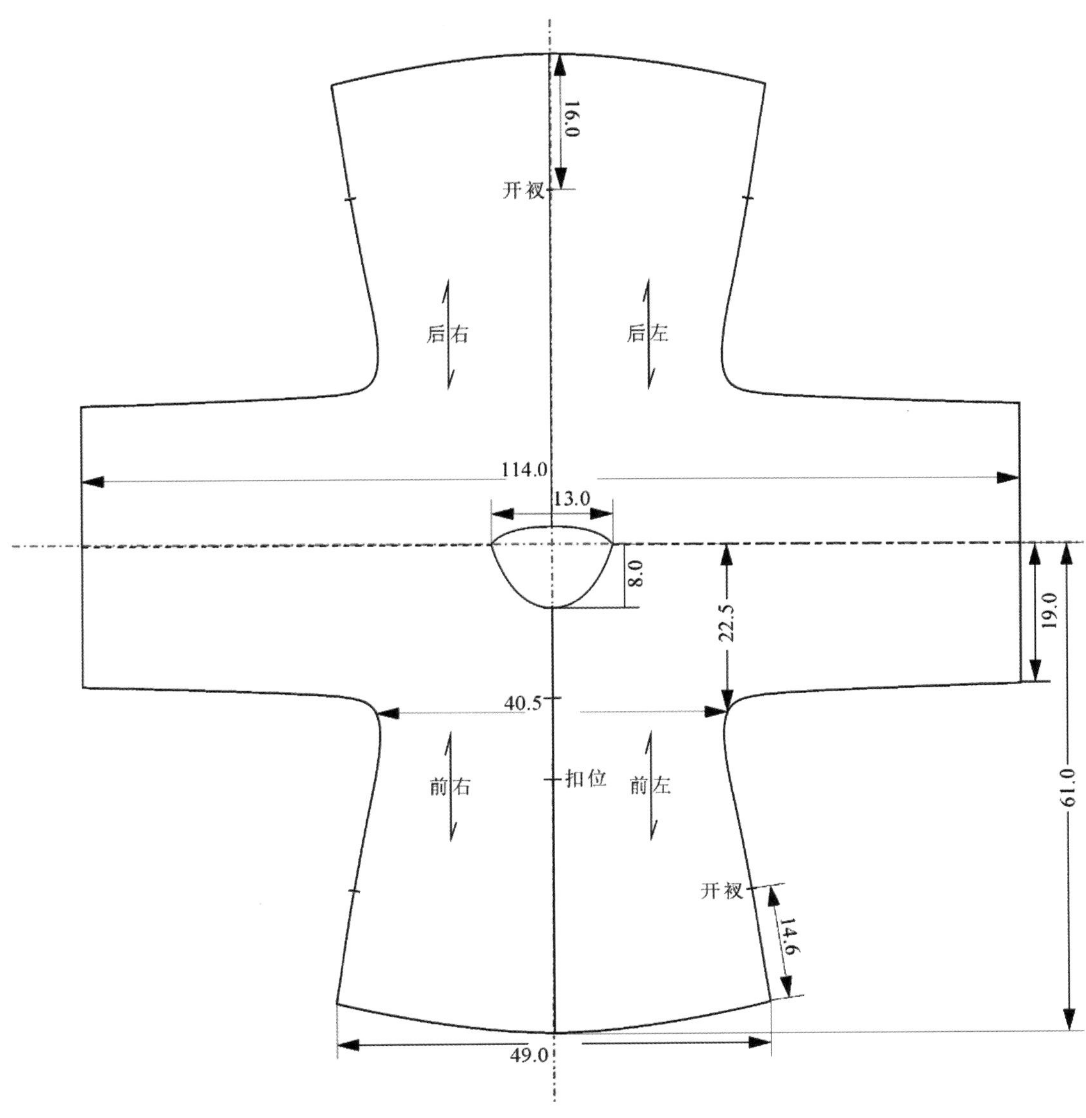

图 1-28　民国黑绸牡丹纹刺绣礼服女褂主结构测绘与复原（单位：cm）

对民国黑绸牡丹纹刺绣礼服女褂进行虚拟试衣，得出其立体造型，如图 1-29 所示。从三视图来看，女褂结构缝合严整，袖型与衣型规整、雅观，无明显扭曲及变形等问题。

（a）正面

（b）侧面

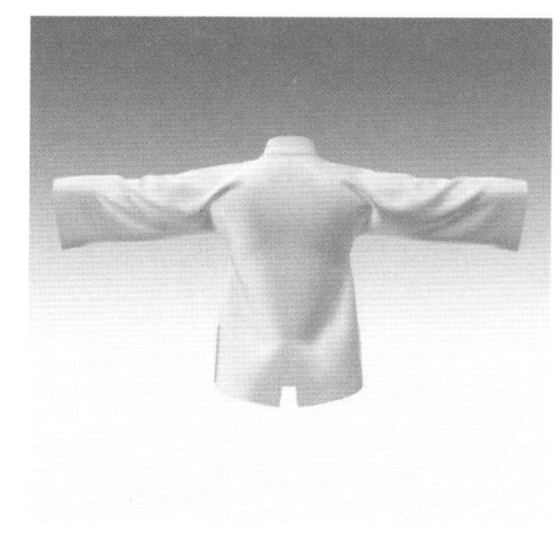
（c）背面

图 1-29　民国黑绸牡丹纹刺绣礼服女褂的三维空间营造

将民国黑绸牡丹纹刺绣礼服女褂穿于虚拟模特之上，经过结构的导入（除了上述主结构外，补充立领、镶滚等辅料结构），并通过虚拟缝合等系列操作之后，完成了女褂由 2D 平面向 3D 立体空间的结构转换，缝合之后穿在女模身上，袖长至小臂，衣长至臀周。在双臂平举、双臂侧抬和双臂垂落三种状态下，女褂在颈部、肩部、手腕以及胸部、腰部等部位宽松适体，较少出现面料的余量堆积（图 1-30）。

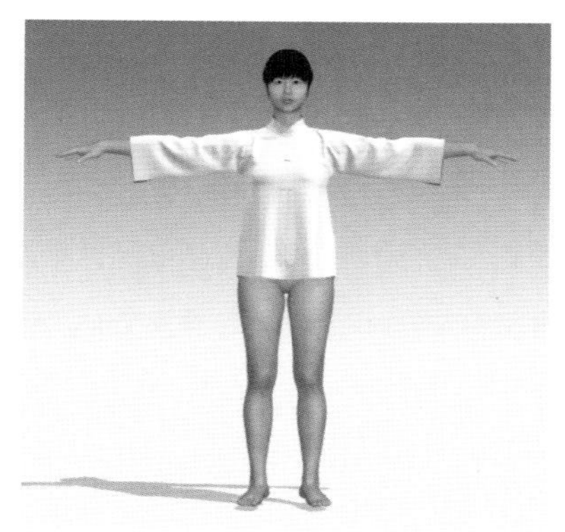
（a）双臂平举

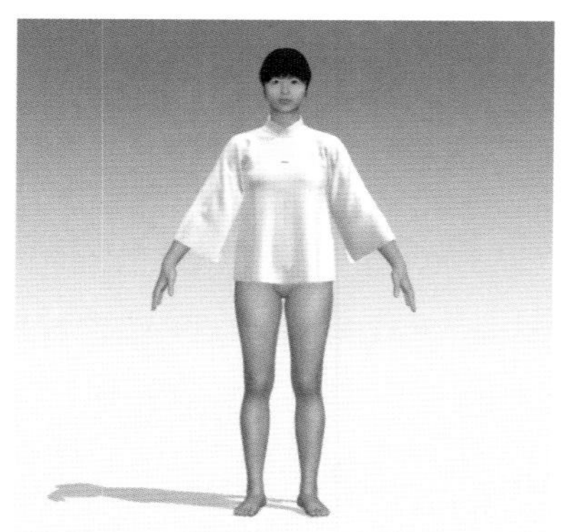
（b）双臂侧抬

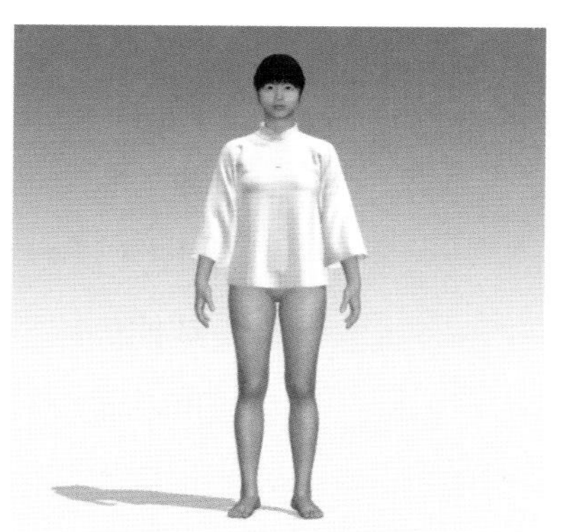
（c）双臂垂落

图 1-30　民国黑绸牡丹纹刺绣礼服女褂的虚拟试穿实验分析

将民国时期两款代表性礼服结构放在一起对比，可以更加直接地看出两者之间的共性与差异。相比之下，民国黑绸牡丹纹刺绣礼服女褂的结构变化主要有：立领变窄；衣长变短，由股下上升至臀周；袖长也变短，由手腕处升至小臂下处。但是两款礼服整体的宽松程度相差不大（图 1-31）。

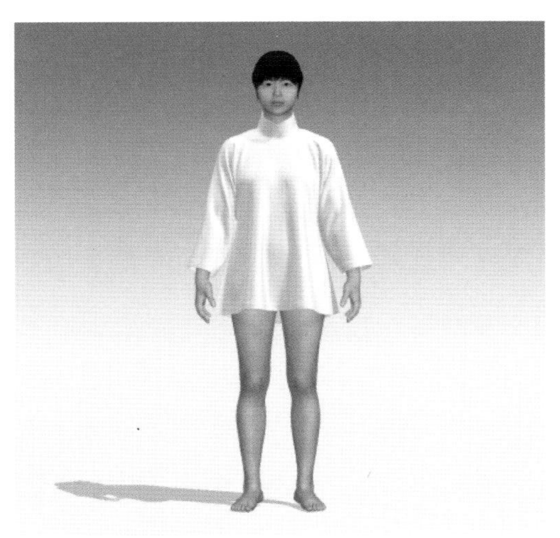

（a）民国黑绸“鹤穗”嘉禾团纹刺绣礼服女褂

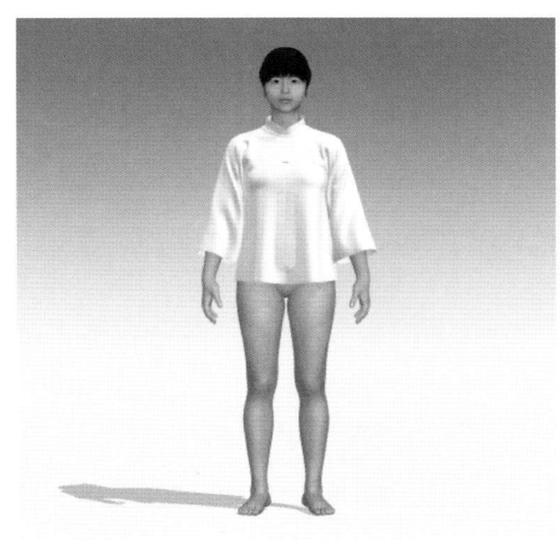

（b）民国黑绸牡丹纹刺绣礼服女褂

图 1-31　民国礼服衣型的试衣对比分析

此外，重点测试民国黑绸牡丹纹刺绣礼服女褂对虚拟人体的服装压力，选取虚拟模特背面、肩点（两侧）、手臂侧面（测面）、胸围线点（正面）、腰围线（两侧）等关键部位压力与应力分析值，如表 1-4 所示。在虚拟试衣中打开显示压力点（图 1-32）和应力点（图 1-33），可以得出女褂的压力主要集中在肩部和胸周，其他部位压力较小，可见女褂穿着效果较为宽松舒适。但是，与民国黑绸“鹤穗”嘉禾团纹刺绣礼服女褂相比，民国黑绸牡丹纹刺绣礼服女褂穿后女体关键部位压力与应力分析还是发生了轻微的变化：背面受力降低，肩点（两侧）压力降低，手臂侧面（测面）压力也降低，但是胸围线点（正面）压力增加，可以看出改良后礼服女褂因为袖长及底摆的剪短，降低了对手臂和腰部的束缚，但是由于胸部尺寸的降低，对于胸部的压力还是明显提升，差值分别达到了 6.1kPa（左）和 6.6kPa（右）。

表 1-4　民国黑绸牡丹纹刺绣礼服女褂穿后女体关键部位压力与应力分析

受力	背面	肩点（两侧）		手臂侧面		胸围线点（正面）		腰围线（两侧）	
	中	左	右	左	右	左	右	左	右
压力/kPa	3.3	27.0	28.0	4.0	3.8	9.4	9.8	1.0	0.9
应力/%	105	118	118	102	102	110	111	100	101

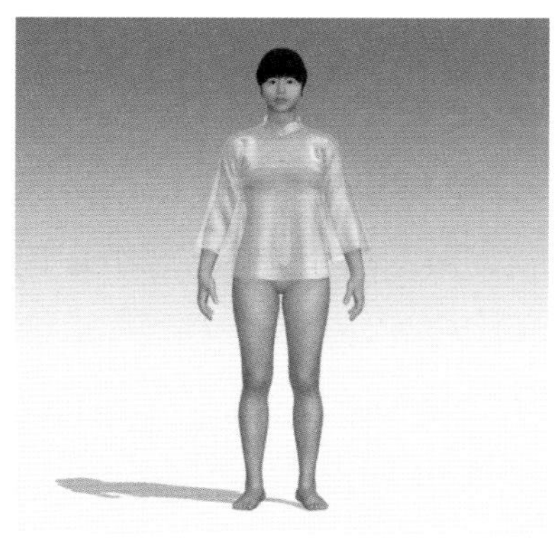
（a）正面

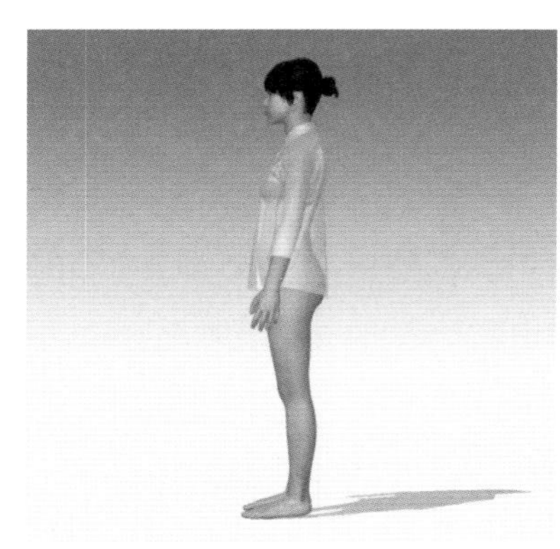
（b）侧面

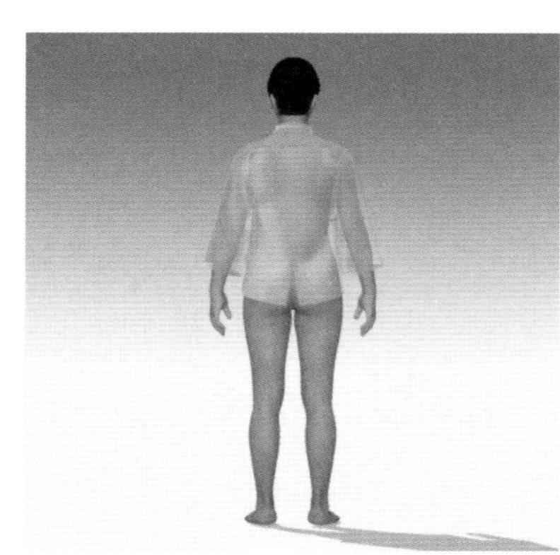
（c）背面

图 1-32　民国黑绸牡丹纹刺绣礼服女褂对人体的服装压力分析

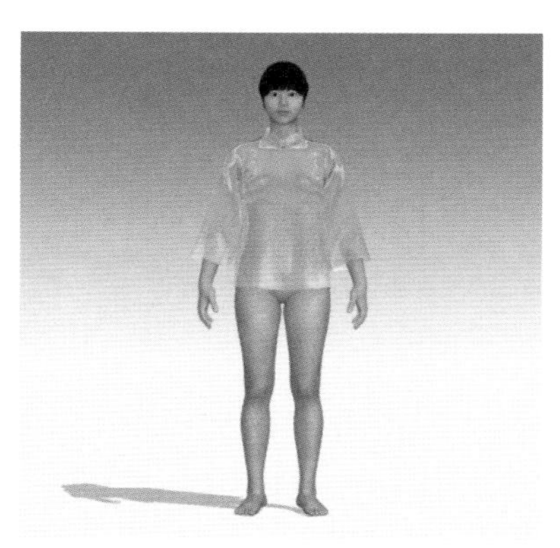
（a）正面

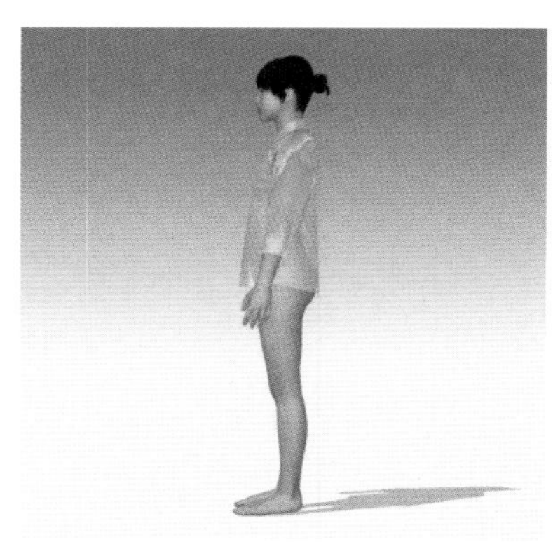
（b）侧面

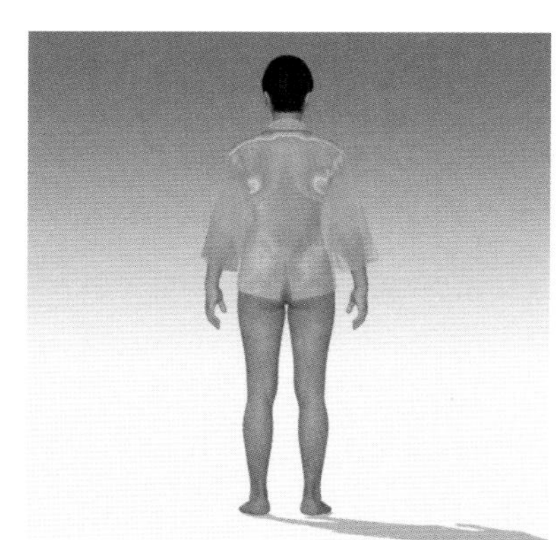
（c）背面

图 1-33　民国黑绸牡丹纹刺绣礼服女褂对人体的服装压力分析

二、常服衣型结构改良及收腰设计

常服是非礼仪场合之外所穿的日常便服，广泛应用在居家、生活、出行、工作、劳动、旅游等各式场合。封建社会中的汉族妇女，不管是为女、为妻（为妇）或为母（为姑），皆依附于男性。“足不出户”的生活常态营造了“宽衣博袖”的服饰范式。近代尤其是民国以后，西风东渐下汉族女性的教育、工作、社交等生活方式骤变。正如《玲珑》社评：“昔妇运未发达时代，妇女皆深居闺阁之内，初无交际可言。及世界文明，女子解放，于是国中有识女子亦多有从事社会活动。”❶此时的服饰“起居颇嫌不便，尤以旅行为最而工作之不适宜”❷。生活方式的改变，社会活动空间的扩大，使得越来越多的女性调整自身装扮以融入新生活。传统的“宽衣博裳”严重制约了女性的活动便捷，无法适应新的生活方式，加上包豪斯（形式服从功能）等现代艺术思想传入以及国外同时进行的服装改良运动（1929 年，伦敦男子从生理约束及科学设计的角度，提倡英国传统服饰的改良运动）❸等，促使和助推了女性服饰等中国传统服饰设计需求发生转变，亟需通过改良以求适应。

改良后女性常服适体性得到了大幅度提高，衣长绝大多数缩短到膝盖以上，部分甚至缩短到臀部以上的腰节周围，以女青年和女学生为代表的新女性形象逐渐被构建。图 1-34 所示为 1918 ~ 1919 年吴狄（音译）和家人在河北北戴河的合影，其中青年女性身着素色条纹上衣，形制为立领，右衽大襟，衣长至臀周，袖型十分修身。图 1-35 所示同样为 1918 ~ 1919 年的摄影作品，记录了当时由美国公理会创办的女子寄宿学校中中学女学生的集体形象，画面中的女学生均穿着素色上衣，形制为立领，右衽大襟，衣长至臀下，衣身和袖型基本合身，无宽博、累赘现象，只是衣长和宽松程度相较吴狄和家人的稍微宽松，可能是出于对女学生处于身体发育阶段的考量。

---

❶ 牛犁，崔荣荣 . 民国早期人物粉彩瓷上的女性服饰时尚 [J]. 丝绸，2016,55(3):89.

❷ 佚名 . 改良服装之我见 [J]. 民视日报七周年纪念汇刊，1928:52.

❸ 佚名 . 伦敦男子改良服装运动 [J]. 新光，1929(26):27.

图 1-34　1918 ~ 1919 年吴狄和家人在河北北戴河的合影

图 1-35　民国初期女中学生们着素色窄衣

1926 年，广州民国日报（朱者梅：《妇女夏服之研究》）指出："妇女在夏天所穿的服装，色宜而雅不俗，制式以适体为主。太宽太紧，俱非所宜。盖过宽则长衣大袖，举动不能灵敏。过紧则有碍血液之流行，且观瞻不雅。"1933 年，江问鱼在《民生》杂志第一卷上便称"现在平民主义大倡，阶级制度和思想，是绝对不容存在"，并以人为本提出经济、卫生、朴实雅洁、简易轻便四个服饰改良的标准[1]。因此，对观念上平等普遍存在的"民"与"人"的关注，是当时传统服饰设计改良的价值核心之所在。

（一）民初改良常服衣型结构

形制呈前高后低的"元宝领"立领是民国早期领型的重要特色，也成为对民国女性上衣进行断代的主要依据。青绿绸暗花"元宝领"女衫是民国早期典型的上衣实物（图 1-36），形制为"元宝形"立领，右衽大襟，7 副盘扣，衣长至股下，袖长至手腕处稍长，衣摆渐宽，袖口渐窄，前后中破缝，左侧缝底摆处开衩较高，达 44.0cm，与右侧最低处盘扣处于同一水平线上（图 1-37）。面料色彩及视觉风格素雅，呈青绿色调，装饰同色系牡丹暗纹，采用单层面料裁制成衣，未加里料搭配，故为夏季所着。

[1] 江问渔．改良服装的标准 [J]. 民生，1933,1(13):3.

（a）正面

（b）背面

图 1-36　民初青绿绸牡丹暗纹“元宝领”女衫实物

（资料来源：广州市博物馆藏品）

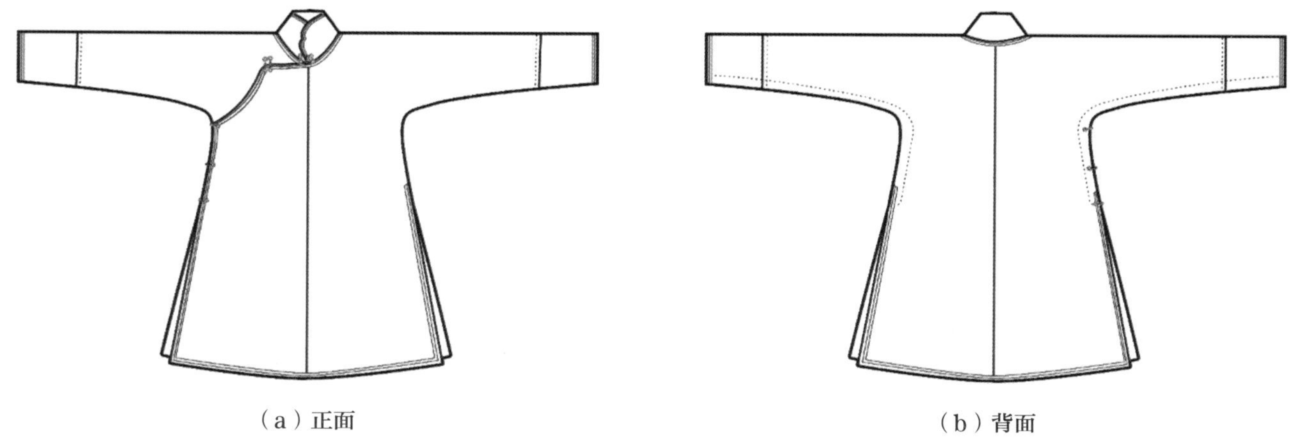

图 1-37　民初青绿绸牡丹暗纹“元宝领”女衫形制

需要注意的是，民国时期除了传统改良服饰的出现并成为主流外，当时还留存了部分清制的传统服饰，这些服饰的形制还是“宽衣博袖”的特征。通过对民初青绿绸牡丹暗纹“元宝领”女衫主结构进行测绘与复原（图 1-38）表明，虽然女衫的衣长较长，但是该衫的肩部、胸部、臂部、手腕部非常适体，其中胸宽 49.0cm，袖口宽 13.0cm，挂肩长 25.5cm，属于典型的窄衣窄袖形制。

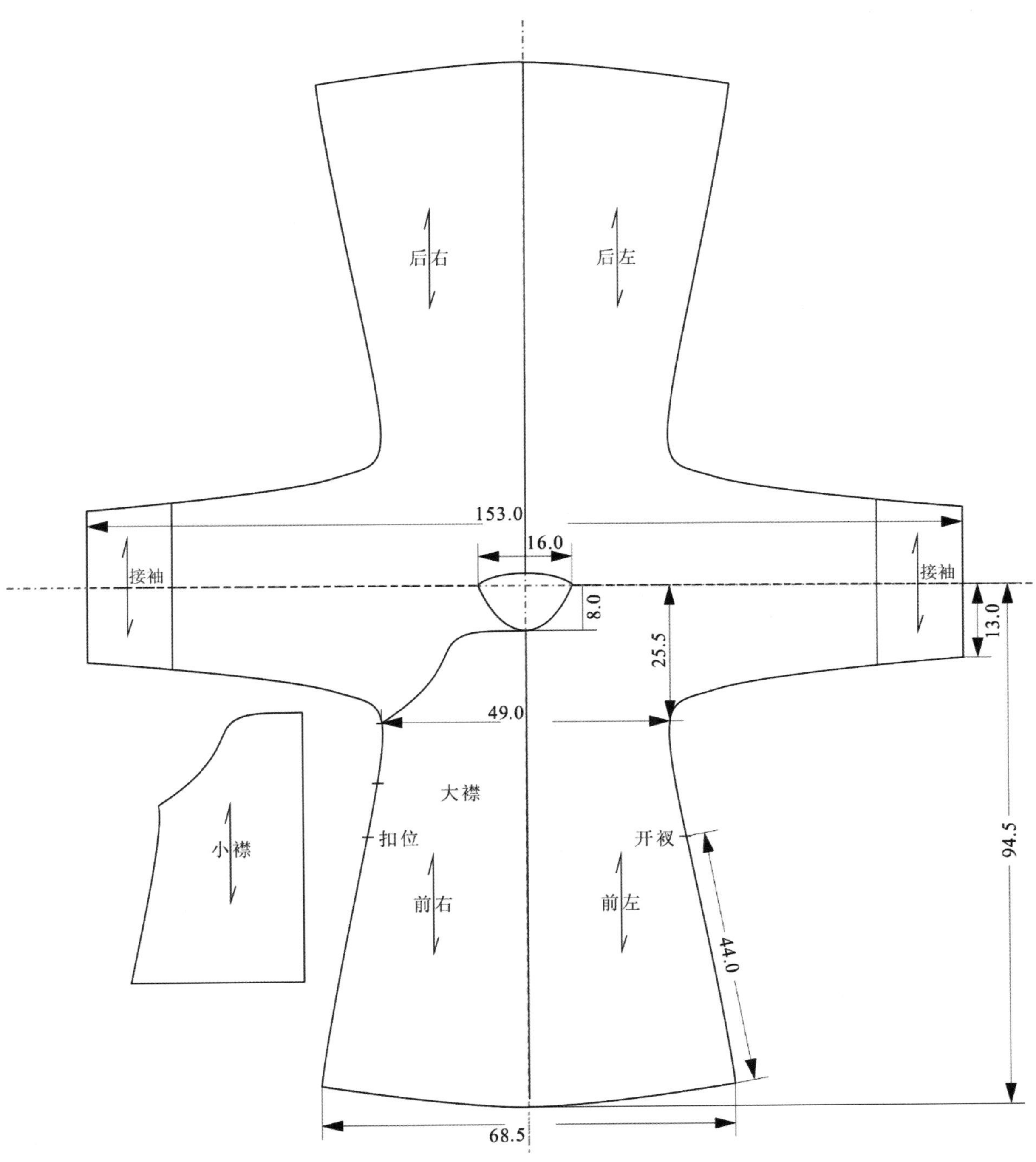

图 1-38　民初青绿绸牡丹暗纹“元宝领”女衫主结构测绘与复原（单位：cm）

为了更加直接和有力地实证这一点，笔者选取并测量整理了广州市博物馆珍藏清末及民国时期传承旧制，在结构上未做改良，或改良不明显的上衣 13 件，在重要尺寸上与青绿绸牡丹暗纹“元宝领”女衫形成对比，如表 1-5 所示，选取胸宽、下摆宽、袖口宽、衣长和通袖长 5 个对上衣合体性影响较大的尺寸。

表 1-5 清末、民国未改良汉族女性上衣尺寸统计 单位：cm

编号	名称	实物	尺寸				
			胸宽	下摆宽	袖口宽	衣长	通袖长
俗 -2348	清光绪紫色三多纹妆花缎氅衣		70.0	93.0	26.5	111.5	130.0
WSC-062	清代紫茄缎地刺绣补子女褂		78.5	80.5	44.0	81.0	128.0
WSC-146	晚清深蓝缎地“蝶恋花”纹刺绣女褂		52.5	69.0	34.0	66.0	134.0
WSC-084	民国蓝色暗花缎地彩绣花鸟纹女袄		72.5	94.0	52.0	92.0	136.0
WSC-031	民国浅绿暗花绸地镶边宽袖女衫	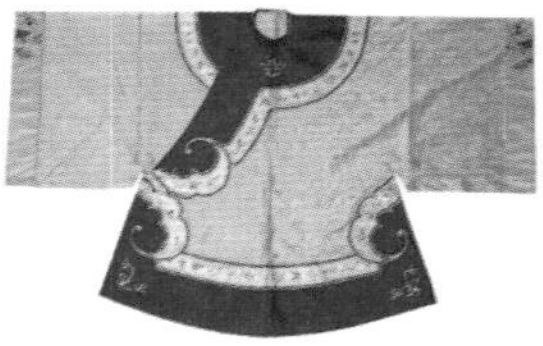	69.5	92.0	50.7	91.0	148.0
WSC-051	民国浅灰蓝色丝质云肩领宽袖女衫		58.8	80.2	40.0	88.0	128.0

续表

编号	名称	实物	尺寸				
			胸宽	下摆宽	袖口宽	衣长	通袖长
WSC-117	民国蓝色暗花缎地绣花卉龙纹宽袖女袄		87.5	98.0	58.5	97.0	118.4
WSC-042	民国粉红暗花缎地镶黑边女袄		68.5	79.0	26.0	88.0	160.0
WSC-106	民国蓝色暗花绸地镶黑边宽袖女袄		70.8	92.0	52.0	90.5	136.0
WSC-102	民国黑色暗花纱镶边蝴蝶花卉纹女褂		64.5	85.0	25.0	101.5	134.0
WSC-015B	民国浅绿地暗花缎面“蝶恋花”刺绣女袄		81.0	92.0	36.0	88.0	155.0
WSC-087	民国黑缎暗花地打籽绣花蝶纹女褂		72.0	74.6	33.2	86.0	158.0
WSC-086	民国浅粉暗花缎地拼薄荷绿绸蝴蝶如意纹女袄		60.0	75.5	29.0	84.0	172.0

注：表中数值加方框，表示这一列的最大值，即表中所有实物中该尺寸的最大值，如111.5为表中实物中衣长最长的，后同。

由表 1-5 可知，民国蓝色暗花缎地绣花卉龙纹宽袖女袄为胸宽、下摆宽和袖宽最宽的上衣，民国浅粉暗花缎地拼薄荷绿绸蝴蝶如意纹女袄为通袖长最长的上衣。通过 13 件上衣主要结构尺寸分析及其与青绿绸牡丹暗纹“元宝领”女衫的对比（表 1-6），得出如下结论。

（1）胸宽是决定上衣衣身结构是否合体的最关键尺寸之一。对比发现，13 件未经结构改良的上衣胸宽普遍较大，最宽达 87.5cm，最窄仍有 52.5cm，平均值为 69.7cm，比青绿绸牡丹暗纹“元宝领”女衫宽 20.7cm，足见衣身窄衣化的程度之高，使汉族女性上衣实现了“宽衣”到“窄衣”的蜕变。

（2）袖口宽是决定上衣袖子是否合体的最关键尺寸之一。对比发现，1 件未经结构改良的上衣袖口普遍较大，最宽达 58.5cm，最窄仍有 25.0cm，平均值为 39.0cm，比青绿绸牡丹暗纹“元宝领”女衫宽 26.0cm，足见衣袖的窄衣化程度之高，甚至超过对衣身的改良，实现了汉族女性上衣从“博袖”到“窄袖”的演变。

表 1-6　青绿绸牡丹暗纹“元宝领”女衫与清末民国未改良汉族女性上衣尺寸对比　　单位：cm

名称		尺寸				
		胸宽	下摆宽	袖口宽	衣长	通袖长
表 1-1 中所有实物	区间	52.5，87.5	69.0，98.0	25.0，58.5	66.0，111.5	118.4，172.0
	最大值	87.5	98.0	58.5	111.5	172.0
	最小值	52.5	69.0	25.0	66.0	118.4
	平均值	69.7	85.0	39.0	89.6	141.3
青绿绸牡丹暗纹“元宝领”女衫		49.0	68.5	13.0	94.5	153.0

青绿绸牡丹暗纹“元宝领”女衫的胸宽和袖口宽明显缩短，却是衣身仍然稍长的范式，也是民国初期（即 20 世纪 10 年代初 ~ 20 年代初）的常见制式，下裳可搭配裙或裤。图 1-39 示出民初青绿绸暗花“元宝领”女衫的原始搭配套装，裤子面料与上衣一致。图 1-40 所示为 1917 ~ 1919 年间拍摄于上海街头的中年妇女，所穿上衣虽然取消了“元宝领”的夸张设计，但是衣身和袖型的宽度及长度仍属于青绿绸牡丹暗纹“元宝领”女衫这种范式，且下身同样搭配同色系的裤装。

图 1-39　民初青绿绸暗花“元宝领”女衫的原始搭配套装

（资料来源：广州市博物馆藏品）

图 1-40　民初街头中年妇女着上衣及下裤

为了进一步实证民初青绿绸暗花“元宝领”女衫结构特征及穿着效果，将其穿于虚拟模特之上，经过结构的导入（除了上述主结构外，补充立领、镶滚等辅料结构），并通过虚拟缝合等系列操作之后，完成了女衫由2D平面向3D立体空间的结构转换，缝合之后穿在女模身上如图1-41所示，袖长至手腕，衣长至股下。在双臂平举、双臂侧抬和双臂垂落三种状态下，女衫在颈部、肩部以及胸部、腰部等部位宽松适体，较少出现面料的余量堆积（图1-42）。

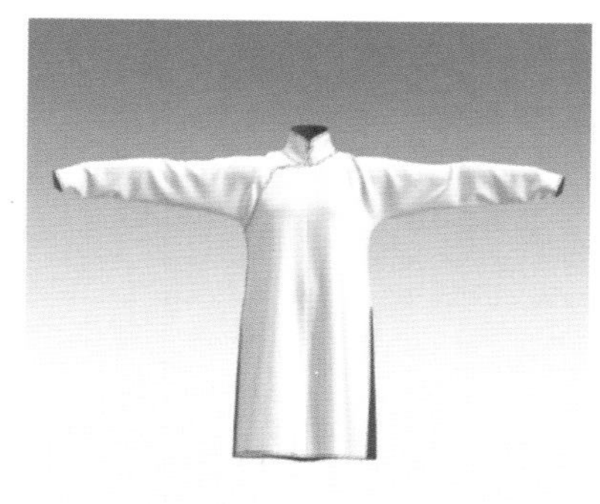

（a）正面

（b）侧面

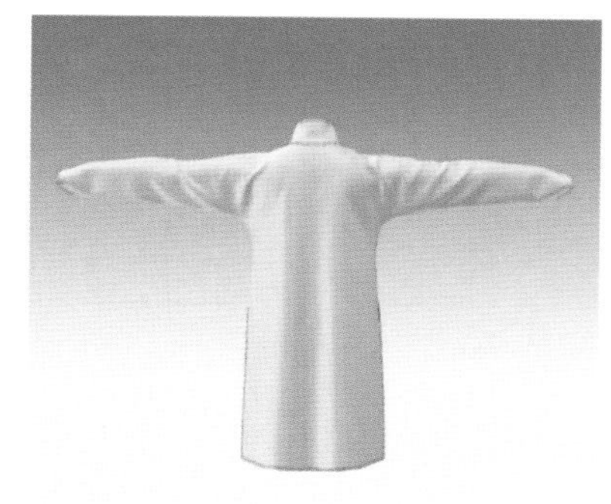

（c）背面

图 1-41　民初青绿绸暗花“元宝领”女衫的三维空间营造

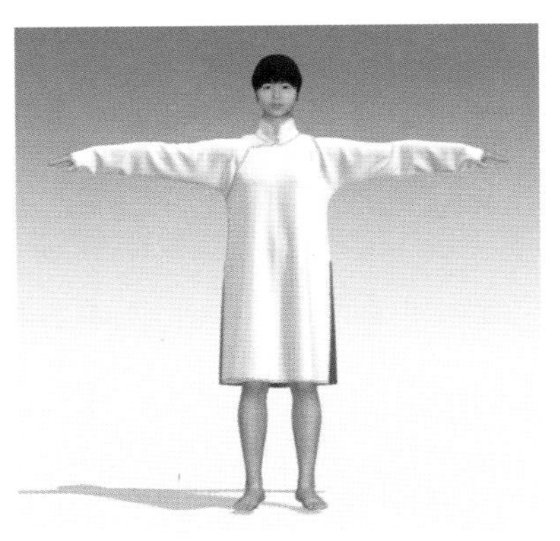
（a）双臂平举

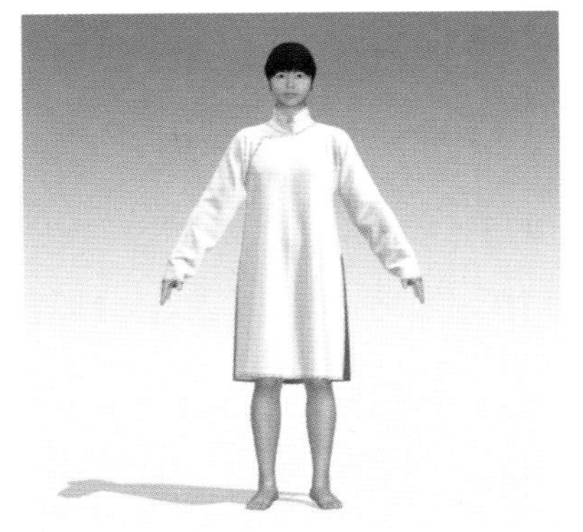
（b）双臂侧抬

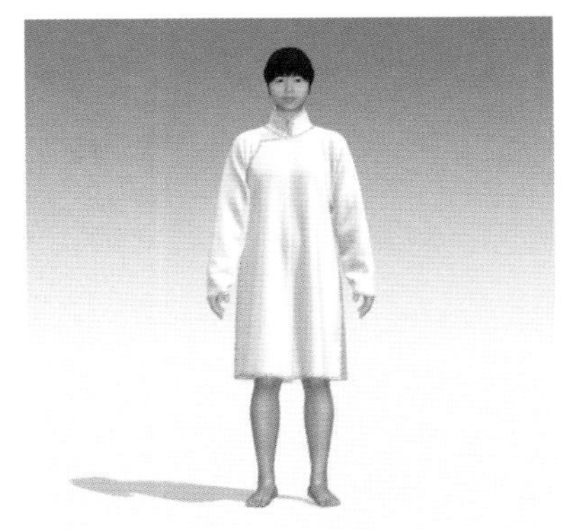
（c）双臂垂落

图 1-42　民初青绿绸暗花“元宝领”女衫的虚拟试穿实验分析

在虚拟试衣过程中，测试民初青绿绸暗花“元宝领”女衫对虚拟人体的服装压力，选取虚拟模特背面、肩点（两侧）、手臂侧面、胸围线点（正面）、腰围线（两侧）等关键部位压力与应力分析值，如表 1-7 所示。在虚拟试衣中打开显示压力点（图 1-43）和应力点（图 1-44），可以发现女衫在肩部、胸部和手臂上的压力均不大，穿着效果较为宽松舒适。特别之处在于左右袖口处的压力，分别为 39.0kPa 和 43.0kPa，较大于民国黑绸“鹤穗”嘉禾团纹刺绣礼服女褂和民国黑绸牡丹纹刺绣礼服女褂，应为女衫袖长较长，袖口在手腕处形成局部堆积所致。

表 1-7　民初青绿绸暗花“元宝领”女衫穿后女体关键部位压力与应力分析

受力	背面	肩点（两侧）		手臂侧面		胸围线点（正面）		腰围线（两侧）	
	中	左	右	左	右	左	右	左	右
压力/kPa	4.0	25.0	24.9	43.0	39.0	3.7	4.2	0.4	0.3
应力/%	103	118	119	102	102	103	107	101	103

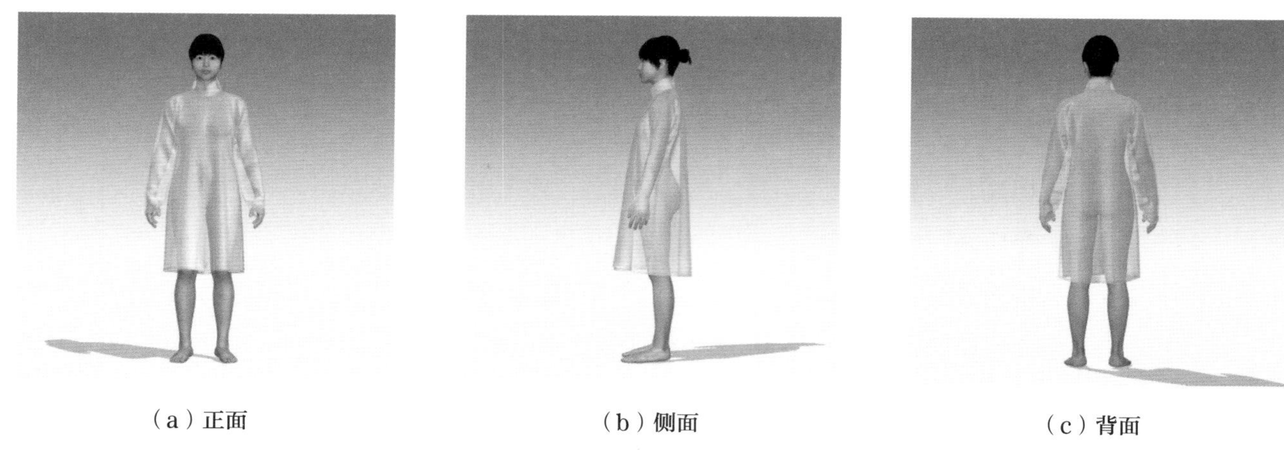

（a）正面　　（b）侧面　　（c）背面

图 1-43　民初青绿绸暗花“元宝领”女衫对人体的服装压力分析

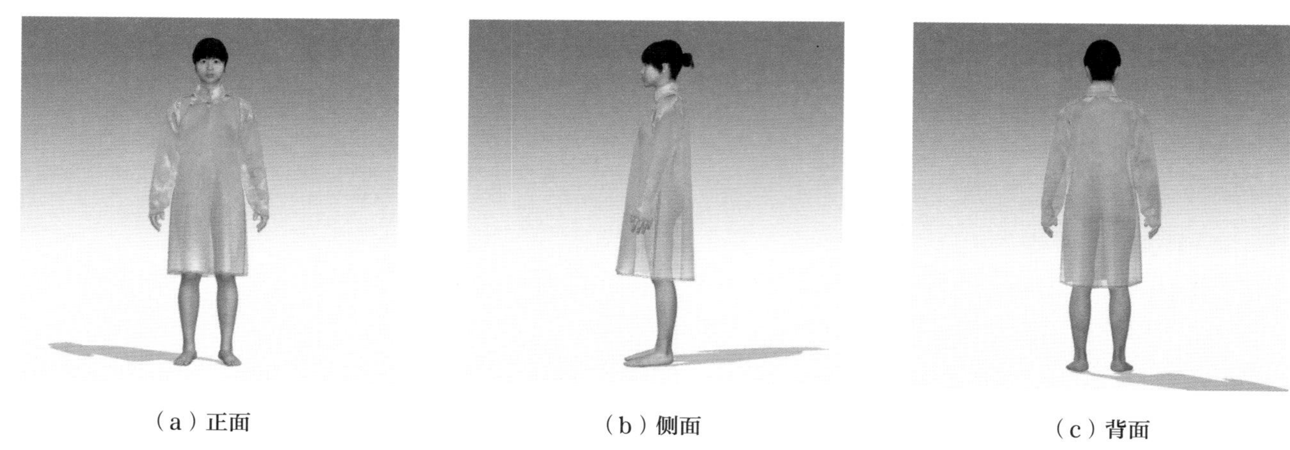

（a）正面　　（b）侧面　　（c）背面

图 1-44　民初青绿绸暗花“元宝领”女衫对人体的服装应力分析

需要说明的是，笔者所选民国窄衣化女上衣实物标本——青绿绸牡丹暗纹“元宝领”女衫，还是民国初期窄衣化伊始的产物，在整个民国窄衣化体系中是尺寸相对宽松的存在，而此衫与未经窄化的实物对比便已看出明显差异，其他窄衣化程度更高的上衣由此可窥一斑。加之目前对其他窄衣化上衣实物的整理与研究已较多，笔者此处不再具体举例赘述。

此外，针对民国汉族女性服装中的门襟结构，最具代表性的莫过于大襟右衽，且主要应用在女性常服之中。衽是门襟的意思。所谓右衽，即右襟，指前襟向右掩的一种门襟闭合方式，如图 1-45（a）所示。右衽以其出现时间早、应用服饰广、流行时间久等特点，成为中华传统服饰结构中最具代表性的元素之一。甚至在民间，许多人以“大襟”这一结构语言来命名传统右衽的服饰类型。与右衽相对的是左衽，即前襟向左掩，如图 1-45（b）所示。需要强调的是，学界及社会常有人认为着右衽为汉、为中原，着左衽为少数民族，实则以偏概全。从现有出土实物及传世画像来看，由古至今，尤其是明代中后期（江南地域）的汉族人，存在着大量的左衽服饰。

传统服饰常见的门襟还有对襟。对襟，顾名思义，即衣身左右两襟相对，互补相掩，一般以系带、盘扣等系扣闭合，如图 1-45（c）所示。也有无系结件设置，穿后两襟呈自然敞开状者，又称“开襟”，如图 1-45（d）和（e）所示。值得一提的是，如图 1-45（e）所示的开襟在领口处有一段圆领的弧度设计，如此设计不仅可使衣领更符合穿着者脖颈造型，也可使穿后的衣服门襟之间的间隔缩小，别具匠心。

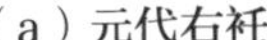

（a）元代右衽

（b）辽代左衽

（c）北朝对襟

（d）元蒙开襟

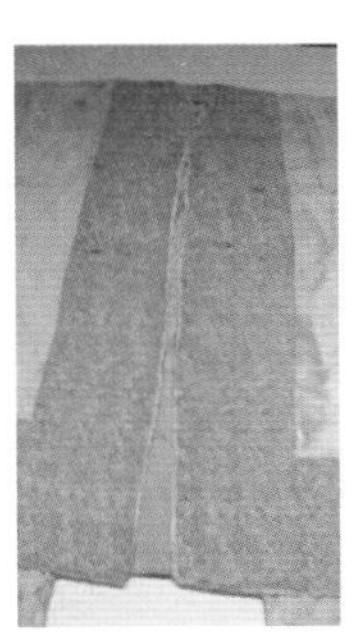

（e）汉代开襟

图 1-45　传统门襟诸式

（资料来源：中国丝绸博物馆藏品）

（二）民国后期改良常服衣型结构及其后世影响

民国时期的汉族传统女装上衣虽然存在不同程度的结构窄化改良，但是出现明显肩斜的实物甚少，绿棉收腰长袖女袄便是其中难得的实物（图 1-46），形制为立领，右衽大襟。袖子长至腕部，与其他女上衣不同的是这件衣服有肩斜的设计，且袖窿平直，为平面剪裁的接袖款式，并在袖子上半部，有面料的拼接设计，袖身自肩部到袖口收紧，袖口平直。衣长至臀部，衣身为修身款式，腰部收紧，下摆扩大，呈弧形，衣身两侧有较短开衩，因面料幅宽较短，所以在下摆左右两角处设有拼布。衣身整体并无装饰，扣子全部为暗扣的形式，因其收腰的设计，暗扣只开到腋下一颗，暗扣下方设有铜质的拉链，方便人们穿着（图 1-47）；整体选用绿色的棉质面料，内里搭配同色系青色里布进行制作，衣服款式简约，颜色搭配协调，适合日常劳动和工作穿着。

此袄在形制上，除了具有明显的肩斜以及袖子的拼接外，前后中也区别于一般上衣，采用了均未破缝的处理（图 1-48）。另外，此袄除了胸围窄化之外，腰围也区别于民初窄化特征，一改之前胸围以下衣摆渐宽的规律，在对应腰节处向内收起，仅有41.0cm，因此该袄是一件穿着后衣身和修身均包裹身体的合身上衣。通过对女袄进行进一步的主结构测绘与复原（图1-49），得出结论如下。

（a）正面

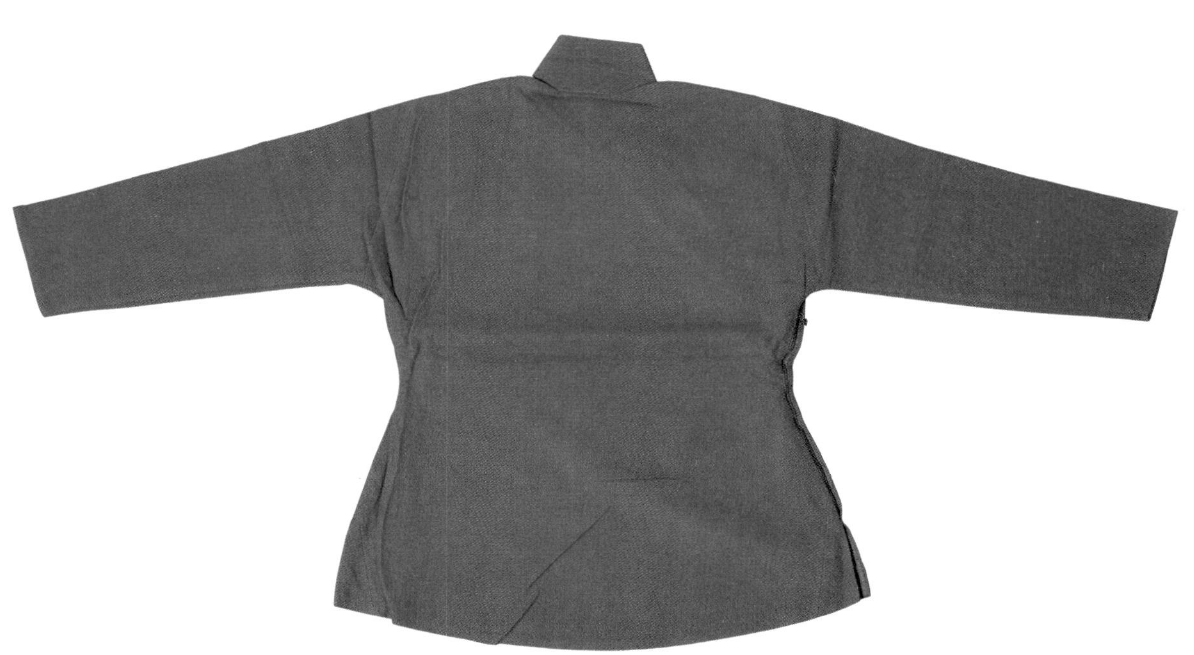

（b）背面

图1-46　民国绿棉收腰长袖女袄实物

（资料来源：广州市博物馆藏品）

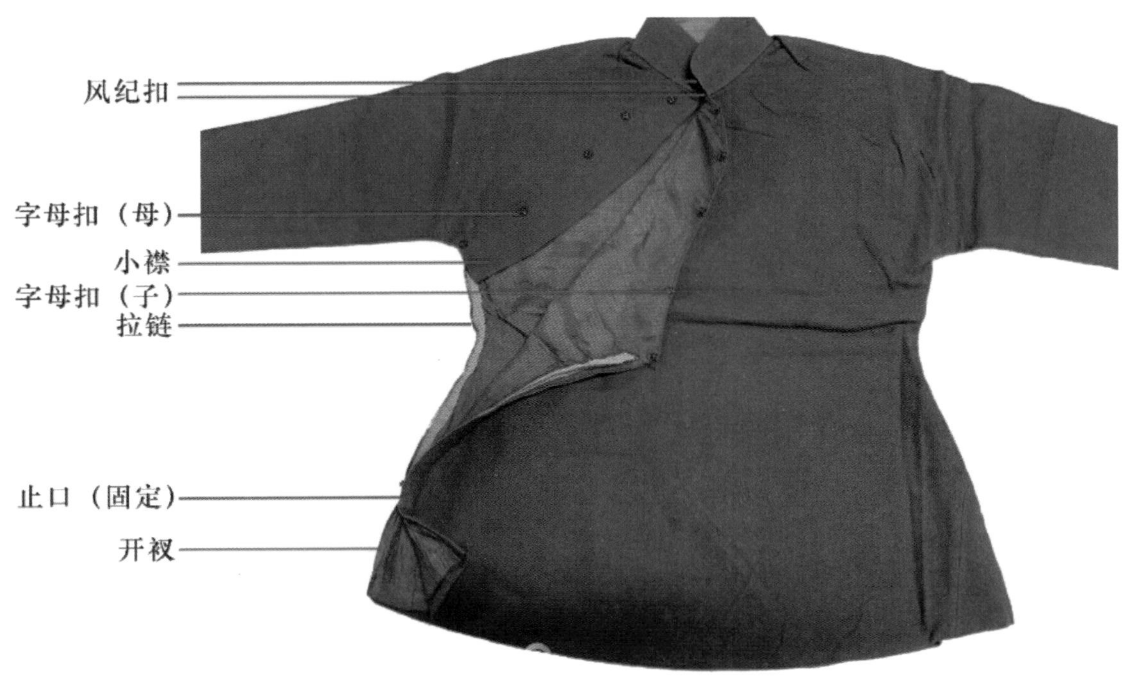

图 1-47　民国绿棉收腰长袖女袄闭合方式

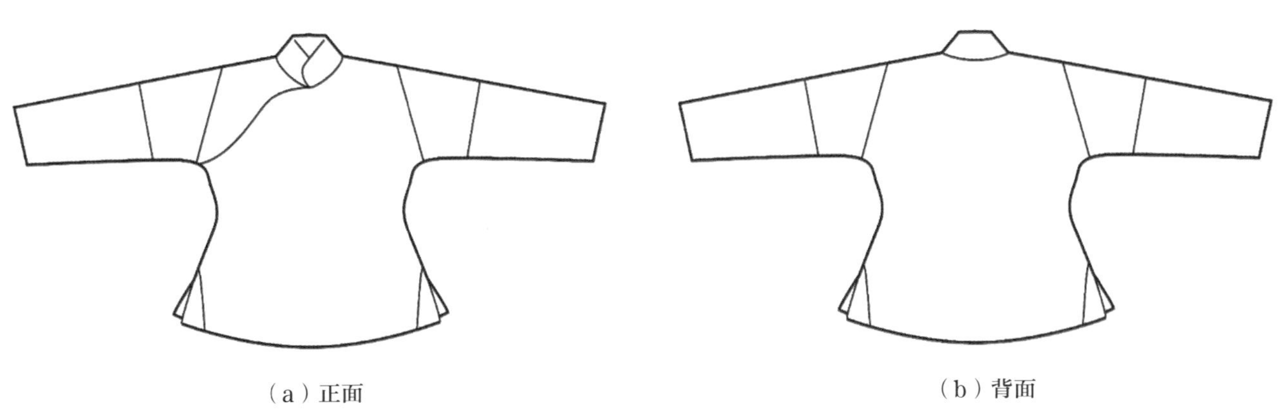

（a）正面　　（b）背面

图 1-48　民国绿棉收腰长袖女袄形制

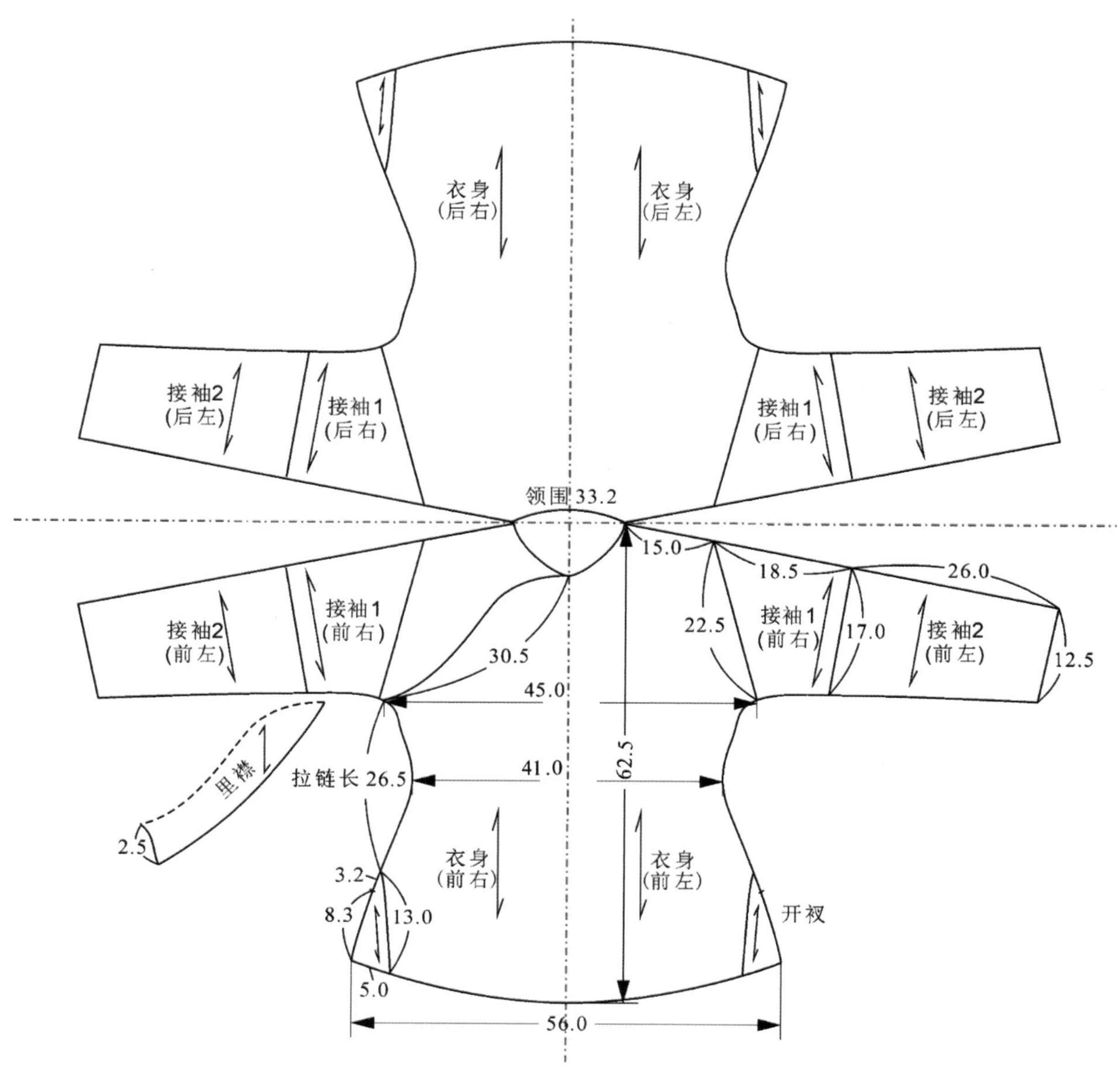

图 1-49 民国绿棉收腰长袖女袄主结构测绘与复原（单位：cm）

1.“客观设计”：面料幅宽决定下的结构设计方案

民国绿棉收腰长袖女袄衣袖出现多处拼接，且底摆存在补角情况，可以断定裁制该袄的面料在幅宽上存在明显制约，幅宽正好仅够胸宽的宽度，即 45.0cm，加上 1.0cm 的缝份，推测面料幅宽应为 47.0cm 左右，若幅宽更宽，则无须在底摆四角处增加补角的结构。在确定面料幅宽后，试对绿棉收腰长袖女袄结构毛样进行排料实验，将主结构毛样裁片（包括前后衣片、里襟、左右接袖、底摆补角和立领），严格按照面料丝缕方向，排列于宽 47.0cm 的矩形面料中，以最大限度地节省面料为原则进行试排，其毛样模拟排料分析如图 1-50 所示，计算得出制作女袄的布幅长度为 216.0cm 左右，充分地利用了面料，仅出现少量余料。

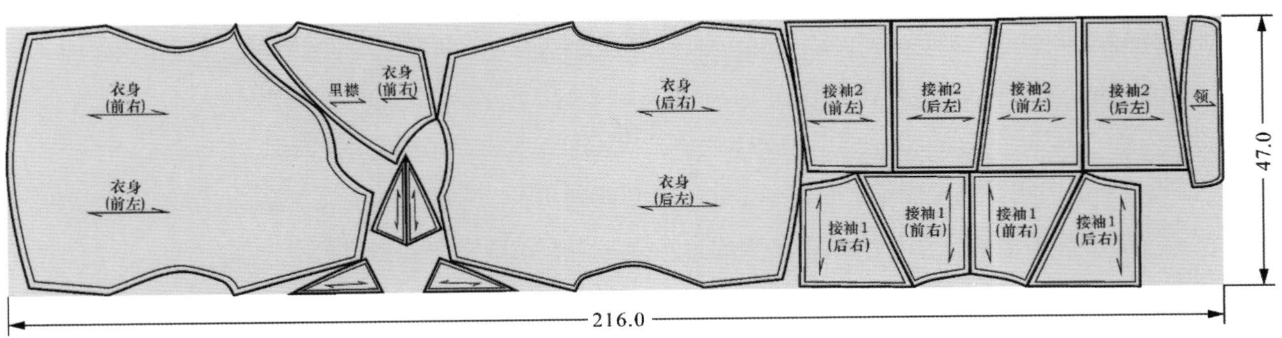

图 1-50　民国绿棉收腰长袖女袄主结构毛样模拟排料分析（单位：cm）

2.“主观设计”：为了更加节省面料的二次接袖设计

如果说接袖 1 的产生，同衣身一样，受面料幅宽的客观影响，那么接袖 2 的出现则完全属于主观选择。接袖 1 与接袖 2 合在一起最长为 44.5cm，即使将其横裁于幅宽方向上，也是足够的。为了验证这一点，试对民国绿棉收腰长袖女袄假设一次接袖后的主结构毛样进行模拟排料，如图 1-51 所示，形成 A、B 两个方案，但是不管是哪个方案，均比采用两次接袖的女袄更加废料，分别需要额外的 9.5cm 和 12.0cm。

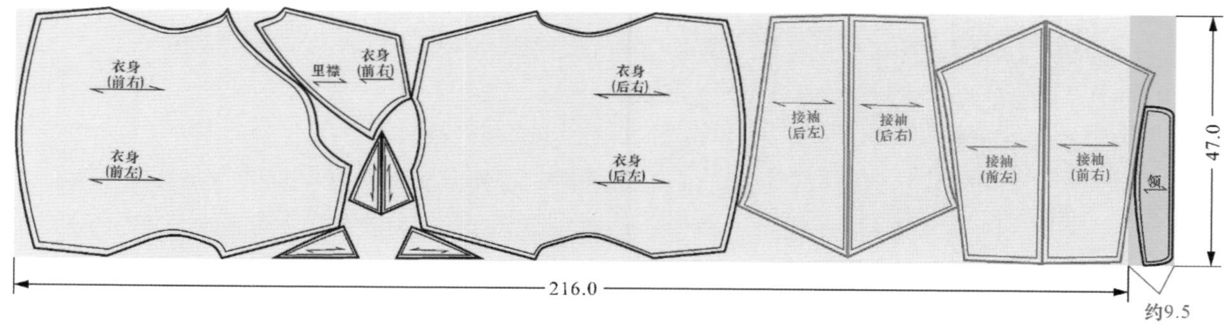

（a）方案 A

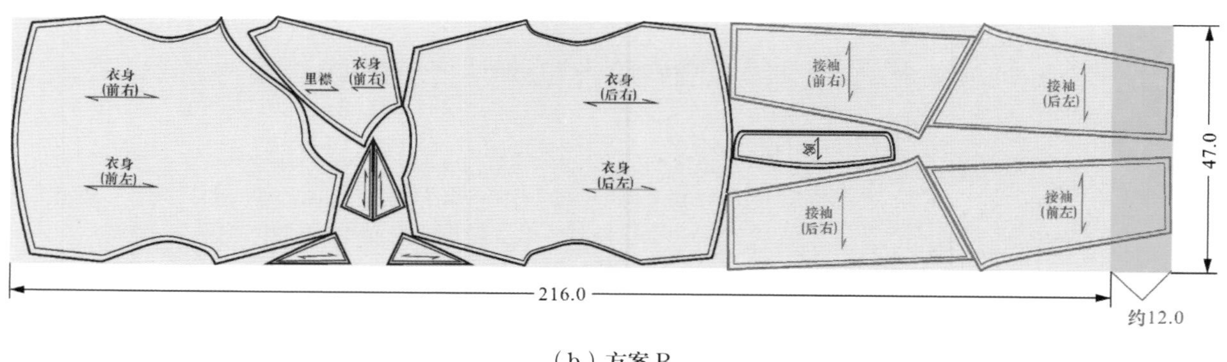

（b）方案 B

图 1-51　民国绿棉收腰长袖女袄假设 1 次接袖后的主结构毛样模拟排料分析（单位：cm）

将民国绿棉收腰长袖女袄穿于虚拟模特之上，经过结构的导入（除了上述主结构外，补充立领、镶滚等辅料结构），并通过虚拟缝合等系列操作之后，完成女袄由 2D 平面向 3D 立体空间的结构转换（图 1-52），缝合之后穿在女模身上，袖长至手腕，衣长至股下。在双臂平举、双臂侧抬和双臂垂落三种状态下，女袄在颈部、肩部、手腕以及胸部、腰部等部位宽松适体，较少出现面料的余量堆积（图 1-53）。

（a）正面　　（b）侧面　　（c）背面

图 1-52　民国绿棉收腰长袖女袄的三维空间营造

（a）双臂平举

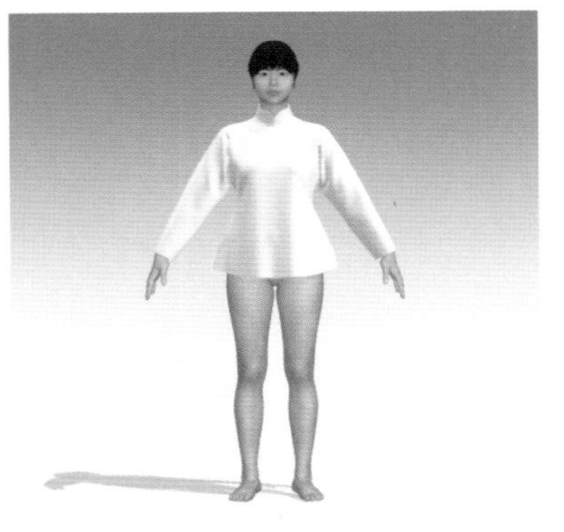

（b）双臂侧抬

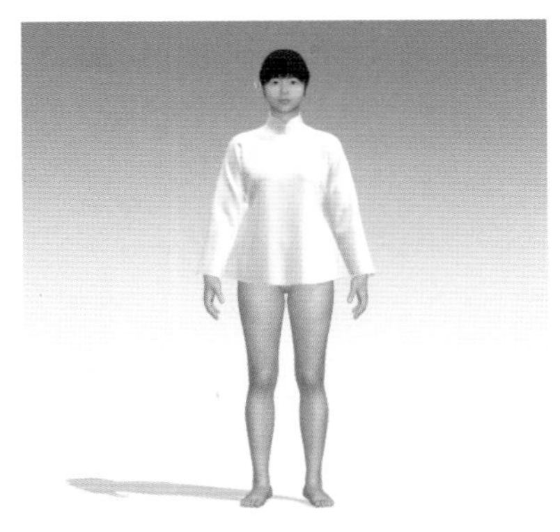

（c）双臂垂落

图 1-53 民国绿棉收腰长袖女袄的虚拟试穿实验分析

将民国时期两款代表性礼服结构放在一起对比，可以直接地看出两者之间的共性与差异。由于在实物样本的选择上，笔者选择了民国初期以及民国后期的代表性结构，因此在宽窄程度上体现出较大差异。相比之下，民国绿棉收腰长袖女袄的结构变化主要有：立领变窄；衣长变短，由股下上升至臀周；袖长也变得更加适体（图 1-54）。

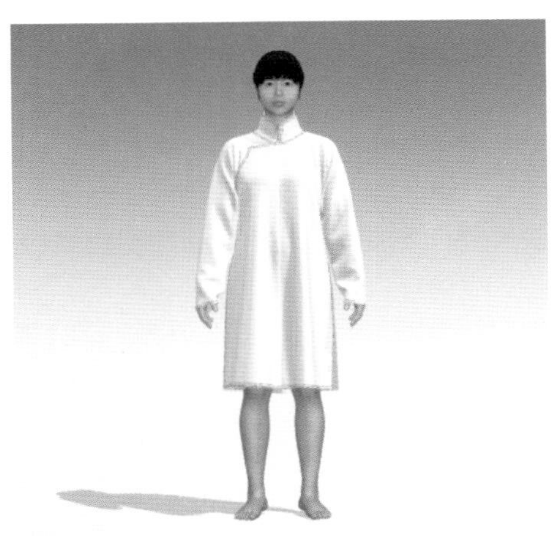

（a）民初青绿绸牡丹暗纹“元宝领”女衫

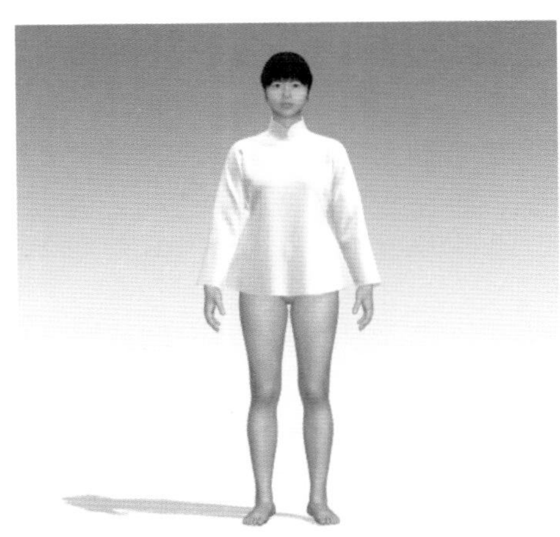

（b）民国绿棉收腰长袖女袄

图 1-54 民国常服衣型的试衣对比分析

在虚拟试衣过程中，测试民国绿棉收腰长袖女袄对虚拟人体的服装压力，选取虚拟模特背面、肩点（两侧）、手臂侧面、胸围线点（正面）、腰围线（两侧）等关键部位压力与应力分析值，如表 1-8 所示。在虚拟试衣中打开显示压力点（图 1-55）和应力点（图 1-56），可以得出女袄的压力主要集中在领部、肩部以及胸周，衣摆、袖口等其他部位压力较小，可见尽管女袄具有明显的收腰设计，但是穿着效果仍然较为宽松舒适。

表 1-8　民国绿棉收腰长袖女袄穿后女体关键部位压力与应力分析

受力	背面	肩点（两侧）		手臂侧面		胸围线点（正面）		腰围线（两侧）	
	中	左	右	左	右	左	右	左	右
压力/kPa	0.8	24.0	23.0	11.0	12.0	3.1	3.3	2.3	2.2
应力/%	101	119	118	105	106	107	107	102	103

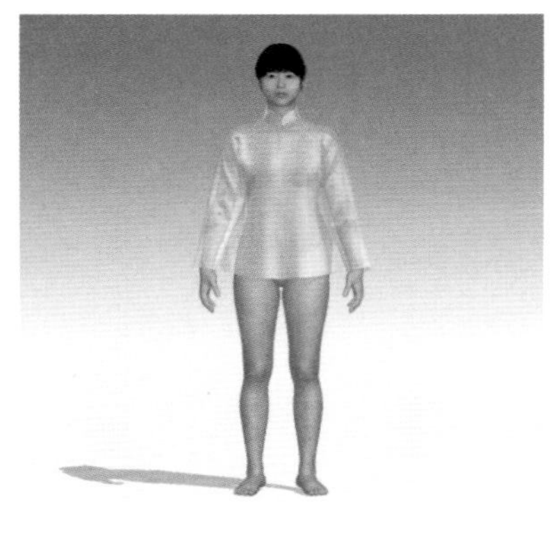

（a）正面

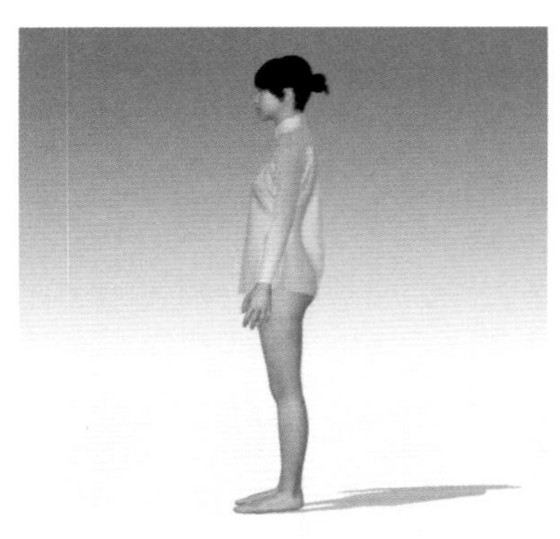

（b）侧面

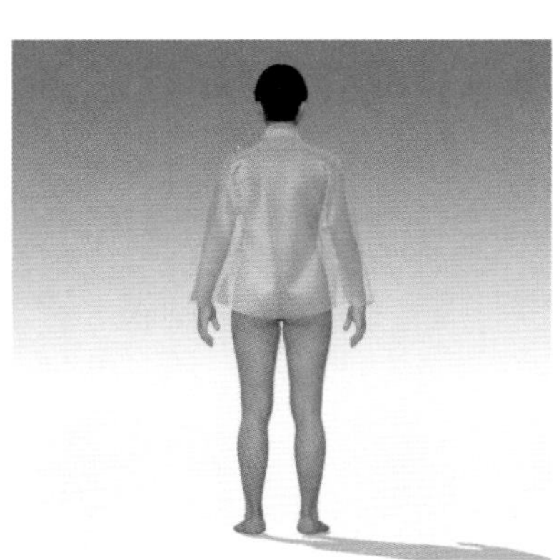

（c）背面

图 1-55　民国绿棉收腰长袖女袄对人体的服装压力分析

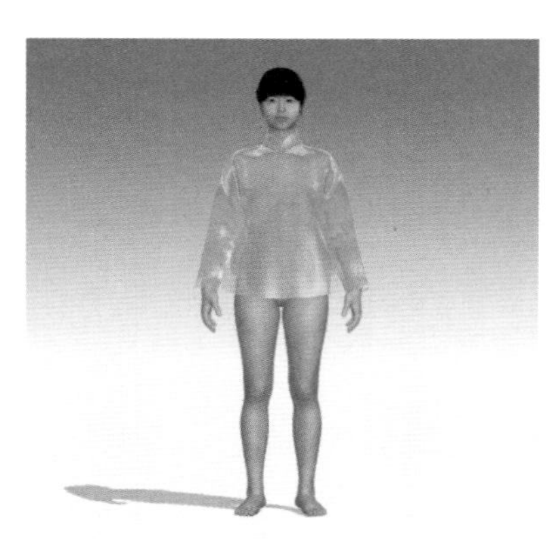

（a）正面

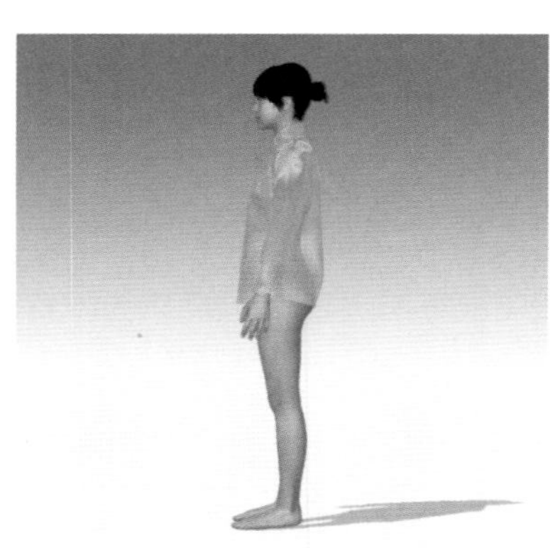

（b）侧面

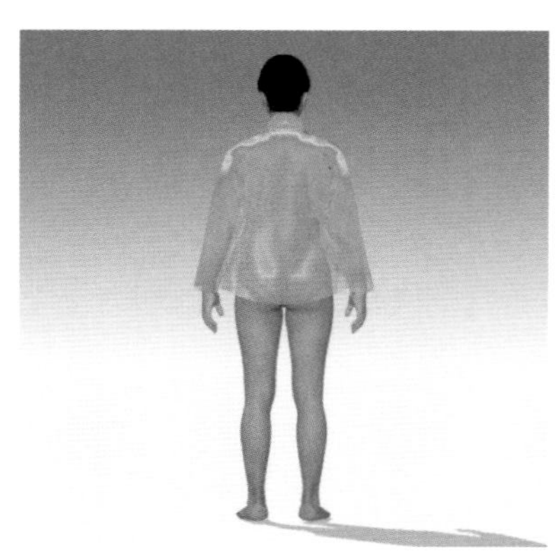

（c）背面

图 1-56　民国绿棉收腰长袖女袄对人体的服装应力分析

同时，与民初青绿绸牡丹暗纹“元宝领”女衫相比较，民国黑绸牡丹纹刺绣礼服女袄穿后女体关键部位压力与应力分析还是发生了轻微的变化。背面、肩点（两侧）、手臂（侧面）处的受力均有所降低，但是在胸围线点（正面）处的压力有所增加，只是程度不大，因此改良后女袄对于胸部的束缚还是有所增加，但是也不至于影响日常生活。

从民国绿棉收腰长袖女袄的结构设计中我们不仅能够看出其在结构窄化与适体设计上的深刻改良，也领略到民国汉族女性在改良上衣过程中，对面料的慎用和节约。最具价值的是，除了在尺寸有限的布幅宽度上对服装结构设计的客观影响外，在尺寸似乎无限的布幅长度上，人们也尽可能提高面料的利用率，彰显“惜物如金”的价值理念。

针对民国上衣的结构的裁剪及排料，早在民国初期时便有人总结出科学省料的参考范式。民国时期的制衣体系已不同于封建社会，原本限于家舍、专攻女工的汉族女性开始走出家门，参加除纺织及制衣之外的其他工种，裁布制衣也不再成为汉族女性必习的功课，因此出现了专门提供制衣服务的“裁缝”一职，且以擅长数理测算的男工为佳。在这种情况下，女性逐渐丧失了对裁制和制衣的敏锐度，其所需服装可从裁缝店购买或定制即可。图 1-57 所示为摄于 1934 年的一组男工裁剪和制衣过程[1]，除了最后的整理阶段有一位女童外，其余均为男童及男师傅。

（a）裁剪

（b）缝制

（c）整理

图 1-57　民国制衣中的男工

（资料来源：1934 年《广慈年刊》创刊号）

[1] 佚名 . 制衣 [J]. 广慈年刊，1934(创刊号):133.

因此，在“自主裁制”到“被动购买”的角色演变中，女性很容易受到商贩裁缝的游说，商贩从盈利的角度往往会不顾面料的节省，反而出现多报尺寸的情况。早在1915年，韵若便在《女子杂志》上实证这一点，指出“裁缝一科，近世不讲矣，古时为女工之事。凡为女子，无有不能制衣者。考裁缝之名，始于周礼，天官之属，有缝人一职，以女子掌之。后世如诗所言缝征衣之类，皆女子制衣之明证。比年以来，制衣之事，专委之男子，号‘裁缝’。裁者剪裁也，缝者缝缀也。素女子之职业，一变而为男子之职业。果何故耶？女子间有能制衣者，其技始终不如男子，且女子所能者为缝，所不能者为裁。余尝往来姻娅家，见其以料付裁缝，多少任其剪裁，往往一衣之成，需料一丈者，或且需一丈二三矣，盖黠者乘人之不知裁法也，即因以为利。”❶ 基于此，以女袄为例，设定其尺寸为长80.0cm，挂肩23.3cm，身材20.0cm，出手63.3cm（通袖长126.6cm），袖口11.7cm，盖势28.3cm，并列举出当时12种常见裁剪和排料方法，计算出各自所需面料的幅宽及长度（表1-9），以供女性在购买面料制衣时对应参考。

表1-9 民国女袄科学裁衣用料范式参考

编号	裁剪方法	用料计算
1	大裁法	（1）面料幅宽73.3cm，用料246.7cm，有余料 （2）面料幅宽46.7cm，用料366.7cm，有余料
2	小裁法	面料幅宽73.3cm，用料220.0cm，有余料
3	接里襟裁法	（1）面料幅宽73.3cm，用料180.0cm （2）面料幅宽46.7cm，用料333.3cm，有余料
4	拔襟裁法	面料幅宽66.7cm，用料216.7cm，有余料
5	套裁法	面料幅宽73.3cm，用料193.3cm
6	惋子裁法	面料幅宽86.7cm，用料173.3cm
7	加袖挤襟裁法	面料幅宽80.0cm，用料193.3cm
8	对开裁法	面料幅宽61.7cm，用料230.0cm
9	套裁法	面料幅宽53.3cm，用料270.0cm
10	添两裾角裁法	面料幅宽46.7cm，用料303.3cm，有余料
11	添三裾角裁法	面料幅宽46.7cm，用料273.3cm
12	巧盖裁法	（1）面料幅宽40.0cm，用料366.7cm，有余料 （2）面料幅宽33.3cm，用料433.3cm

❶ 韵若.科学：裁衣用料公式[J].女子杂志，1915(1):1-10.

由表1-9也可以看出民国初期女装制衣面料的幅宽大小，基本处于33.3～86.7cm，由此前后中破缝或者接袖设计在当时制作长袖上衣中是必不可少的结构处理。

最后需要指出的是，民国绿棉收腰长袖女袄的结构改良范式，对中华人民共和国成立后的传统服饰制作产生了深远影响。1959年，“为了配合工农业更大的跃进，为了满足全国人民公社缝纫厂、社的需要，北京市轻工业局服装研究所提出的鼓足干劲、力争上游、多快好省地建设社会主义总路线的指引下，开展了群众性的设计运动，初步研究和创制了数百种既美观省料又便于劳动的新式服装，分期出版介绍，以满足广大群众的生活需要”。北京市轻工业局服装研究所编写了《新颖劳动服装和童装裁剪法》，介绍了25件女性常服，其中上衣22件，有21件为基于中式服装的改良设计[1]，其结构设计细节如表1-10所示。

[1] 北京市轻工业局服装研究所. 新颖劳动服装和童装裁剪法 [M]. 北京：商务印书馆，1959:1–30.

表 1-10　中华人民共和国成立初期传统改良女装结构整理　　单位：cm

编号	名称	结构特征	尺寸	用料
1	套头式女衫	格子料制，前身半插肩袖，后身连袖，略圆翻领，1粒明扣，两个圆盖贴袋，后身有缝，前后共设省道4道，领开口及中腰开口钉子母扣，适合劳作	身长60.0、胸围96.0、肩宽40.0、袖长51.0、领围36.7	幅宽70.0、用料200.0
2	连袖劳动女衫1	紫色劳动布制，连身袖，前后身断开，关门尖领，两个活盖暗贴袋，5粒明扣，后身有一对短腰带，适合劳作或工作	身长63.3、胸围96.0、肩宽40.0、袖长50.0、领围36.0	幅宽76.7、用料203.3
3	连袖劳动女衫2	劳动布制，中西式结合裁剪，前后身上部断开，关门圆领，圆盖贴袋，5粒明扣，袖口松紧两用，适合劳作	后身长63.3、胸围96.0、肩宽40.0、袖长50.0、领围36.0	幅宽76.7、用料203.3
4	连袖劳动女衫3	各色花哔叽或格子呢料制，身袖中式裁剪，西式尖翻领，双嵌线袋，5对中式纽襻，适合劳作	身长63.3、胸围96.7、袖长69.3、袖口13.3、领围36.7	幅宽71.67、用料188.3
5	连袖劳动女衫4	格子呢制，中西式结合裁剪，前后身上部断开，圆缺口翻领，翻袋盖，灯笼袖口，4粒明扣，适合劳作	后身长95.3、胸围100.0、肩宽41.0、袖长51.0、领围36.7	幅宽76.7、用料213.3
6	连袖劳动女衫5	毛蓝布制，中西式结合裁剪，前身上部断开，立领，关门5粒扣，明贴袋加两圆头袋条，式样具民族风，适合劳作	后身长63.3、胸围100.0、肩宽41.0、袖长50.0、领围36.7	幅宽82.0、用料173.3
7	方袖笼劳动女衫	各色格子布或花布制，方袖笼（装袖），袖口松紧两用，略低式关门方领，5粒明扣，6分宽袋条暗插袋，适合青年妇女劳作	后身长60.0、胸围96.0、肩宽40.0、袖长49.0、领围39.0	幅宽71.67、用料193.3
8	一片插肩袖劳动女衫	毛蓝布制，插肩袖，开关领，活盖贴袋，前身有2道胸省，4粒明扣，适合工作人员罩衫	后身长63.3、胸围100.0、肩宽41.0、袖长50.0、领围36.7	幅宽82.0、用料183.3
9	连袖劳动女衫6	毛蓝布制，后身和袖一片裁剪，前身断开连出2个小袋盖，关门略圆翻领，领口1粒大圆扣，袋盖各有1粒小扣，适合城乡教师	后身长61.0、胸围101.7、肩宽41.3、袖长51.7、领围46.7	幅宽82.0、用料166.7
10	连袖劳动女衫7	各色方格呢制，前身插肩，后背带缝，开关小圆头翻领，方贴袋，袖克夫斜料，4粒扣，适合青年女性	后身长61.7、胸围96.0、肩宽40.0、袖长50.0、领围36.0	幅宽75.0、用料220.0
11	圆肩劳动女衫	各种布料或线呢制，裁法由汗衫袖笼发展而来，双圆头略低式翻关门领，1粒明扣，三角形插肩袖，缺口圆贴袋，适合城乡青年女性	后身长61.7、胸围100.0、肩宽41.0、袖长51.0、领围45.3	幅宽76.7、用料195.0
12	两面穿劳动女衫	各色小格线呢制，羹匙式领口，大尖翻领，身袖中式裁剪，方贴袋，门襟、袖口、底摆镶边斜裁，两面穿，另一面用袋条，暗插袋，适用青年女性	后身长61.7、胸围93.3、袖长68.3、袖口13.3、领围40.0	幅宽76.7、用料190.0

续表

编号	名称	结构特征	尺寸	用料
13	连袖劳动女衫 8	各色格子料制，中式袖，双圆头翻领，反盖贴袋，5 个半圆条绊，适合城乡青年女性	后身长 60.0、胸围 93.3、袖长 66.7、袖口 13.3、领围 35.0	幅宽 68.3、用料 185.0
14	多圆衿夹袄	紫罗缎制，身袖中式裁剪，领边、袖边与圆襟边用黑丝绒滚边，左摆缝有暗插袋 1 个，适用青年、中年女性	后身长 60.0、胸围 93.3、袖长 66.7、袖口 13.3、领围 35.0	幅宽 70.0、用料 163.3
15	连袖劳动女衫 9	各色格子或毛蓝布制，身袖中式裁剪，对襟有搭门，开关两用翻领，缺口圆头贴袋，4 个明扣，后背有倒裥，适合劳作	后身长 63.3、胸围 93.3、袖长 68.3、袖口 13.3、领围 35.0	幅宽 76.7、用料 183.3
16	中式夹袄	格子呢制，接袖上部剪开，宝箭头领，宝箭头板条暗插袋，5 粒明扣，适合工作人员	身长 60.0、胸围 90.0、袖长 66.7、袖口 12.7、领围 35.0	幅宽 70.0、用料 5.1
17	两面穿夹袄	呢子料与花布合制，两面穿，一面小偏襟，另一面对襟，板条暗插袋两面合用，接袖以上破开，省料耐用，适用城乡年轻女性	身长 60.0、胸围 90.0、袖长 63.3、袖口 12.0、领围 35.0	幅宽 66.7、用料 156.7
18	V 式领女衫	横条料制，西式连袖有插三角，高领翘，5 粒明扣，中腰有省，下摆翘稍高，袖口略肥，开门及袖口反贴边用直条料，适合外衣	身长 61.67、胸围 93.3、袖长 68.3、领围 12.7	幅宽 73.3、用料 170.0
19	民族女衫	咖啡色罗缎镶深浅黄格边，领子与门襟用一条宽边连接，袖口镶边，略有腰身，下摆翘可加大，钉 5 粒菱形扣，具民族风，适合青年工作女性	身长 61.7、胸围 93.3、袖长 68.3、袖口 12.7	幅宽 76.7、用料 156.7
20	火箭式劳动女衫	各色方格布制，后身、袖子一片剪裁，前身上部断开，半插肩袖，平方领斜格做，关门 5 粒明扣，圆贴袋斜做，袋口镶 1 个“火箭”，适合青年女性工作或假日穿	后身长 63.3、胸围 96.0、袖长 50.0、肩宽 40.0、领围 36.0	幅宽 70.0、用料 213.3
21	连袖劳动女衫 10（A 和 B）	毛蓝布制，两件套裁，特点是膀缝与小袖连接裁剪，便于抬手动作，A 式关门圆领 3 粒明扣，圆盖圆贴袋；B 式长方领口小圆领，4 粒明扣，双圆头盖圆贴袋	身长 60.0、胸围 100.0、肩宽 41.0、袖长 53.3、领围 36.7	幅宽 82.0、用料 360.0

在衣身与袖型的设计上，基本沿用了传统服饰的连身与平面裁剪法则，通过适当的肩斜与省道设计，使中式常服更加适用于女性劳作、工作等。同时，在当时全民追求经济节约的浪潮下，基于传统服饰的适度改良在裁剪和操作上都相对简易，易于群众挑选和学习普及。

三、基于“旧衣改制”的衣型结构窄化

“旧衣改制”指将已穿过的且一般是过时的旧式服装，通过结构的拆卸与重组，制作成新式服装。在民国时期，“旧衣改制”一般被形象地称为“拆衣”，而且有专门经营“拆衣”生意的店铺，称作“拆衣庄”“拆衣店”“拆衣铺”“拆衣倌”等。“拆衣”强调对旧衣的拆解，又有称“估衣”者，强调对旧衣的估价，其店铺便称“估衣铺”“估衣店”，属于当铺的范畴。经过“拆衣”的服装俗称“改头货”❶，表达“改头换面”之意。

（一）民国改制的流行及范式构建

改制在民国时期颇为流行，各地兴起“拆衣店”等专营店铺。在湖北应城，有“黄永茂成衣店”，据载，“民国8年（1916年），黄陂籍人黄永茂从黄陂来到应城，在城内西街开办了‘黄永茂拆衣店’。所谓拆衣店，就是从当铺购进一些典当衣物进行拆洗后，改做成时新的服装再出售。”❷在杭州等江浙一带，“拆衣店”更为常见。据椒江（原“海门”，是浙江省台州市辖区）区志记载，海门、临海、天台、仙居等地均设有“拆衣店”。“抗战前的海门拆衣店约六、七家，都是本埠人开设的，大都开设在振市街、东新街和十字街口一带闹市。还有宁波人在海门旅馆门口边摆一长摊，连伙计五、六人，他们的货物却来自宁波”。当时海门最大的“拆衣店”为徐循甫开设的“乾美大”，此外还有“王老大”“森盛”“合誉”“森大”❸等，均初具规模，以门店销售。在宁波，为了更好地叫卖和宣传，从事拆衣的民间手艺人还编撰了“拆衣歌”，如《毛花呢、夹长衫》《长衫歌》《长棉袄》（2首）、《龙裤歌》《罗纺衫》等❹，生动形象地歌唱了“旧衣改制”的技术特色、经济价值和艺术魅力。

---

❶ 苏州市平江区地方志编纂委员会 . 平江区志（上）[M]. 上海：上海社会科学院出版社，2006:702.

❷ 政协应城市委员会文史资料委员会，应城市城中街道办事处政协联络组 . 应城文史资料第10辑 城中工商经济专辑之一 [M]. 应城：应城市红旗塑料印刷，1992:136.

❸ 周承训编；叶长春校订 . 椒江工商史 [M]. 椒江区地方志编纂委员会办公室，2010:132-133.

❹ 宁波市文化广电新闻出版局 . 甬上风华：宁波市非物质文化遗产大观（海曙卷）[M]. 宁波：宁波出版社，2012:203-207.

“旧衣改制”的手工活一般由店里招聘裁缝专门制作，也有外包给周边居民拿回家制作的。据作家蒋锡金（1911—2003）口述，在民国初期其父亲蒋振辰和祖父蒋厉真赴日本留学，家中生活完全依靠曾祖母和祖母做洗衣、缝鞋底和拆衣工作，定期在“估衣店”取回料子，在家缝制成衣服再送回，赚取手工费用❶。在民国时期社会动荡、物资匮乏的时代生活背景下，人们以经济、美观和适用的指导思想，通过“旧衣改制”来设计制作出“因人而宜”“因衣而宜”的服装。笔者结合相关技术史料❷记载以及对传世实物的整理和研究，总结并构建出传统“旧衣改制”的范式，如图 1-58 所示。

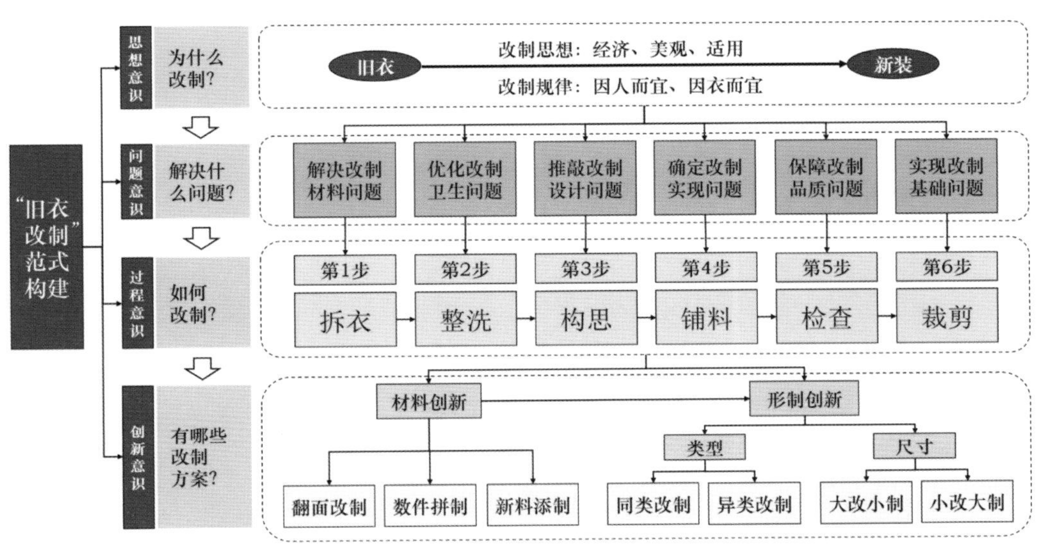

图 1-58 “旧衣改制”范式构建

1.“旧衣改制”的过程和步骤

“旧衣改制”的过程和步骤共计 6 步，具体如下。

（1）拆衣。该步骤重点解决改制的材料问题。将旧衣按照缝线全部拆开，由于旧衣的材料劳度有所下降，在拆衣时需要注意不能扯破、扯碎衣片。“拆衣店”所拆之衣的来源，即货源，主要来自本埠和附近的当铺典当及没收的服装货物；针对家庭来说，所拆之衣主要是一些旧衣之类。

---

❶ 吴景明 . 蒋锡金与中国现代文艺运动 [M]. 长春：东北师范大学出版社，2006:2.

❷ 包昌法 . 服装知识漫谈 [M]. 北京：轻工业出版社，1986:113，114.

（2）整洗。该步骤重点优化改制的卫生问题。首先，将拆开的衣片洗涤干净；其次，将裁片做缝及其他褶皱的部位熨烫平整，并对一些丝缕纱线变形严重的部位进行归拔和复原整理；最后，修剪裁片呲出的毛边，避免在后续裁剪和缝制过程中出现拉扯等问题，便于后续工作开展。此外，必要时还可对掉色严重的衣料进行重新染色。特别是以二次销售为目的的“拆衣店”，一般会聘用专门的染衣工人，负责褪色严重面料的重新染色工作。

（3）构思。该步骤重点推敲改制的设计问题。前两步属于改制的前期准备工作，此过程为改制之前的设计构思工作，需要裁缝或设计师根据旧衣的形制、结构、材质、花色、工艺、装饰以及破损情况等，选择适合的改制形制，并充分评估改制的可行性及技术难易程度，以免出现拆剪容易、拼凑难的问题。

（4）铺料。该步骤重点确定改制的实现问题。首先裁剪好纸样，然后根据纸样对旧料进行铺展，过程中如发现旧料不足，或缺损等情况，则选用其他类似旧料、余料或添置新料进行补充。

（5）检查。该步骤重点保障改制的品质问题。衣片铺好之后，全面检查尺寸、规格、丝缕方向、花型（条纹）、正反面、倒顺光、横直料等问题，同时检查材料的边缘是否处理干净等，确保改制后服装在视觉外观上的和谐与统一。

（6）裁剪。该步骤重点实现改制的基础问题。材料检查完毕之后，先用画粉或者水线袋等绘图工具绘制出完整裁剪图，并注意留出相应缝份。对于一般结构，可以将衣料进行双层叠加合裁。裁剪完毕，缝制完成即可。

2.“旧衣改制”的特色方案

在人们不断的改良和创新中，从材料和形制的角度形成了3对，共计7种“旧衣改制”的特色方案，具体如下。

（1）“翻面改制”。这是最简单的改制方案之一，针对可以两面穿用的面料，如果面料外部受阳光直晒及水洗磨损等褪色严重，内部面料颜色鲜艳的话，只需将旧衣拆开之后翻面，然后重新缝制成原来式样的服装，如旧裤的翻面改制等。此法主要采用拆解和缝制的工序，无须染色和裁剪等。

（2）“数件拼制”。将两件及以上件数的服装改制成一件服装，主要针对尺寸较小的旧衣或者破损较多的旧衣。此法需要改制者具备一定的设计能力，能够有效将原本属于不同形制、不同结构、不同材质、不同色彩甚至不同工艺的旧衣，整合改良在一件服装上，并且确保和谐美观。

（3）“新料添制”。在旧衣材料的基础上，适当增加一定的新材料，确保改制材料的充分使用，主要出现在“小改大”和旧衣破损严重，可利用材料少的情况下。

（4）“同类改制”。“类”指品类，“同类改制”即指同种品类服装的之前改制，一般为同件服装的局部改动，如通过一定的结构和工艺处理，使改良后的服装更加合体或美化，常出现在身材变化较快的儿童服装改制上。

（5）“异类改制”。“异类改制”指不同品类服装之间的改制，如袍改衣、衣改裙等，此法相对“同类改制”要复杂一些。除了将旧衣全部拆解，重新裁剪制衣之外，也有将旧衣部分拆解，只做适当裁剪缝制，便能完成前后不同服装形制的转换。

（6）“大改小制”。此法分两种情况：其一，将传统宽松肥大的服装改制成适体合身的服装；其二，将成人服装改制成儿童服装，如将父亲旧衣改制为男童服装，将母亲旧衣改制成女儿服装等。

（7）“小改大制”。“小改大制”指将尺寸较小的服装改制成尺寸较大的服装，需要“数件拼制”或“新料添制”。

下面笔者择取形制中的类型角度，用“异类改制”和“同类改制”两种方法，结合实物史料，探讨在汉族传统女衣结构窄化中的改制现象及特色。

（二）基于“异类改制”的结构窄化

在广州市博物馆中有件民国草绿绸龙凤纹盘金绣对襟女褂，形制为立领，对襟，盘扣3副，下摆渐张，衣长至腰臀之间，袖长至手腕，左右开衩。衣身前后有盘金绣龙凤纹、江崖海水纹，衣身前片底摆左右处分别装饰一尊龙纹（正龙）盘踞于江崖海水之上，且构图左右一致；衣身后片底摆左右处分别装饰一尊龙纹（形龙）盘踞于江崖海水之上，且构图以后中线左右对称，在龙纹外侧分别装饰一条凤纹，同样盘踞于江崖海水之上；衣袖后片左右分别装饰3条凤纹（凤头或朝上或朝[illegible]盘踞于江崖海水之上（图1-59）。该女褂品相保存完好，但存在前衣片色彩相对鲜艳，后衣片色彩相对灰暗的不均匀现象。

（a）正面

（b）背面

图 1-59　民国草绿绸龙凤纹盘金绣对襟女褂实物

（资料来源：广州市博物馆藏品）

值得注意的是，此褂存在多处拼接现象，如果说前身的接袖只出现两处（一处是衣袖与衣身的拼接，另一处是袖口处类似挽袖形制的拼接）属于面料幅宽影响下的正常设计的话，那么后身数次的拼接现象则颇为异常。首先可以确定此褂前后衣身并未相连，于肩平线处破缝；其次女褂的袖子不同于前身的两处拼接，在对应前身袖 1 的部位采用了两次拼接设计；在衣身的设计上，则更为反常，前身为左右衣身（对襟）分裁的正常设计，后身左右各衣身分别由 3 块面料拼接而成，且左右以后中线为中心线完全对称（图 1-60）。

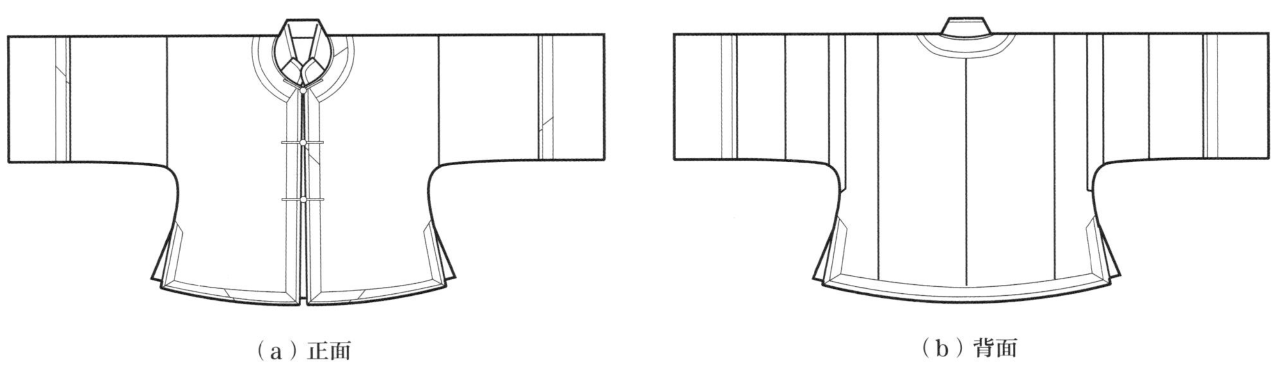

（a）正面　　（b）背面

图 1-60　民国草绿绸龙凤纹盘金绣对襟女褂形制

为了进一步研究女褂的结构，对其结构进行测绘和复原（图 1-61），发现此褂前后左右互为对称的裁片的宽度不一致（按照一般范式均应尺寸一致），如衣身（前右）与衣身（前左）的宽度、袖 1（后右）与袖 1（后左）的宽度等。如此普遍存在的不一致现象，不应为裁剪或缝制过程中产生的误差所致，多为原始裁片尺寸所限。

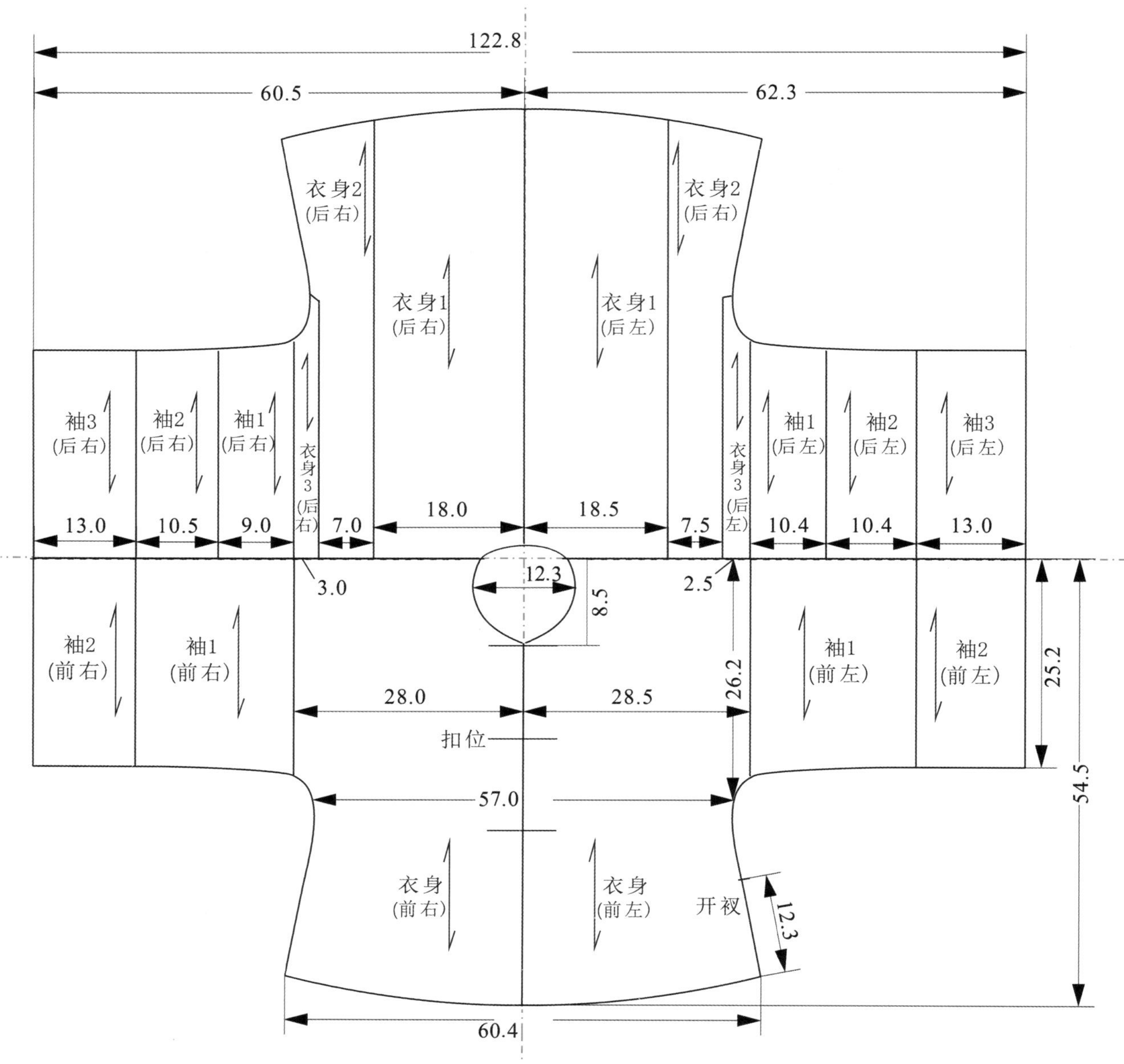

图 1-61　民国草绿绸龙凤纹盘金绣对襟女褂主结构测绘与复原（单位：cm）

因此，综合推测此褂属于“旧衣改制”的结果。正是旧衣裁片及尺寸的限制，形成了改制后女褂中的“不正常”拼接现象。

同时，由于此褂装饰纹样的构图颇为罕见，且极具特色，笔者试图对其改制前服装形制进行复原。江崖海水纹一般作为衣裳下摆处装饰纹样，极少出现在袖子上。此褂前身左右底摆至胸前部位分别装饰长 28.6cm、宽 15.7cm 的方形图案，与马面裙裙门下摆处的装饰图案极为相似。因此，初步判定此褂由马面裙改制而成。

为了验证此观点，对此褂进行结构的拆解和重组，除了镶滚及衣领外，分别拆得前身共计 6 片裁片，后片共计 12 件裁片，并将这些裁片按照马面裙的结构进行模拟复原，发现正好铺满、构成了一件传统襕干式马面裙（图 1-62）。在此基础上，继续对改制前马面裙的尺寸进行复原，推测如下：腰围 130 ~ 150cm，裙摆长 240 ~ 260cm，裙长（不含裙头）110 ~ 120cm，马面宽 30 ~ 35cm，襕干宽 10 ~ 16cm。

（a）正面裁片拆开

（b）背面裁片拆开

图 1-62

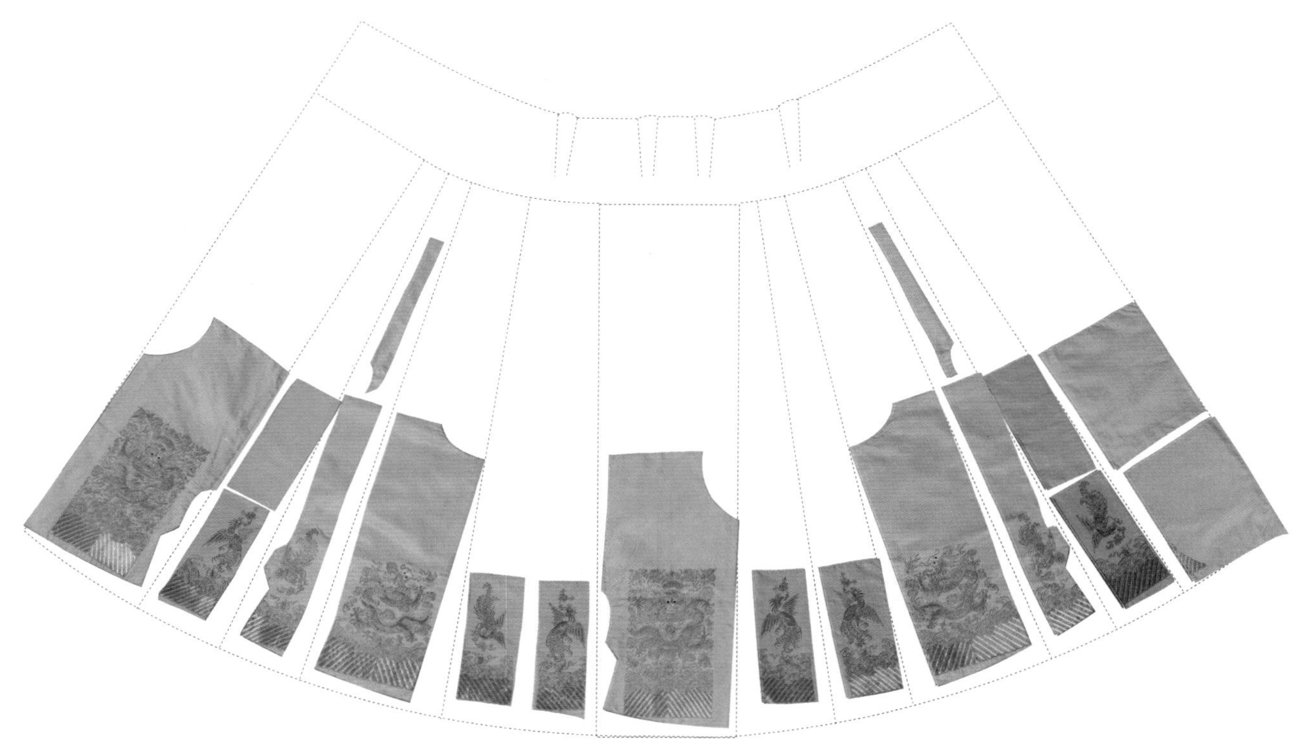

（c）主要裁片排料实验

图 1-62　民国草绿绸龙凤纹盘金绣对襟女褂裁片拆解与排料实验

在改制的铺料步骤中，此褂选择将马面裙上局部结构尺寸最大、装饰尺寸最大的前后裙门作为女褂的前片衣身，将马面裙左右尺寸较窄的襕干作为女褂后片衣袖的裁片，形成了改制后女褂前片拼接少、后片拼接多的形制特征，将更完整的结构和装饰呈现在女褂正面，体现了时人造物的“重表轻里，重前轻后”的设计理念，最大限度地表现改制服装的美观性。综上，这是一件将传统“宽衣博袖”改制成民国窄衣新装的典型案例，改制后女褂衣长 54.5cm，胸围 57.0cm，通袖长 122.8cm，袖口宽 25.2cm，是一件非常适体的上衣形制。

（三）基于“同类改制”的结构窄化

在同类服装上进行局部的结构改制，使服装更加合体的传世实物十分罕见，广州市博物馆藏民国浅绿暗花缎镶黑边女袄便属一例（图 1-63）。

（a）正面

（b）背面

图 1-63　民国浅绿暗花缎镶黑边女袄实物

（资料来源：广州市博物馆藏品）

此袄形制为圆领，右衽大襟，盘扣 2 粒，袖长至手腕，衣长至大腿附近，衣身前后中破缝，下摆渐宽，衣袖、衣摆及领口处镶三层黑边，左右开衩，衩头沿边镶嵌如意云头及寿字纹。从整体形制、面料及镶滚装饰特征来看，此袄属于清末时期汉族女性典型的上袄制式，应为民间富贵女子，且多为中老年妇女所着（图 1-64）。

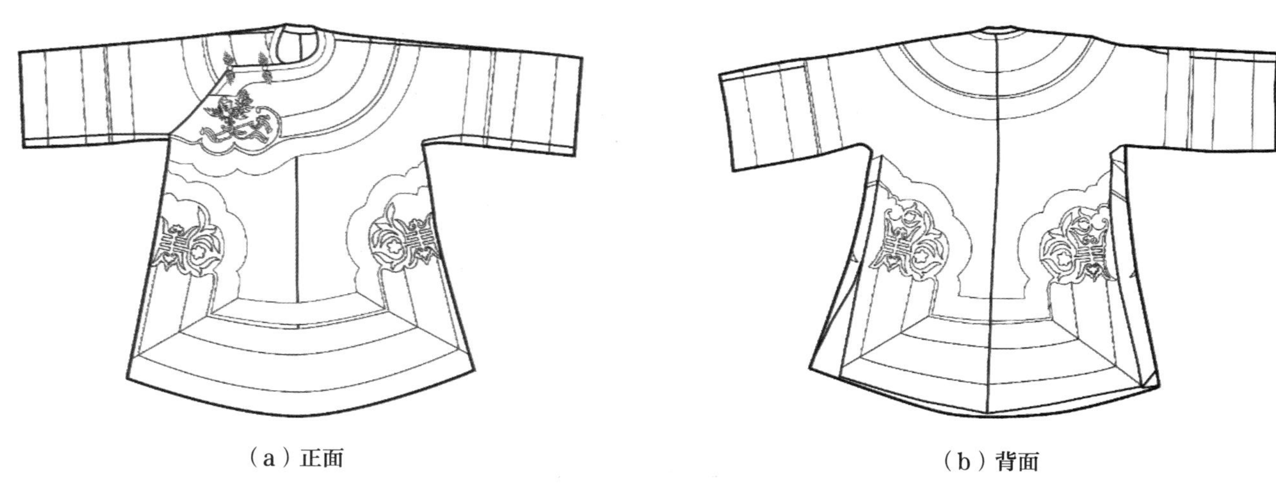

（a）正面　　（b）背面

图 1-64　民国浅绿暗花缎镶黑边女袄形制

特别需要指出的是，此袄在襟、袖、肩、摆等处存在明显的后期改动现象，因此此袄属于民国时人对清末女袄的改制设计。传统服饰的前后衣片基本对称，尺寸基本一致，此袄最大特征之一便是前后衣片的不对称性，整体呈现出前身尺寸宽大于后身的样貌。通过对女袄形制复原发现，主要改制措施为后中线吃缝的处理，改制后各部位如图 1-65 所示。

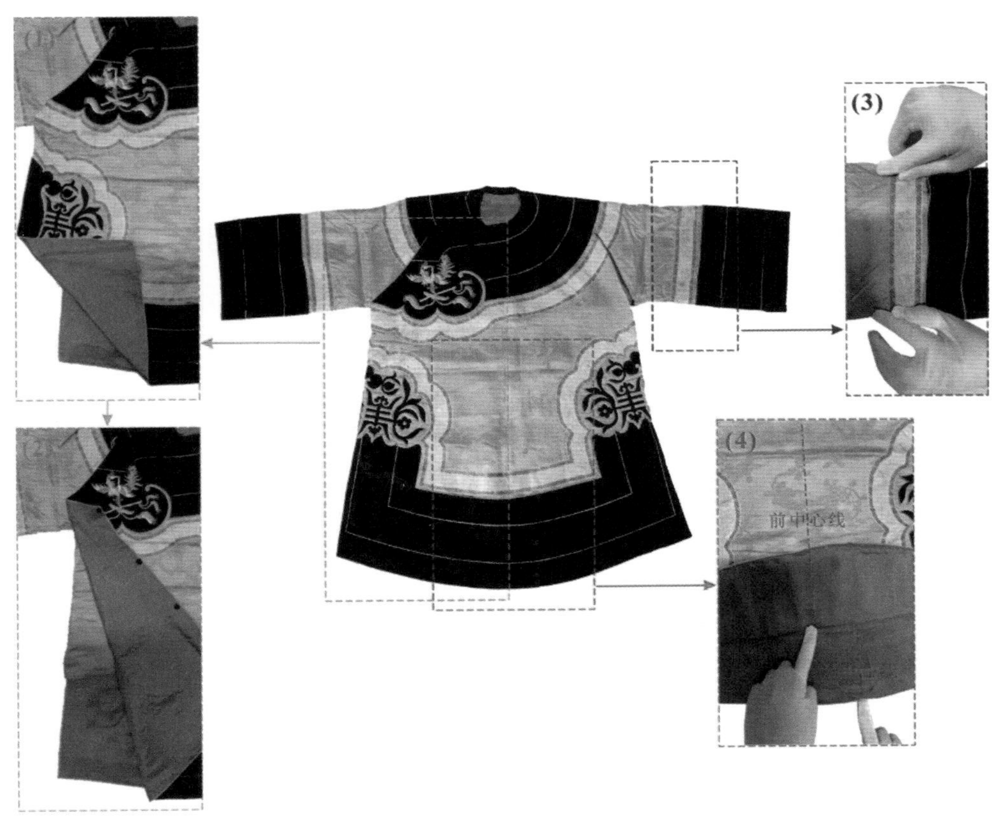

图 1-65　民国浅绿暗花缎镶黑边女袄各部位改制痕迹

具体是先将后中线破开，然后将后身左右衣片分别吃进后中缝线 0 ~ 7.3cm，由上而下越吃越多，使前后衣片在胸宽上相差 9.5cm，在底摆宽上相差 14.5cm（图 1-66）。“牵一发而动全身”，如此改制之后的女袄不仅使衣身前片明显宽于后片，而且对女袄肩斜、门襟等产生了直接影响。

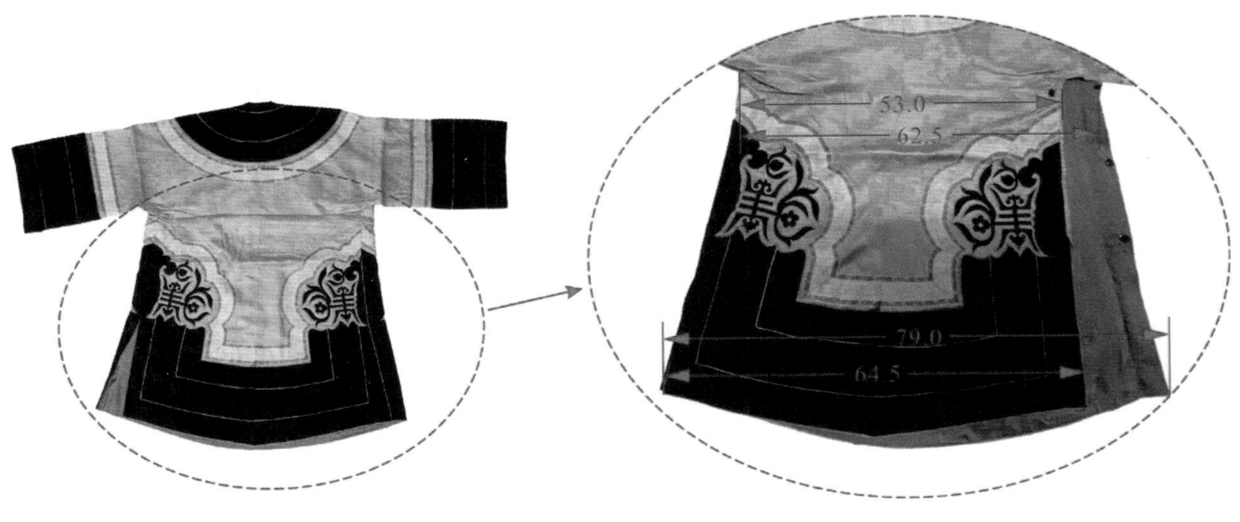

图 1-66　民国浅绿暗花缎镶黑边女袄前后衣片尺寸对比（单位：cm）

后中线左右裁片由上至下逐渐增加缝份吃进，相当于在底摆中线处设置了一条长87.5cm的省道，且省量达14.5cm，因此对肩斜产生了直接影响（图1-67）。设肩斜为α，则$\tan\alpha$等于$\tan\angle AOC$，其值为0.083，故肩斜$\alpha\approx4.8°$。由于并未将全部裁片拆开、改制，只是做了局部的调整，因此在腋下等部位产生了微量的面料堆砌等疵病，所以从工艺的角度看，此件女袄的改制做工不算精细、严整，更像是为了适体合身，通过最小的改动，实现最大的成效。从这个意义上看，通过如此简单的处理便收窄了腰身并增加了肩斜，可谓匠心独到。

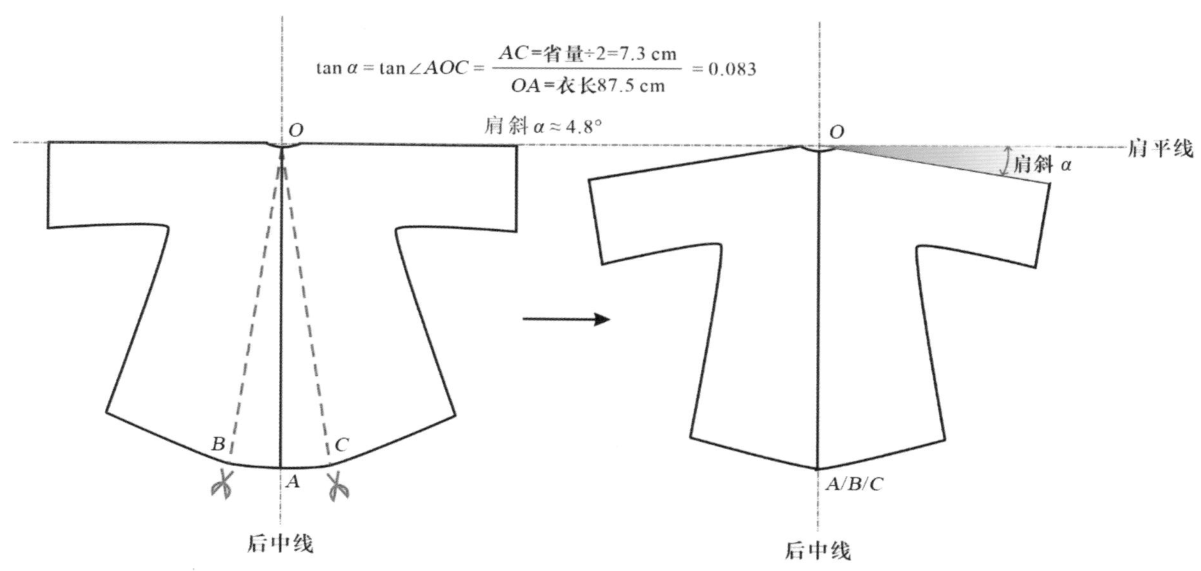

图1-67　民国浅绿暗花缎镶黑边女袄肩斜产生示意

由于后身衣片变窄，因此前门襟与后片的闭合也不宜通过传统的盘扣扣合，该袄通过把门襟折至后背，然后采用3个子母扣作为暗扣闭合（图1-68）。由于此袄主要通过缩减后身尺寸，并适当调整前身裁片与之闭合，因此改制后女袄的尺寸介于前后衣身尺寸之间，如图1-69所示，胸围56.5cm，底摆宽72.5cm，使女袄在肩部、胸部和腹部更加合身。

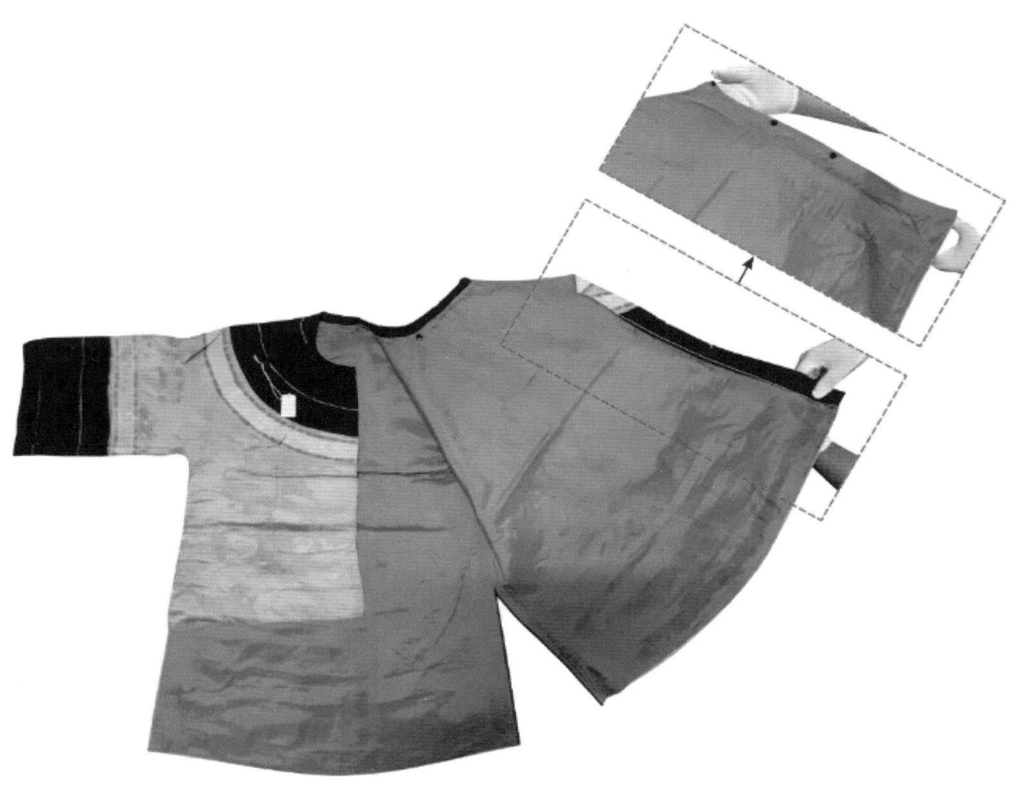

图 1-68　民国浅绿暗花缎镶黑边女袄门襟设计

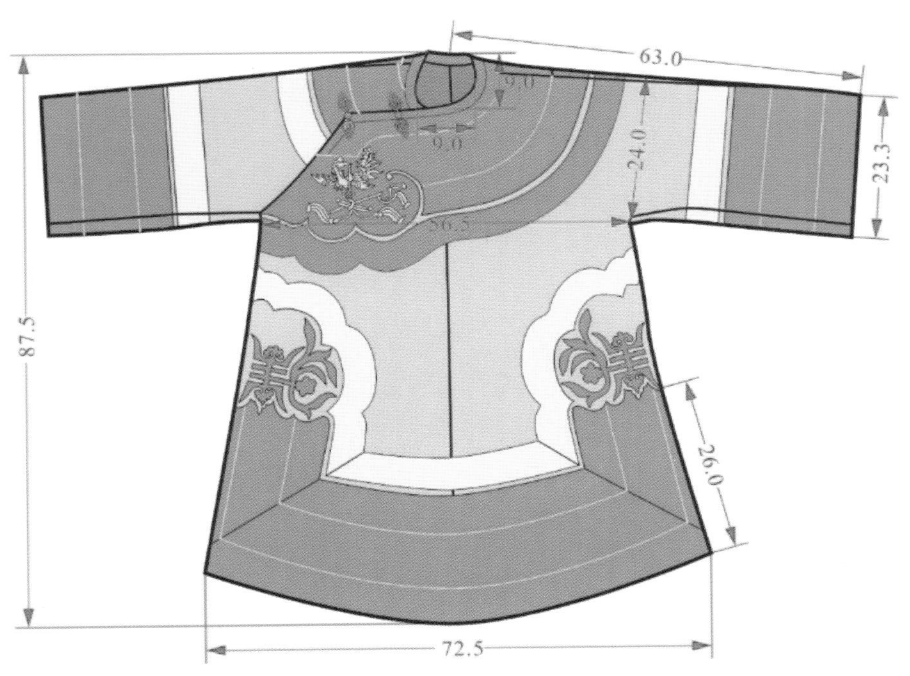

图 1-69　民国浅绿暗花缎镶黑边女袄尺寸（单位：cm）

第二节　民国“文明新装”——“倒大袖”上衣的结构创制

如果说窄化是民国时期上衣结构演变的整体规律，属于量变的过程贯穿始终，那么“文明新装”则是其中的质变成果。“文明新装”在品类上由“倒大袖”上衣和筒裙或裤构成，属于中华传统“上衣下裳”在民国的继承、改良和革新，是民国汉族女性在20世纪20年代以后，特别是在旗袍广为流行之前的最重要服饰形制之一。

“倒大袖”上衣的形制特征是短衣而宽袖，并且袖长也稍短，不再长至手腕处，一般为五六分长。袖口渐宽，宽大于挂肩长的“倒大袖”与民初的窄袖形成了鲜明的对比。图1-70所示为1922年《星期》杂志刊载的女性新形象，身着“倒大袖”上衣，袖长至小臂，呈喇叭状，衣长至腰下，精短干练。图1-71所示为拍摄于20世纪20年代的影像，记录了北京一位在整理大衣的女性，身着“倒大袖”上衣，下配阔腿八分裤，属于典型的“文明新装”打扮。穿着“文明新装”的女性，其手腕及小臂、脚踝及小腿基本暴露在外，相较10年代的窄袖口、窄裤脚，极大地解放了女性四肢，使其更加便捷和舒适地参与到各项工作中去。

图1-70　穿“倒大袖”上衣的女性

（资料来源：1922年《星期》）

图1-71　20世纪20年代着“倒大袖”上衣的女性

一、"倒大袖"上衣结构演变的总体规律

在对民国"文明新装"衣型即"倒大袖"上衣进行具体案例的考证之前，本部分先对现有实物的总体形制特征进行归类和分析。选取江南大学民间服饰传习馆珍藏17件形制不同的民国"倒大袖"上衣代表性实物标本，如表1-11所示，基本按照"倒大袖"上衣出现及创制的先后顺序排列，以期对整个民国时期"倒大袖"上衣结构的演变做一个简要梳理。

表1-11　民国"文明新装"上衣实物整理与结构特征分析

编号	实物	形制	地区	结构特征
SD-A031		袄	山东	整体制式及装饰风格与民初窄衣化类似，但是衣摆，特别是袖口渐宽，初具"倒大袖"的特征
JN-A031		袄	江南	立领，右衽直偏襟，7副盘扣，最低处盘扣距底摆较低；衣摆及袖口均渐宽，袖口较挂肩宽更明显
SX-A014	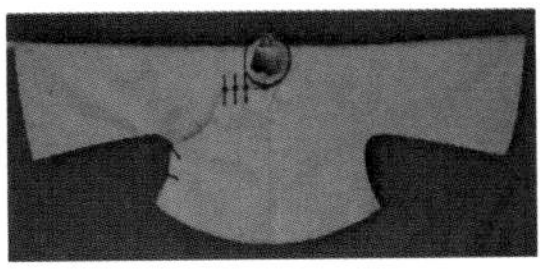	袄	山西	立领，右衽大襟，6副盘扣，收腰，衣摆渐宽，袖口渐宽，程度较大；衣身长度明显缩短
JN-A023	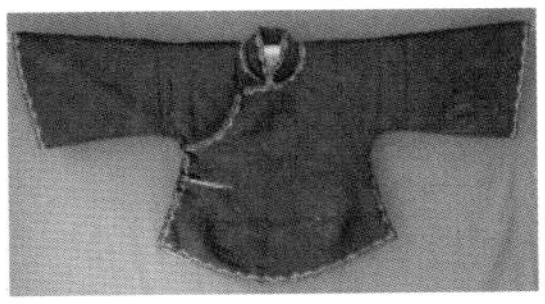	袄	江南	立领，右衽大襟，5副盘扣，收腰，衣摆渐宽，袖口渐宽，衣摆弧度较大
JN-S020	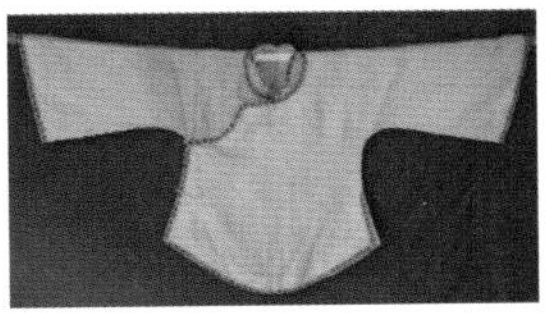	衫	江南	底摆弧度捎带棱角，区别于其他上衣的圆润轻缓；无接袖，前中破缝
JN-A025	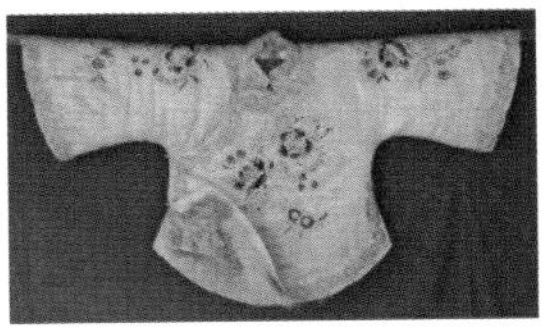	袄	江南	袖口及底摆渐宽程度更高，且弧度更大，更圆润；牡丹纹饰，刺绣精美；里料为裘毛，为冬季所着
JN-S013	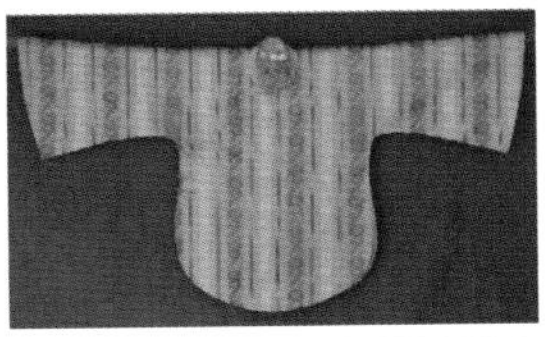	衫	江南	下摆的衣角消失，底摆与侧缝廓型线开始融为一体

编号	实物	形制	地区	结构特征
JN-S012		衫	江南	立领，右衽大襟，5 副盘扣，袖口渐宽，弧度明显，衣摆呈半圆弧形；无接袖，前中破缝
SX-A028	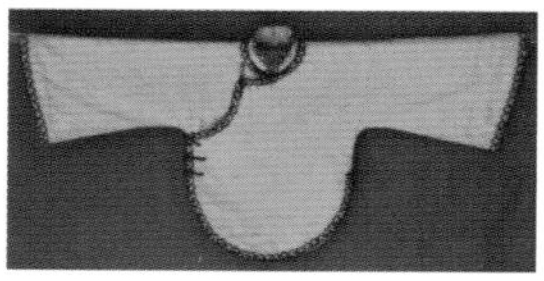	袄	山西	衣摆为所谓“大圆角”“无衩没角”，由左侧开衩处至右侧盘扣皆为底摆弧形
MG-A014	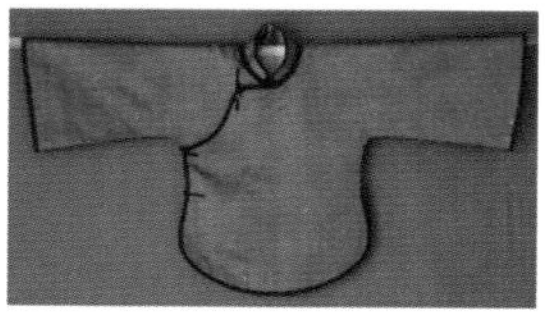	袄	江南	无底摆脚，衣身及底摆呈方圆之势，微具葫芦之形
JN-S011	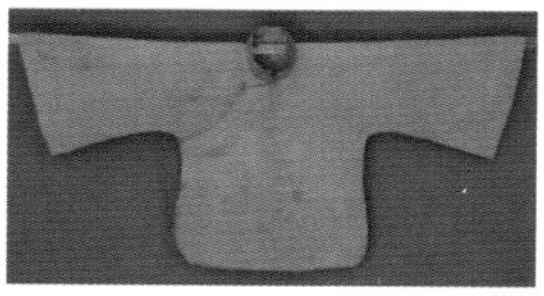	衫	江南	方角立领，右衽大襟，5 副盘扣；袖口渐宽，程度较大，弧度明显，衣摆微张，弧度呈方圆形，颇为罕见；无接袖，但袖口下端有补角
JN-A024		袄	江南	立领，右衽大襟，6 副盘扣，收腰，衣摆和袖子均渐宽，但程度均不大；里料为裘毛，为冬季所着
JN-A030	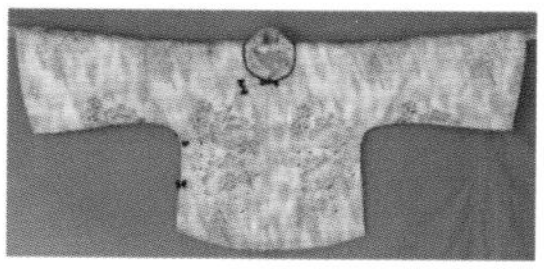	袄	江南	类似 JN-A024，但是袖口渐宽并且弧度更明显，衣身基本平直；面料为手绘装饰，较罕见
JN-A008		袄	江南	立领，对襟，6 粒纽扣，直身，衣摆渐窄，袖口渐宽，对应腰节两侧配置 2 个大口袋，对应左胸部位配置 1 个小口袋
JN-A009		袄	江南	类似 JN-A008，不同之处为：有夹棉，袖口渐宽程度较大，且胸部无小口袋，为秋冬所着
JN-A008	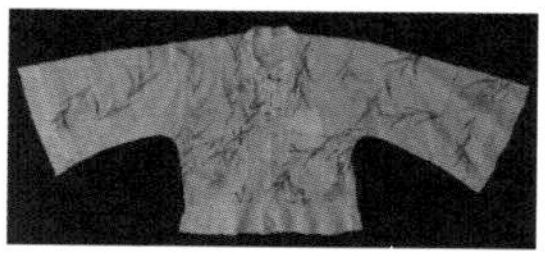	褂	江南	以花边代替立领，对襟，5 粒纽扣，后中不破缝，袖口渐宽，衣摆渐窄，对应腰节处设置 2 个口袋
JN-S001	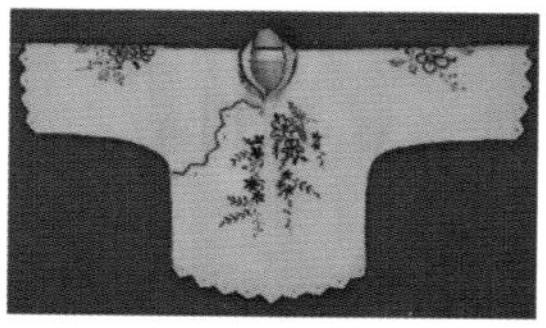	衫	江南	立领，右衽大襟，暗扣闭合；衣摆与袖口渐窄，程度较小；领口、门襟、底摆、袖口均以花边设计

通过对表 1-11 中的实物进行整理与研究，在袖型、摆型及材料方面得出三大规律，具体如下。

（1）“倒大袖”上衣袖型的结构变化基本呈现由长至短、由窄渐宽再渐窄的规律（图 1-72）。1929 年,《冀城县志》记载:“若女人之服，在清末年亦尚窄小，今则变为宽衣短袖、短裤宽腿矣。”❶20 世纪 40 年代以后，呈喇叭状的“倒大袖”袖口又开始渐渐缩小，据《吉安县志》（1941 年）记载:“妇女在昔衣短而袖大，并加缘饰；今无缘饰，而袖亦渐小，更有效旗妇御长袍者。摩登女则衣领长，而袖短至肩，裤短至腿。学校女生裙尚青而高系，下于膝者仅寸余，又非若旧妇女之裙垂抵舄，色红而丝绣烂缦（漫）矣。”❷但是，“倒大袖”上衣袖型的演变部位主要集中在袖口上，袖窿即挂肩的尺寸基本稳定，加之袖长基本处于小臂附近，因此不管“倒大袖”上衣袖型如何演变，其对女性肩臂部的适体贴合性始终未变。从这个角度来看，“倒大袖”袖型的演变并非如之前窄衣化服饰等受实用功能影响开展结构演变，而是当时女性基于审美从时尚流行的角度开展的设计创新实践。

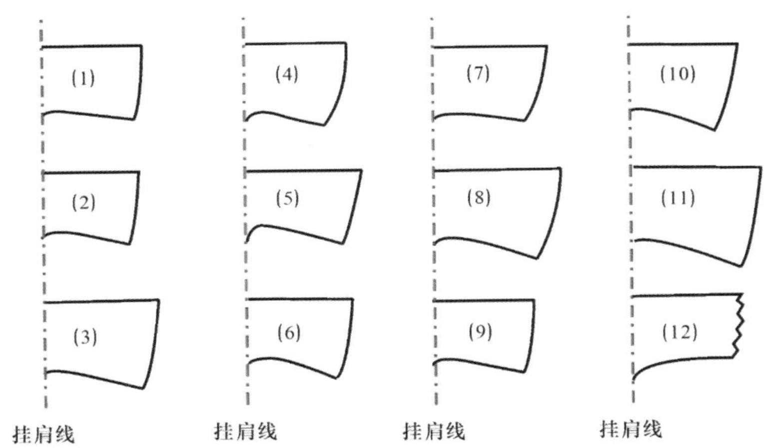

图 1-72　民国“倒大袖”上衣袖型变化规律

---

❶ 丁世良，赵放主编；张军等编 . 中国地方志民俗资料汇编（华北卷）[M]. 北京：国家图书馆出版社，1989:659.

❷ 丁世良，赵放 . 中国地方志民俗资料汇编（华东卷）（中）[M]. 北京：书目文献出版社，1995:1147.

（2）“倒大袖”上衣下摆的变化相对袖型丰富（图1-73），可细分为四点变化：其一，底摆长即衣长的变化，总体呈由长渐短的规律，在民国中后期夏季里，一些“倒大袖”上衣的衣长甚至到女性腰节以上，漏出两侧细腰；其二，底摆的宽度变化，由宽至窄；其三，底摆的弧度变化，整体呈由直渐圆再渐直的规律；其四，底摆的衣角变化，依附于底摆弧度变化，整体呈由直渐圆再渐直的规律，有直角和不同程度锐角及圆角。1936年，吴人在《南京晚报》中记载苏州女性着“倒大袖”上衣的流行：“至于女子，二十年的初期，正是短袄围裙狂盛时代，长袖子，短袖子，圆角，方角，大圆角，以至无衩没角，着实捣乱过一番。”足见“倒大袖”上衣底摆变化之多。

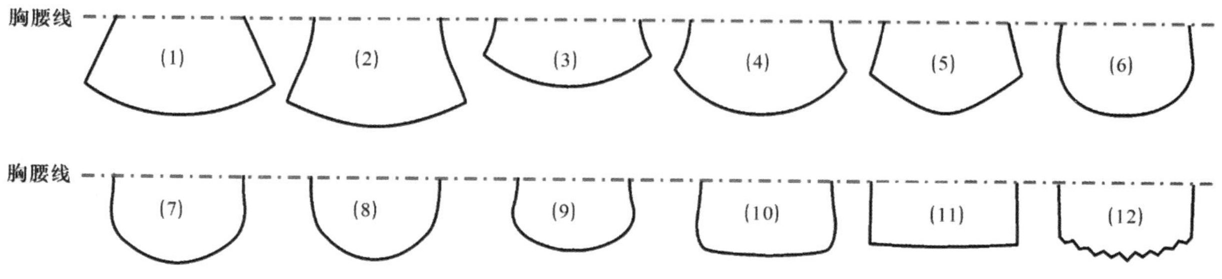

图1-73　民国“倒大袖”上衣底摆变化规律

（3）“倒大袖”上衣在面料上形成了单、夹，薄、厚，四季皆宜的服用体系。除了春秋穿着一般夹袄之外，在寒冷的冬季，汉族女性在“倒大袖”女袄内增设裘毛（图1-74）或絮棉，保暖性能极佳。在炎热的夏日，人们则选取清凉甚至薄透的面料制成“倒大袖”女衫，图1-75所示为江南大学民间服饰传习馆珍藏一件民国时期由白色透明纱质面料制成的“倒大袖”女衫，不仅轻薄舒适，而且透气性极佳，应为当时追求时尚的摩登女性所着，在穿着时内搭遮羞内衣即可。1926广州《民国日报》刊文：“少妇入夏之服装。夏衣尚白，人所尽知。少妇上身衣紧，尤为娇美。衫子可用白薄罗制成，袖博而短，略常凉爽。领用翻领，可缀以淡红式蓝色之缎带，结成花形式蝴蝶形，值风飘舞，足助美观。裙亦用白纱，色洁而空松，幽雅艳丽，兼而有之。纳凉于柳阴深处，荷花池畔，微风拂拂，相得益彰。诚夏日少妇之美装也。”所载白色薄罗女衫与透明白薄纱机绣花卉“倒大袖”女衫不约而同。

图 1-74　民国"倒大袖"女袄夹毛设计

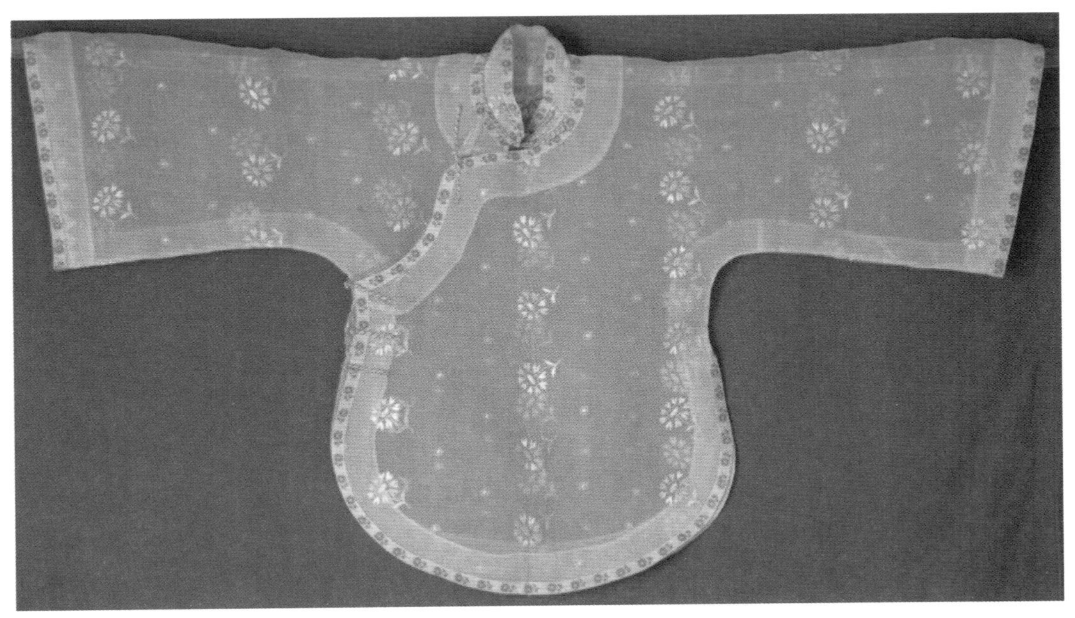

图 1-75　民国透明白薄纱机绣花卉"倒大袖"女衫

二、“倒大袖”上衣的经典结构范式

所谓“范式”，即最常见、最具代表性者。“倒大袖”上衣的范式，无疑首先需要袖型满足标准的“倒大”之型，即时人称“喇叭管袖子”；其次，衣长和衣摆也是处于“直摆直角”和“圆摆无角”之间的一般形制，表 1-11 中编号为 JN-A023、JN-S020、JN-A025 的女袄便属于此列，可谓经典的范式。

为了进一步解读“倒大袖”上衣结构范式的设计细节，选取民国淡黄绸牡丹刺绣“倒大袖”女衫为实物标本进行测绘和复原。该衫形制为立领，右衽大襟，6 副盘扣，收腰，下摆渐宽，呈圆弧形，衣角为直角，衣袖渐宽，袖口宽于袖笼，袖长至小臂，衣长至腰下臀上；前后中破缝，左侧缝处有开衩，无接袖；领窝、门襟、底摆、开衩及袖口处镶同色系花边。面料在前胸、后背及左右肩上刺绣牡丹纹样，无里料设计。综合推测此“倒大袖”上衣属于 20 世纪 20 年代的经典范式（图 1-76 和图 1-77）。

（a）正面

（b）背面

图 1-76　民国淡黄绸牡丹刺绣“倒大袖”女衫实物

（资料来源：广州市博物馆藏品）

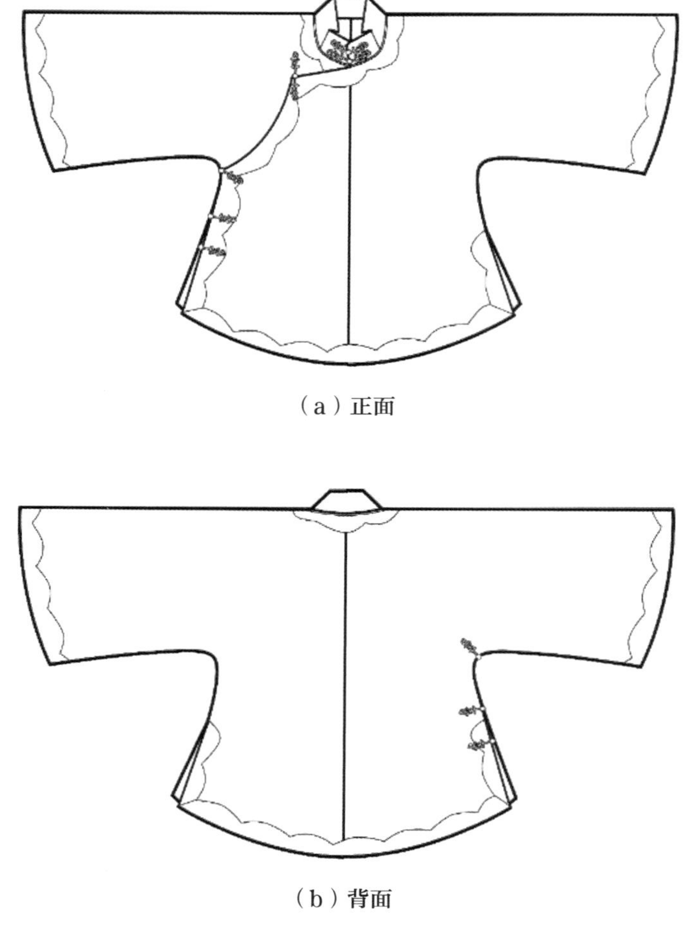

（a）正面

（b）背面

图 1-77　民国淡黄绸牡丹刺绣“倒大袖”女衫形制

为进一步考证民国淡黄绸牡丹刺绣“倒大袖”女衫的结构细节，对其主结构裁片进行测绘和复原，如图 1-78 所示。主结构（除衣领外）由三片裁片构成，即“三开裁”。前右里襟，即小襟与前右袖片为整幅裁片，并未从门襟处破开，但是里襟的结构区别于大襟，不仅底摆平直无曲势，而且在长度上也有所缩减，由前颈点至底摆只有 36.5cm。需要指出的是，里襟的长度除了低于外面大襟，以免漏出里襟不雅观之外，也不能过于短小，自上而下一般需要超过右侧最低盘扣的扣位。因此，在小襟的右下处一般也是有开衩设计的，只是尺寸相较左侧要短一些，此件淡黄绸牡丹刺绣“倒大袖”女衫的小襟开衩较大襟便短了 3.5cm。

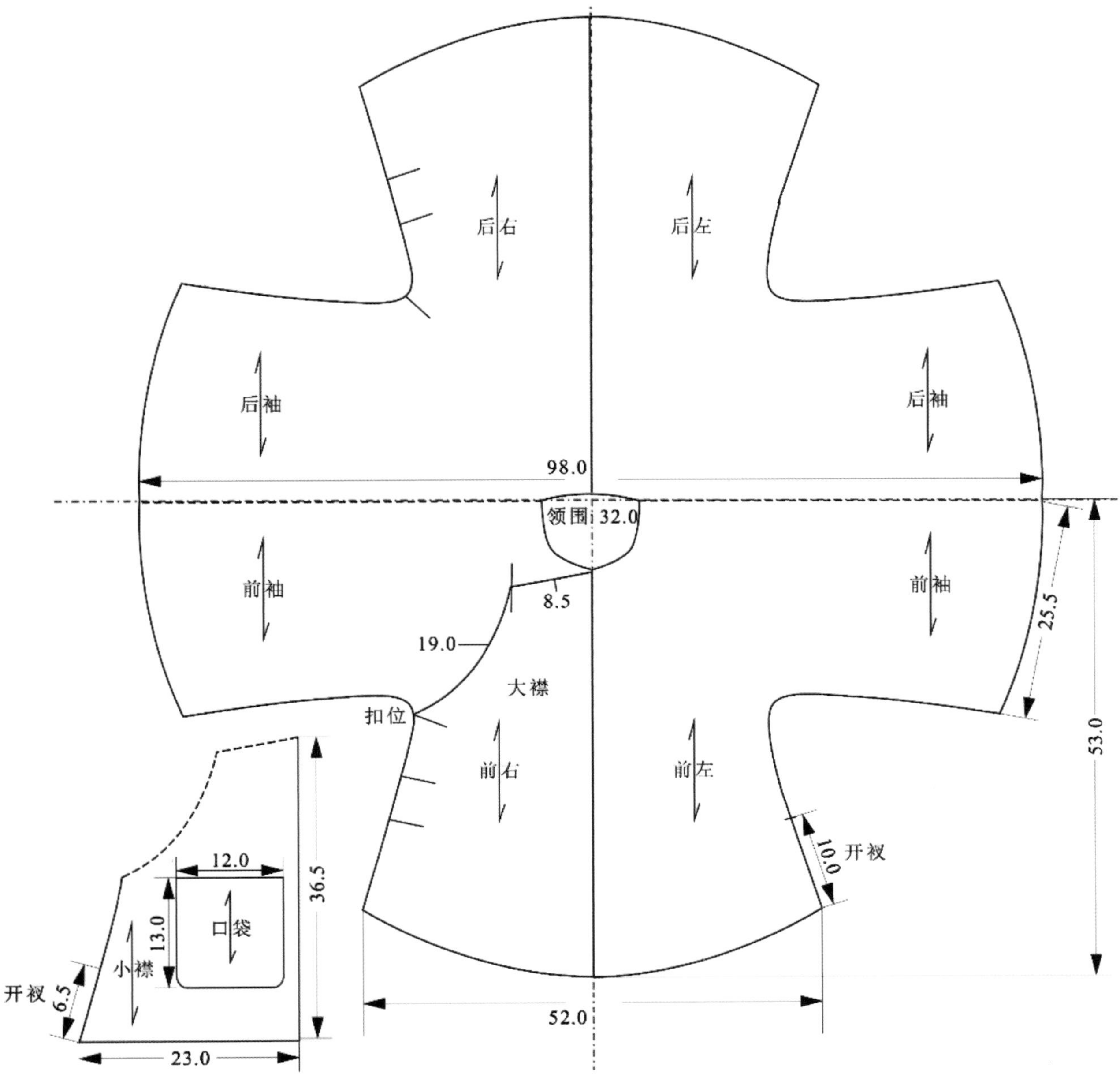

图 1-78　民国淡黄绸牡丹刺绣“倒大袖”女衫主结构测绘与复原（单位: cm）

此外，在淡黄绸牡丹刺绣“倒大袖”女衫小襟的中心偏左下处，还设置了一个长 13.0cm、宽 12.0cm 的方形圆角口袋，以供女性装钱等储物之用。这种口袋的设计方法也是中国传统的特色之一，区别于现代服装一般将口袋缝缀于衣服面料表面，传统的内置设计不仅隐蔽性和储藏性更优，而且也最大限度地保留了服装外部结构的完整，使服装的对外形象“完美无缺”。

将民国淡黄绸牡丹刺绣“倒大袖”女衫穿于虚拟模特之上，经过结构的导入（除了上述主结构外，补充立领、镶滚等辅料结构），并通过虚拟缝合等系列操作之后，完成了女衫由2D平面向3D立体空间的结构转换（图1-79），缝合之后穿在女模身上，袖长至肘下，衣长至腰下臀上，十分精短干练。在双臂平举、双臂侧抬和双臂垂落三种状态下，女衫在颈部、肩部、手腕以及胸部、腰部等部位宽松适体（图1-80）。

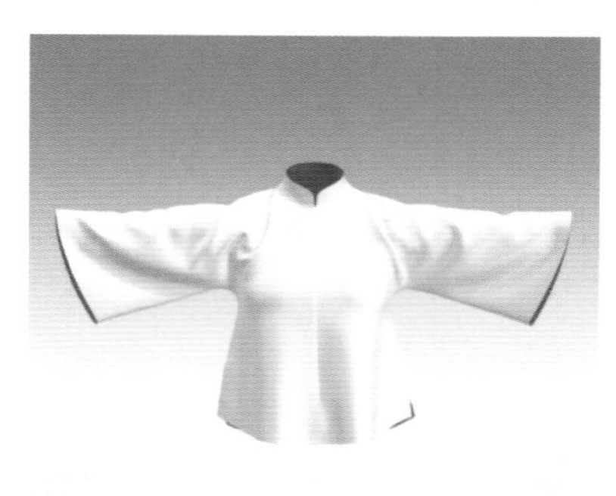

（a）正面

（b）侧面

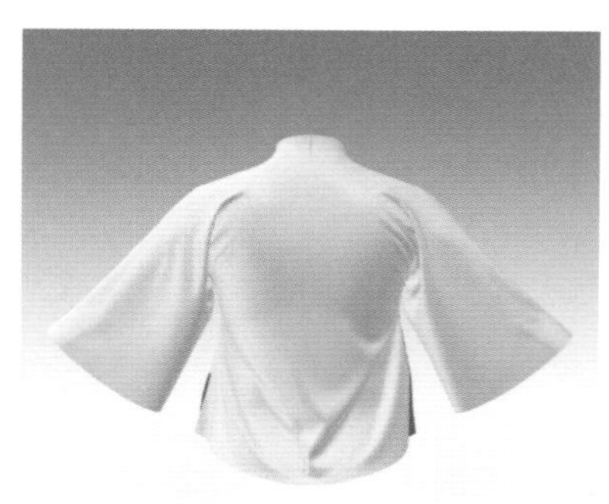

（c）背面

图1-79　民国淡黄绸牡丹刺绣“倒大袖”女衫的三维空间营造

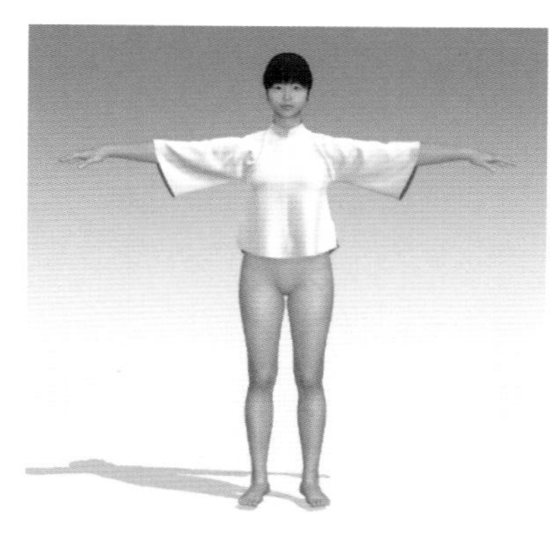

（a）双臂平举

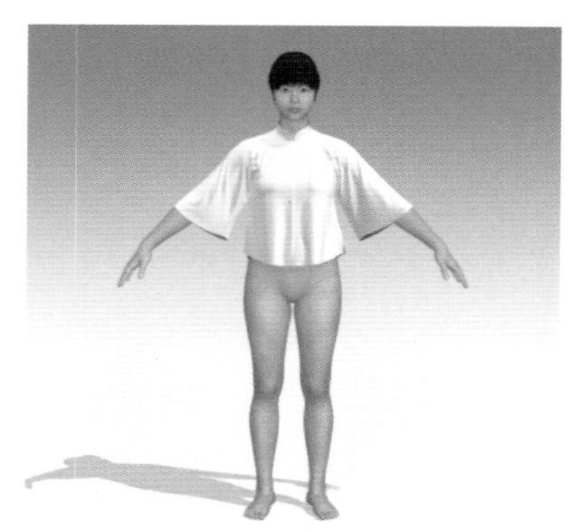

（b）双臂侧抬

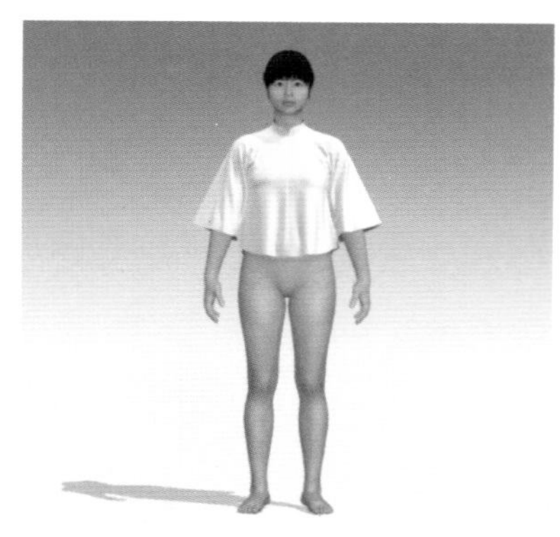

（c）双臂垂落

图1-80　民国淡黄绸牡丹刺绣“倒大袖”女衫的虚拟试穿实验分析

在虚拟试衣过程中，测试民国淡黄绸牡丹刺绣“倒大袖”女衫对虚拟人体的服装压力，选取虚拟模特背面、肩点（两侧）、手臂侧面（测面）、胸围线点（正面）、腰围线（两侧）等关键部位压力与应力分析值，如表 1-12 所示。在虚拟试衣中打开显示压力点（图 1-81）和应力点（图 1-82），可以得出女衫的压力主要集中在肩部和胸周两处，其他部位压力较小，因此女衫穿着效果较为宽松舒适。

表 1-12　民国淡黄绸牡丹刺绣“倒大袖”女衫穿后女体关键部位压力与应力分析

受力	背面	肩点（两侧）		手臂侧面		胸围线点（正面）		腰围线（两侧）	
	中	左	右	左	右	左	右	左	右
压力/kPa	3.2	25.0	24.5	2.3	2.4	6.5	8.5	—	—
应力/%	105	121	125	100	102	106	108	—	—

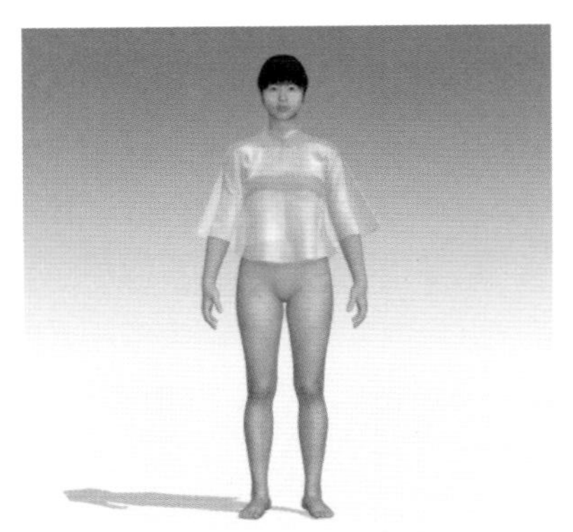

（a）正面

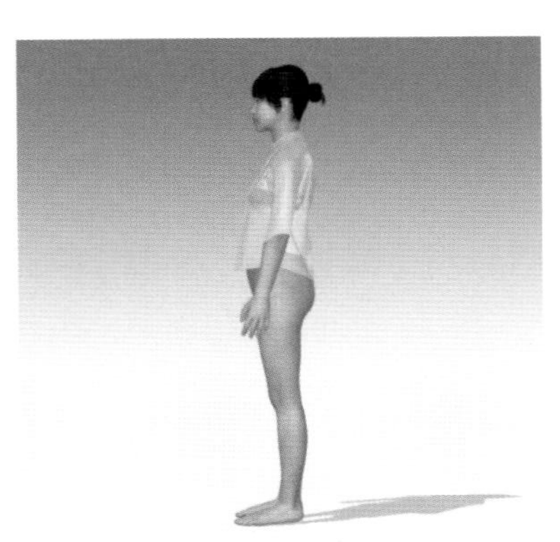

（b）侧面

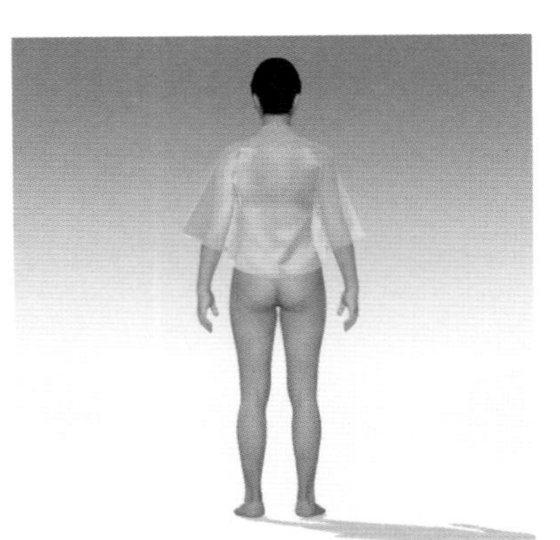

（c）背面

图 1-81　民国淡黄绸牡丹刺绣“倒大袖”女衫对人体的服装压力分析

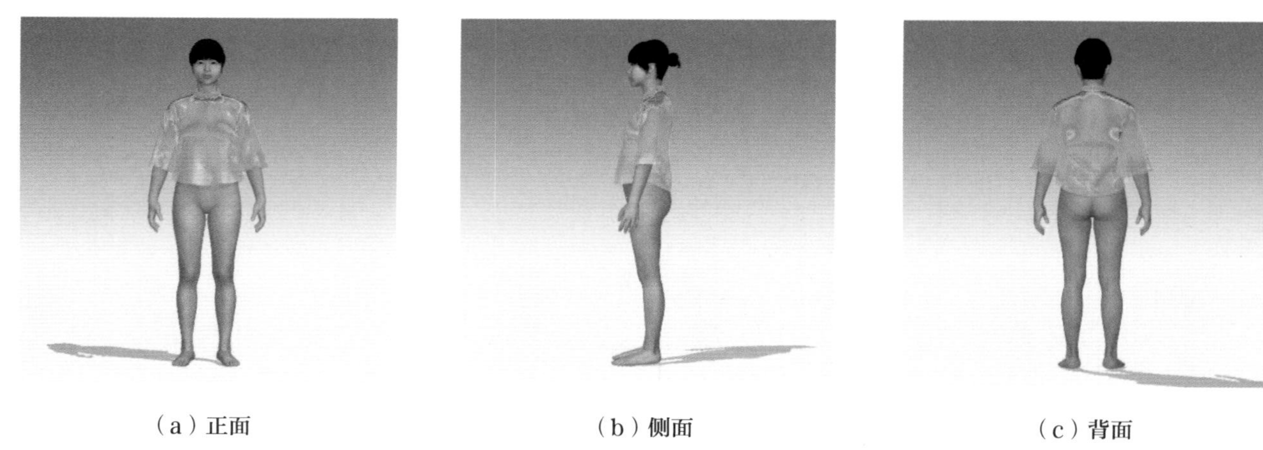

（a）正面　（b）侧面　（c）背面

图 1-82　民国淡黄绸牡丹刺绣“倒大袖”女衫对人体的服装应力分析

纵观民国淡黄绸牡丹刺绣“倒大袖”女衫结构在二维平面下的廓型，可以发现其呈现出以领窝为中心，以前后衣摆、左右袖摆为边缘的正圆之型，且此圆相较于民国初期“嘉禾”礼服的方圆之“圆”变得更加圆润和规整。这也是“倒大袖”上衣最大的结构特色和范式之一，不管“倒大袖”上衣是否前中破缝、是否存在接袖和衣摆拼角、是对襟还是大襟亦或是偏襟等，在平面下的结构整体廓型均具备特征。

江南大学民间服饰传习馆珍藏有一件民国时期朱红对襟“倒大袖”上衣的半成品，或为制作过程中停滞，或为后人拆解以备改制之用，但是都为研究当时“倒大袖”上衣在二维平面下的结构范式提供了重要的实证材料（图 1-83）。

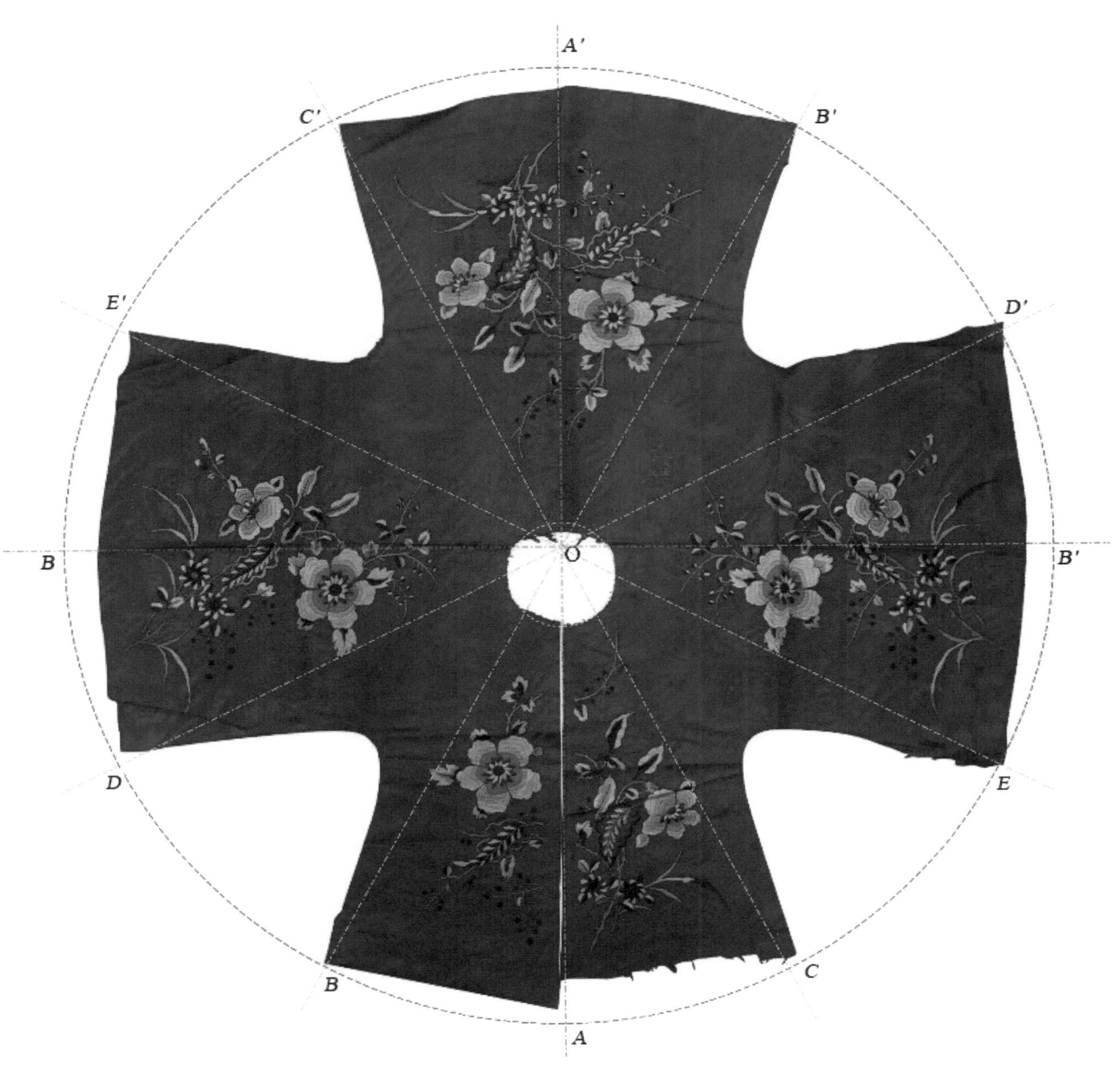

图 1-83　朱红对襟“倒大袖”上衣裁片实物及其形式分析

不同于淡黄绸牡丹刺绣“倒大袖”女衫的三片式结构，朱红对襟“倒大袖”上衣裁片由一片面料裁成，即“一片式”结构，除了前中破开以供门襟（对襟）设计之外，后中、肩线皆不破开，且无任何接袖、拼角结构，最大限度地保证了面料的完整性。将朱红对襟“倒大袖”上衣裁片的前后底摆角与左右袖角连接起来，发现其基本构成了一个正圆，且圆心 O 点正好处于前后中心与肩线的交点上，因此线段 OA、OA'、OB、OB'、OC、OC'、OD、OD'、OE、OE' 长度相等，即此上衣的袖片尺寸与衣身尺寸基本一致，将传统服装制衣中的方圆法式体现得更加彻底。

三、“倒大袖”上衣的衍生结构创新

从表 1-5 可以看出，除了型如民国淡黄绸牡丹刺绣“倒大袖”女衫的上衣之外，在后期还有袖型和底摆造型不断变化及改良的其他制式，笔者称其为基于经典范式的衍生结构创新。如民国淡紫绸牡丹刺绣“倒大袖”女袄，形制为立领，右衽大襟，5 副盘扣，袖口及衣摆均渐宽，但是程度已非常微弱，“倒大袖”和“喇叭摆”的造型很难捕捉。衣摆有轻微弧度，衣角呈直角形（图 1-84 和图 1-85）。女袄前后中破缝，无接袖结构。在领面、领窝、门襟、底摆、袖口附近刺绣宽 1 ~ 10cm 的牡丹纹饰，连枝连续，均衡感十足。同时，女袄盘扣以两种花卉为仿生设计，制作精美，手工刺绣技艺精湛，加上素雅清新的浅色系配色，精细的滚边处理，可以判定其应为民国中后期一位具有一定经济基础、追求时尚的摩登女性所穿。

（a）正面

（b）背面

图 1-84　民国淡紫绸牡丹刺绣“倒大袖”女袄实物
（资料来源：广州市博物馆藏品）

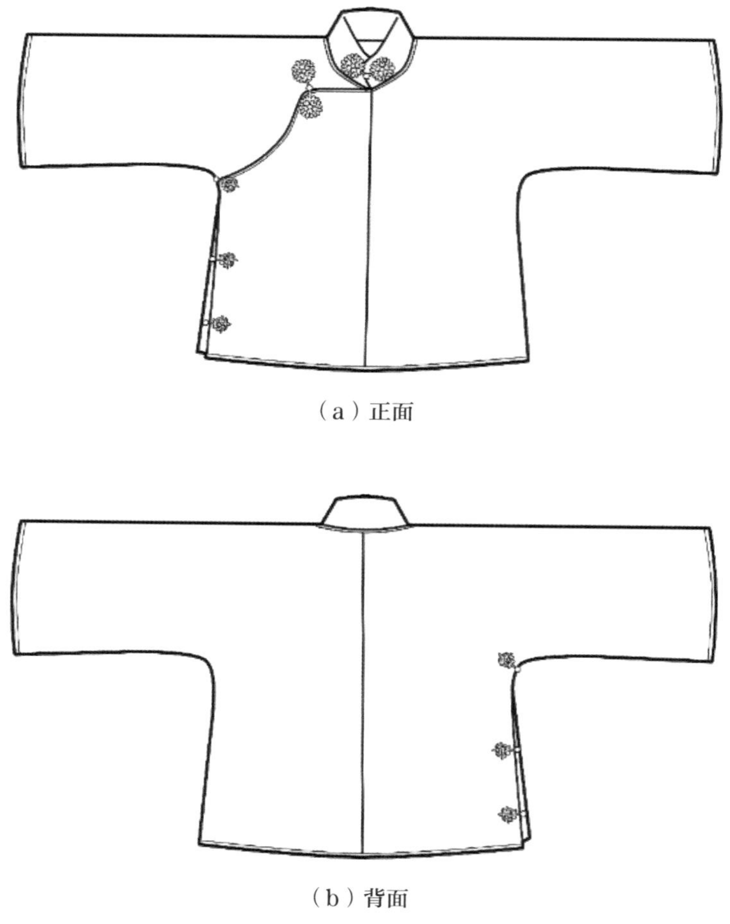

（a）正面

（b）背面

图 1-85　民国淡紫绸牡丹刺绣“倒大袖”女袄形制

对女袄主结构进行测绘与复原（图 1-86）发现，其为三片裁片裁制而成的“三开裁”。出手为 52.0cm，一般身材女性穿着后袖口大概在小臂位置；衣长为 51.3cm，长度也是刚及腰下；腰身的宽度也较窄，连下摆也只有 47.3cm 宽。因此，综合判定此件女袄是一件短袖短衣的杰出代表。而且需要特别指出的是，在如此简短的结构设计中，此袄却一反常态，不仅没有在后中线处增设底摆的开衩设计，还取消了原本在左侧衣摆处常规存在的开衩设计。同时，右侧最低一个盘扣的扣位距离底摆的长度也极短。因此，此袄在衣摆的四周几乎没有更多余量和活动空间的营造，结合上述所列此袄的装饰特色，穿着此件女袄的女性应是一位身材瘦小的妙龄女子。

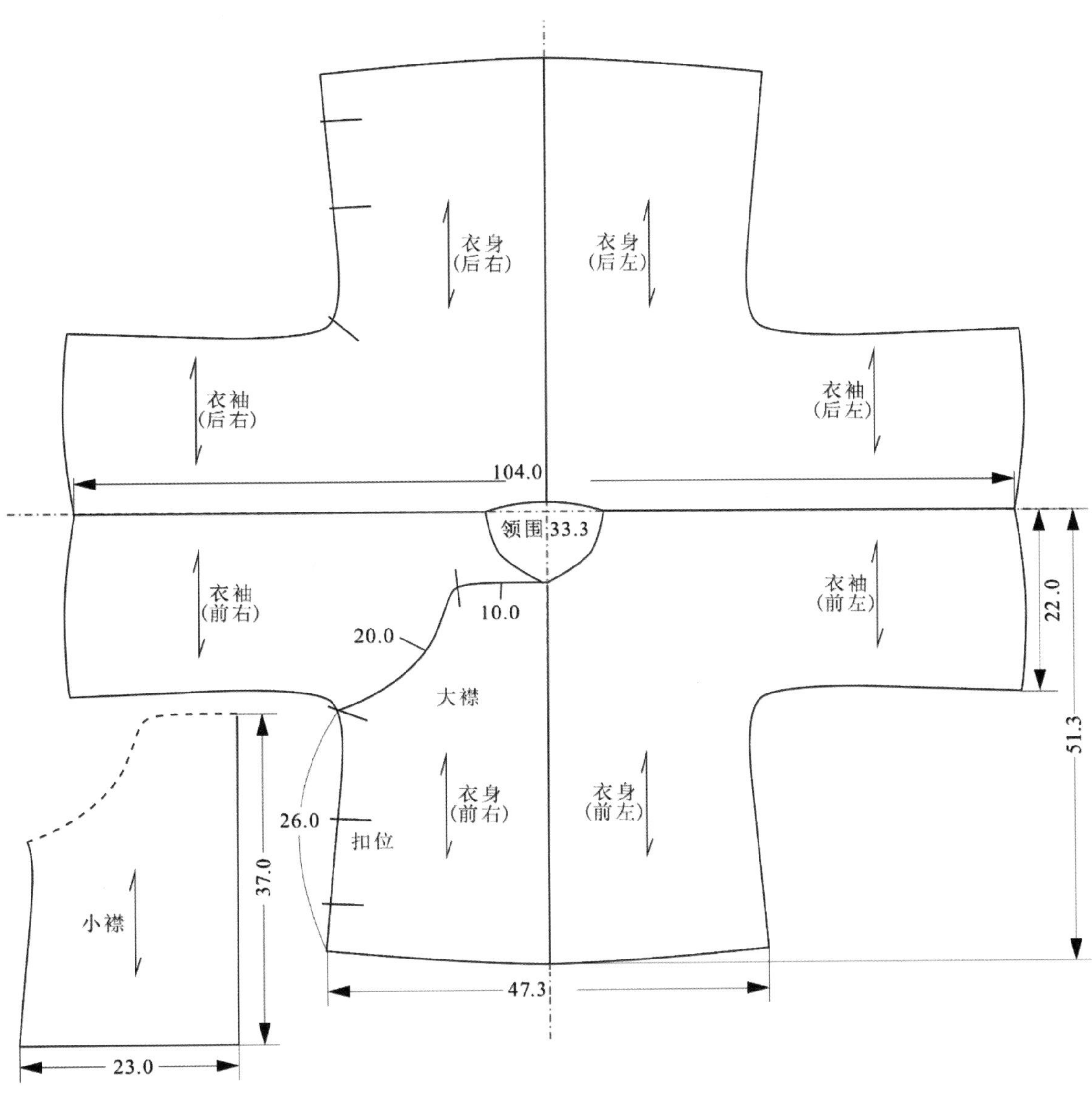

图 1-86　民国淡紫绸牡丹刺绣“倒大袖”女袄主结构测绘与复原（单位：cm）

对民国淡紫绸牡丹刺绣“倒大袖”女袄主结构的毛样进行模拟排料分析，形成了一个最节省面料的排版方案（图 1-87），推测采用面料尺寸是幅宽为 54.0cm、长为 178cm 的方形面料。

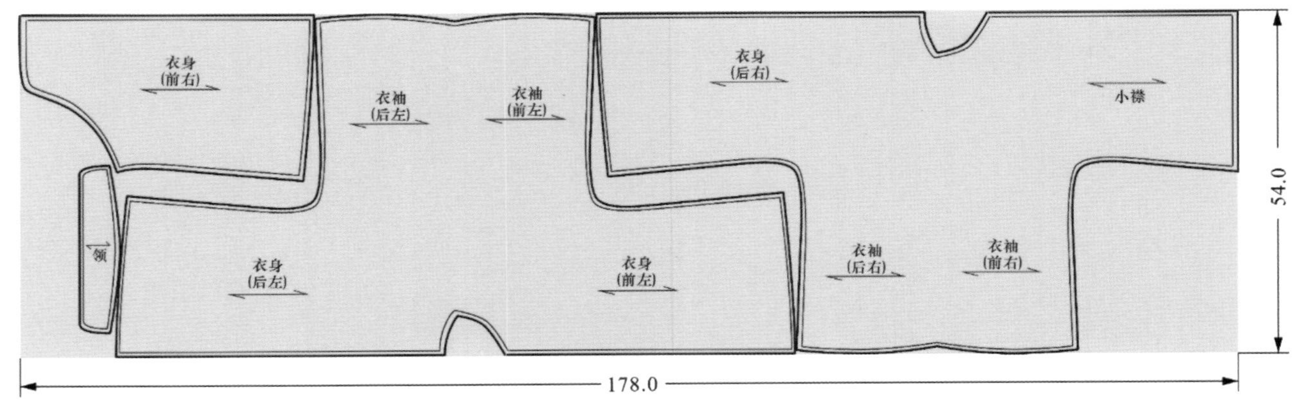

图 1-87　民国淡紫绸牡丹刺绣“倒大袖”女袄主结构毛样模拟排料分析（单位：cm）

民国淡紫绸牡丹刺绣“倒大袖”女袄主结构的裁剪及排料属于不接袖的“大裁法”，针对民国“倒大袖”上衣的结构裁制方法还有适用于大襟形制的“小裁法”“对裁法”，适用于对襟形制的“大裁法”“套裁法”“对裁法”和“小裁法”等❶，可根据不同面料幅宽的大小灵活选择。

将民国淡紫绸牡丹刺绣“倒大袖”女袄穿于虚拟模特之上，经过结构的导入（除了上述主结构外，补充了立领、镶滚等辅料结构），并通过虚拟缝合等系列操作之后，完成了女袄由 2D 平面向 3D 立体空间的结构转换（图 1-88），缝合之后穿在女模身上，袖长至手腕，衣长至股下。在双臂平举、双臂侧抬和双臂垂落三种状态下，女袄在颈部、肩部、手腕以及胸部、腰部等部位宽松适体，较少出现面料的余量堆积（图 1-89）。

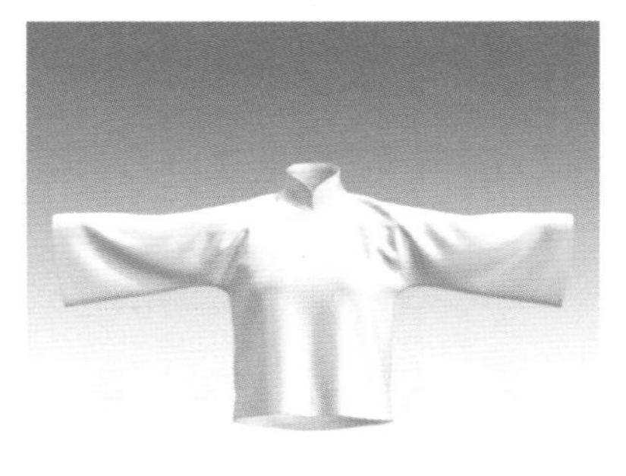
（a）正面

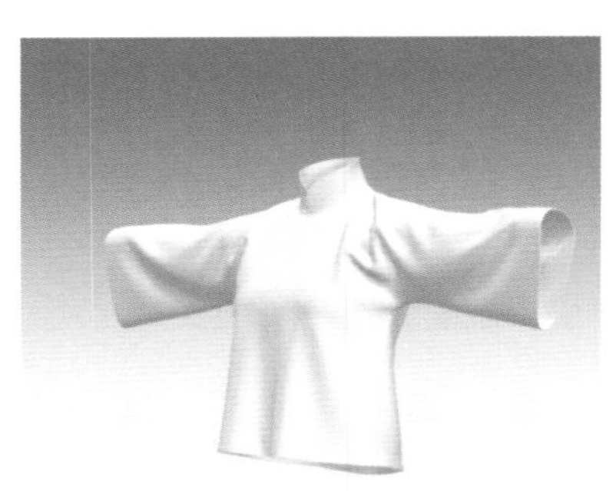
（b）侧面

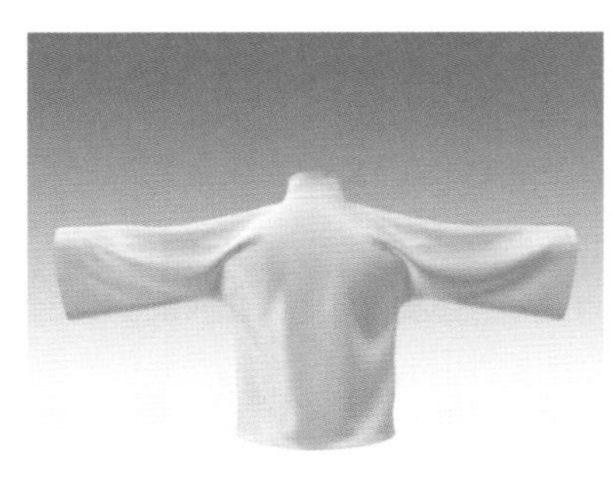
（c）背面

图 1-88　民国淡紫绸牡丹刺绣“倒大袖”女袄的三维空间营造

❶ 赵稼生 . 衣服裁法及材料计算法（附图）[J]. 妇女杂志 ,1925,11(9):1450-1465.

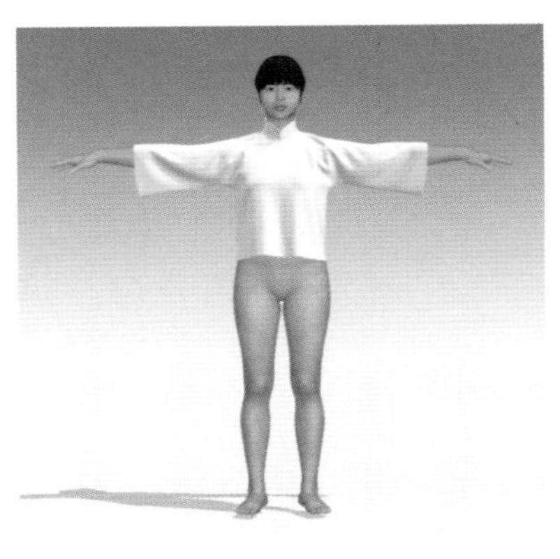

（a）双臂平举

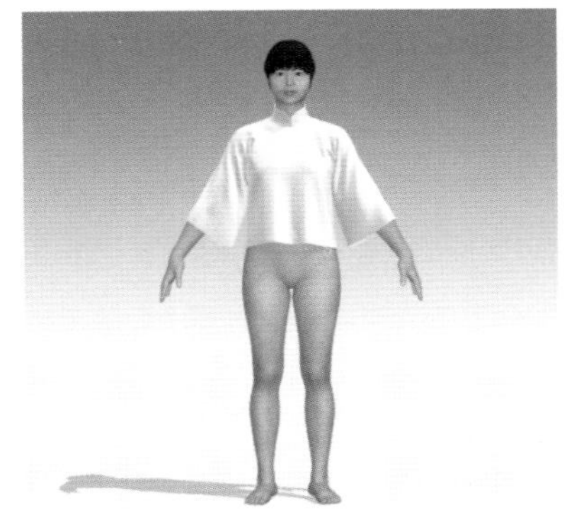

（b）双臂侧抬

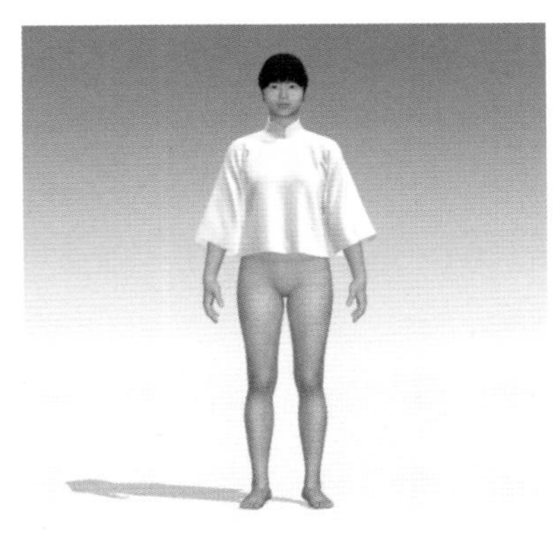

（c）双臂垂落

图 1-89　民国淡紫绸牡丹刺绣“倒大袖”女袄的虚拟试穿实验分析

将民国时期两款代表性礼服结构放在一起对比，可以更加直接地看出两者之间的共性与差异。相比之下，民国淡紫绸牡丹刺绣“倒大袖”女袄的结构变化主要是衣摆弧度的平直化，衣长也因此变得稍短一些（图 1-90）。

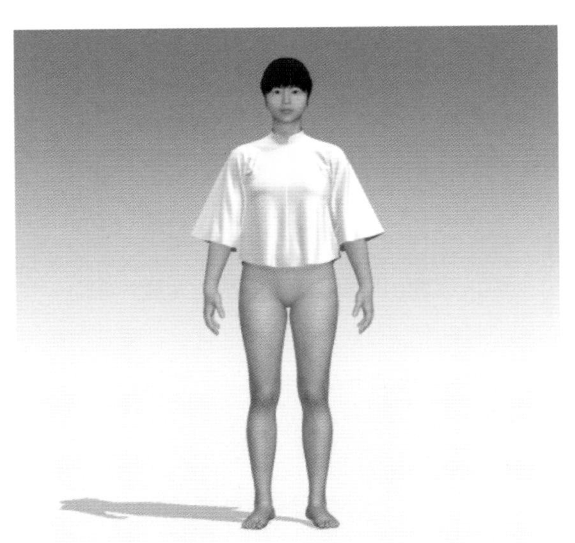

（a）民国淡黄绸牡丹刺绣“倒大袖”女衫

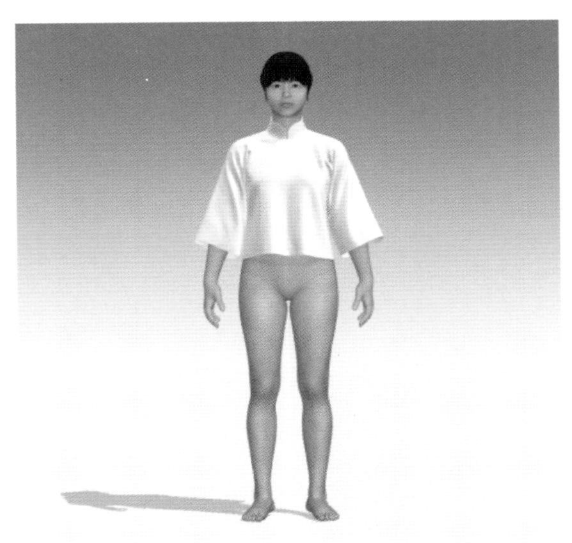

（b）民国淡紫绸牡丹刺绣“倒大袖”女袄

图 1-90　民国“倒大袖”上衣的试衣对比分析

在虚拟试衣过程中，测试民国淡紫绸牡丹刺绣“倒大袖”女袄对虚拟人体的服装压力，选取虚拟模特背面、肩点（两侧）、手臂侧面、胸围线点（正面）、腰围线（两侧）等关键部位压力与应力分析值，如表 1-13 所示。在虚拟试衣中打开显示压力点（图 1-91）和应力点（图 1-92），可以得出女袄的压力主要集中在肩部和胸周，其他部位压力较小，可见女袄穿着效果较为宽松舒适。但是，与民国淡黄绸牡丹刺绣“倒大袖”女衫相较，民国淡紫绸牡丹刺绣“倒大袖”女袄穿后女体关键部位压力与应力分析还是发生了轻微的变化：背面受力降低，肩点（两侧）压力增加，手臂侧面（测面）压力也稍有增加，胸围线点（正面）压力则有所下降。虽然两件“倒大袖”上衣之间各部位的压力均有不同，但是变化的量并不明显，因此两种“倒大袖”上衣的适体度基本一致。

表 1-13　民国淡紫绸牡丹刺绣“倒大袖”女袄穿后女体关键部位压力与应力分析

受力	背面	肩点（两侧）		手臂侧面		胸围线点（正面）		腰围线（两侧）	
	中	左	右	左	右	左	右	左	右
压力/kPa	1.8	26.1	25.7	3.0	3.2	1.8	2.1	0.3	0.2
应力/%	101	122	121	104	103	103	105	102	102

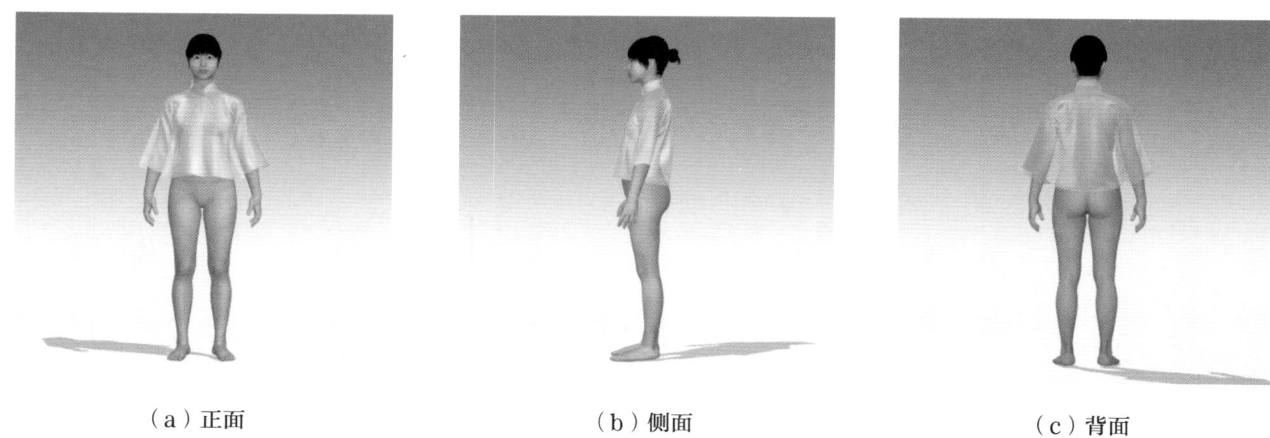

（a）正面　（b）侧面　（c）背面

图 1-91　民国淡紫绸牡丹刺绣“倒大袖”女袄对人体的服装压力分析

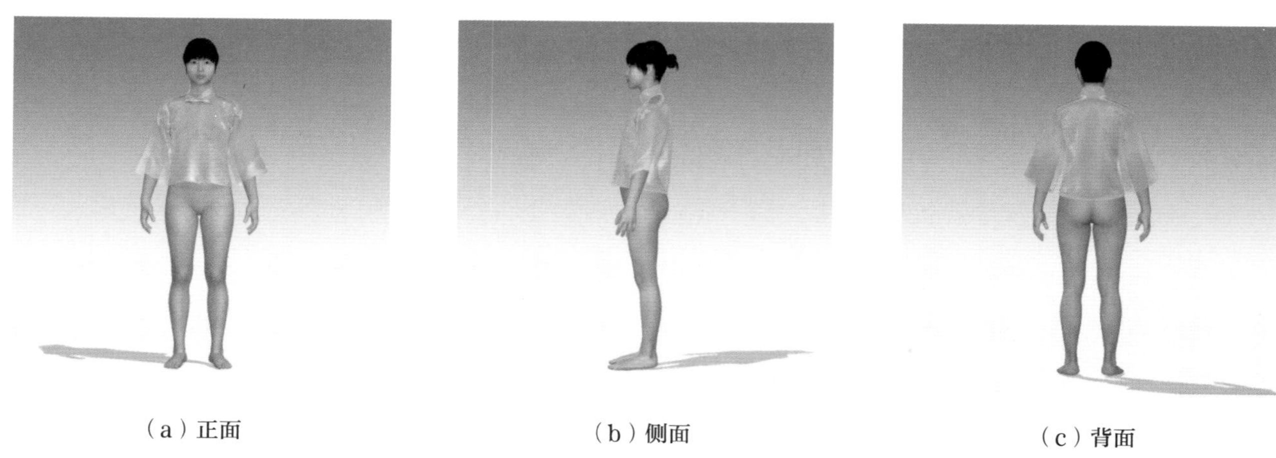

（a）正面　（b）侧面　（c）背面

图 1-92　民国淡紫绸牡丹刺绣“倒大袖”女袄对人体的服装应力分析

四、“倒大袖”上衣的收省实例考证

在传世实物的整理与研究中，笔者发现一例民国中后期“倒大袖”上衣的收省例证（图 1-93），且存在改制迹象，面对当下均未出现“倒大袖”上衣结构收省考证研究的现状，此实物标本的发现具有重要的实证研究价值。

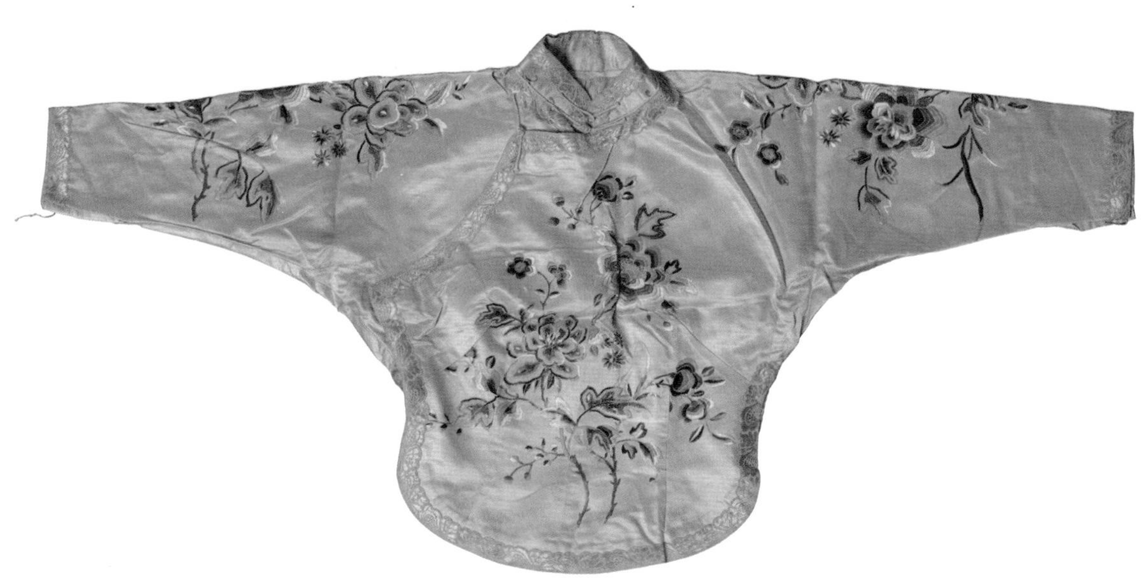

（a）正面

（b）背面

图 1-93　民国浅粉红绸牡丹刺绣收省“倒大袖”女袄实物

（资料来源：广州市博物馆藏品）

民国浅粉绸牡丹刺绣收省“倒大袖”女袄形制为立领，右衽大襟，3副盘扣，衣摆为“倒大袖”上衣发展至中后期的典型样式——圆角圆摆，长度及腰；袖型则与一般“倒大袖”相反，不仅袖口没有渐宽，反而采用了渐窄的设计；衣身前后中破缝。在前后衣身及双袖肩部分别刺绣牡丹纹样，绣工精美；领口、领窝、门襟、下摆及袖口处贴有花边装饰，整体色调为浅红色，在真丝的映衬下即使流传数年，仍然光泽不减，可以推测此袄是当时富贵的汉人女子所着。此袄最大的结构特色当属省道的出现，并且包括了胸省、腰身和袖省三大省道类型（图1-94）。

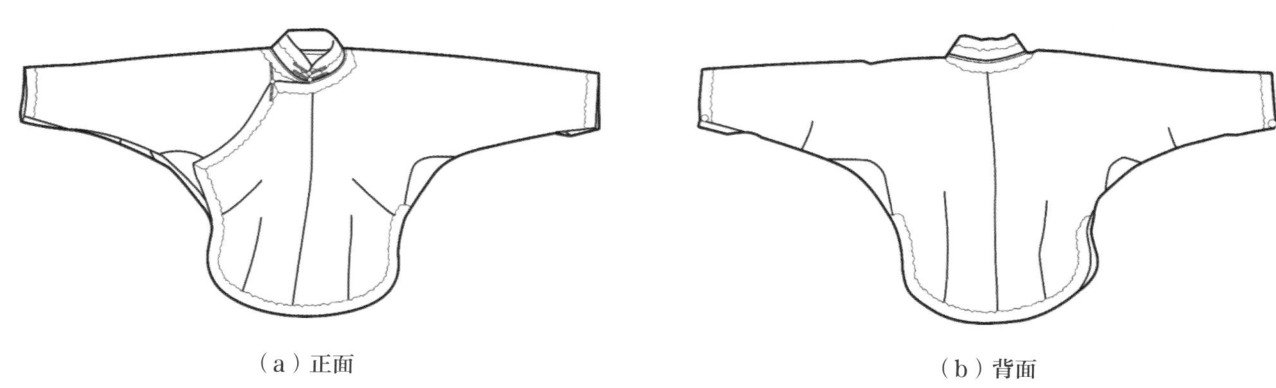

（a）正面　　（b）背面

图1-94　民国浅粉红绸牡丹刺绣收省“倒大袖”女袄形制

对民国浅粉绸牡丹刺绣收省“倒大袖”女袄结构数据进行测绘，得出以下结论（图1-95）。

（1）袖口宽仅仅12.0cm，为了解决袖口的穿脱及活动便捷问题，在左右袖口分别设置了长9.0cm的开衩，并以纽扣闭合。

（2）前身2道腰省，长度存在轻微差异，其中左腰省长15.5cm，省量1.4cm；后身2道腰省，长度差异更大，其中左腰省长22.2cm，省量4.0cm，整体上后身收省程度比前身大，考虑了前腹微凸和后背微陷的身体特征。在后身左右袖子对应胳膊肘部位分别设置了约0.8cm省量的袖省，使窄化后的袖子更加便于胳膊的活动。

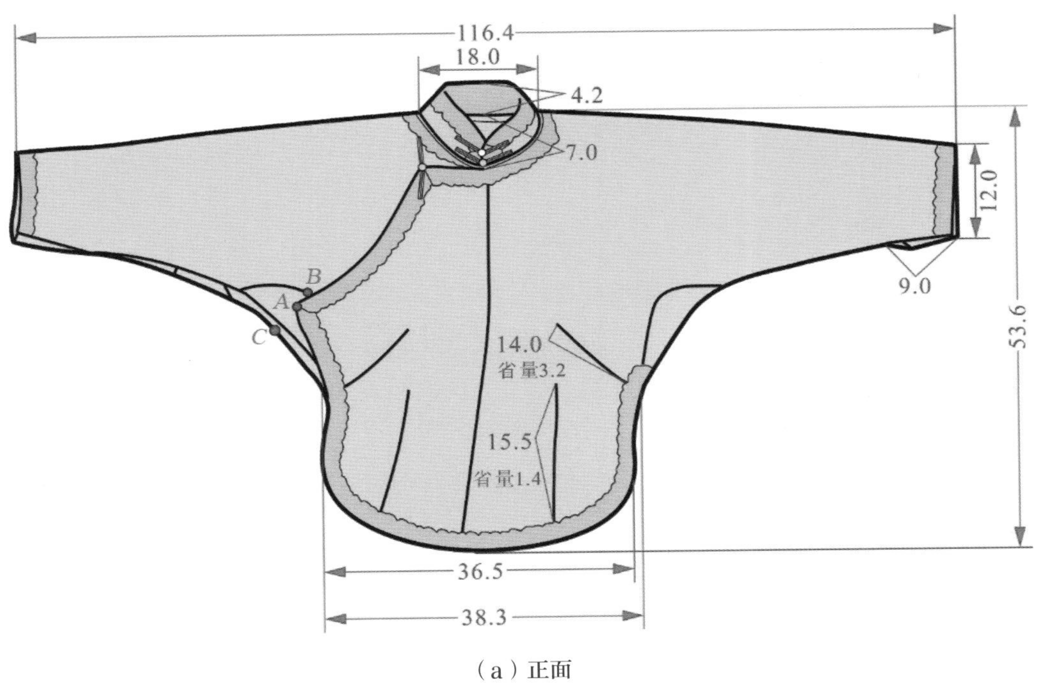

（a）正面

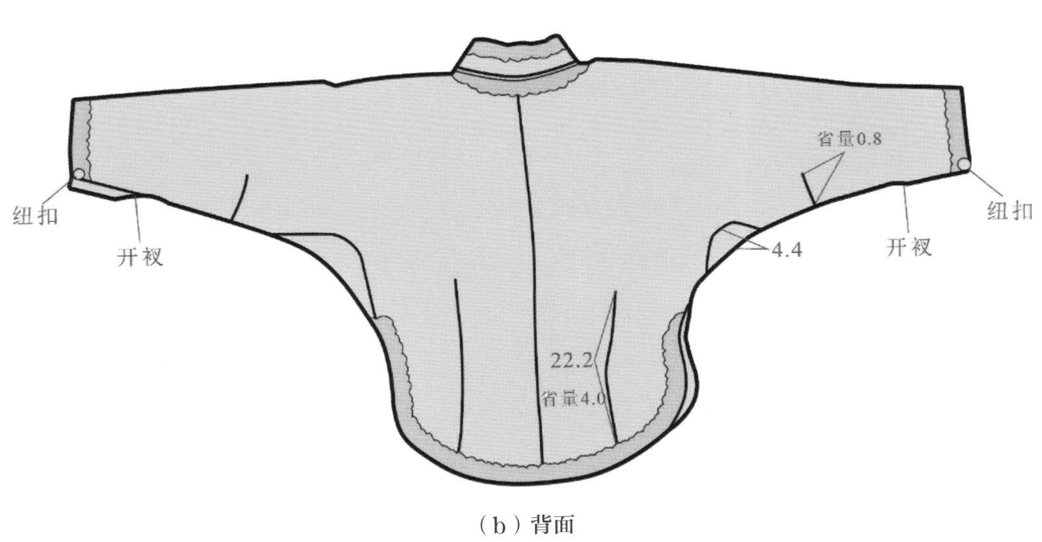

（b）背面

图 1-95　民国浅粉红绸牡丹刺绣收省“倒大袖”女袄尺寸测绘（单位：cm）

翻开女袄门襟后发现不仅面料，女袄的里料同样存在省道设计（图 1-96）。在小襟部位，也存在长 14.7cm、省量 2.4cm 的胸省设置，使藏于大襟内侧的小襟也能同大襟衣身一样的合体。

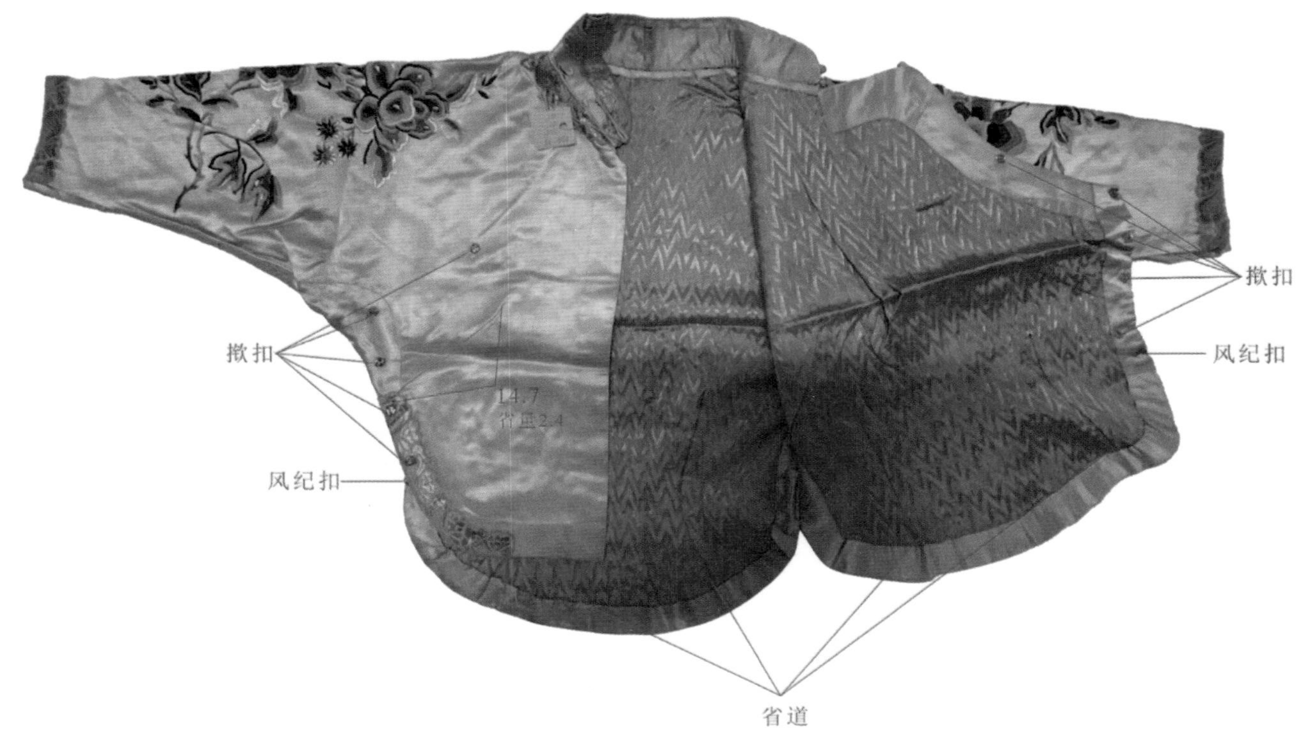

图 1-96　民国浅粉红绸牡丹刺绣收省“倒大袖”女袄展开状及内部结构设计

在女袄闭合件及闭合方式上，上述 3 副盘扣主要用于立领的闭合及装饰，其他门襟采用 5 副子母扣的暗扣闭合，并在右侧底摆的开衩口增设了一副风纪扣作为暗扣闭合。在此处设置闭合程度更好，不会受外力影响而脱落的风纪扣，能够有效避免女袄门襟因子母扣闭合不牢产生的散开问题。

此袄在结构上还有一个最大的特色，便是两处腋下的插角设计，如图 1-97 所示，一般服装的腋下插角设计往往出于解决连肩袖腋下的面料堆积等问题，但在平面裁剪的传统服装结构体系中，此设计似乎变得不太合理。并且，前后插角之间还存在一定距离的错位现象。

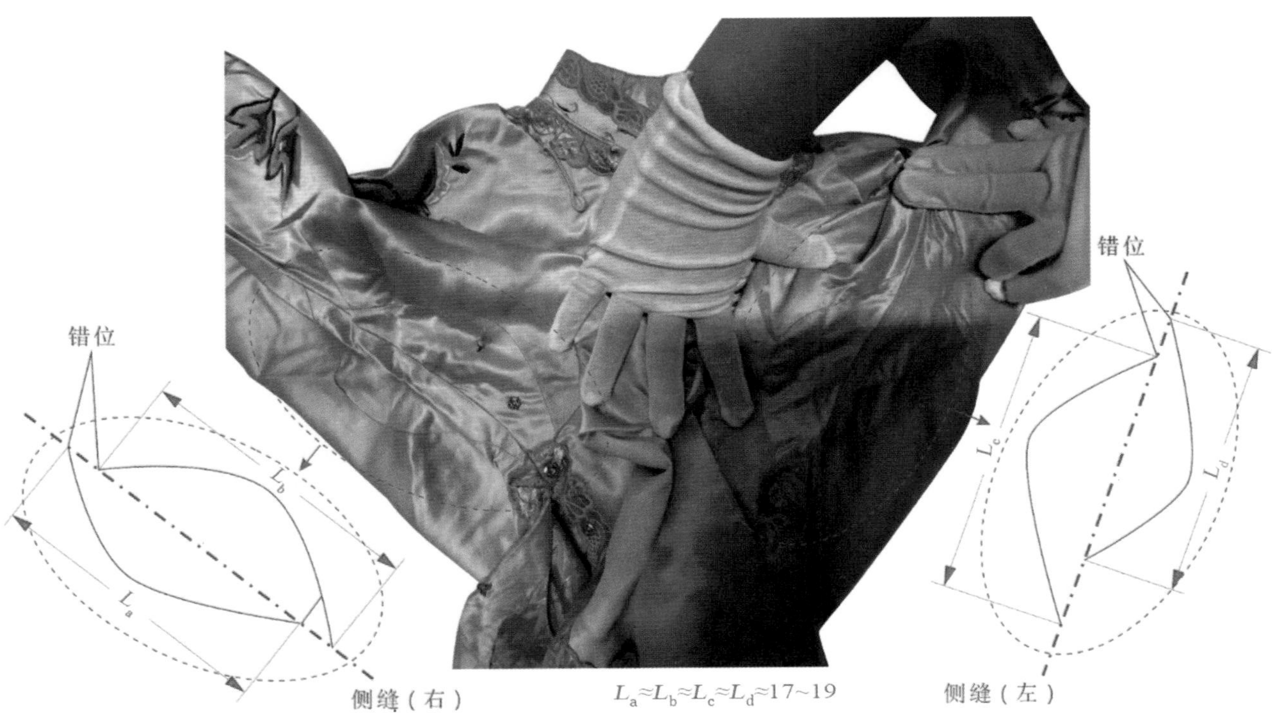

图 1-97　民国浅粉红绸牡丹刺绣收省“倒大袖”女袄腋下插角结构设计（单位：cm）

最后，从工艺的角度看，该袄明显存在“精工”和“粗工”两种完全对立的制作工艺：从选料、花边的修饰特别是刺绣的装饰工艺不难看出，此袄属于全手工制作的精工产物，但是从女袄对省道大小参差不齐的设置，以及腋下对对称的“插角”设计又体现出“粗制滥造”的态度，与面料上的装饰及衣领等细节的制作水平明显不符。因此，不禁引人发问，此袄是否出现过两次制作？并且是不同的人对其的制作。易言之，此袄是否存在改制现象？以下列举 4 点论据进行实证。

（1）针对袖型及门襟。从图 1-95 发现，原来服装的门襟最右侧 *A* 点不能够到改制后形成的新腋下 *C* 点，只能与原来腋下的 *B* 点相对应，可以证明此件女袄是改制成品。

（2）针对里料省道。有意思的是，女袄里料省道的褶量，按规范应该藏于暗处，即里料与面料之间，但此处却赫然暴露在里料表面。由此，可以推断里料省道是在设置面料省道时同时产生的，当时并未将服装完全拆开分别设置省道。

（3）针对腋下插角。如图 1-97 所示，首先，由 $L_a≈L_b≈L_c≈L_d$=17～19cm 可以印证改制时对原服装腋下的裁剪；其次，前后插角错位出现，是由后袖省道设置所致。

（4）针对刺绣工艺。在传统制衣体系中，虽然遵循着“先绣后裁”的准则，但是在对面料进行刺绣装饰之前，先会将面料从幅宽的层面拼接完整，主要为前后中缝的拼接，在刺绣纹样的布局时，会充分考虑裁剪制衣之后的工艺及视觉效果，不会出现在裁剪线上进行刺绣的问题。因此，纵观所有装饰刺绣纹样的传统服装，刺绣图案基本都是平铺、自然舒展在面料表面。而民国浅粉红绸牡丹刺绣收省“倒大袖”女袄的刺绣在所有的省道设置处均出现了将刺绣面料内折做成省量的处理，如图 1-98 所示，由此可以断定此袄的省道设置是后加之工，即对原始精工制作女袄的后期改制。

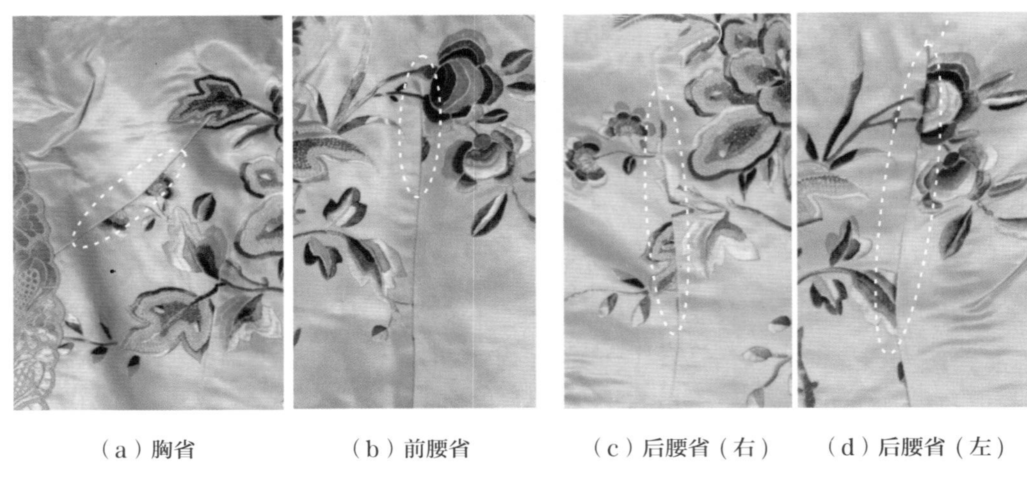

（a）胸省　（b）前腰省　（c）后腰省（右）　（d）后腰省（左）

图 1-98　民国浅粉红绸牡丹刺绣收省“倒大袖”女袄刺绣细节

再与如前所述民国浅绿暗花缎镶黑边女袄进行对比还发现，两者的改制手法并不相同，虽然都属于未对原服装进行完全拆解后的重新创制，为基于同类、同件服装的结构改制，但是不同于浅绿暗花缎镶黑边女袄的完全未拆解，此件浅粉红绸牡丹刺绣收省“倒大袖”女袄是对其底摆处的缘饰花边、袖笼等部分结构进行局部拆解，但并未对立领、面里料等进行完全拆解。

实证此袄属于改制范畴之后，笔者试图对改制前女袄的结构进行复原。如图 1-99 所示，改制之前为三开身“倒大袖”女袄，且袖口渐宽，属于典型的“倒大袖”形制，但是底摆应该还是圆角圆摆，类似表 1-11 中编号为 JN-S013、JN-S012、MG-A014 的“倒大袖”实物形制。

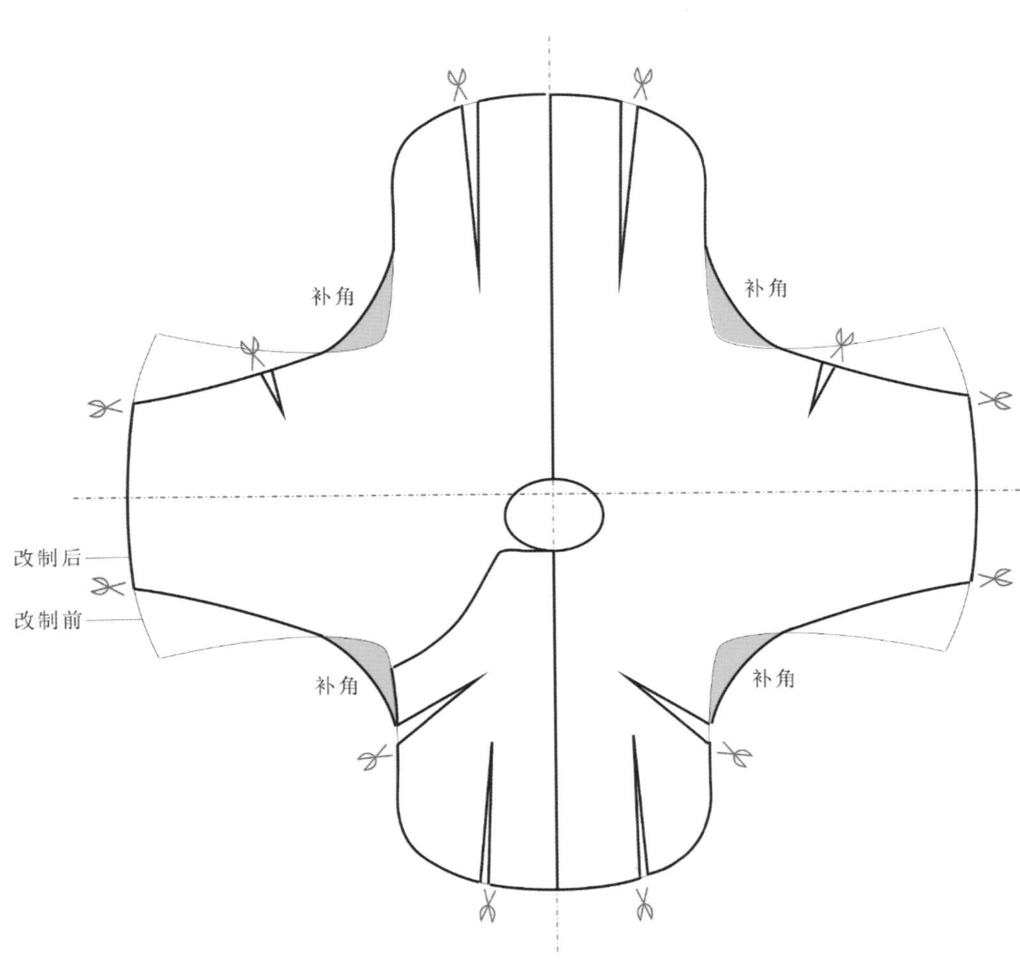

图 1-99　民国浅粉绸牡丹刺绣收省“倒大袖”女袄改制过程复原演示

第三节　民国后中不破缝上衣结构的“偏出”特色与实验复原

笔者在整理和考证大量传世实物时发现，在民国汉族传统女装的上衣结构设计中存在一种结构设计特色，在看似裁剪简单的传统二维平面裁剪中增加了些许神秘特质和技术难点，本节结合相关实物和相关技术文献史料记载的互证，试图揭示传统衣型结构中的“偏出”特色和设计过程。

一、由民国紫红棉格纹收腰长袖女褂引发的思考

在民国汉族传统女装的上衣中，后中不破缝的结构处理并不少见，但是协同对襟设计一起出现在同件上衣中则较为罕见，民国紫红棉格纹收腰长袖女褂便是其中一件（图 1-100），而且其格纹面料的视觉特征，为研究和对比上衣各部位结构细节提供了重要的参考，相当于提供了无数条水平和竖直方向的参考线。该女褂形制为立领，对襟，收腰，衣摆渐宽，长至股下，属于中长款上衣类型；袖口渐窄，长至手腕处；为一片式裁剪构成，通身无破缝、接袖等拼接现象；左右底摆开衩，左右袖口开衩；在前身对应腰节处左右各设置一个口袋（图 1-101）。

（a）正面

（b）背面

图 1-100 **民国紫红棉格纹收腰长袖女褂实物**

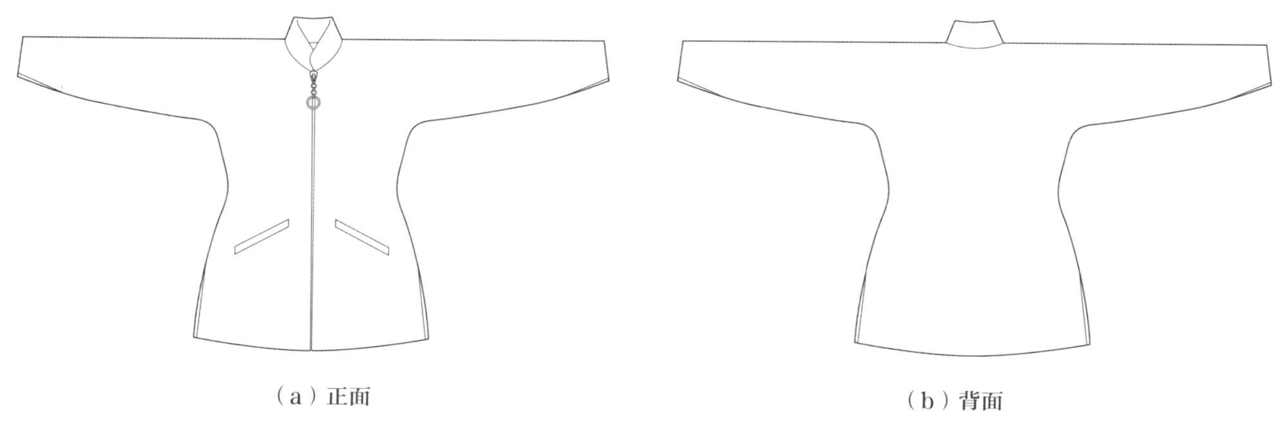

（a）正面

（b）背面

图 1-101 民国紫红棉格纹收腰长袖女褂形制

此女褂的闭合方式为在门襟处采用了改良纽扣——拉链，在立领上采用了 2 副子母扣，在袖口开衩处同样采用了子母扣。由拉链作为闭合件，结合其收腰、窄袖等结构特征，判定此件女褂属于 20 世纪 40 年代中后期的产物（图 1-102）。

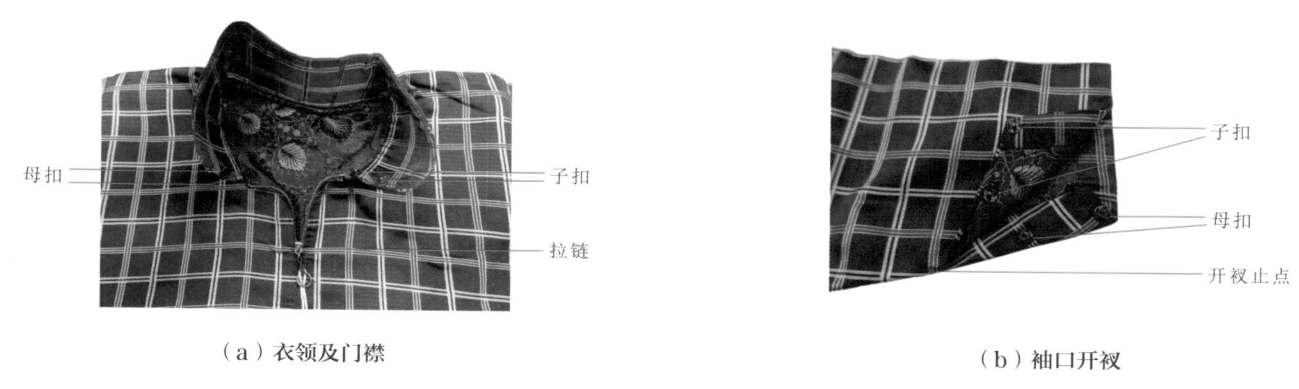

（a）衣领及门襟

（b）袖口开衩

图 1-102 民国紫红棉格纹收腰长袖女褂闭合方式设计

按照以往一般思路对该女褂进行结构测绘和复原，极有可能绘制出看似完美实则“模棱两可”的结构图，笔者首次通过测量和整理绘制的结构图发现在工艺上存在无法实现的问题，因此放弃改图后，转为对实物进行更深层次的探究，从面料条纹，甚至是纱线组织的微观视角进行仔细的对比分析，如图 1-103 所示。

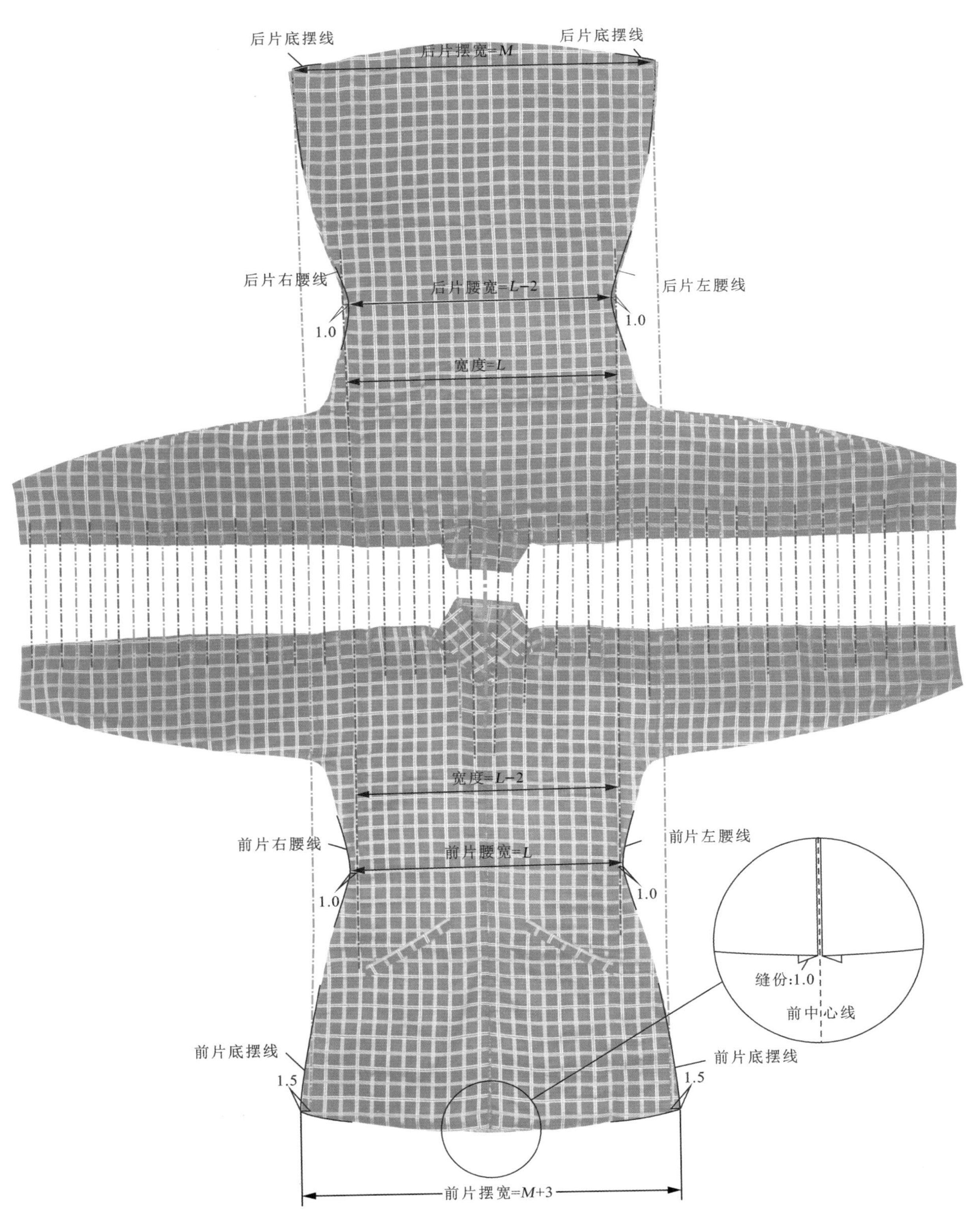

图 1-103　对格纹下的民国紫红棉格纹收腰长袖女褂主结构分析（单位：cm）

由于女褂的门襟缝份并未采用新料补之，而是将面料直接向内扣折，各自产生 1.0cm 的缝份。因此，按照以往上衣的裁剪范式，此种一片式结构的上衣势必产生前身宽低于后身宽（2cm）的结果。但是，在条纹对比研究中发现，此褂不仅没有如此，反而前腰比后腰宽 2.0cm，前底摆比后底摆宽 3.0cm。厘清了这一点，便顺利修改并完善了最终的女褂结构复原图（图 1-104）。

传统服饰结构设计非常注重“折学”，即在结构设计及裁剪过程中巧妙且充分地利用面料的对折来简化过程，降低操作难度。特别是一片式结构的上衣，在结构设计和裁剪中肯定存在或多或少的折叠手法。民国紫红棉格纹收腰长袖女褂的结构裁剪应该不是在幅宽满足的面料表面直接画出如图 1-104 所示的完整结构图，也就是说，此褂的主结构虽然被复原出来，但是这只是最终的结果，从设计和裁剪的角度看，实现此结果的过程并没有被揭示。

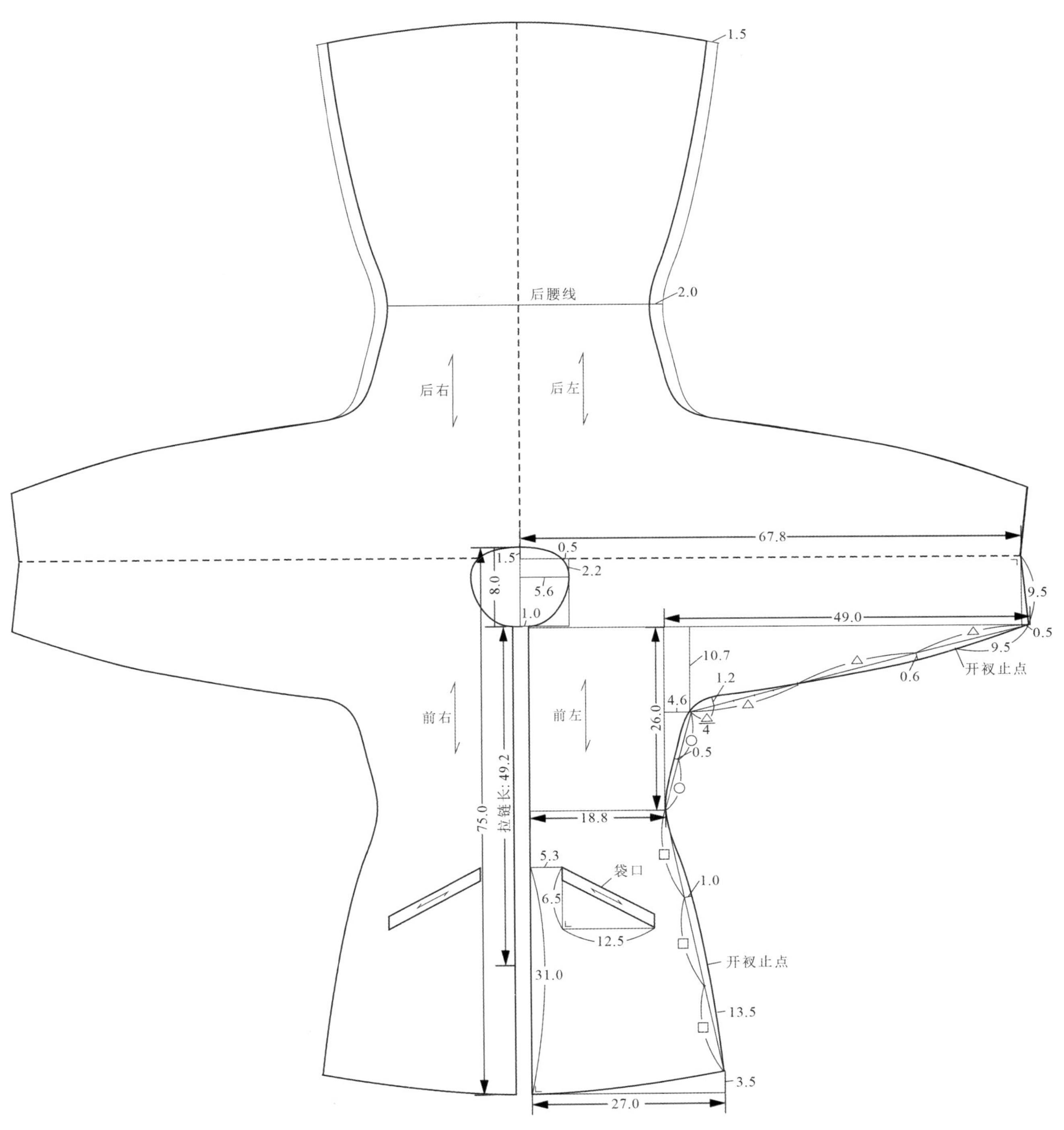

图 1-104　民国紫红棉格纹收腰长袖女褂主结构测绘与复原（单位: cm）

二、后中不破缝上衣结构“偏出”的类型及实验复原

（一）后中不破缝对襟上衣的“偏出”技术

经大量实物考证及相关技术史料❶记载形成互证，复原裁剪步骤如下（图1-105）：

（1）将衣料对折，按粗线剪开面上一幅，其长度为衣长加贴边之和；

（2）偏出1.7cm；

（3）把前身翻折在后身上，偏过1.0cm，进行裁剪。

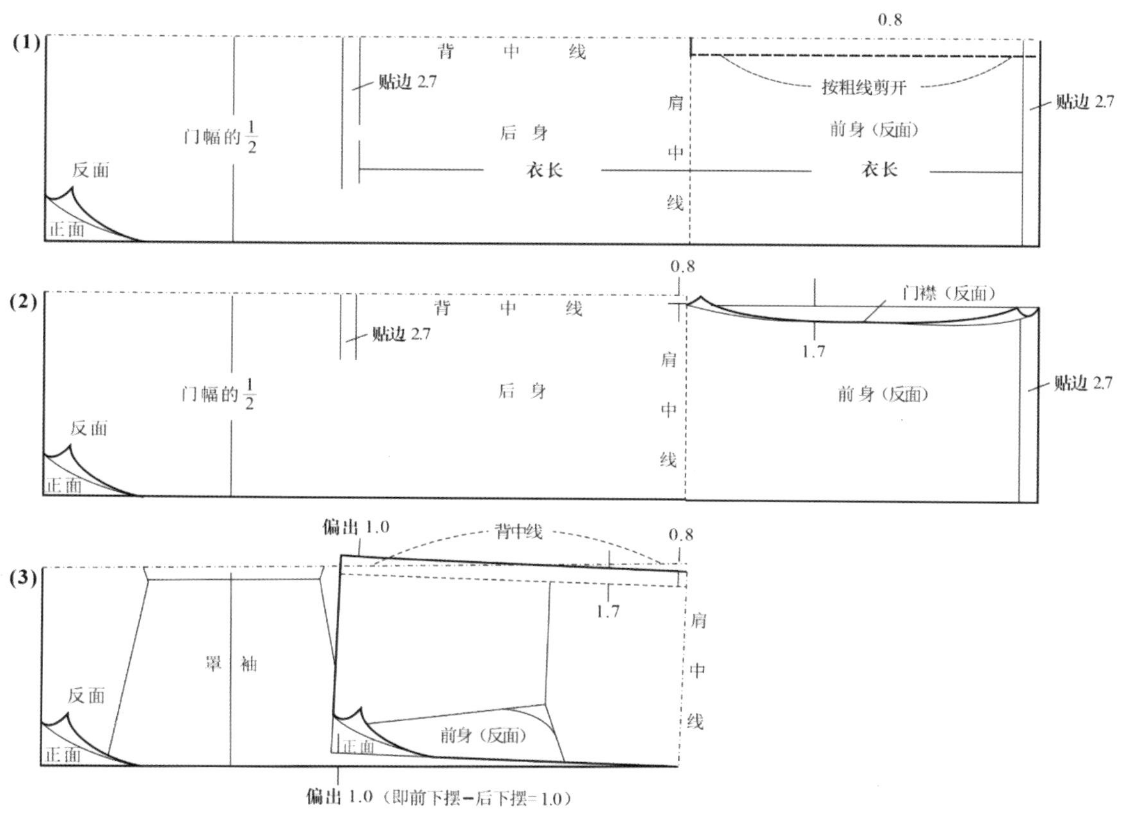

图1-105　后中不破缝对襟上衣的裁剪过程及“偏出”工艺分解（单位：cm）

❶ 上海市服装鞋帽公司. 服装裁剪 [M]. 长沙：长沙市人民印刷厂，1971:92-93.

（二）后中不破缝大襟上衣的“偏出”技术

如前所述，针对后中不破缝大襟上衣的小襟，即门里襟设计，一般都是直接通过裁剪留出，或为拼接，或与前衣身相连。笔者研究发现，即使在裁剪时不专门留出小襟，通过“偏出”技术的处理，同样可以获取出适用的门襟。经大量实物考证及相关技术史料[1]记载形成互证，复原裁剪步骤如下（图 1-106）。

（1）挖襟

① 大襟，后挫 0.7cm，直开领为领围的 1/4，横开领为领围的 1/6，按图划顺挖襟弧线（粗线）。

② 小里襟，后挫 0.7cm，直开领为领围的 1/4，横开领为领围的 1/6，按图划顺挖襟弧线（粗线）。

（2）前片偏襟。前片上层偏出 1.7cm，使大襟遮盖住小襟，如图 1-106 中阴影部分。

（3）拔襟。在下层开领处剪一个缺口，折叠一个小裥，然后对上层稍用力进行拔襟，其拉伸作用，使大襟能进一步遮住小襟。

（4）后片偏襟。后片偏出 1.7cm，使大襟更多地遮住小襟。

（5）对折。将衣料对折后，进行裁剪，为了不使挖襟部位松弛开来，最好将大襟、小襟用针别牢。

[1] 上海市服装鞋帽公司 . 服装裁剪 [M]. 长沙：长沙市人民印刷厂，1971:93-95.

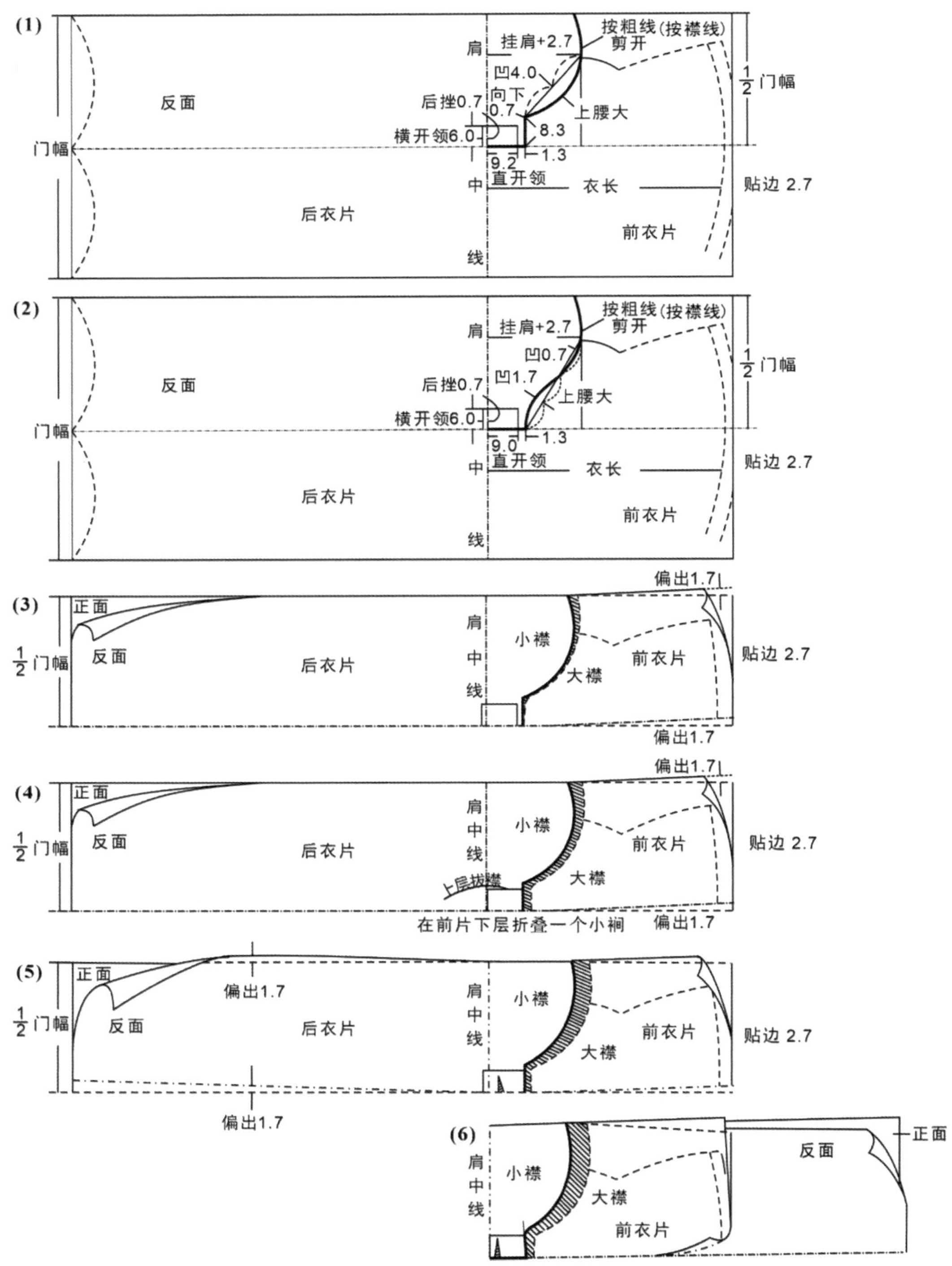

图 1-106　后中不破缝大襟上衣的裁剪过程及“偏出”工艺分解（单位：cm）

三、实现后中不破缝上衣结构“偏出”功能的其他方式

“偏出”技术的目的是通过裁片在裁剪过程中的适当位移，打破前后衣片完全对称的范式，使前后衣片在水平宽度上存在一定误差，形成“前宽后窄”的结构特征，从而为前片门襟留出缝份。与此同时，由于前后中线出现了偏移，还会对肩线产生直接影响，使其不再水平，从而形成微量的肩斜。那么，能够实现此目的的，有无其他方式?

换一种思路，由“偏出”技术对面料微量位移的实现，能否通过其他途径? 服装面料本身就带有极大的可塑性，如果有效引导和利用面料自身的可塑性，即使按照一般范式的结构裁剪，即前后衣片完全对称，应该同样可以实现前后衣片之间微量的尺寸偏差。具体方式有以下两个。

(一) 以归拔工艺实现“偏出”功能

归拔是服装面料整烫中的重要工艺，特别是针对平面裁剪，可以依据人体曲势通过灵活地归拢、拔开面料，改变面料的局部尺寸，使服装更加适体。因此，归拔工艺对于“偏出”技术来说，可替代性在理论上非常明显。基于此，笔者经过大量传世实物的考证，结合相关技术史料记载❶形成“物”和“史”的互证，并开展反复实验和修正，最终形成以归拔工艺实现“偏出”功能的代表性设计方案。

首先，假定女挖襟上衣的规格尺寸(表 1-13)。

表 1-13　“1 片式”女挖大襟上衣假定规格　　单位：cm

部位	身长	胸围	袖长	领长
假定规格	68.0	108.0	74.0	40.0

❶ 长春市服装工业公司技术研究所 . 服装裁剪 [M]. 长春：吉林人民出版社，1980: 62.

其次，详细归拔工艺复原如下（图 1-107）。

（1）将布面朝里，布边相对，把布直叠，在一端按身长加 4cm 将布横叠，布成 4 层。由肩迹线开始在中迹线上找出立领深、搭襟宽、抬根线和胸围线，按图画出大小襟分开线，沿粗实线把上面一层布剪到肩迹线为止。

（2）在大襟一侧领窝内开一个斜形剪口，剪口对搭 1cm 并用糨糊黏合烫牢，把周围褶喷水烫平，同时用糨糊固定领口，熨干熨平。

（3）在小襟一侧领窝内开一个斜剪口，在归大襟的同时拨开小襟 0.7cm，搭襟成为 2.7cm。

（4）重新整理肩迹线和中迹线，中迹线熨直，肩迹线熨平并用手针绷好，用少许糨糊将大小襟搭合。

（5）经过归拔大小襟，按整理后的肩迹线将布叠好，准备画裁。

（6）重新按各部位尺寸进行计算裁剪，四连身裁好后配袖；

（7）按图 1-107 将布打开后开领窝，配小底大襟，打好开气剪口。

注意：为了简便易懂且有立体感，用图解法画裁，把图片画成斜方向，这样能看出布叠层和大小襟等各衣片，不要误认为把布弄斜了裁；大襟开气，袖口外绱贴边；领子是净样，裁时周围均加放 1cm 缝份。

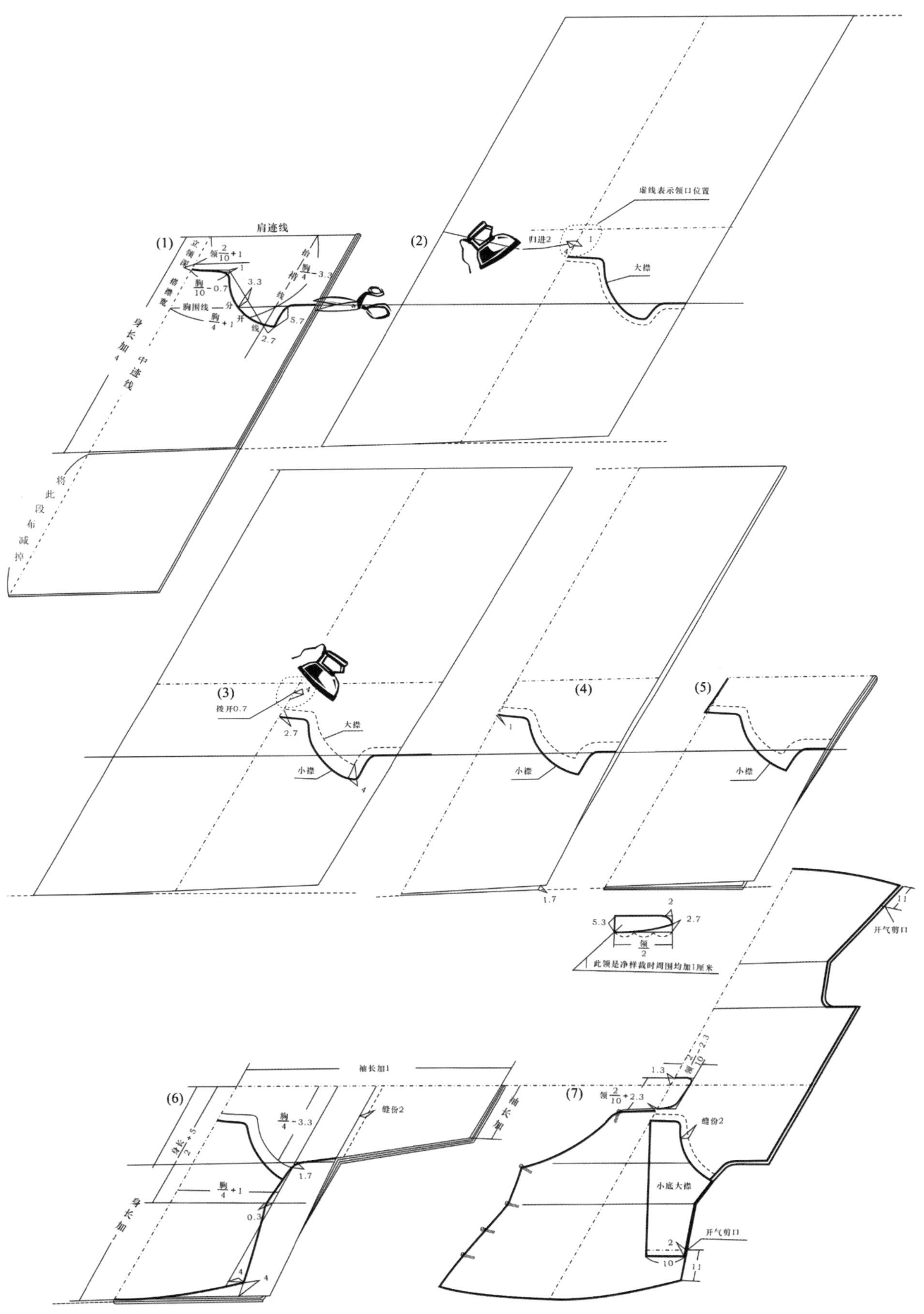

图 1-107　后中不破缝大襟衣型的裁剪过程及归拔工艺分解（单位：cm）

（二）借面料伸缩规避“偏出”工艺

综上可初步总结出以下规律：相比之下，“偏出”技术更加适用于面料伸缩性能较差的上衣结构设计；归拔工艺适用于面料塑形能力优良的上衣结构设计。那么对于那些面料伸缩性较好的上衣来说，即使前后衣片尺寸一致，在前片中线做缝，缩短前身宽度之后，会对上衣的穿着产生功能上的影响吗？

答案显然是否定的。为了实证这一猜想，笔者发现了一件民国时期后中不破缝且面料伸缩性优良的“倒大袖”上衣实物——民国江南白绉竹纹印花“倒大袖”女褂（图 1-108）可以作为实证。该女褂形制为圆领，即无领，但是通过花边的增设，形成了立领的效果，十分罕见；门襟为对襟，并采用 5 副纽扣闭合；衣摆直下，长至腰周，袖摆渐宽，长至小臂；在前身对应腰腹部分别设置了两个圆角插袋；女褂通身装饰竹叶纹样，在领口、袖口、衣摆处分别拼缀同种材质类型但是不同宽度尺寸的花边，不同于其他上衣上花边，仅作为镶边进行装饰，此褂的花边已经成为延伸女褂结构的重要组成部分。

（a）正面

（b）背面

图 1-108　民国江南白绉竹纹印花“倒大袖”女褂实物

虽然从实物上看，此褂存在明显“肩斜”，但是经对织物纱线及丝缕方向的反复考证，得出此褂并无肩斜设计（图 1-109）。传统上衣实物中存在的肩斜，绝大部分是经人体穿着后，经年累月形成的人为塑形，并非设计使然。只有部分是经由上述“偏出”或归拔工艺等在设计结构时便已产生。此褂由于面料具备优良的弹性，因此经人体长期穿着后形成的“肩斜”比其他上衣显得更加明显和突出。

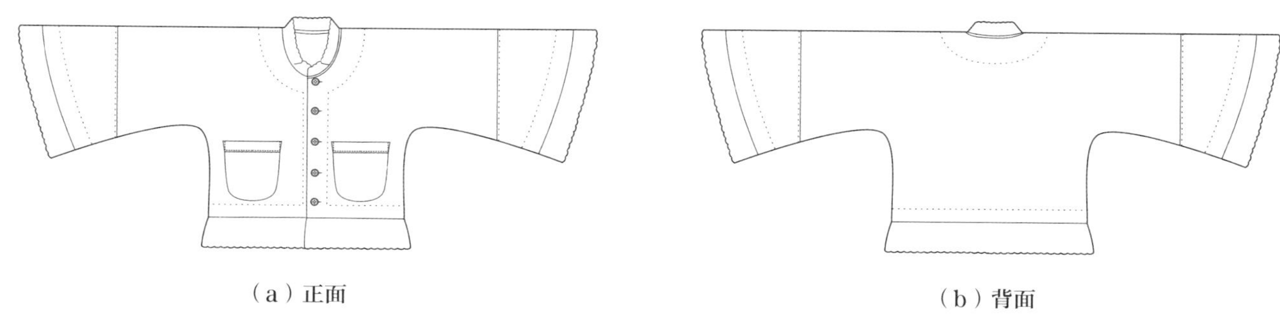

（a）正面　（b）背面

图 1-109　民国江南白绉竹纹印花“倒大袖”女褂形制

绉属于绉缩丝织物，有平织和纹织两种，民国时期最流行的当属产于江南一带的湖绉和杭线绉。其中湖绉产于浙江湖州，早在 1880 年就已有 34 种。杭线绉产于浙江杭州，幅宽有 50.0cm 和 60.0cm 两种规格，匹长可达 1666.7cm。在 1880 年时有“大红梅蝶”“脂青梅蝶”“脂青梅兰”“三蓝云鹤”“三蓝八吉”“脂青鹤桃”“三蓝福桃”“库灰锦琴”“大红梅菊”“二蓝龙光”等品种❶。面料的纹饰基本以脂青、蓝色等色彩为主，以梅、兰、菊等君子纹样以及蝴蝶、仙鹤、寿桃等其他动植物为主。来自江南地区并装饰有青蓝色调“四君子”之一——竹纹的民国白绉印花“倒大袖”女褂的绉料，极大可能也是产于杭州、湖州一带，其手感柔软而富有弹性，抗皱性能良好。如图 1-110 所示，经纬纱线粗细错落，从而使面料形成了丰富的皱缩肌理。

❶《中国近代纺织史》编辑委员会．中国近代纺织史（1840—1949）（上）[M]. 北京：中国纺织出版社，1997:148.

（a）面料表面形成的皱缩肌理

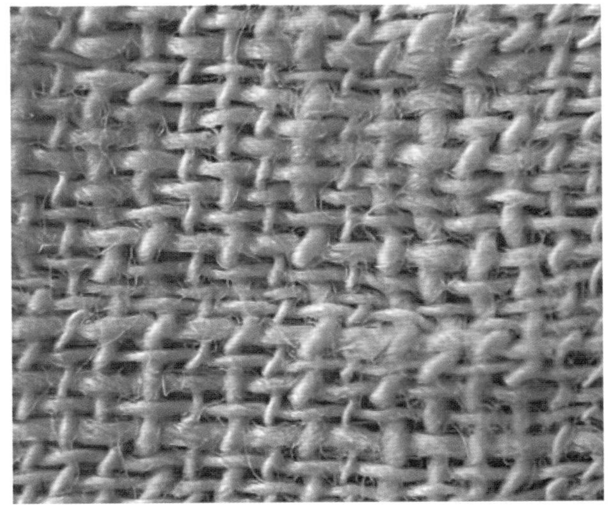

（b）面料组织结构的经纬密度

图 1-110　民国江南白绉竹纹印花“倒大袖”女褂面料分析

对民国江南白绉竹纹印花“倒大袖”女褂的主结构进行测绘与复原，如图 1-111 所示，后中不破缝，裁制此褂面料的幅宽为 71.6cm，虽然相比清末杭线绉的 60.0cm 幅宽已经宽出 11.6cm，可见经过半个多世纪的发展，幅宽已有所改良，但是仍然不够中长袖的结构设计，因此左右各存在宽 11.7cm 的接袖结构。

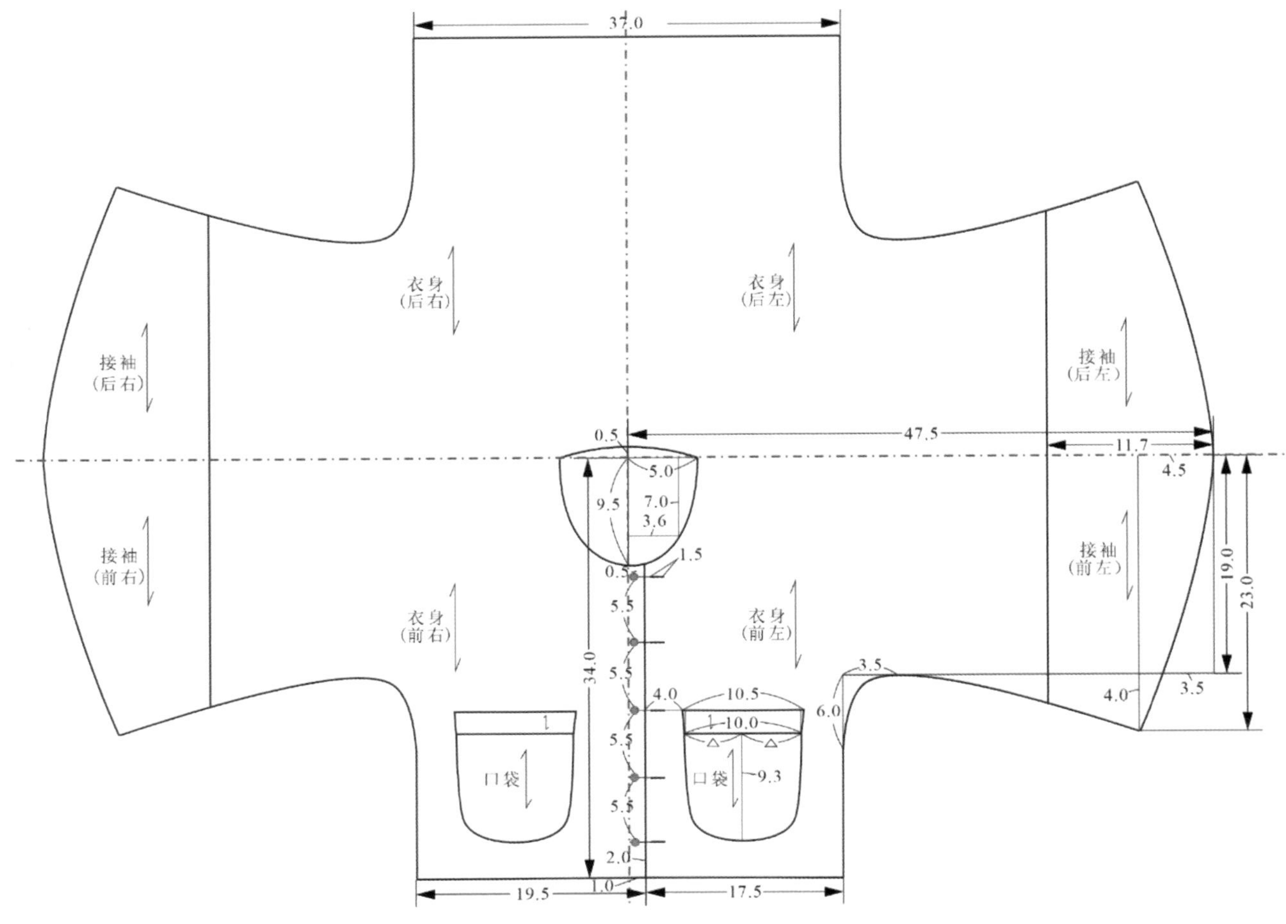

图 1-111　民国江南白绉竹纹印花“倒大袖”女褂主结构测绘与复原（单位：cm）

需要注意的是，女褂在门襟处的破缝裁剪，并非从前中线处破开，而是在前中线向左侧偏移 1.0cm 处破开，因此使前左和前右衣片在底摆处的宽度不尽相同，其中前右底摆宽 19.0cm，前左底摆宽 17.5cm，相差 2.0cm。如此设计，是为了门襟扣合之后形成左右对称的视觉效果，即门襟扣合之后，外观可见的前右底摆也变成了 17.5cm。但是，此时前后底摆的宽度便拉开差距，其中前身底摆只有 35.0cm，后身底摆为 37.0cm，前后相差 2.0cm。因此，这 2.0cm 的差值便是绉料利用伸缩性能需要弥补和消解的空间。

综上所述，民国汉族传统女装结构在窄化演变的量变过程中，形成了改良礼服、旧衣改制以及后中不破缝、上衣结构“偏出”技术等诸多新装特色。

第二章 民国汉族传统女装袍型的结构创制与嬗变

袍属衣裳联属之制，战国时衍生于深衣，并在后世数千年中主要为男性所服，女性尤其是汉族女性几无着袍的风尚。直至民国，这种局面被打破，女性开始“效仿男性”着袍——所谓旗袍，并改良设计出卓尔多姿的经典样式，流行于雅俗之间、中西之域，成为民国女性最具代表性的服饰形制之一。目前对民国女袍即旗袍的结构整理与研究，也是民国服饰结构研究中最多和最具体的，本章尽可能规避已有研究成果，重点基于尚未整理的代表性、特色化实物史料，集中探讨目前尚未开展以及尚未深入研究的如下方面：除旗袍结构史演变外，对整个民国时期改良旗袍中结构改良的细节及规律的整理与研究；除丝绸等梭织旗袍外，对针织面料制成旗袍的结构整理与研究；除成人旗袍外，对女童旗袍的结构整理与研究；除旗袍外，对其他上下联属的女性连体服饰的结构整理与研究等，从而补充民国改良女袍的结构谱系。

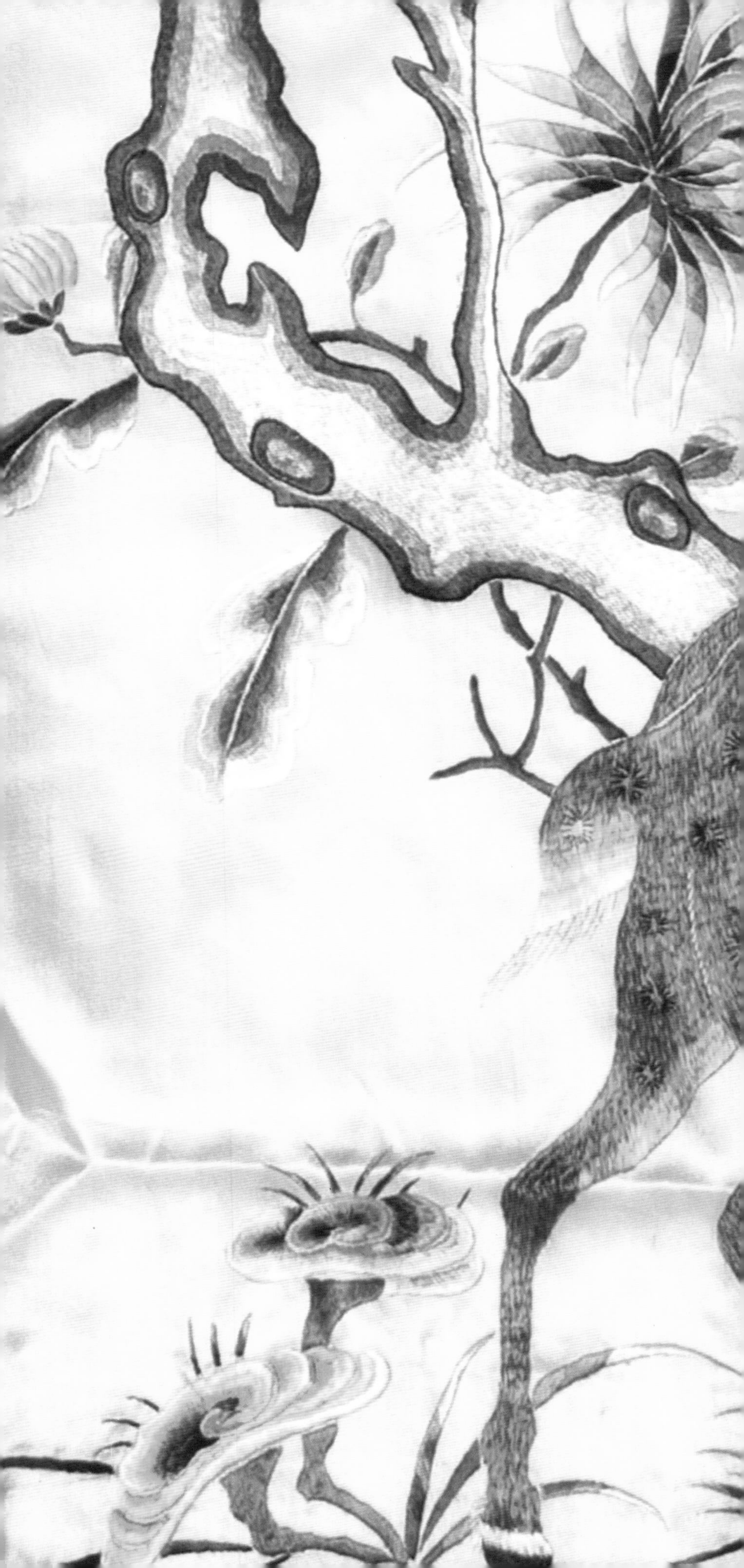

第一节　民初袍型创制及结构特征

民国时期的女袍，即旗袍。汉族妇女着袍取法于满族，不管是取法于满族男袍还是满族女袍，似乎已成定论。虽然汉族女袍具体创制的时间难以考证，但是可以基本确定为 20 世纪 10 ~ 20 年代初。从文献史料看，1925 年似乎是个分水岭，1926 年以后的旗袍流行颇具势不可挡的气势。汉族女袍的创制，对比数千年来的“上衣下裳”着装系统，首先在结构上具有重大的革命性意义；其次，在学界热衷对民国中后期改良旗袍的结构进行案例分析与演变研究时，对创制伊始的女袍结构研究也能厘清改良之前女袍结构的基本特征。

一、不论性别的“长衣”

从现有大量传世实物中不难发现女袍创制伊始的结构与男袍无异，均为大襟、长衣、长袖，且廓型、袖型、领型以及门襟、底摆的结构设计均无男女之别。

民国初期对于汉族妇女着袍的记载极少，难觅踪迹，但是从图像上可窥一二。图 2-1 所示为民国建立前夕杭州一对夫妇着大襟“长衣”（或称“长衫”）的影像，男女袍服的形制基本一样。经过数百年的“满汉交融”，从衣装的角度已经难以辨别此女的民族是汉族还是满族。虽然此女未缠足，但是据其出生时间推算，当时国内的放足运动已经开始，因此也无法以是否缠足来准确判定满汉。图 2-2 和图 2-3 所示为民国初年北京老年妇女着大襟“长衣”的历史影像，同样存在满汉之分的问题。如果认为着缠足弓鞋或放足鞋的妇女大概率属于汉族的话，那么她们身穿的还属于“上衣下裳”，只是上衣的衣长较长。

同时，这里也透露出一个重要信息：汉族女性着袍未必如当时女权话语所宣称的取法于男性，也有极大的可能是取法于满族女性。当然，这种做法从性别文化的角度看，对来自封建社会男尊女卑规训下的汉族妇女具有极大的文明和进步意义。

图 2-1　1908 年杭州一对夫妇着大襟“长衣”

（资料来源：Sidney D. Gamble 摄影）

图 2-2　1918 ~ 1919 年北京朝阳门（齐化门）教堂老年妇女着大襟“长衣”

（资料来源：Sidney D. Gamble 摄影）

图 2-3　1918~1919 年北京“老太太之家”老年妇女着大襟“长衣”

（资料来源：Sidney D. Gamble 摄影）

从以上图中还可以看出袍服与上衣之间的形制与结构区别主要在于衣长。所以当时有人称女袍、旗袍为“长衣”。1925 年赵稼生在《妇女杂志（上海）》中称：“大襟长衣就是现在通行的男衣，大襟短衣就是现在通行的女衣；不过近来已有许多妇女穿大襟长衣（有人叫作‘旗袍’，因为满族妇女向来就作兴穿长袍）——尤其是在冬天，以前同现在乡间的男子，常常作短的大襟当衬衣，所以我只照长短分类，不用男女的字样来区别。”❶ 这里至少表露出两点信息：第一，1925 年左右女子着长袍，尤其是冬季着袍开始流行；第二，此时的女袍与男袍在结构上区别不大，均为大襟“长衣”。

---

❶ 赵稼生 . 衣服裁法及材料计算法（附图）[J]. 妇女杂志（上海）,1925,11(9):1454.

二、大襟“长衣”的结构特征

民国初期，作为女袍创制出现，即旗袍的早期形象的大襟“长衣”，在形制和结构上难以辨认男、女属性，而且在色彩和面料上同样没有鲜明的男女差异。笔者对江南大学民间服饰传习馆珍藏民国初期身居江南、皖南、山西、中原、山东、陕北等地的汉族人所着大襟“长衣”进行代表性实物标本的整理和对比（表2-1），从宏观层面汇总当时大襟“长衣”的形制和结构设计特征，以期还原民初的着袍风尚。

表2-1 民国汉族大襟“长衣”代表性实物标本汇总

编号	实物标本	地域	结构特征
JN-P001		江南	立领，右衽大襟，6副盘扣，前后中破缝，存在接袖，衣摆渐宽，且胸围较大，衣长至脚踝上，袖口渐窄，但程度不大，袖长至手腕处；左右侧缝平直，无收腰设计
JN-P005		江南	立领，右衽大襟，9副盘扣，前中未破缝，存在接袖，衣摆渐宽，且胸围较大，宽于JN-P001，衣长至脚踝上，袖口渐窄，但程度不大，袖长至手腕处；左右侧缝平直，无收腰设计
SX-P002		山西	立领，右衽大襟，9副盘扣，前后中破缝，衣摆渐宽，且胸围较窄，窄于JN-P001，衣长至脚踝上，袖口渐窄，袖型较JN-P001、JN-P003稍窄，袖长至手腕处；左右侧缝平直，无收腰设计

编号	实物标本	地域	结构特征
JN-P004J	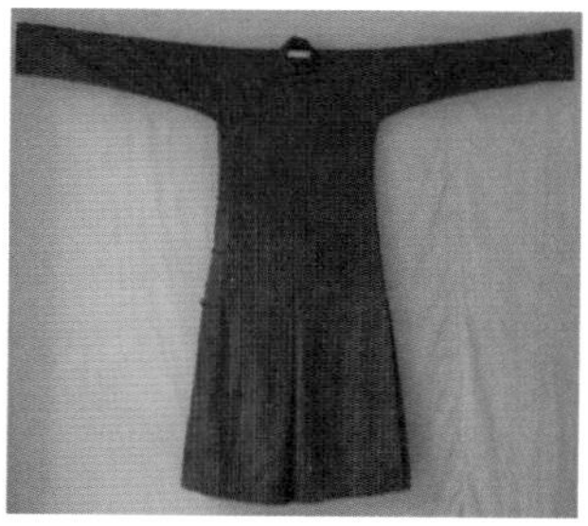	江南	立领，右衽大襟，6副盘扣，前后中破缝，衣摆渐宽，且胸围较窄，窄于SX-P002，衣长至脚踝上，袖口渐窄，袖长至手腕处，袍型是民初罕见较为修身者
JN-P006	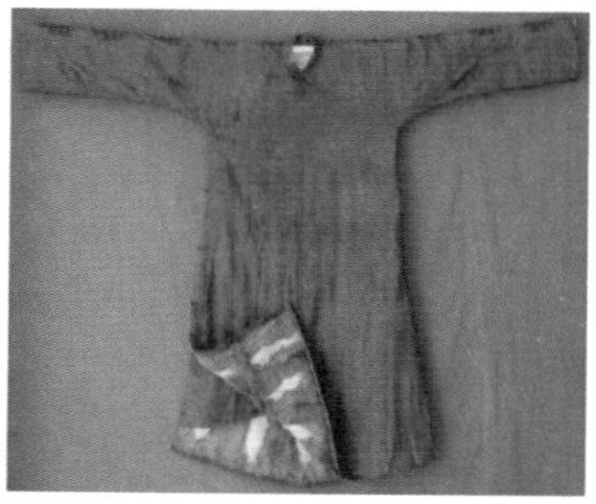	江南	立领，右衽大襟，6副盘扣，前后中破缝，无接袖设计，衣摆渐宽，且胸围较大，衣长至脚踝上，袖口渐窄，但程度不大，袖长至手腕处；左右侧缝平直，无收腰设计；袍里增加裘毛里料，为冬季所着
JN-P003J	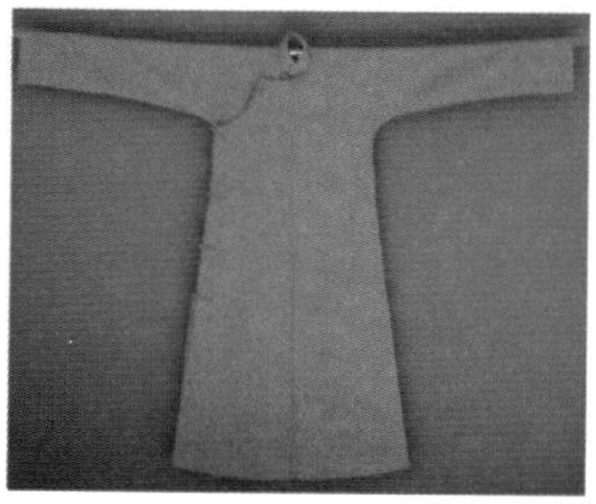	江南	立领，右衽大襟，6副盘扣，衣摆渐宽，长至脚踝上，袖口渐窄，长至手腕处，前后中破缝，存在接袖；左右侧缝平直，无收腰设计
JN-P001	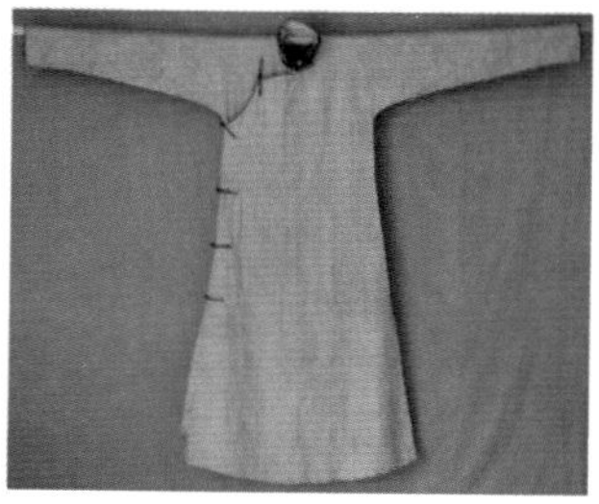	江南	立领，右衽大襟，6副盘扣，衣摆渐宽，长至脚踝上，袖口渐窄，长至手腕处，前后中破缝，存在接袖，左右各接2次，在前左袖的接袖上还存在拼接；左右侧缝平直，无收腰设计
WN-P003	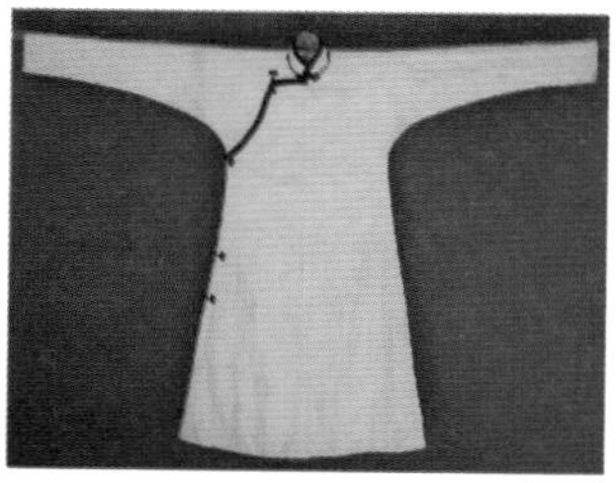	皖南	立领，右衽大襟，5副盘扣，衣摆渐宽，长至脚踝上，袖口渐窄，长至手腕处，前后中破缝，存在接袖，左右侧缝平直，无收腰设计，但是腰身及袖型已适体很多
WN-P001	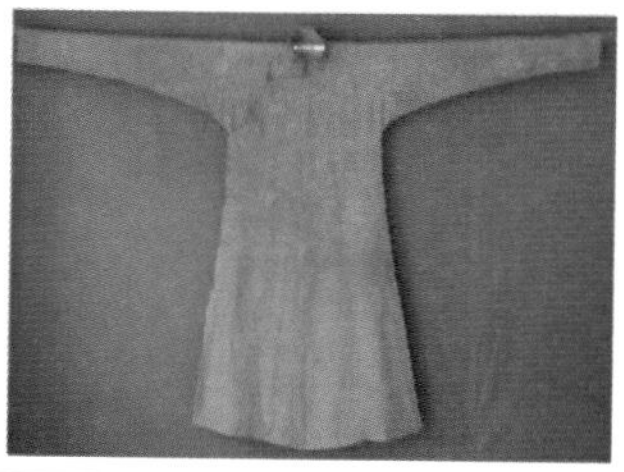	皖南	立领，右衽大襟，6副盘扣，衣摆渐宽，长至脚踝上，袖口渐窄，长至手腕处，前后中破缝，存在接袖，左右侧缝平直，无收腰设计，但是腰身及袖型已适体很多

续表

编号	实物标本	地域	结构特征
SD-P002	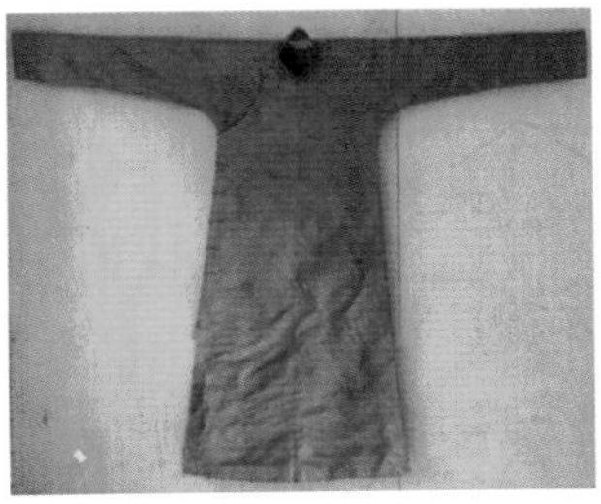	山东	立领，右衽大襟，10副盘扣，衣摆渐宽，程度不大，底摆宽较窄，衣长至脚踝上，袖口渐窄，长至手腕处，前后中破缝，存在接袖，左右侧缝平直，无收腰设计，但是腰身及袖型已适体很多
JN-P004		江南	立领，右衽大襟，7副盘扣，衣摆渐宽，衣长至脚踝上，袖口渐窄，但程度不大，长至手腕处，前后中破缝，存在接袖，左右侧缝平直，无收腰设计，但是腰身及袖型已适体很多，面里料均为棉质，且以棉絮填充，为冬季所着
SX-P003		山西	立领，右衽大襟，9副盘扣，衣摆渐宽，衣长至脚踝上，袖口渐窄，但程度不大，长至手腕处，前中不破缝，左右侧缝平直，出现轻微的收腰设计，左侧缝处开衩较低
SB-P002		陕北	立领，右衽大襟，7副盘扣，衣摆渐宽，衣长至小腿处，袖口渐窄，程度较大，长至小臂，前后中破缝，没有接袖结构，左右侧缝基本平直，有轻微收腰设计，稍逊于SX-P003
WN-P009	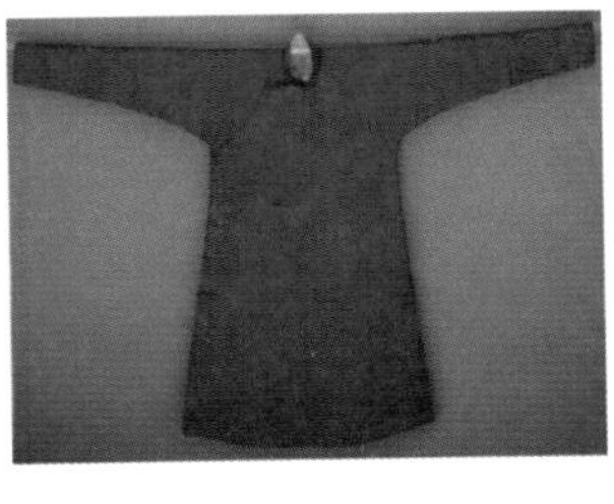	皖南	立领，右衽大襟，6副盘扣，衣摆渐宽，衣长至小腿处，袖口渐窄，程度较大，长至手腕处，前后中破缝，没有接袖结构，左右侧缝平直，无收腰设计，内衬夹棉，为秋冬所着

续表

编号	实物标本	地域	结构特征
ZY-P006		中原	立领，右衽大襟，7副盘扣，衣摆渐宽，衣长至脚踝上，袖口渐窄，长至小臂，前后中破缝，存在接袖结构，左右侧缝平直，无收腰设计
ZY-P009		中原	立领，且领高较高，右衽大襟，6副盘扣，衣摆渐宽，衣长至脚踝长，袖口渐窄，程度不大，长至手腕处，前后中破缝，存在接袖结构，左右侧缝平直，无收腰设计，但胸围相对较窄

为了进一步研究大襟“长衣”的结构细节，选取民国蓝绸窄袖宽身大襟“长衣”为标本进行微观研究。“长衣”的形制为立领，右衽大襟，9副盘扣，其中用于立领闭合便有3副，衣摆渐宽，长至小腿下处，袖摆渐窄，长至手腕处。此“长衣”的衣身整体较宽，衣袖较窄，呈现出“窄袖宽身”的结构总特征。“长衣”前后中破缝，无接袖结构（图2-4和图2-5）。

（a）正面

（b）背面

图 2-4　民国蓝绸窄袖宽身大襟“长衣”实物

（江南大学民间服饰传习馆藏品）

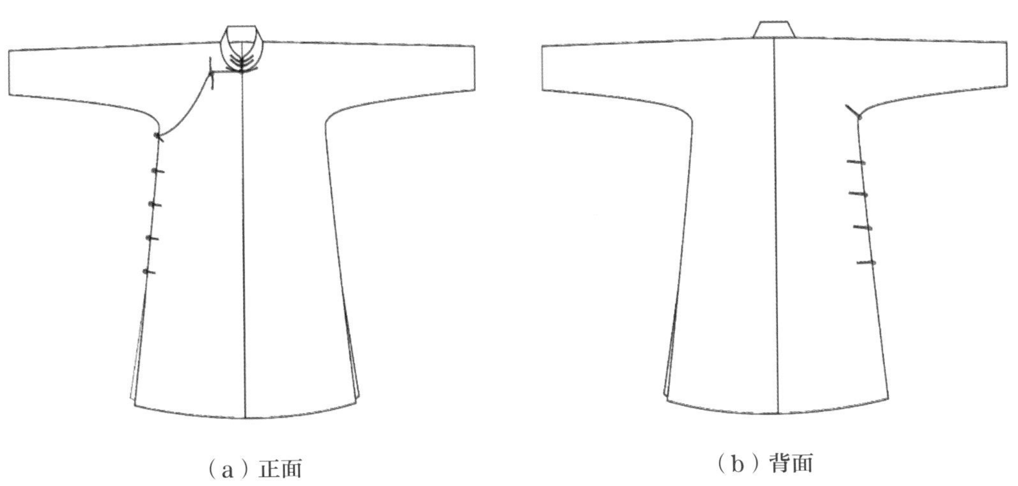

（a）正面　　（b）背面

图 2-5　民国蓝绸窄袖宽身大襟“长衣”形制

民国蓝绸窄袖宽身大襟“长衣”主结构测绘与复原如图 2-6 所示，袖型十分窄小，挂肩长仅 26.5cm，袖口宽仅 13.0cm，相较之下，原本宽 50.0cm 的胸宽和宽 69.0cm 的底摆宽在外观上显得得“更宽”。虽然此件“长衣”仍然不能确定为女装，但是从其异常的窄袖设计上可以推断女性穿着的可能性更大些。

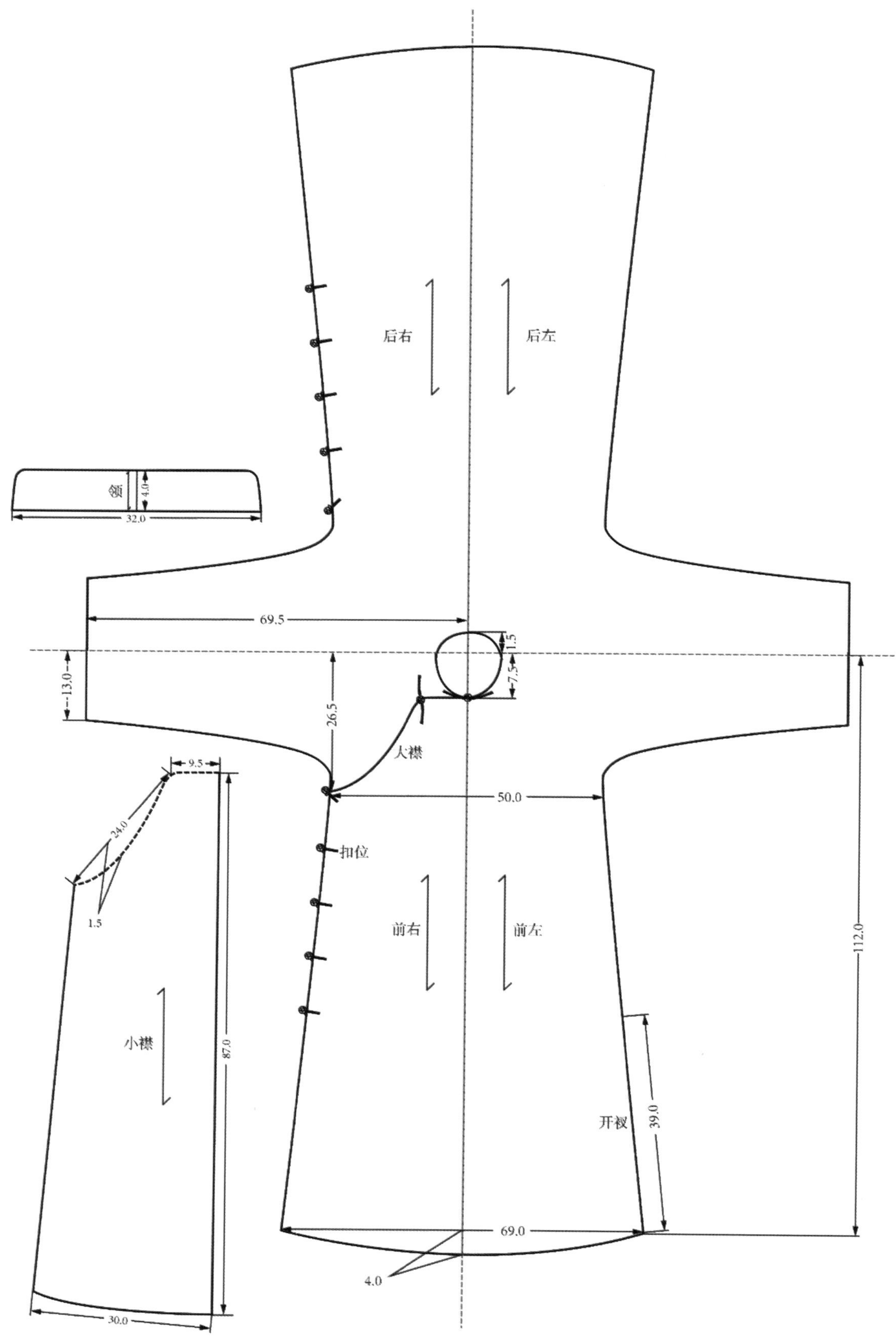

图 2-6　民国蓝绸窄袖宽身大襟“长衣”主结构测绘与复原（单位：cm）

将民国蓝绸窄袖宽身大襟“长衣”穿于虚拟模特之上，经过结构的导入（除了上述主结构外，补充立领、镶滚等辅料结构），并通过虚拟缝合等系列操作之后，完成了“长衣”由 2D 平面向 3D 立体空间的结构转换，缝合之后穿在女模特身上如图 2-7 所示，袖长至手腕，衣长至股下。在双臂平举、双臂侧抬和双臂垂落三种状态下，“长衣”在颈部、肩部、手腕以及胸部、腰部等部位宽松适体，较少出现面料的余量堆积（图 2-8）。

（a）正面

（b）侧面

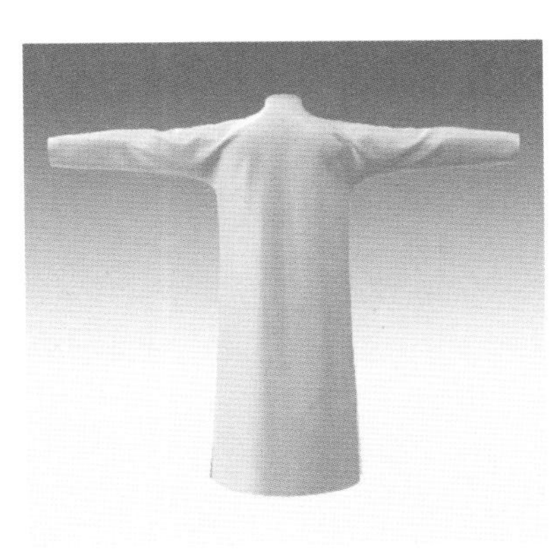

（c）背面

图 2-7　民国蓝绸窄袖宽身大襟“长衣”的三维空间营造

（a）双臂平举

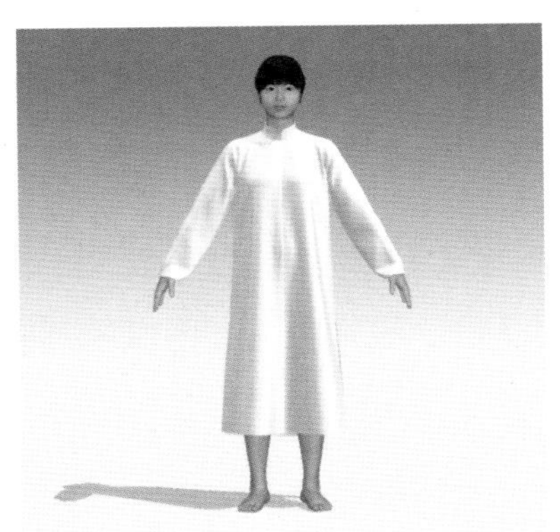

（b）双臂侧抬

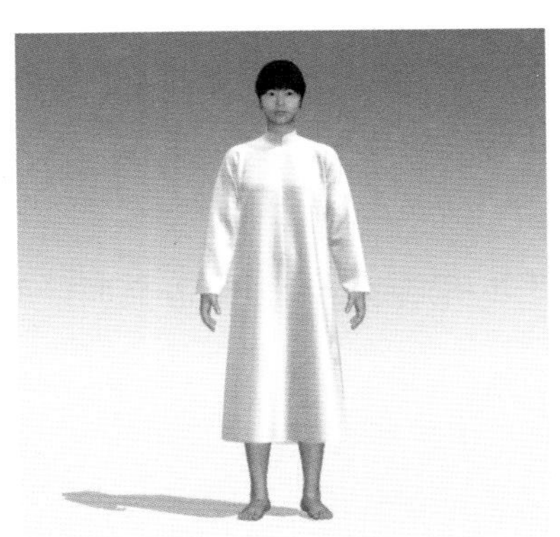

（c）双臂垂落

图 2-8　民国蓝绸窄袖宽身大襟“长衣”的虚拟试穿实验分析

在虚拟试衣过程中，测试民国蓝绸窄袖宽身大襟“长衣”对虚拟人体的服装压力，选取虚拟模特背面、肩点（两侧）、手臂侧面、胸围线点（正面）、腰围线（两侧）等关键部位压力与应力分析值，如表 2-2 所示。在虚拟试衣中打开显示压力点（图 2-9）和应力点（图 2-10），可以得出“长衣”的压力主要集中在肩部和胸周，其他部位压力较小，可见“长衣”穿着效果较为宽松舒适。

表 2-2 民国蓝绸窄袖宽身大襟“长衣”穿后女体关键部位压力与应力分析

受力	背面	肩点（两侧）		手臂侧面		胸围线点（正面）		腰围线（两侧）	
	中	左	右	左	右	左	右	左	右
压力/kPa	5.7	20.5	21.0	4.0	3.8	5.3	6.2	1.1	0.9
应力/%	105	122	121	104	104	107	107	103	103

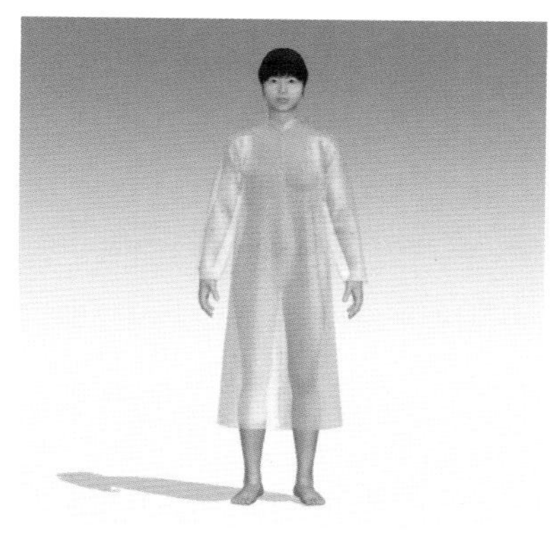
（a）正面

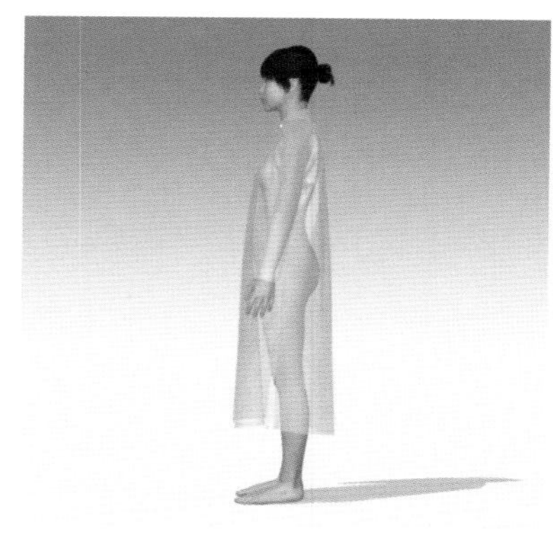
（b）侧面

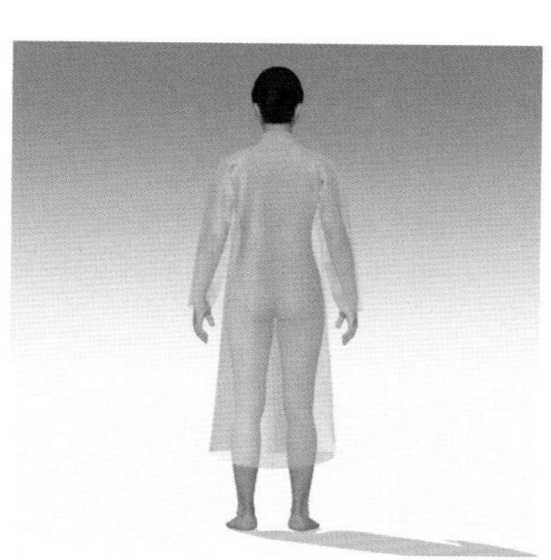
（c）背面

图 2-9 民国蓝绸窄袖宽身大襟“长衣”对人体的服装压力分析

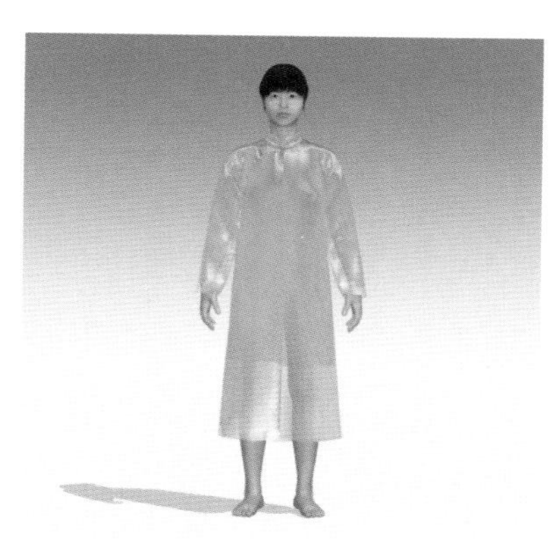
（a）正面

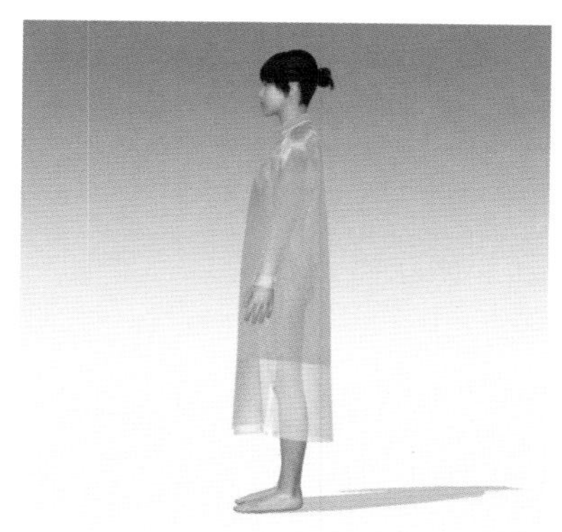
（b）侧面

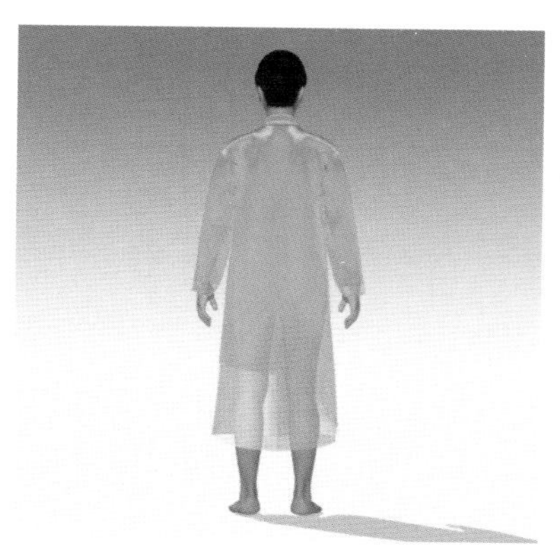
（c）背面

图 2-10 民国蓝绸窄袖宽身大襟“长衣”对人体的服装应力分析

第二节　民国改良旗袍的结构演变及诸式创制

忽略历史时间的发展与演变，重点从改良创新的角度对民国时期改良旗袍在结构改良设计上的细节与规律进行考证，凸显旗袍结构改良的特色与价值。

旗袍经过“式、色、质”细节设计，给新时代女性带来前所未有的审美体验。尽管有声音针砭旗袍，女性也是断不接受的。1926 年孙传芳曾禁止女子穿旗袍，认为旗袍是旗人服式，败伤风化，汉人不应取法，违者处罚[1]，激起女性极大反对：第一，旗袍确系旗人服式，但现男子所穿西装，非但是西人服式，还是异国服式；第二，现一般成年女子，多不穿裙，甚不雅观，与其不穿裙而穿短衣，还是穿旗袍较为特体。讽刺的是，时年 6 月孙传芳携夫人游玩西湖时，夫人竟身穿旗袍。莫说国人，连其妻对禁令也是不接受的，这也是旗袍变迁史中仅有的一次官方质疑。因此，虽然在旗袍流行伊始曾出现反对的声音，但这种声音是少数和暂时的，并未阻碍旗袍的推广和流行，从官方到民间，旗袍流行已蔚然成风。

[1] 佚名 . 孙传芳禁止女子穿旗袍 [J]. 良友，1926(2):8.

一、礼服旗袍结构及纹章规制

在民国先后三次颁布的《服制条例》中，后两次对旗袍细节做出了详尽描述（图2-11）。1929年颁布的《服制条例》中规定女子礼服有旗袍和上衣下裳两种，第一次官方描绘旗袍："齐领，前襟右掩，长至膝与踝之中点，与裤下端齐，袖长过肘，与手脉之中点，质用丝麻棉毛织品，色蓝，钮扣六"的细节，并指定旗袍为女公务员制服，"惟颜色不拘"❶。1939年颁布《修正服制条例草案》，在女子礼服、制服和常服中更多出现对旗袍细节的详细论述❷。1942年9月17日，公布《法规：国民服制条例》时，将旗袍作为女性礼服和常服的统一形制，其中常服即"长衣"，形制为"齐领，前襟右掩，长至踝上二寸，袖长至腕。夏季得缩短至肘或腋前寸许。本色一线滚边，质用毛丝棉麻织品，色夏浅蓝，冬深蓝。本色直条，明钮三。"❸礼服形制为"袖长至腕，本色直条，明钮八至十。其他与常服同"。可以看出，旗袍作为礼服，长袖、6副或8～10副盘扣是其主要形制特征。其中，长袖是为了遮蔽臂膀，多盘扣是为了有效闭合长宽门襟，使出席正式场合的女性着装更加得体。

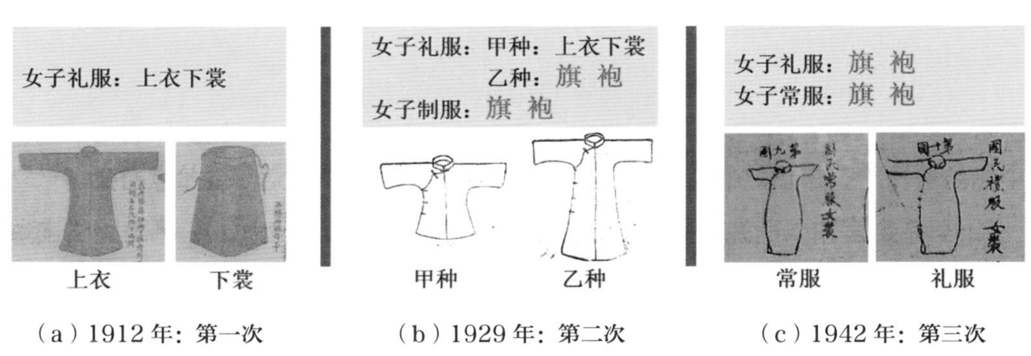

（a）1912年：第一次　（b）1929年：第二次　（c）1942年：第三次

图2-11　民国三次《服制条例》中对旗袍的规定

❶ 佚名.中央法规：服制条例[J].福建省政府公报，1929(94):23-28.

❷ 张竞琼，刘梦醒.修正服制条例草案的制定与比较研究[J].丝绸，2019,56(1):95-96.

❸ 国民服制条例（三十一年九月十七日公布）（附图）[J].国民政府公报，1942(387):4-6.

（一）第二次《服制条例》规定礼服旗袍结构

民国服制对旗袍礼服的规定中，虽然没有“周身得加绣饰”的明确标注，但是从大量传世实物来看，同上衣作为礼服一样，旗袍作为礼服的主要标识之一仍然表现在纹饰上，且装饰技艺为刺绣。笔者对江南大学民间服饰传习馆珍藏民国时期汉族女性旗袍礼服代表性实物标本进行整理研究，标本来自山东、中原、山西、陕西等地，具体如表 2-3 所示。需要指出的是，不同于表 2-1 中对难以辨别性别属性的大襟“长衣”代表性实物标本汇总，此处选出的标本已完全可以确定为女性所着。

表 2-3　民国汉族传统女袍礼服实物标本汇总

编号	实物标本	地域	结构特征	纹章规制
SD-QP003		山东	立领，右衽大襟，9 副盘扣；衣摆渐宽，长至脚踝上，袖摆渐窄，长至手腕，腰身平直；无收腰设计，左开衩；存在接袖	色浅粉，褪色较严重；纹样为花卉，大小约 3 种尺寸，胸前一枝最大，双肩次之，袖口及下摆等处较小
SD-QP005		山东	立领，右衽大襟，9 副盘扣；衣摆渐宽，长至脚踝上，袖摆渐窄，长至手腕，腰身平直；无收腰设计，做开衩，尺寸较 SD-QP003 短	色墨绿；纹样为花卉，大小约 3 种尺寸，胸前一枝最大，双肩次之，袖口及下摆等处较小
SD-QP007		山东	立领，右衽大襟，7 副盘扣；衣摆渐宽，长至脚踝上，袖摆渐窄，长至手腕，腰身平直，无收腰设计；左开衩，尺寸较大；存在接袖	色浅红，较鲜艳；纹样为花卉，大小约 3 种尺寸，胸前一枝最大，双肩次之，且位置靠后，袖口及下摆等处较小
SD-QP006		山东	立领，右衽大襟，10 副盘扣；衣摆渐宽，长至脚踝上，袖摆渐窄，长至手腕，腰身微显，左开衩；内部夹棉，为冬季所着；存在接袖	面料色枣红，里料色朱红；纹样为花卉，为同种尺寸构成的连续构图

编号	实物标本	地域	结构特征	纹章规制
SX-QP004		山西	立领，右衽大襟，11副盘扣；衣摆渐宽，长至脚踝上，袖摆渐窄，长至手腕，腰身渐显，比SD-QP006更明显，左开衩；存在接袖	色浅粉，存在轻微褪色；纹样为牡丹花卉，多种尺寸，胸前一枝最大，双肩次之，且位置靠后，袖口及下摆等处较小
SD-QP002		山东	立领，右衽大襟，11副盘扣；衣摆渐宽，长至脚踝上，袖摆渐窄，长至手腕，腰身渐显，比SX-QP004更明显，左开衩；存在接袖	色深棕；纹样为花卉、蝴蝶、蜻蜓，大小约2种尺寸，胸前一枝最大，其他部位处较小
ZY-QP003		中原	立领，右衽大襟，7副盘扣；衣摆渐宽，长至脚踝上，袖摆渐窄，长至手腕，腰身渐显，底摆较平直	面料色紫红，里料色草绿；纹样为牡丹花卉，大小约2种尺寸，胸前、左右双肩及对应股下处最大，其他部位处较小
SX-QP001	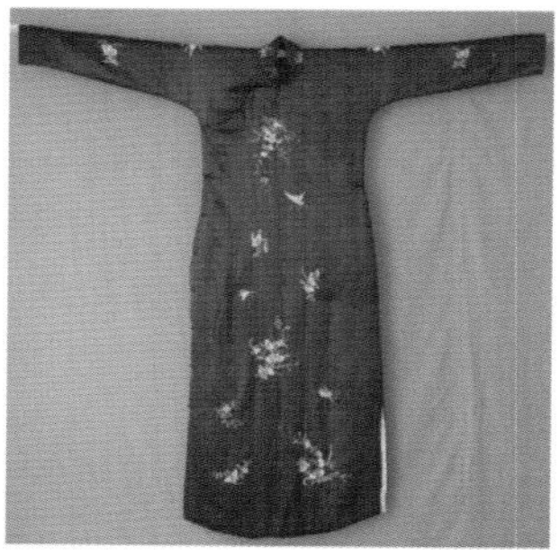	山西	立领，右衽大襟，10副盘扣；腰身明显，甚于ZY-QP003，底摆弧度明显；前左侧缝对应腰节处设置暗插袋；夹棉设计	面料色紫红，里料色草绿；纹样为牡丹花卉、蝴蝶，大小约2种尺寸，胸前及对应股下处最大，其他部位处较小
陕SX-QP001	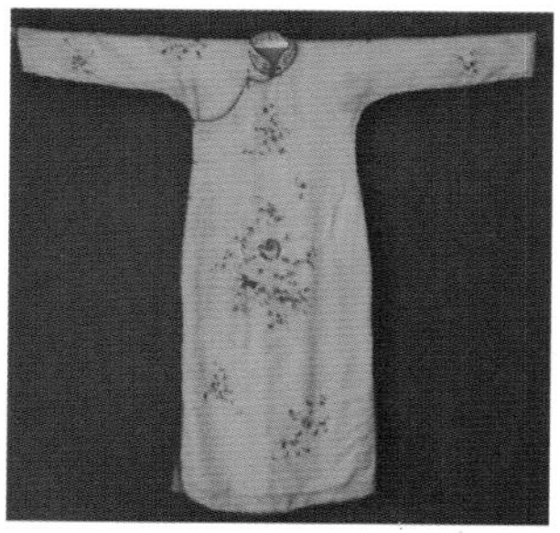	陕西	立领，右衽大襟，12副盘扣；衣摆渐宽，长至脚踝上，袖摆渐窄，长至手腕，腰身明显，底摆弧度次于SX-QP001；有接袖结构	色浅红；纹样为牡丹花卉、金鱼，大小约3种尺寸，对应腰腹部最大，胸前及双肩次之，其他部位较小

表 2-3 中的旗袍在结构上满足了第二次《服制条例》的规定，衣摆渐宽，基本无收腰设计，盘扣为 7 ~ 12 副，且均为长衣长袖的特征。在纹样的布局上，存在一定的章法，与民国初期的上衣礼服形成呼应，即选取最大尺寸的花卉图案分布在前胸后背及左右双肩，以领窝为中心相互对称。

1932 年 1 月 5 日，凌影在《北平午报》报道当时女学生们的衣裳时，详细描述了长旗袍礼服的穿着场景："晚近，女学生之服装之趋势又不同矣。一曰体育家化，即上衣为毛织短衫，衬以及膝之短裙，下登蓝球鞋，英姿飒爽，风韵天成。二曰，啃（读如坑）书串派（书呆子之谓也），即不修边幅，短其袍，粗其服，穷年兀兀，志在读书，在女世界中人数占百之一。三曰社交派，借读书为社交之阶，敷粉涂朱，窄袖长袍婀婀娜娜，且长旗袍自扎里人，莲步轻盈，行时弱不禁风，有美人态，好不亭亭怯怯，顾盼多娇，又安能不颠倒西装众生也哉。尝行宣内大街，花枝招展，目不暇接，点缀此古城灰色，其功尤足多者犹之一幅图画，背景为灰色，物象必鲜明，方合艺术条件，是则新岁□（"□"代指文献中因缺损模糊而无法识别的汉字）日，北宁下行车特别拥挤也为欣赏美的艺术，岂人同此心乎也?"

（二）第三次《服制条例》规定礼服旗袍结构

由于文字表述的有限性，对比 1929 年第二次《服制条例》和 1942 年第三次《服制条例》规定中对礼服旗袍的手绘稿件可以发现，两次对旗袍的规定主要区别在旗袍的腰身及衣摆上，第二次《服制条例》规定的旗袍礼服衣摆渐宽，衣身呈 A 字形，第三次《服制条例》规定的旗袍礼服衣摆则先渐宽后渐窄，衣身呈 O 字形，并且出现了较明显的收腰结构。广州市博物馆珍藏有一件极为罕见的民国晚期存在明显结构改良的礼服旗袍——浅黄绸鹿纹刺绣改良礼服旗袍如图 2-12 所示。形制为立领，右衽大襟，13 副盘扣；衣长较长，穿着时长及小腿，通袖较长，穿着时袖子长及手腕，袖口宽度窄于袖窿宽度，款式较为合体，身侧腰臀处有曲线轮廓，腰部内凹，臀部凸出，臀以下基本垂直，下摆稍有弧度，衣摆相较表 2-3 中礼服旗袍缩短很多；前后中破缝，下摆开衩。

（a）正面

（b）背面

图 2-12　民国浅黄绸鹿纹刺绣改良礼服旗袍实物

（资料来源：广州市博物馆藏品）

衣身整体为浅黄地真丝缎，前片有蝠鹿桃花卉刺绣，整体配色以浅粉色、暗绿色、咖啡色为主。桃子与桃树整体采用渐变绣法，运用橙色、红色、紫色三种颜色对桃子进行渐变，桃子与叶子相互遮挡交缠形成层叠的空间关系。蝠鹿桃纹样为中国传统吉祥纹样之一，蝠谐音“福”，鹿在古代被视为祥瑞之兽，其谐音为“禄”，且与“路”同音，也有一帆风顺之意。桃子与桃树象征长寿，蝠鹿桃寓意为福禄寿全，是典型的祝贺性题材。此袍刺绣纹样的构图方式明显区别于第二次《服制条例》中规定的礼服旗袍中的常见刺绣纹饰范式，自成一派。整体构图为蝙蝠和仙鹤围绕桃树散布，桃树枝条缠绕在衣身前后两侧，两袖皆有桃枝缠绕。在某种程度上，此改良礼服旗袍与改良礼服上衣——民国黑绸牡丹纹刺绣礼服女褂有异曲同工之妙，皆是突破以往纹章范式，而形成各自这种通身、散地的大面积刺绣装饰，更加注重对礼服的装饰营造。此外，从做工上看，此件礼服旗袍当属精工之列而无愧，全手工缝制与大面积、高水平的手工刺绣，彰显出极高的装饰价值。因此，定为当时富贵人家的代表作品。

对民国浅黄绸鹿纹刺绣改良礼服旗袍进行主结构测绘与复原如图2-13所示，从挂件长21.0cm、袖口宽13.5cm可以实证旗袍袖子的合体性；从胸宽40.5cm、腰宽36.0cm可以实证腰身的适体性，且其底摆也只有50.0cm，与民国初期女袍创制之处的旗袍底摆形成鲜明的对比。开衩26.0cm，不算太高，使该件旗袍在结构上呈现长而不散、正式规范的效果。

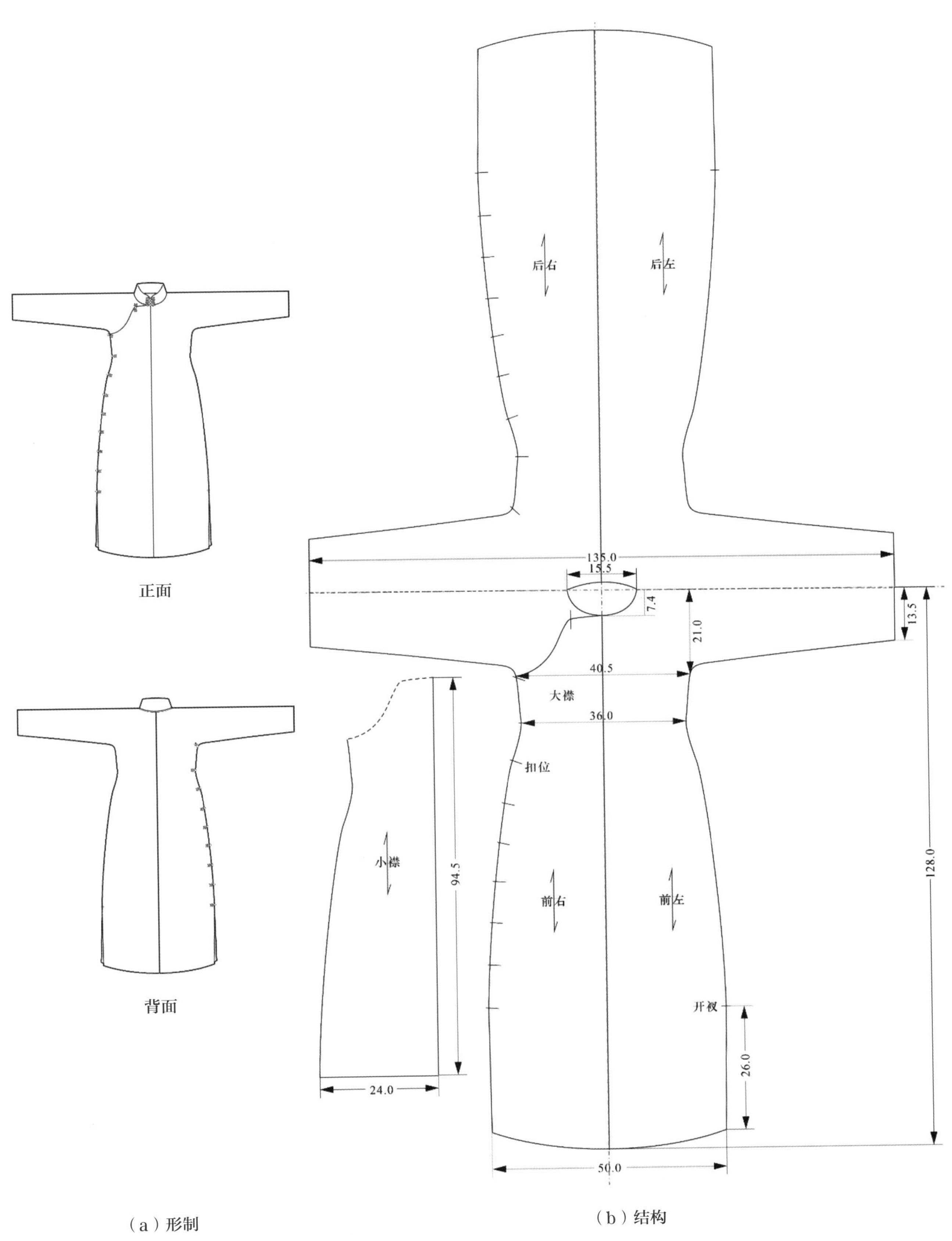

（a）形制

（b）结构

图 2-13　民国浅黄绸鹿纹刺绣改良礼服旗袍形制及主结构测绘与复原（单位：cm）

二、日常旗袍常见结构的创制

民国影星元勋宣景琳女士曾说："最适于中国妇女的服装，还得算是旗袍，旗袍可以说是最普遍而绝无阶级的平等服装，即便是出席盛宴，也不会有人指责你不体面，在家里下灶烧饭，也没有人说你过于奢华。"❶旗袍的"留白"和"模糊性"体现了其雅俗共融的流行特性，使其成为女性广为接受的服饰形制，也因此具有了"永存于时代的特性"，至今仍被人津津乐道。从民国遗留的摄影及画作中，随处可见女性着旗袍的身影，如《文华》1933 年刊出一组女性生活场景，五位不同体态的女性穿着各式旗袍，或在壁炉旁读书，或在火炉旁工作（图 2-14）。

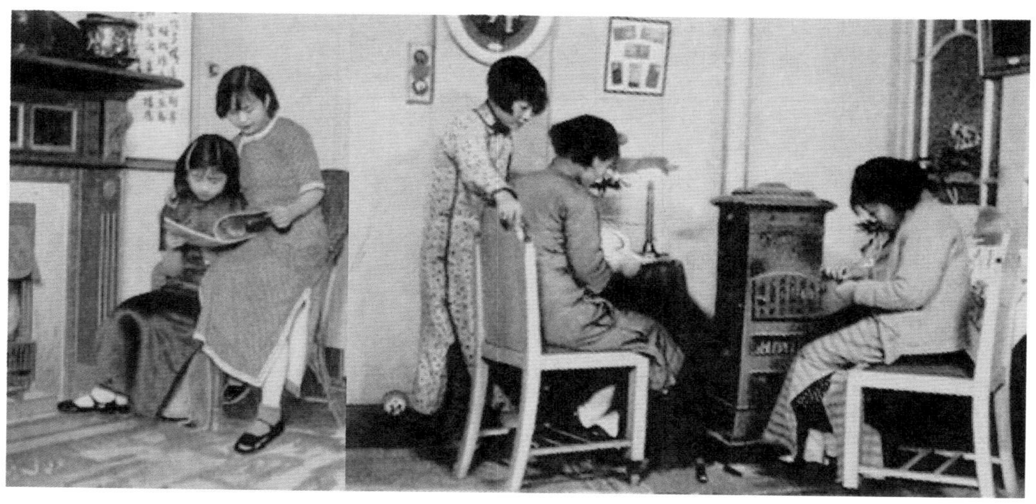

图 2-14　1933 年艺术摄影中的旗袍
（从左往右依次为方啸霞、方咏如、何喜孙、蔡爱玲、何定仪女士，朱顺麟摄影）

张玉秀在《国服制作》第一册中梳理了旗袍（祺袍）的演变，结合对传世实物的整理，汇总成表 2-4。

❶ 陈听潮 . 旗袍是妇女大众的服装 [J]. 社会晚报时装特刊，1911:20.

表 2-4　民国旗袍形制结构改良变迁

编号	技术（文献）史料			实物史料	
	时间	形制	结构特征	案例	来源
1	1926 年		马甲与短袄合并，改成旗袍，结构相对宽松，余量较大		广州市博物馆
2	1927 年		伴随政治改革（南京民国政府成立）发生变化，在袖口、裙摆缀有蝴蝶褶（荷叶边）		广州市博物馆
3	1928 年		国民革命成功，旗袍进入新阶段，袖口宽大，衣长适中，活动方便		江南大学民间服饰传习馆
4	1929~1932 年	—	1929 年伴随西洋短裙盛行，旗袍长度缩短至膝盖；1932 年，因花边流行，衣长方降低		苏州中国丝绸档案馆
5	1935 年		衣长到了极点，窄腰身，高开衩，俗称“扫地旗袍”		苏州中国丝绸档案馆
6	1938~1939 年		流行无袖，形制类似马甲，露臂，受年青女性欢迎		苏州中国丝绸档案馆
7	1945 年		袖长和衣长均适中、中庸		江南大学民间服饰传习馆
8	1946 年		流行当时洋化的方肩，接袖（装袖），衣长缩短，胸省出现		广州市博物馆

（一）日常旗袍的基本制式

传统女性服装保守拘谨、线条平直、宽衣博袖，鲜少顾及穿着合体性及舒适性。旗袍虽在流行初期也以腰身与肩阔、臀围三处同宽的“直线型”为通常之式，但其穿后余量已大大减小。随后改良的“曲线型”更贴合于人体，使腰细臀大，显现弯曲之势，首次将女性身体曲线美公布与众，俘获了民国女性集体芳心。因此，旗袍式样演变是在女性身体解放下的曲线革命。

通过梳理传世实物不难发现，民国时期的旗袍廓型一直处于变化之中，即从宽衣直线向窄衣曲线演变中。此外，1937年在上海出版发行的以描绘女性生活风尚为主的《沙乐美》画刊刊载《旗袍的成功发展史》专页，详尽描述了1930～1936年间旗袍随时代潮流更迭产生的造型演变（图2-15），指出旗袍的流行与接受得益于其“质、色、式”的不断流动和变化，女性通过“质料轻厚的判明，颜色花样的选择，以及式样做法的变化”，制作出各自欢喜的旗袍[1]。因此，设计细节的流动与演变，不仅是女性身体解放下的服饰革命，契合了女性的审美经验，更是民国旗袍广泛流行而不衰的重要规律。

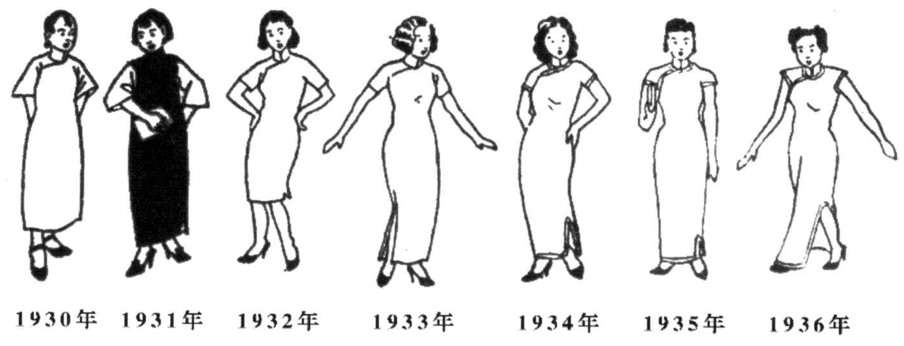

图2-15　1937年赵天民主编《沙乐美》中刊载1930～1936年间旗袍的造型演变

[1] 龚建培.《上海漫画》中的旗袍与改良(1928~1930年)[J].服装学报，2019(4):68.

旗袍在流行之初本是冬季才穿的御寒衣物，后来“就应用到春令，更从春令到夏令，再从夏令到秋令，而还到冬令，遂为一年四季可以穿着的一件普通的女子衣服。”❶民国旗袍在时令上从冬季扩展到一年四季，满足了女性对于不同时间的“期待视界”，产生“妇女无论老的少的幼的差不多十人中有七八人穿旗袍”❷的流行景象。此外，“期待视界”还通过不断的艺术创作改变欣赏者的审美经验，使艺术作品“陌生化”❸。旗袍流行的规律潜藏在极速推陈出新的艺术创作中。1928 年“旗袍盛行于春申江畔，还不过是三四年间的事，可是虽然只有这仅仅的这四年，而旗袍的变化百出，日新月异，也就足以令人闻而骇异了……她们极迅速地翻来覆去，只是在滚边、花边、宕条、珠边等上面用工夫，简直把人弄得眼花缭乱……不过这一种样子虽然正在流行，姐妹们做得起劲，穿得起劲，认为最时髦的当儿，而另外一种样子的旗袍，亦已经酝酿多日。”❹1933 年，上海旗袍的流行更是“时时刻刻跑在时代的前面，有时连时代都赶不上她。两截衣服被打倒了，立刻来短旗袍，一下短旗袍被打倒了而变成长旗袍，镶边呀、花钮呀，正在够味的时代，又有人出来揭竿喊打倒了……上海女人的衣服一天天在越奇幻，越普遍，越疯狂。”❺“倒大袖”旗袍（图 2-16）、一字襟旗袍（图 2-17）等娉娉婷婷、窈窕轻俏的各式旗袍接连创新（图 2-18），可见民国女性的革新和创作力之大。

1948 年 5 月 23 日，《立报》上刊载了一篇关于旗袍的新改革的文章，就旗袍“离地十四吋”的底摆结构问题展开讨论：“说中国女人的旗袍样式随着美国人走，而美国的设计家们又常翻新花样，而且都有理由根据，去年因为英国议会反对长裙，美国的设计家便也设计所谓‘离地十四吋’的裙样，美国时装杂志上的妇女新装差不多都是瘦瘦的，穿着说长不长，说短不短的‘离地十四吋’的多褶裙，于是上海时装公司的老板们动心了，齐？的短旗袍就要成过去，她们也在号召‘离地十四吋’。‘离地十四吋’，通常人穿起来到腿肚子中间的地方，大约三尺三、四长。据说起源是这样：一些去美国留学的阔小姐们在上海制了大批齐膝短旗袍，但是到了美国之后，美国小姐们正在闹着‘离地十四吋’，结果中国小姐们穿的旗袍，坐在人群里感到两腿无处放，因为美国小姐们的腿现在露出得却很少。于是中国小姐们写信到上海再制一批半长不短的旗袍，时装公司的老板们不免要上伤脑筋，翻翻花样了。”

---

❶ 尤怀皋 . 十五年来妇女旗袍的演变 [J]. 家庭星期，1936, 2(1): 7.

❷ 周瘦鹃 . 旗袍特刊：妇女与装饰：我不反对旗袍 [J]. 紫罗兰，1926, 1(5):2-3.

❸ 程孟辉 . 现代西方美学（下编）[M]. 北京：人民美术出版社，2001: 1033.

❹ 佚名 . 旗袍的美 [J]. 国货评论刊，1928, 2(1): 2-4.

❺ 凤兮 . 跑在时代前面的旗袍 [J]. 女声（上海 1932），1933, 1(22): 13.

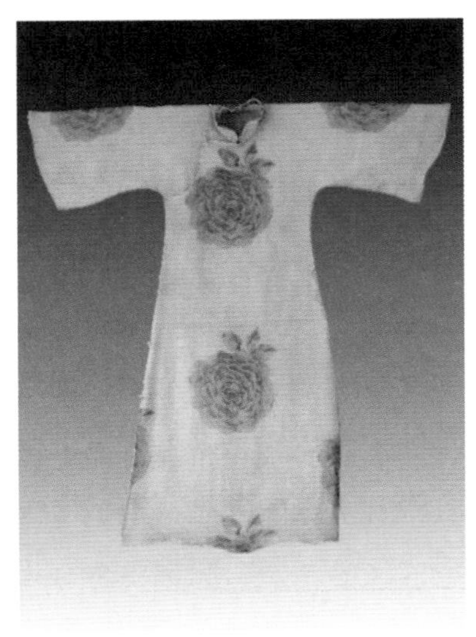

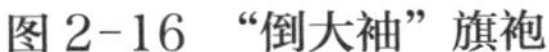

图 2-16 “倒大袖”旗袍

图 2-17 一字襟旗袍

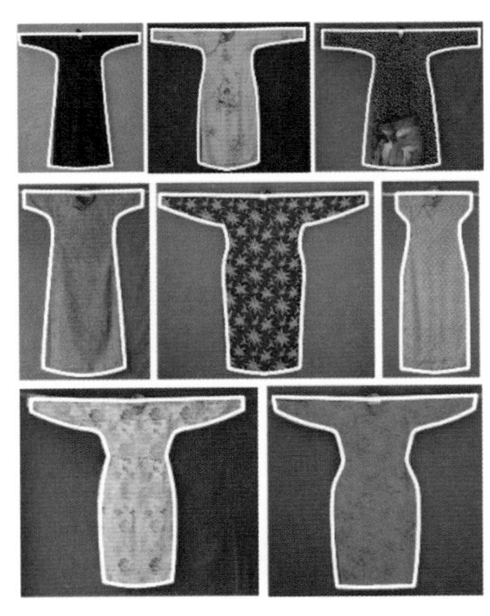

图 2-18 民国时期旗袍实物中的曲线变化

旗袍材质流行的设计细节集中体现在两方面。一是材料精简。古代女性裁制一套衣裳（裤），一般需一丈二尺面料，民国时期的一件旗袍只要八尺左右面料；且传统两件衣服的做工也改为了一件，这是经济上的优势❶。二是材料类型与风格多元（图 2-19）。除传统手工丝、棉、麻外，一度流行机织化纤及凸显身材的轻薄透亮面料，如蕾丝、玻璃等。蕾丝旗袍由蕾丝制成，内里为真丝，或不加内里；玻璃旗袍由玻璃原料制成，透明而薄，如蜻蜓的翼，将女性身体美及曼妙曲线表现得淋漓尽致❷。

❶ 根据传统裁衣尺计算，1 丈约 355cm，1 尺约 35.5cm。

❷ 佚名 . 摩登玻璃装 [J]. 康乐世界，1939, 1(2): 36.

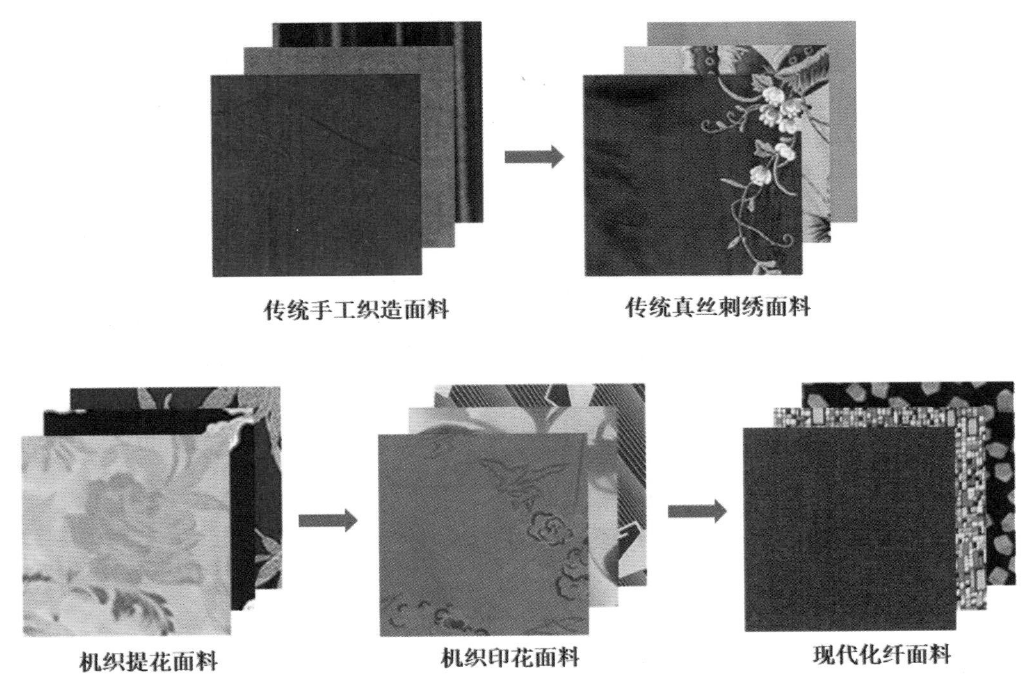

图 2-19　民国日常旗袍面料的演变

"色"包含色彩与纹样，所谓"远看色彩近看纹"，旗袍的视觉美性还体现在其"色"的去繁从简上（图 2-20）。1928 年《国货评论刊》："人类学上之考察，吾人之衣裳进化，是由简单而繁复，由繁复而复于单纯。吾辈言美的进化，下等动物所被之皮壳，多系呈复杂之色彩，而上等动物，则多为纯洁高雅之色……故中古之衣，如我国之衮裳，日本狩服，皆作极复杂之花纹，而所绣之日月星辰，山龙华虫藻米风火宗彝黼黻之属，尤极支离……皆系动物崇拜之蛮性的遗留。"指出民国女性"仅以植物图案为衣饰，色彩则鄙强烈而崇拜淡雅，反'对比'而尚'同种'"。纹样设计"取直线而带弯曲之圆味，化边与图案皆取几何形体，作凤鸟图案而不取凤鸟之形，但取其内所含之优美曲线"[1]。旗袍纹样一改传统繁复的衣饰法则，崇尚极简的设计理念，设计有东方意味的几何图形。

---

[1] 佚名 . 衣之研究 [J]. 国货评论刊，1928, 2(1):2.

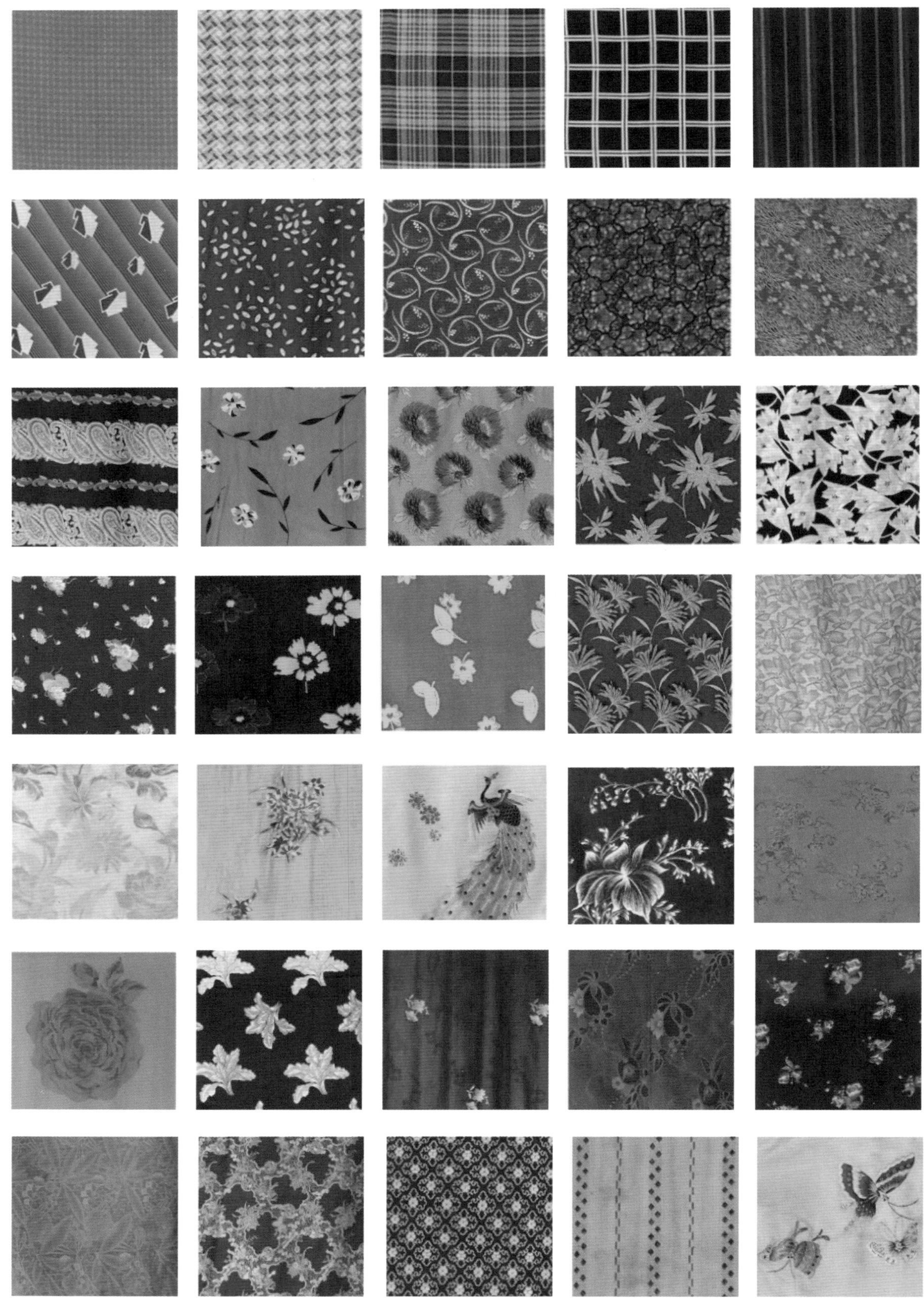

图 2-20　民国日常旗袍中常用代表性图案汇集

（二）“倒大袖”旗袍结构

1933 年 4 月 28 日，何志贞在《时事新报》的“新妆图说”发表“轻便适体的新衣袖”：“衣袖的长短，和式样，对于天气的冷热，也是值得讨论的一点。这种衣袖，在手腕处，做成篷形，以便易于转动，而下段束小，俾御寒风的侵袭，在初春时候，穿上这样衣袖的旗袍，虽然不着外衣，也觉温暖合度，是一件轻便适体的日常妆束，亦衣袖改良之一法也。”可见“倒大袖”旗袍是 20 世纪 20 年代中后期与 30 年代初期日常服装的重要形制之一。图 2-21 所示为摄于 1922 ~ 1927 年的北京汉族女性着“倒大袖”旗袍身影。

图 2-21　1922~1927 年的北京汉族女性着“倒大袖”旗袍身影

笔者选择实物样本民国浅蓝“凤戏牡丹”团纹刺绣“倒大袖”旗袍，形制为立领，右衽大襟，7 副盘扣，衣摆渐宽，长至脚踝上，直身无收腰设计；袖口渐宽，与“倒大袖”上衣袖型一致，且弧度明显。前后中破缝，在袖口处存在接袖；整体面料为浅蓝色暗花竹叶地罗，衣身刺绣“凤戏牡丹”组合团纹，共计 28 团（算大部分显现者，前后底摆处微显不算在内），且以前后中线为中心线，左右完全对称。刺绣配色应用浅粉色、浅蓝色、浅紫色、绿色与米黄色，寿字纹与凤凰花卉轮廓均有描边，团纹边缘处使用寿字纹与花卉缠枝构成，整体刺绣团纹采用中式传统构图（图 2-22）。

（a）正面

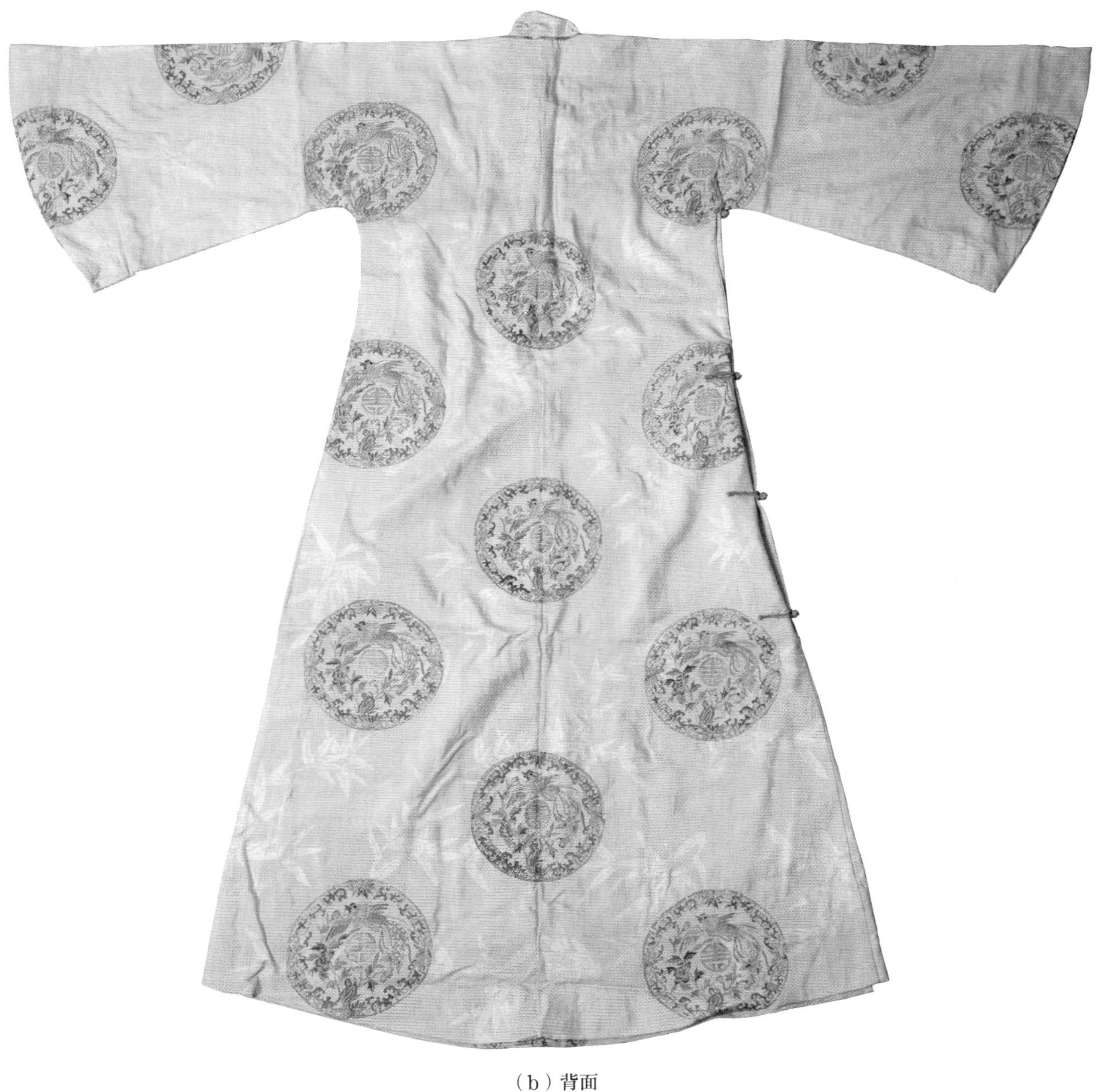

（b）背面

图 2-22　民国浅蓝“凤戏牡丹”团纹刺绣“倒大袖”旗袍实物

（资料来源：广州市博物馆藏品）

对民国浅蓝“凤戏牡丹”团纹刺绣“倒大袖”旗袍进行主结构测绘与复原（图2-23），发现：胸宽仅42.0cm，且挂肩长22.0cm，可见该旗袍在女性穿后的胸部、肩部是非常合体的。与此形成对比的是，袖口宽32.2cm，底摆宽71.0cm，是旗袍在纵向和横向上皆形成“倒大袖”的造型特征，极具造型特色。因此，此件“倒大袖”旗袍是最具代表性的标本之一，将此种旗袍的“修身”与“宽体”表现得淋漓尽致。

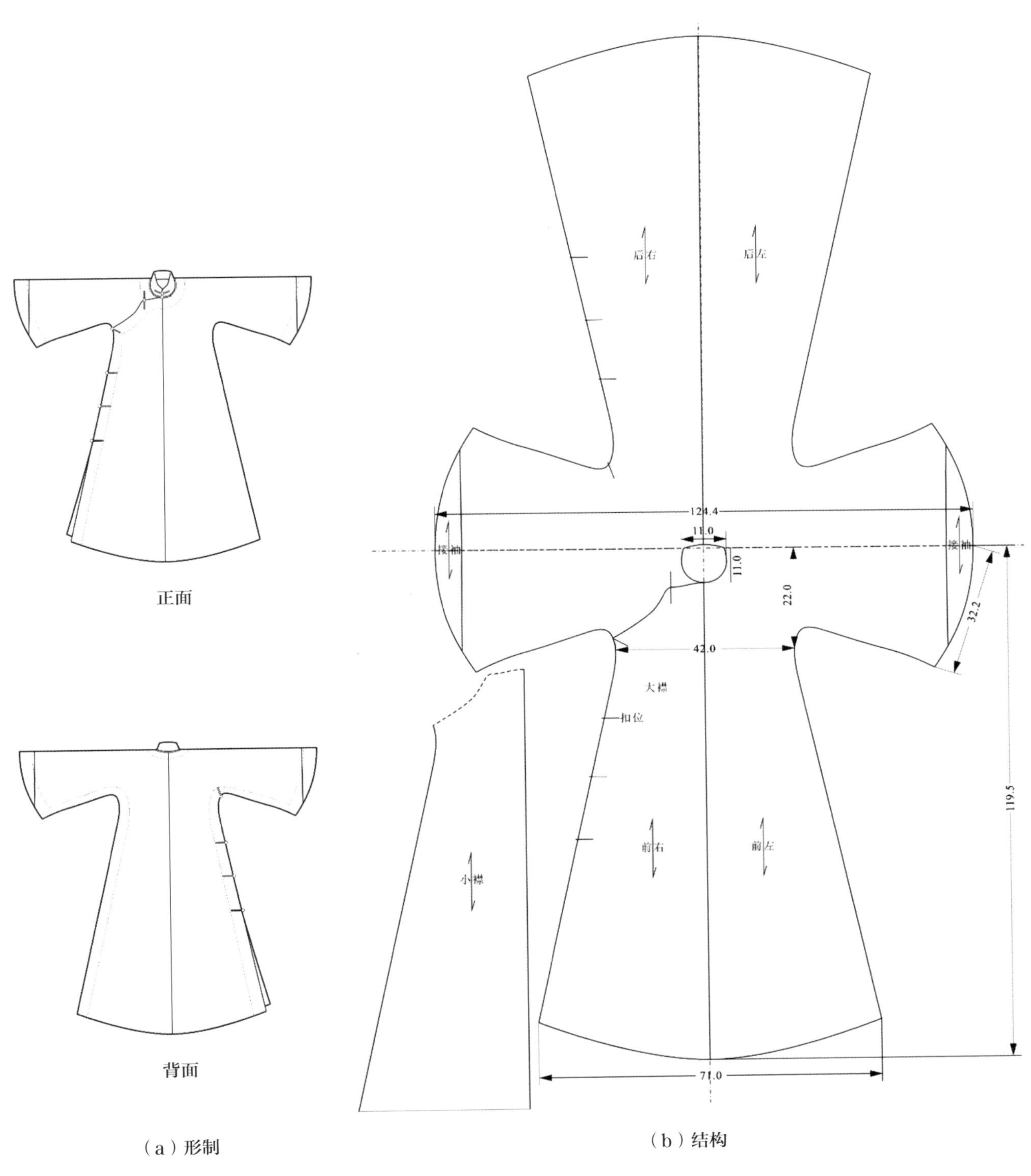

图 2-23　民国浅蓝“凤戏牡丹”团纹刺绣“倒大袖”旗袍形制及主结构测绘与复原（单位：cm）

将民国浅蓝“凤戏牡丹”团纹刺绣“倒大袖”旗袍穿于虚拟模特之上，经过结构的导入（除了上述主结构外，补充立领、镶滚等辅料结构），并通过虚拟缝合等系列操作之后，完成旗袍由2D平面向3D立体空间的结构转换（图2-24），缝合之后穿在女模身上，袖长至手腕，衣长至股下。在双臂平举、双臂侧抬和双臂垂落三种状态下，旗袍在颈部、肩部、手腕、胸部、腰部等部位宽松适体，较少出现面料余量堆积（图2-25）。

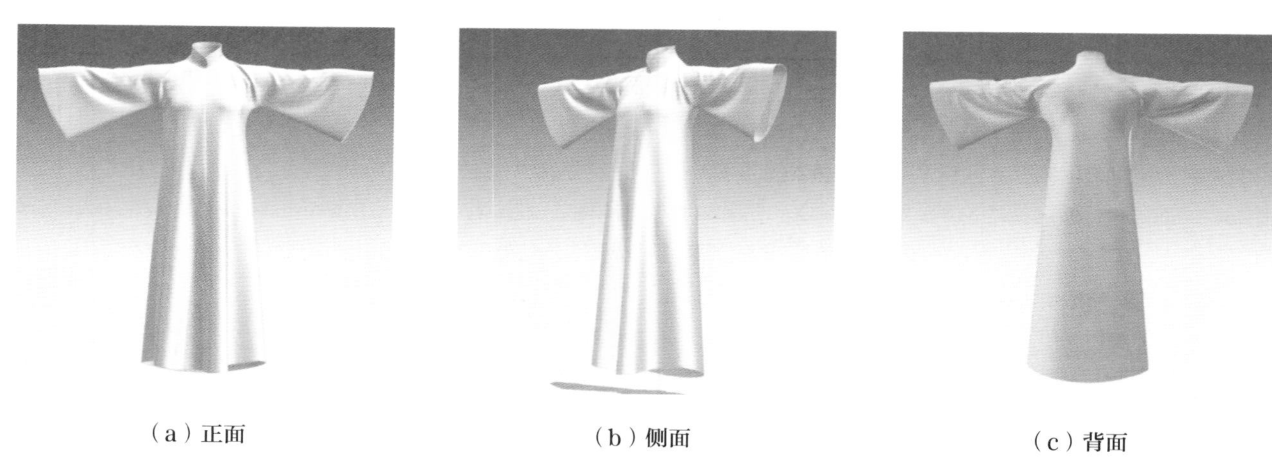

（a）正面　（b）侧面　（c）背面

图2-24　民国浅蓝“凤戏牡丹”团纹刺绣“倒大袖”旗袍的三维空间营造

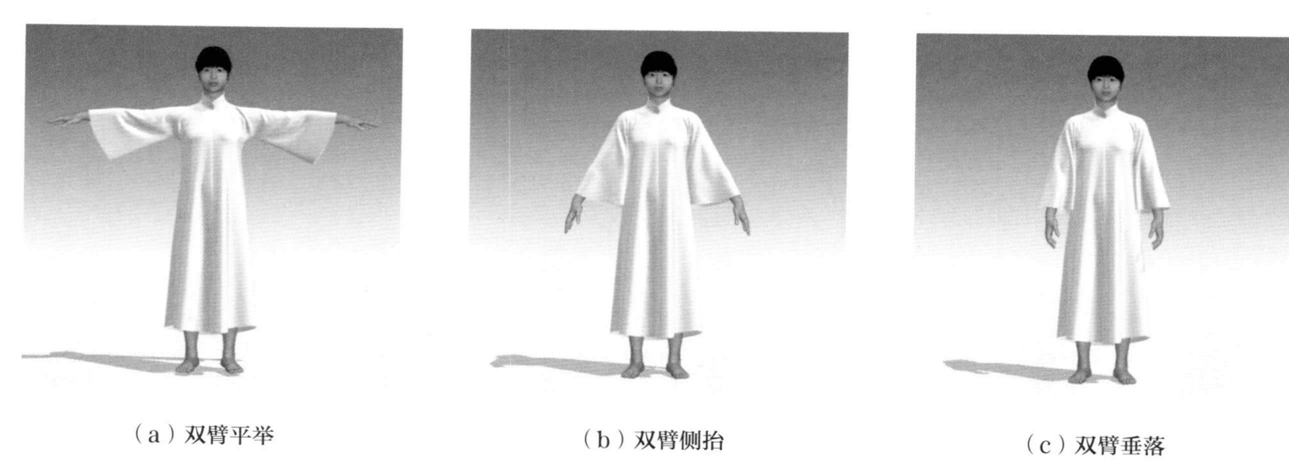

（a）双臂平举　（b）双臂侧抬　（c）双臂垂落

图2-25　民国浅蓝“凤戏牡丹”团纹刺绣“倒大袖”旗袍的虚拟试穿实验分析

对民国大襟“长衣”与“倒大袖”旗袍的试衣结果进行对比分析，发现两者的衣型基本一致，只是袖型的结构存在差异，民国浅蓝“凤戏牡丹”团纹刺绣“倒大袖”旗袍的袖型长度稍短，且袖口宽博，因此对小臂的压力也更低（图2-26）。

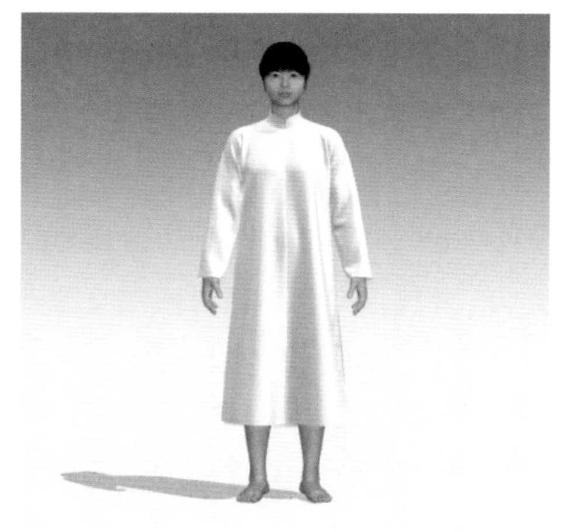

（a）民国蓝绸窄袖宽身大襟“长衣”

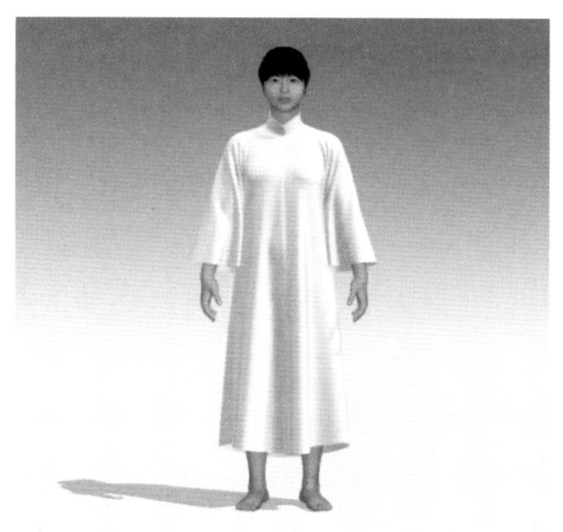

（b）民国浅蓝“凤戏牡丹”团纹刺绣“倒大袖”旗袍

图2-26 民国大襟“长衣”与“倒大袖”旗袍的试衣对比分析

在虚拟试衣过程中，测试民国浅蓝“凤戏牡丹”团纹刺绣“倒大袖”旗袍对虚拟人体的服装压力，选取虚拟模特背面、肩点（两侧）、手臂侧面、胸围线点（正面）、腰围线（两侧）等关键部位压力与应力分析值，如表2-5所示。在虚拟试衣中打开显示压力点（图2-27）和应力点（图2-28），可以得出旗袍的压力主要集中在肩部和胸周，其他部位压力较小，可见旗袍穿着效果较为宽松舒适。

表2-5 民国浅蓝“凤戏牡丹”团纹刺绣“倒大袖”旗袍穿后女体关键部位压力与应力分析

受力	背面	肩点（两侧）		手臂侧面		胸围线点（正面）		腰围线（两侧）	
	中	左	右	左	右	左	右	左	右
压力/kPa	2.5	28.2	27.8	0.7	0.6	5.5	6.4	1.5	1.7
应力/%	103	121	122	102	101	109	113	104	105

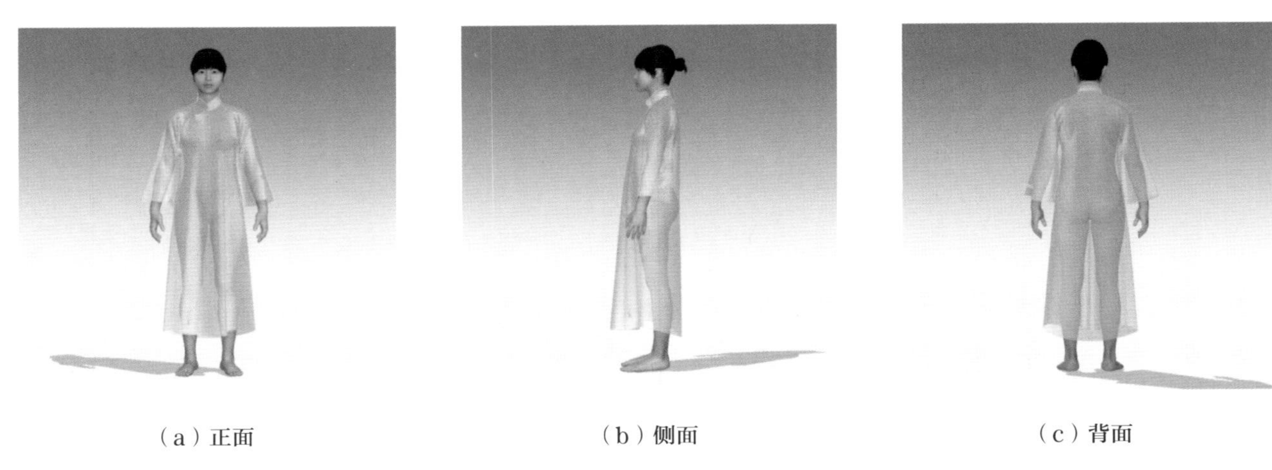

（a）正面 （b）侧面 （c）背面

图 2-27 民国浅蓝“凤戏牡丹”团纹刺绣“倒大袖”旗袍对人体的服装压力分析

（a）正面 （b）侧面 （c）背面

图 2-28 民国浅蓝“凤戏牡丹”团纹刺绣“倒大袖”旗袍对人体的服装应力分析

（三）旗袍中马甲结构及西式元素

马甲与旗袍之间有着千丝万缕的联系。在旗袍众多的起源学说中，便有一派认为旗袍创制于马甲，认为马甲旗袍是旗袍最初的创制形制。笔者这里不探讨旗袍的创制问题，仅针对目前较少开展实证研究的具有马甲形制结构的旗袍进行整理和考证。

马甲与旗袍的结构关系有两种：第一，搭配关系，实际上各自结构独立；第二，由搭配改为拼接关系，两者结构实现共生，并为一体。

针对第一种关系，即马甲与旗袍的搭配较为常见。民国杂志《时事新报》有一个版面“新妆图说”专门介绍当季当时女性流行的服饰，在 1933 年，频频出现关于马甲及旗袍的相关介绍。8 月 3 日，戴克范介绍了改良旗袍马甲：“旗袍马甲改良的地方是上身和下摆，马甲的全身用深棕色双绉做成，开成尖领，用黄色的双绉，滚在上面，并做成两根带用钮扣扣在胸前，下摆不用开，而拼上黄色尖角形的双绉，使他放大，上身的裹衫也用黄色，做对胸，袖作莲蓬时，一切扣子须也用棕色方能使全身颜色调和，一个小家庭主妇，在请茶的时候穿了，更觉可爱”［图 2-29（b）］。

入秋以后，1933 年 10 月 6 日，戴克范介绍秋日新妆：“衫身以淡棕色软绸为之，加上紫红色滚边，上身加小马甲一件，最好用印着斜条的绸做，长袖，袖下面一节亦用斜条绸，很别致”［图 2-29（c）］；11 月 29 日，何志贞介绍小马甲与旗袍：“这虽是一件极平常的旗袍，但加上了小马甲在外，似觉新颖了许多，袍身是枣红色，滚边是黑色，背心当然也是黑色，襟是尖角，分两排扣钮，手携的黑狐皮，冷的时候，覆在颈上，殊形婀娜”［图 2-29（d）］；12 月 11 日，何志贞又介绍了旗袍与小马甲：“此件旗袍，纯粹我国本色，御以交际之用，极显贵丽。身用燕黄色料做，‘须素面而无光’，而滚边则用发亮的玄色缎，照图上的月牙滚法，又并不甚高，外面的小背心襟在正面之右侧，至底处开小叉，是一件极秀美的旗袍”［图 2-29（e）］。可见，从 6 月的盛夏，到 12 月的严冬，马甲旗袍在女性生活中无处不在，且在结构上极具变化。

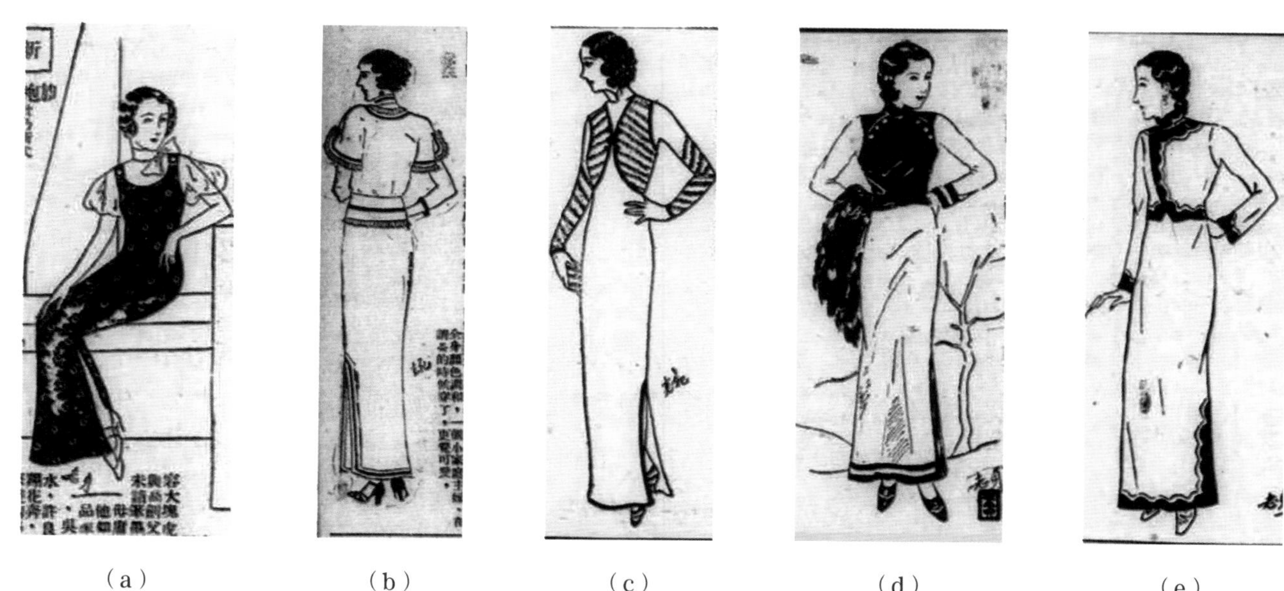

（a）（b）（c）（d）（e）

图 2-29　民国马甲旗袍形制示意

（资料来源：1933 年《时事新报》“新妆图说”）

马甲与旗袍结构的共生相对罕见，特别是传世实物，更是难以寻觅。笔者在广州市博物馆调研时偶然发现一件，特整理考证如下。民国橘红缎“倒大袖”马甲旗袍，形制为立领，且为筒领式样；右衽肩襟，领口、袖窿、袖口、马甲下摆处皆有黑色绲边装饰，领口处有两粒黑色绲边浅黄色花扣；下摆渐宽，呈筒形，袖口渐宽，属于“倒大袖”形制，领部内侧缝有商标“香港永安公司制造”（图 2-30）。袍身为橘红真丝暗花缎面料，暗花为抽象羽毛造型，整体羽毛卷曲并相互遮挡形成层叠空间关系，底纹为羽毛造型的镂空轮廓图案，整体图案造型呈现 S 形曲线构图，是典型的新艺术运动风格。

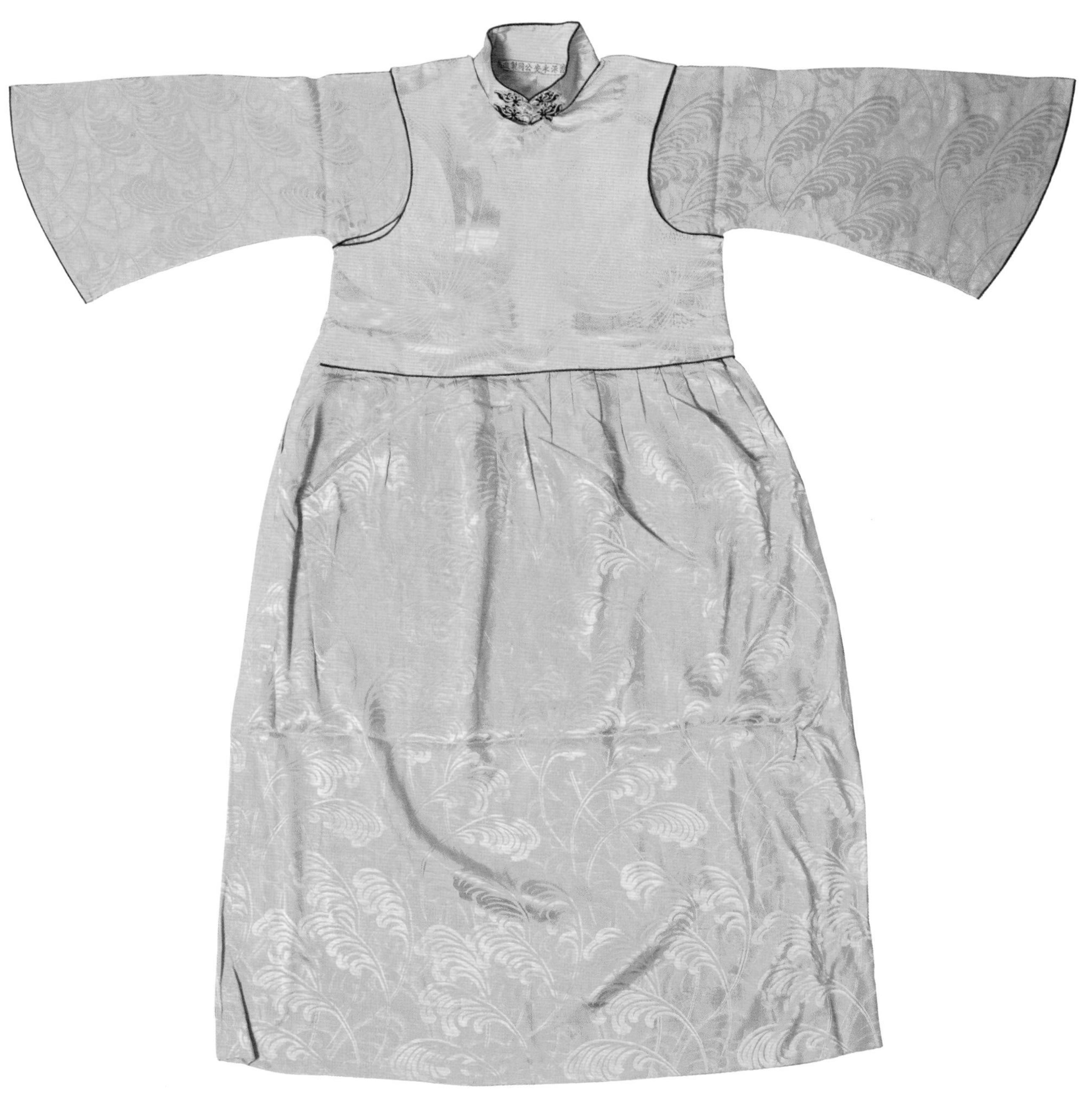

（a）正面

图 2-30

（b）背面

图 2-30 民国橘红缎“倒大袖”马甲旗袍实物

（资料来源：广州市博物馆藏品）

在结构上，该马甲旗袍由马甲和旗袍部件拼接而成，马甲作为背心包裹于胸部，下摆长至腰部；下摆拼接筒裙，形成连衣裙的样式，在筒裙与马甲的拼接处，及对应腰部形成了倒褶；在左右两袖拼接“倒大袖”，形成一款“倒大袖”马甲旗袍。前后中不破缝，且无接袖结构（图 2-31）。

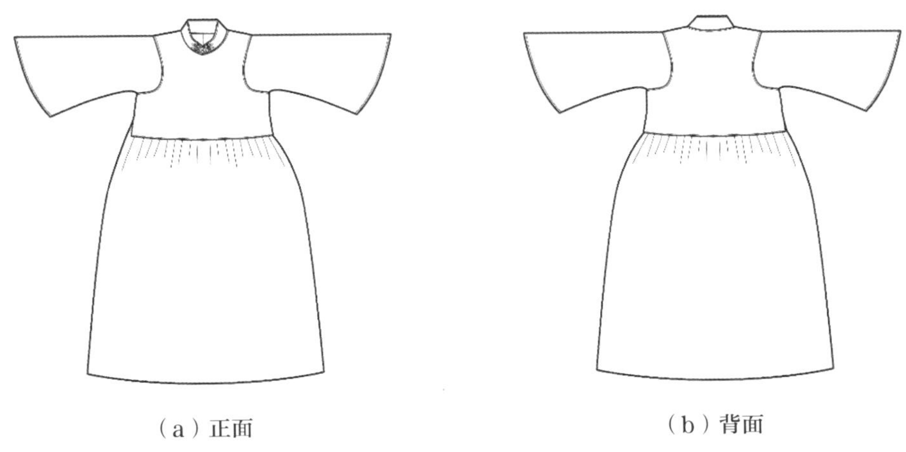

（a）正面　　（b）背面

图 2-31　民国橘红缎“倒大袖”马甲旗袍形制

在江南大学民间服饰传习馆中有一件清末民初江南地区制造的男袍（图 2-32），与民国橘红缎“倒大袖”马甲旗袍属同种结构，也存在马甲结构的拼接。该男袍整体上继承了清代男袍的结构特征，形制为无领（圆领），右衽大襟，5 副盘扣，且为鎏金铜扣，下摆渐宽，长至小腿，袖口渐宽，长至手腕，袖口为马蹄袖结构。需要注意的是，此件男袍上的马甲不同于单件马甲的结构，在肩部无肩斜设计，应该是为了是马甲肩线与袍的肩线更好地过渡。

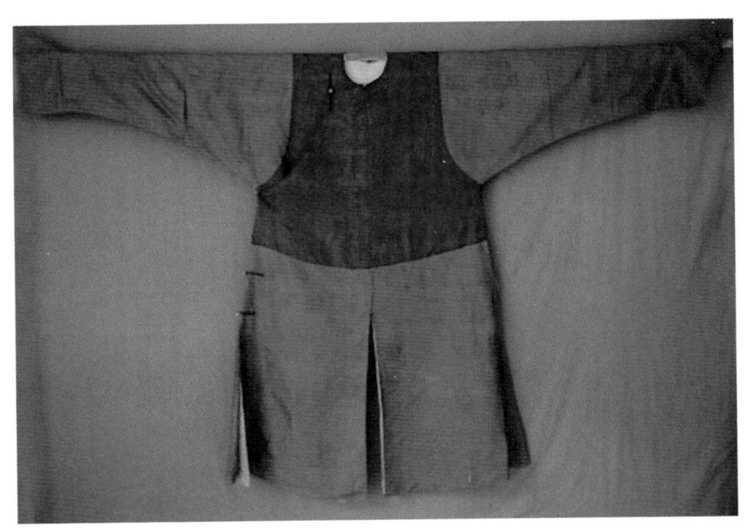

图 2-32　清末民初江南深棕马甲男袍实物

对民国橘红缎“倒大袖”马甲旗袍主结构进行测绘与复原（图 2-33），得出以下结论。

（1）该马甲旗袍为 7 片式结构，分别由前后马甲衣片、前后裙片、左右袖片以及小襟裁片构成。除了小襟作为里料外，其余 6 片面料主结构仍然遵循着中华传统服装结构的平面十字形体系。

（2）该马甲旗袍在马甲结构部分存在肩斜设计，这与江南深棕马甲男袍的结构明显不同，因此此马甲旗袍在肩部更加适体。

（3）该马甲旗袍在腰部拼接筒裙处分别于前后裙身设置了 18 个倒褶，宽约 1.3cm，且均以前后中线为中心线左右对称。

（4）该马甲旗袍虽然存在类似西式服装结构中的弧形袖窿，但是在拼接的“倒大袖”结构上却并未设置肩斜，因此本质上还是一种基于中式裁剪理念的拼接手法。

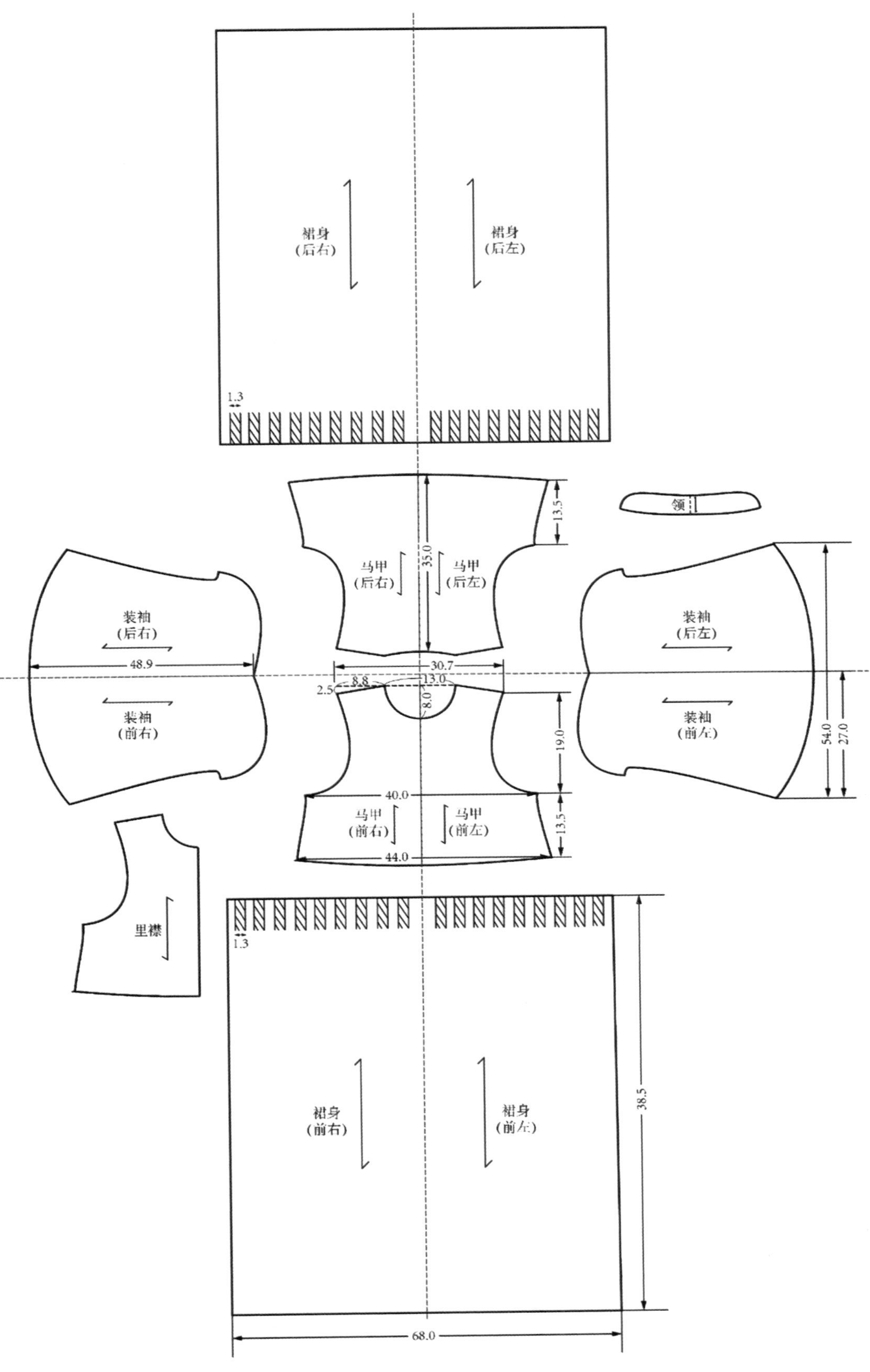

图 2-33　民国橘红缎“倒大袖”马甲旗袍主结构测绘与复原（单位：cm）

将民国橘红缎“倒大袖”马甲旗袍穿于虚拟模特之上，经过结构的导入（除了上述主结构外，补充立领、镶滚等辅料结构），并通过虚拟缝合等系列操作之后，完成了马甲旗袍由 2D 平面向 3D 立体空间的结构转换（图 2-34），缝合之后穿在女模特身上，袖长至手腕，衣长至股下。在双臂 55° 侧抬、双臂 30° 侧抬和双臂垂落三种状态下，旗袍在颈部、肩部、手腕以及胸部、腰部等部位宽松适体，较少出现面料的余量堆积（图 2-35）。

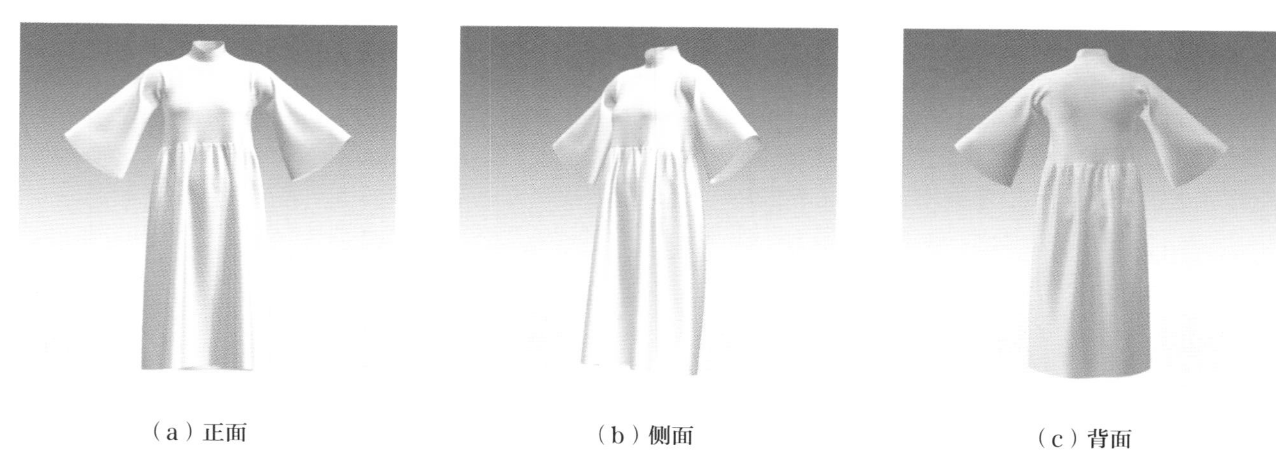

（a）正面　（b）侧面　（c）背面

图 2-34　民国橘红缎“倒大袖”马甲旗袍的三维空间营造

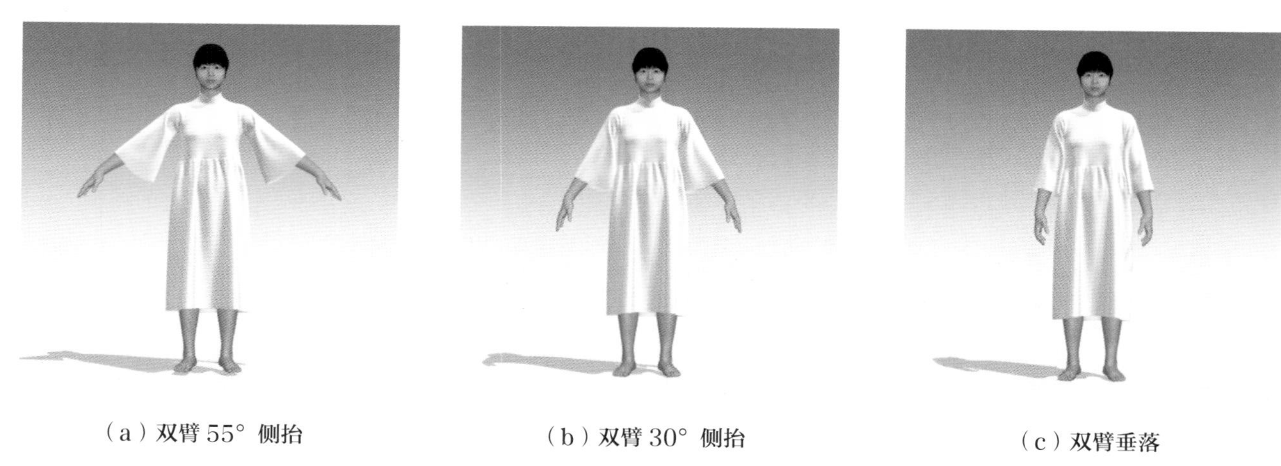

（a）双臂 55° 侧抬　（b）双臂 30° 侧抬　（c）双臂垂落

图 2-35　民国橘红缎“倒大袖”马甲旗袍的虚拟试穿实验分析

将民国橘红缎“倒大袖”马甲旗袍与民国浅蓝“凤戏牡丹”团纹刺绣“倒大袖”旗袍两款兼具“倒大袖”结构的旗袍结构进行对比，发现马甲旗袍的袍长和袖长变短，马甲旗袍也由于腰部打褶的设计，形成了微弱的收腰设计，女性化特征更加明显（图2-36）。

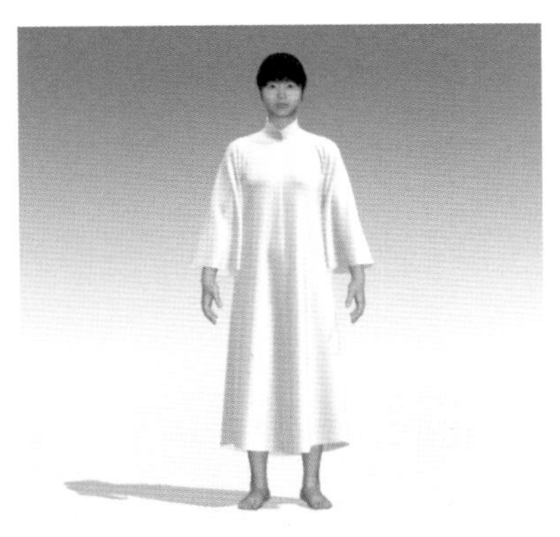

（a）民国浅蓝“凤戏牡丹”团纹刺绣“倒大袖”旗袍

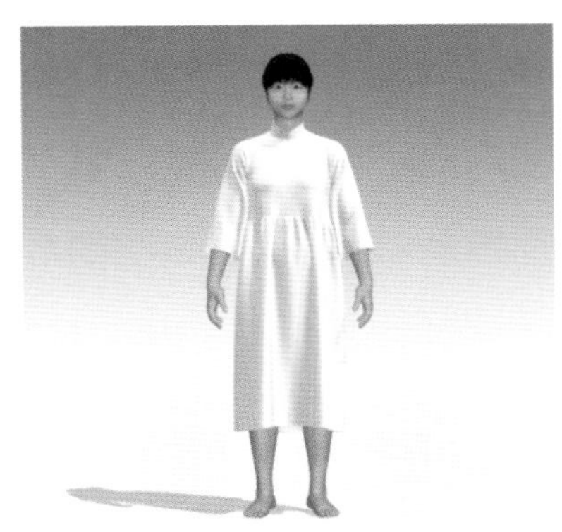

（b）民国橘红缎“倒大袖”马甲旗袍

图2-36　民国“倒大袖”旗袍与“倒大袖”马甲旗袍的试衣对比分析

在虚拟试衣过程中，测试民国橘红缎“倒大袖”马甲旗袍对虚拟人体的服装压力，选取虚拟模特背面、肩点（两侧）、手臂侧面、胸围线点（正面）、腰围线（两侧）等关键部位压力与应力分析值，如表2-6所示。在虚拟试衣中打开显示压力点（图2-37）和应力点（图2-38），可以发现旗袍的压力主要集中在肩部和胸周，其他部位压力较小，可见旗袍穿着效果较为宽松舒适。与民国浅蓝“凤戏牡丹”团纹刺绣“倒大袖”旗袍对比之后，民国橘红缎“倒大袖”马甲旗袍的背面受力增加，差值为1.0kPa；肩点受力降低，程度约一半；手臂受力相差不大，只是有所降低；胸围线点压力增加，程度约一半不足；腰围线处的压力也是增加了一半有余。

表2-6　民国橘红缎“倒大袖”马甲旗袍穿后女体关键部位压力与应力分析

受力	背面	肩点（两侧）		手臂侧面		胸围线点（正面）		腰围线（两侧）	
	中	左	右	左	右	左	右	左	右
压力/kPa	3.5	15.1	15.2	0.3	0.2	9.5	9.4	4.6	4.7
应力/%	103	120	121	108	108	110	109	103	104

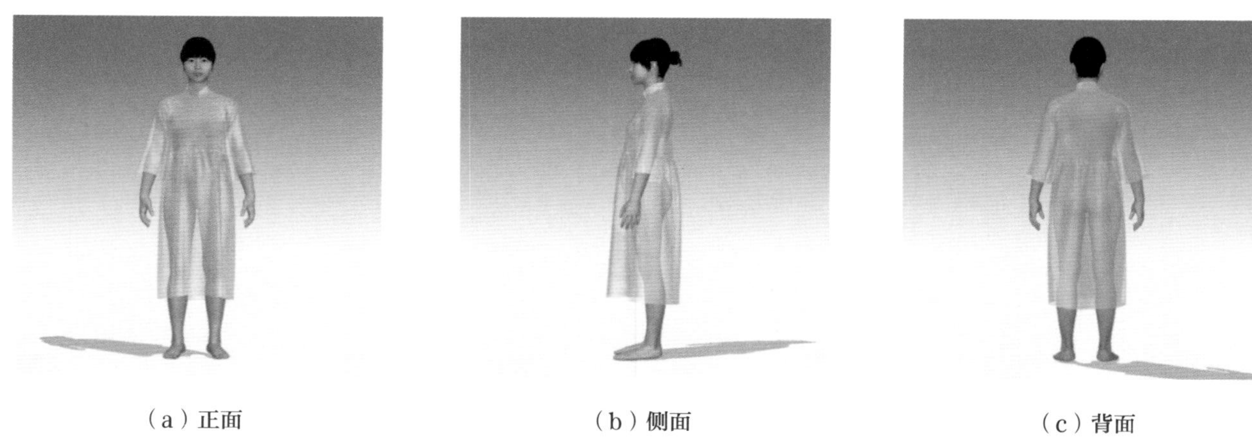

图 2-37　民国橘红缎“倒大袖”马甲旗袍对人体的服装压力分析

图 2-38　民国橘红缎“倒大袖”马甲旗袍对人体的服装应力分析

民国时期除了出现具有马甲结构的旗袍外，还出现了具有旗袍结构的“马甲”。这种“马甲”是将旗袍的两袖去掉，也是民国时期汉族女性日常旗袍的重要形制之一。从改良和创新的角度来看，民国橘红缎“倒大袖”马甲旗袍中对西式结构的采用相对明显，特别是马甲与筒裙的拼接，实属罕见。除此之外，当时还有很多添加了更多西式元素的新式旗袍，笔者称其仿西式的“时装旗袍”，笔者整理 1933 年《时事新报》“新妆图说”报道如下（表 2-7）。

表 2-7 民国日常旗袍中对西式元素的采纳

编号	图像	创新要点	文献记载结构特征	时间
1		衣摆不开衩	下摆不开衩，采用西式做法，显出自然宽大的折纹，且便于举布，行动时即能增近腰部的美点；质料色彩，用黑色软缎，镶以银线，再配上花扣，素雅大方	1933 年 4 月 27 日
2		门襟创新的短旗袍	长短以过膝三寸为合适，系用国货粉绿色的薄哔叽制成，并不需配合任何颜色的镶滚；而肩头上之两旁及开衩的上端，均钉上银白色圆形的铜扣，开衩仅在一面，左右不论，但略偏正面而不过侧，衣袖和脚下，都开圆形，是一件极新颖而适于日常穿用的短袍服装	1933 年 5 月 9 日
3		半西式化的短袍	全身用白绸与白底蓝格条子接合而成，衣外加上短披肩一围，后面用铜扣子扣起，在傍晚时御之，颇为别致，如将该披肩脱下，则为一件旗袍，可称为一式二用之新颖装束	1933 年 5 月 12 日
4		门襟方位及造型	针对衣襟“仍脱不下老格套”问题进行改良：剪裁简单，衣襟开成图案的双三角形，配上贝壳的骨扣，尤为别致。领的侧面和袖口脚下，都开小角衩，再缀上与原身色调和谐之蝶结	1933 年 5 月 16 日
5		袖型及袍脚	衣袖最流行，袍脚的分段滚法，尤为新颖。全身及领，用黑色印度绸，衣襟一面假做，而开三角形，再加上红色骨钮，在开衩之上端亦然，但衣袖及脚下三道大小不等之横条，则用白底红黑二色之方格绸接起，在夏令旗袍中新颖别致	1933 年 5 月 27 日
6		拼接	衣裙式的长袍，用有横条之薄绸做上身，及衣脚之一段，余用素色（注意此完全系接连的做法，并不是另加短衣于上）。襟在正中开，两面挖小洞，再做丝带系起如交叉形，在腰之下两旁亦然，袖分三层的荷叶边	1933 年 6 月 11 日

续表

编号	图像	创新要点	文献记载结构特征	时间
7		门襟与袖摆、底摆	这件旗袍是西式的衣袖，蓬而束小襟是开至半腰而成方圆形，用骨扣扣起，领袖之下及袋脚之一端做轧痕的横条，质料为燕黄色及素身适宜	1933 年 6 月 14 日
8		袖口、底摆及门襟	袖和脚都系两层，衣身不过长，毋庸开衩，襟开尖形，在腰间轧痕两条，用粉绿色的绸，上缀以深绿色或浅褐色的骨扣，鞋的颜色，可以纽扣的色素为标准	1933 年 6 月 21 日
9		直襟	此系夏日适体而新颖的旗袍，长以过膝四寸为度，两旁不需开衩，但前后做成小圆角式，全身裁制以粉蓝色纱质，但滚边的细折则配以白色开襟于右侧，沿口系剪成月牙样，在每变处钉上扣子，袖短而宽大，十分凉爽，且便穿着，可谓绝美	1933 年 7 月 4 日
10		方领荷叶边	此装领口方形，以白束纱折滚边，袖亦用同样质料，身上是红黑小圈相间的绸，两肩及开衩上端缀以小纱结，在午茶时或郊外游玩，与之极为称合	1933 年 7 月 12 日
11		方领	用米黄色绸做旗袍，加上反领，同时袖和脚边都沿上阔滚白边，再缀上一对黄色骨钮，既雅淡又别致，而且轻快适体，是夏季新装之别出心裁者	1933 年 7 月 31 日
12		披肩领	用白底、红黑相间横线的料子，领口半圆，而披肩式之衣袖，则连接于领处，用白色，袍脚亦然，但与寻常者略异，既宽散而不开衩，滚五分阔的红边，简易新颖	1933 年 10 月 17 日
13		仿西式	这件长袖旗袍是仿西式，用黑白色花绒做成，衣脚之一边束密裥，另一边不需开衩，殊为新颖，领横开直透至肩上，以便穿着，在前胸处挖空二缝，穿上大的黑结，配上黑色手套，诚秋令之最宜者	1933 年 11 月 13 日

注：1 寸≈3.33cm。

旗袍流行在民国后期，并且突破了中西的藩篱，建构出来的东方风韵逐渐被西方女性所接受和推崇，引起西方女性的极大兴趣。“尤其在美国，时髦女性有很多穿在身上，而世界电影之都的‘好莱坞’，一般电影红明星，更不肯落于人后，竞相采用，而且别出心裁，式样各殊”。[❶] 在法国，“中国小姐的旗袍，也很风行一时，长至足踝，领圈装置钮扣，而尤以中国‘第一夫人’宋美龄女士的衣着作为他们的蓝本，做成新装了。因为她们公认富具有东方的美，且非常简便朴素，美观和大方。”[❶] 1946 年《新闻周报》描绘中国旗袍流行法国：“各大时装店，现在竭力创造新式妇女衣装大都参酌旗袍直垂式样。”此外，民国旗袍还盛行于英国、日本等国家。旗袍足够开放的结构，为女性带来了极大的改良空间，其极大的包容性跨越了文化和民族的差异，实现旗袍本土文化及时尚流行的海外传播。

（四）旗袍曲势的出现与省道结构实证

旗袍的曲势主要指旗袍在左右侧缝处对女性身体腰身的贴合程度，旗袍在流行数年之后，即步入 20 世纪 30 年代以后，已经开始逐渐走向适体化，在左右侧缝处逐渐开始出现腰身的曲势变化。30 年代末，旗袍中的曲势表现更加明显，时人基本能够做到“袍随人形”，依据女性的身体特征进行结构的设计。1937 年，严祖忻等在介绍旗袍结构时指出“除了少数的老年及乡村妇女，还穿着短衣裙子外，城市里的妇女，差不多都穿旗袍了……可是裁剪起来，是极不容易，因为女子是有曲线美的，所以一定要顺着她的曲势裁，穿起来才有样。”[❷] 此种旗袍已有结构研究已较多，笔者不做具体实证。

20 世纪 40 年代，特别是 40 年代中后期，对旗袍曲势的表现进入了新的阶段，即开始逐渐省道的设置。正如张玉秀在《国服制作》中所称（1945 年）：“流行当时洋化的方肩，接袖（装袖），衣长缩短，胸省出现”。鉴于当下对民国时期收省旗袍实物考证较少，笔者选取两件代表性实物标本进行案例研究。

1. 民国浅青缎暗纹镶边收省短袖旗袍整理与研究

该旗袍形制为立领，右衽大襟，无盘扣设计，采用暗扣及拉链闭合立领及门襟；存在明显收腰设计，衣摆由对应臀部向下渐窄，长至小腿下处；短袖形制，且为装袖结构设计；左右开衩，衩头装饰如意云头；衣身前后中不破缝，且无任何拼接现象；立领、门襟、袖口、底摆及开衩均以黑色绸料镶宽边设计。此外，该旗袍还存在明显的肩斜，整体上西式结构元素非常明显（图 2-39）。

---

❶ 李美 . 旗袍风行好莱坞 [J]. 周播，1946(3):15.

❷ 严祖忻，宣元锦 . 家庭问题：衣的制法（五）：旗袍（附图）[J]. 机联会刊，1937(166):18.

（a）正面

（b）背面

图 2-39　民国浅青缎暗纹镶边收省短袖旗袍实物

（资料来源：广州市博物馆藏品）

在镶边上刺绣仙鹤、梅花等吉祥纹样，仙鹤与梅花的整体色调采用蓝色渐变刺绣，梅花以散点构图分布在仙鹤四周。衣身面料为真丝织锦提花，暗纹提花为抽象花卉造型，呈现平铺的四方连续图案。整体面料颜色与刺绣带相匹配，色彩搭配淡雅大方。仙鹤梅花在中国传统纹样中代表“品行清高、万寿无疆”之意，仙鹤为中国传统吉祥纹样之一，西汉古籍《淮南子·说林训》中记载：“鹤寿千岁，以及其游”，故具有延年益寿之意。梅作为“岁寒三友”之一，被认为有“凌寒独自开”的高尚品质，且梅开五瓣，有“福、禄、寿、喜、财”五福寓意。

对民国浅青缎暗纹镶边收省短袖旗袍主结构进行测绘与复原（图2-40），发现旗袍衣长为118.0cm，属于较短旗袍。在闭合方式上采用了半开襟结构下的拉链设置，系合处为8粒揿扣，侧襟处为拉链，是20世纪40年代中后期的典型制式。1947年6月28日，《时事新报》报道当年度最流行的上海女人时装：“至于今夏的旗袍，尺寸是比去年短，大致尺是三左右，依各人的长度，遮盖了膝头就可以了。领口是比去年高些，同时腋下的钮扣用拉链替代。依照这趋势，夏季的式样和线条，是趋向简单而活泼化了。”

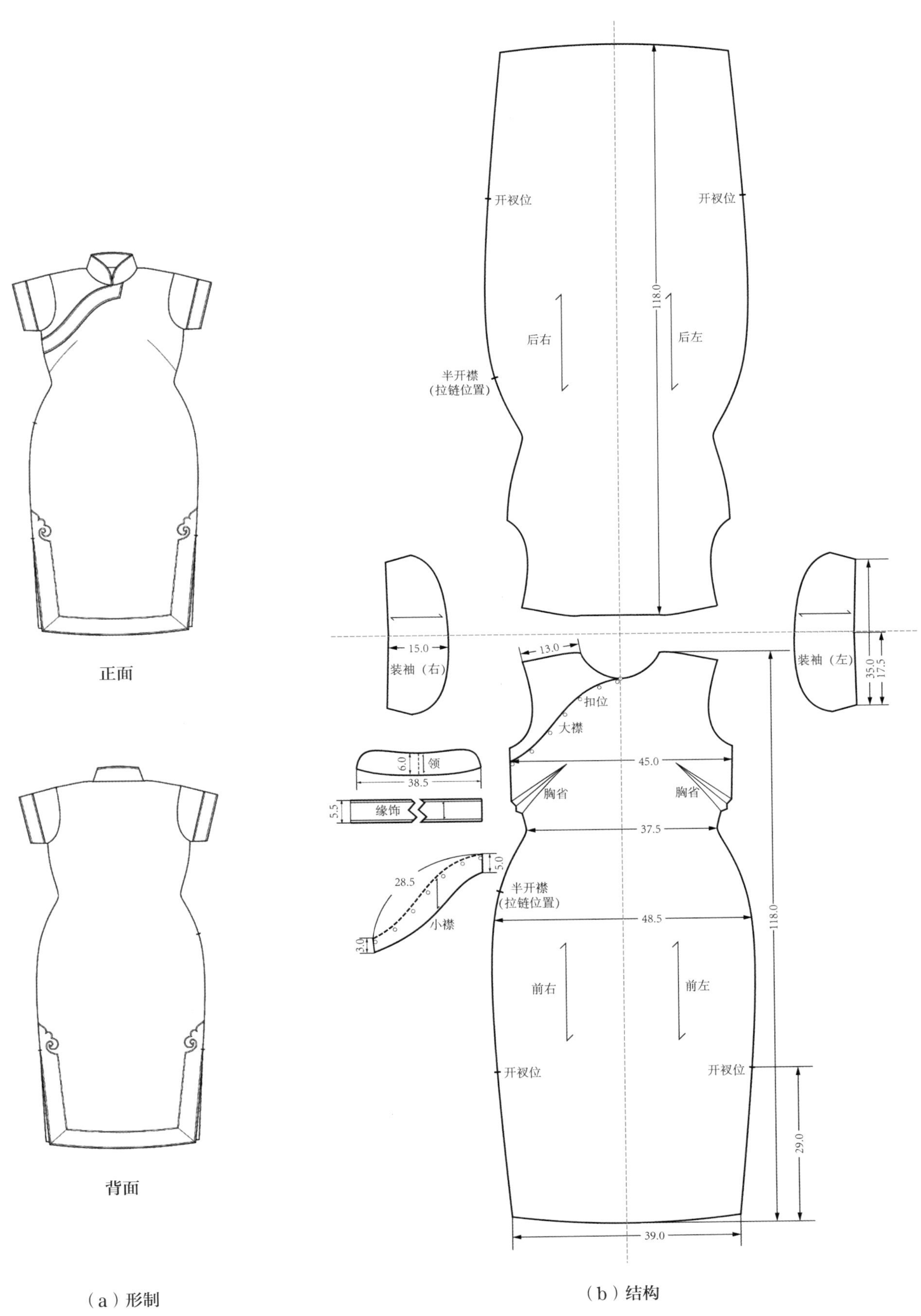

（a）形制

（b）结构

图 2-40　民国浅青缎暗纹镶边收省短袖旗袍形制及主结构测绘与复原（单位：cm）

将民国浅青缎暗纹镶边收省短袖旗袍穿于虚拟模特之上，经过结构的导入（除了上述主结构外，补充立领、镶滚等辅料结构），并通过虚拟缝合等系列操作之后，完成了旗袍由 2D 平面向 3D 立体空间的结构转换，缝合之后穿在女模身上如图 2-41 和图 2-42 所示，袖长至手腕，衣长至股下。在双臂 55° 侧抬、双臂 30° 侧抬和双臂垂落三种状态下，旗袍在颈部、肩部、手腕以及胸部、腰部等部位宽松适体，较少出现面料的余量堆积。

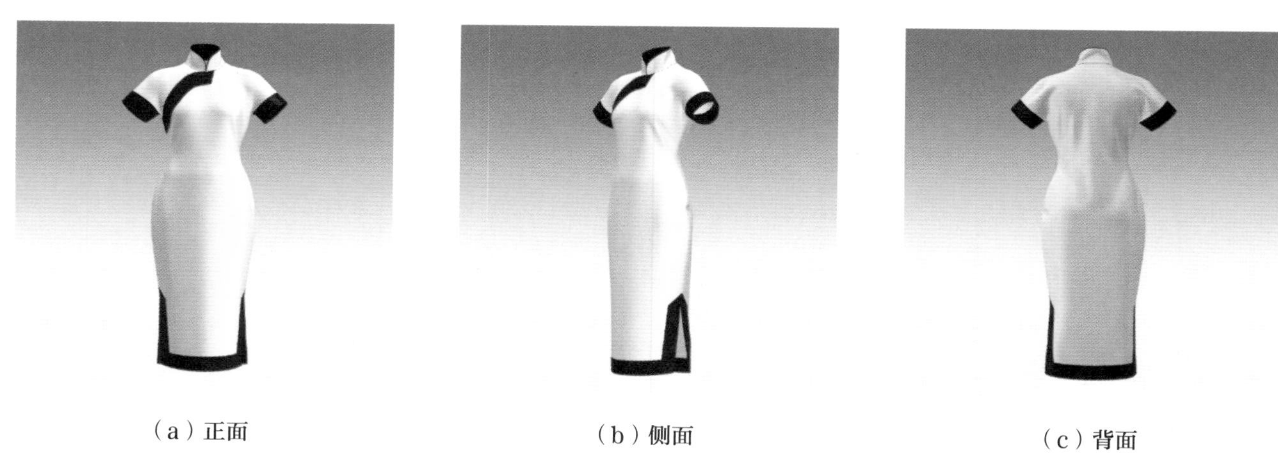

（a）正面　（b）侧面　（c）背面

图 2-41　民国浅青缎暗纹镶边收省短袖旗袍的三维空间营造

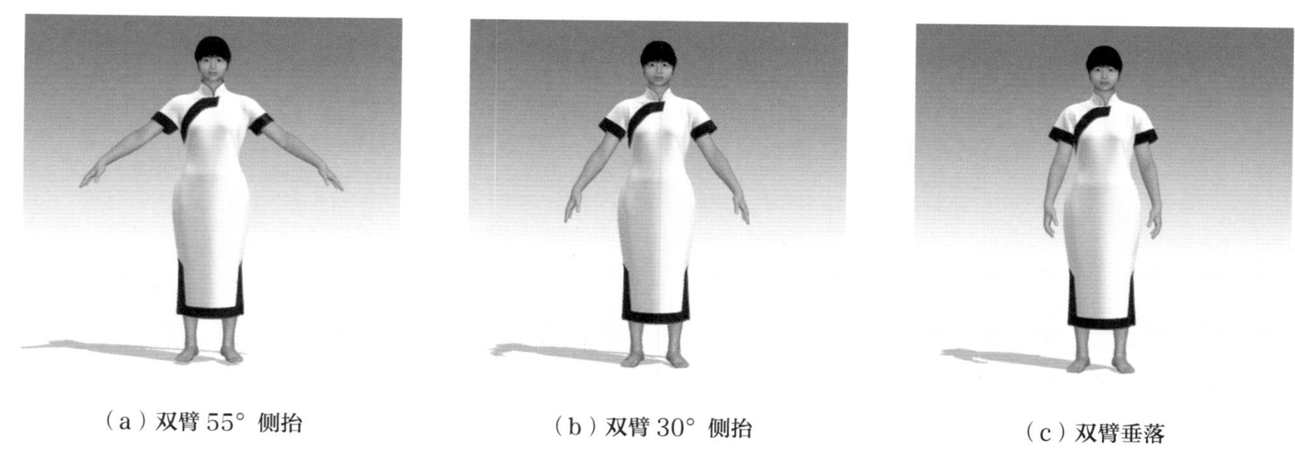

（a）双臂 55° 侧抬　（b）双臂 30° 侧抬　（c）双臂垂落

图 2-42　民国浅青缎暗纹镶边收省短袖旗袍的虚拟试穿实验分析

将民国浅青缎暗纹镶边收省短袖旗袍与民国女袍创制伊始的民国蓝稠窄袖宽身大襟“长衣”进行对比，可以更加直接地看出两者之间的共性与差异。相比之下，民国浅青缎暗纹镶边收省短袖旗袍的结构变化主要有：袖长变短，由起初的长至手腕变为长至臂根下对应腋窝处；袍长基本未变，仍然处于小腿与脚踝之间；此外最大的变化便是由于胸省增设形成的收腰结构设计，促成旗袍廓型发生由 A 形向 X 形的演变（图 2-43）。

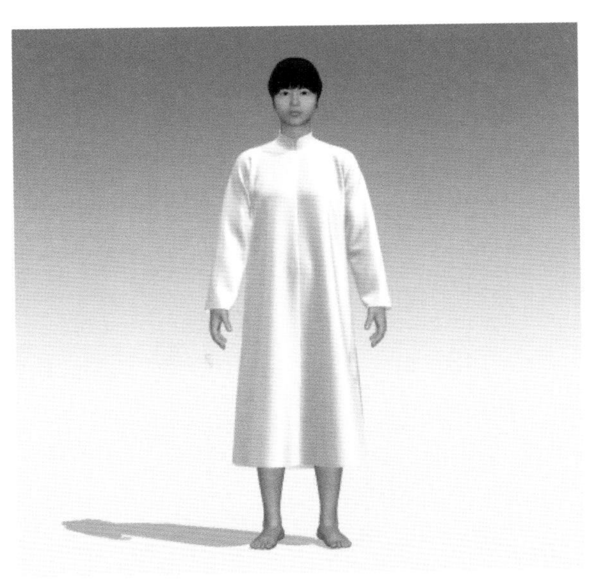

（a）民国蓝绸窄袖宽身大襟“长衣”

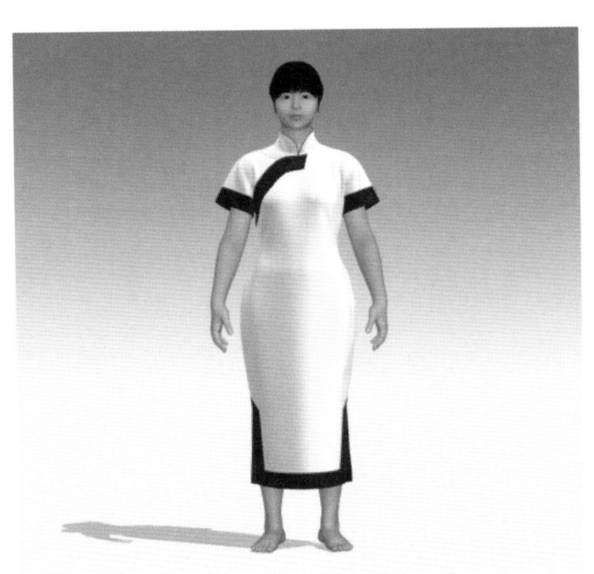

（b）民国浅青缎暗纹镶边收省短袖旗袍

图 2-43　民国收省旗袍与大襟“长衣”的试衣对比分析

在虚拟试衣过程中，测试民国浅青缎暗纹镶边收省短袖旗袍对虚拟人体的服装压力，选取虚拟模特背面、肩点（两侧）、手臂侧面、胸围线点（正面）、腰围线（两侧）等关键部位压力与应力分析值，如表 2-8 所示。在虚拟试衣中打开显示压力点（图 2-44）和应力点（图 2-45），可以得出旗袍的压力主要集中在肩部和胸周，其他部位压力较小，可见旗袍穿着效果尽管修身很多，但是仍然较为宽松舒适。

表 2-8　民国浅青缎暗纹镶边收省短袖旗袍穿后女体关键部位压力与应力分析

受力	背面	肩点（两侧）		手臂侧面		胸围线点（正面）		腰围线（两侧）	
	中	左	右	左	右	左	右	左	右
压力/kPa	1.2	8.1	9.0	0.9	0.9	5.1	5.2	7.0	7.3
应力/%	103	113	115	101	101	108	109	105	104

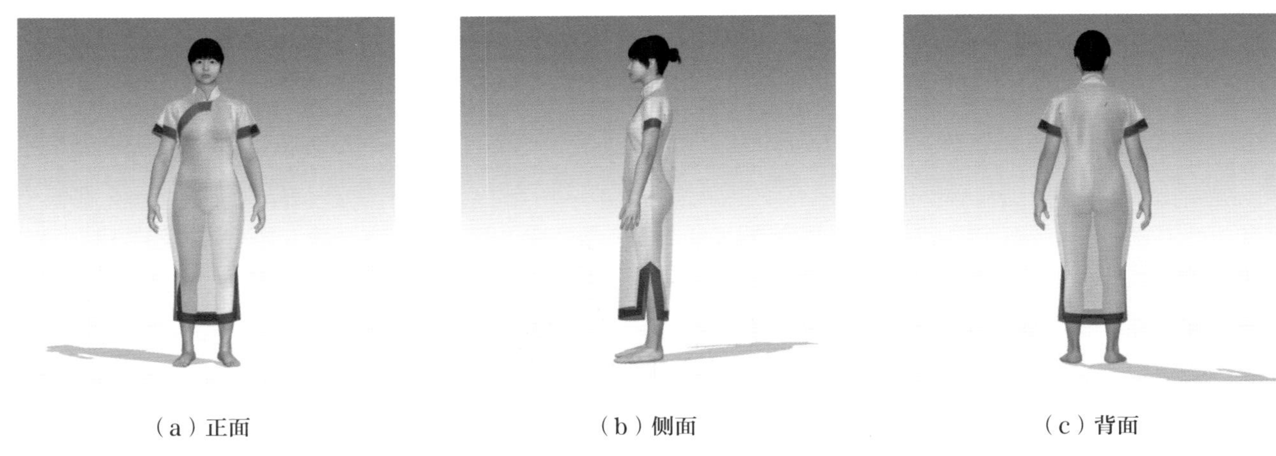

（a）正面　　（b）侧面　　（c）背面

图 2-44　民国浅青缎暗纹镶边收省短袖旗袍对人体的服装压力分析

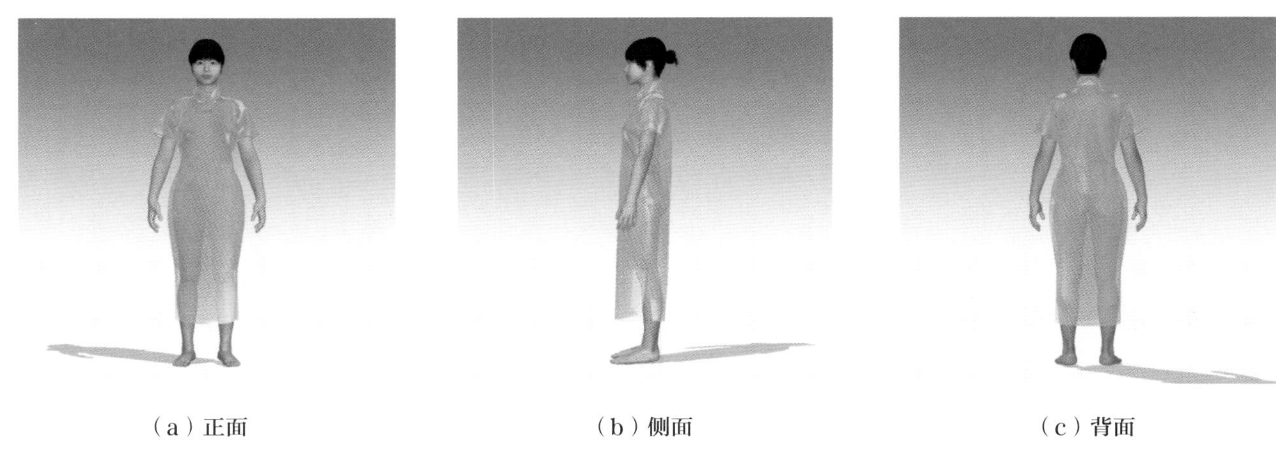

（a）正面　　（b）侧面　　（c）背面

图 2-45　民国浅青缎暗纹镶边收省短袖旗袍对人体的服装应力分析

2. 民国浅蓝素面收省中长袖旗袍整理与研究

该旗袍形制为立领，右衽大襟，1 副盘扣，且为花扣，作为装饰用，其余立领及门襟的闭合以暗扣和拉链取代；具有明显收腰结构，且存在胸省和腰省设计；底摆由对应臀部向下渐窄，长至小腿下，袖口渐窄，在袖口处设置了开衩，以方便穿脱和手腕活动，袖长至小臂及手腕之间，属于中长袖结构。旗袍前后中不破缝，但存在接袖结构，且肩斜结构明显（图 2-46 和图 2-47）。

（a）正面

图 2-46

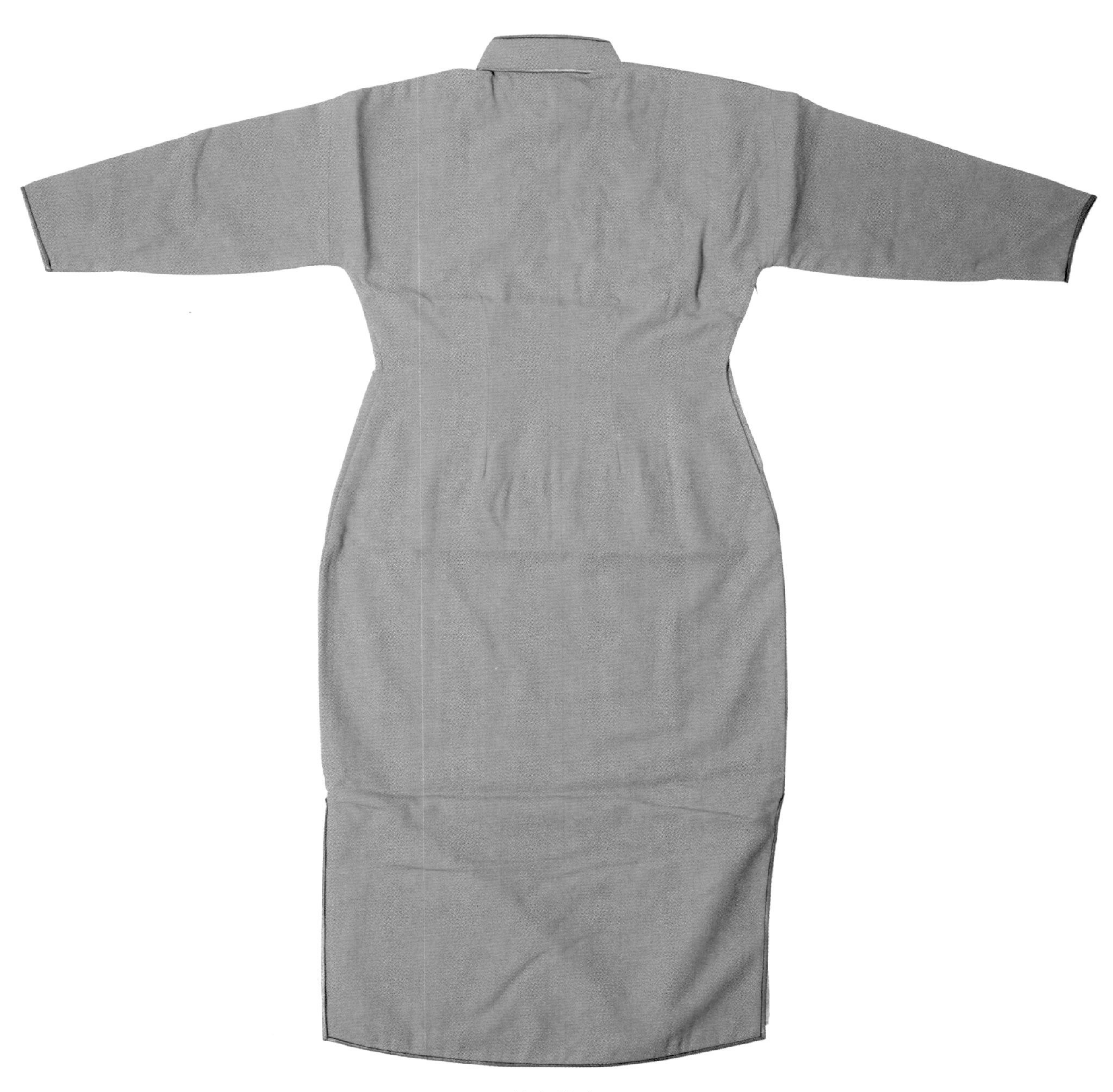

（b）背面

图 2-46　民国浅蓝素面收省中长袖旗袍实物

（资料来源：广州市博物馆藏品）

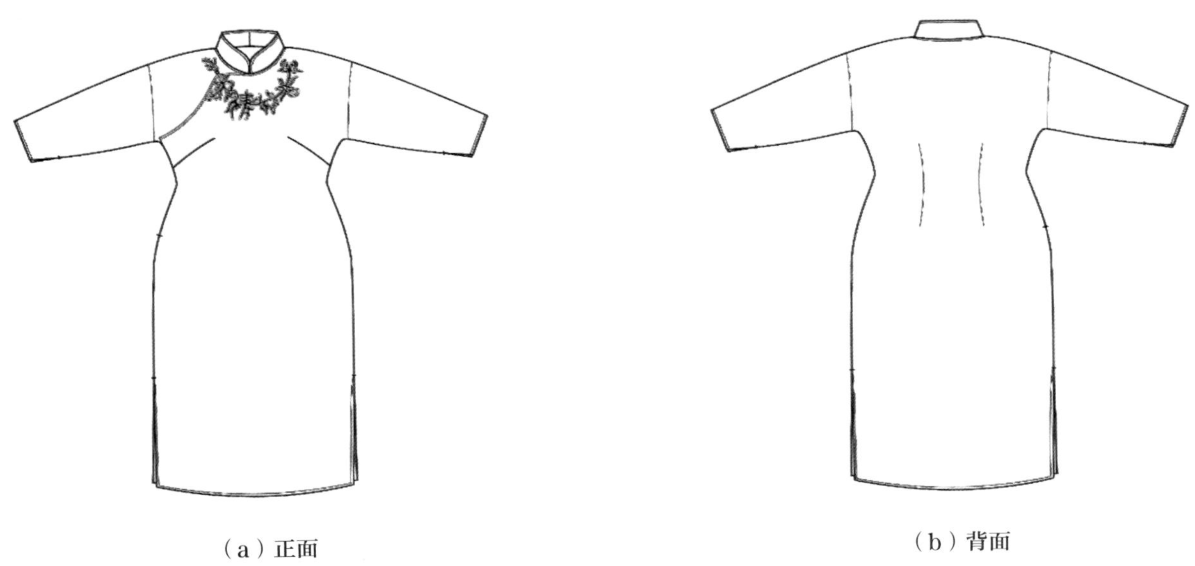

图 2-47　民国浅蓝素面收省中长袖旗袍形制

领围下侧有浅蓝色和黑色双色寿字花卉造型花扣，从左往右依次造型为菊花、寿字纹、蝴蝶。花扣工艺为嵌丝硬花扣，是以布条盘绕、打结而成。布条通常以45°斜裁保证其延展性与贴合性，常使用上浆、嵌棉线和嵌铜丝等工艺固定其特殊造型与纹样。花扣通常根据面料或整体服饰题材做出特殊造型形成嵌丝硬花扣，使其立体感突出。嵌丝硬花扣常做轴对称造型或中心对称造型，本件旗袍中的嵌丝硬花扣则为特殊不对称设计，突出了祝寿题材。

对民国浅蓝素面收省中长袖旗袍的主结构进行测绘与复原（图 2-48）发现，袍长为 103.0cm，比民国浅青缎暗纹镶边收省短袖旗袍短 15cm，形制更短。旗袍的腰宽仅 35.3cm，臀宽 45.5cm，下摆宽 41.3cm，极为修身；同时，挂肩长也只有 19.0cm，加上仅 10.0cm 的袖口宽，可以得出此件旗袍在结构上非常修身，属于量体裁衣的典范之作。为了提高旗袍的穿着舒适性，除了下摆开衩 23.0cm 外，还增设了 4.0cm 的袖口开衩，满足了修身旗袍的基本活动量。

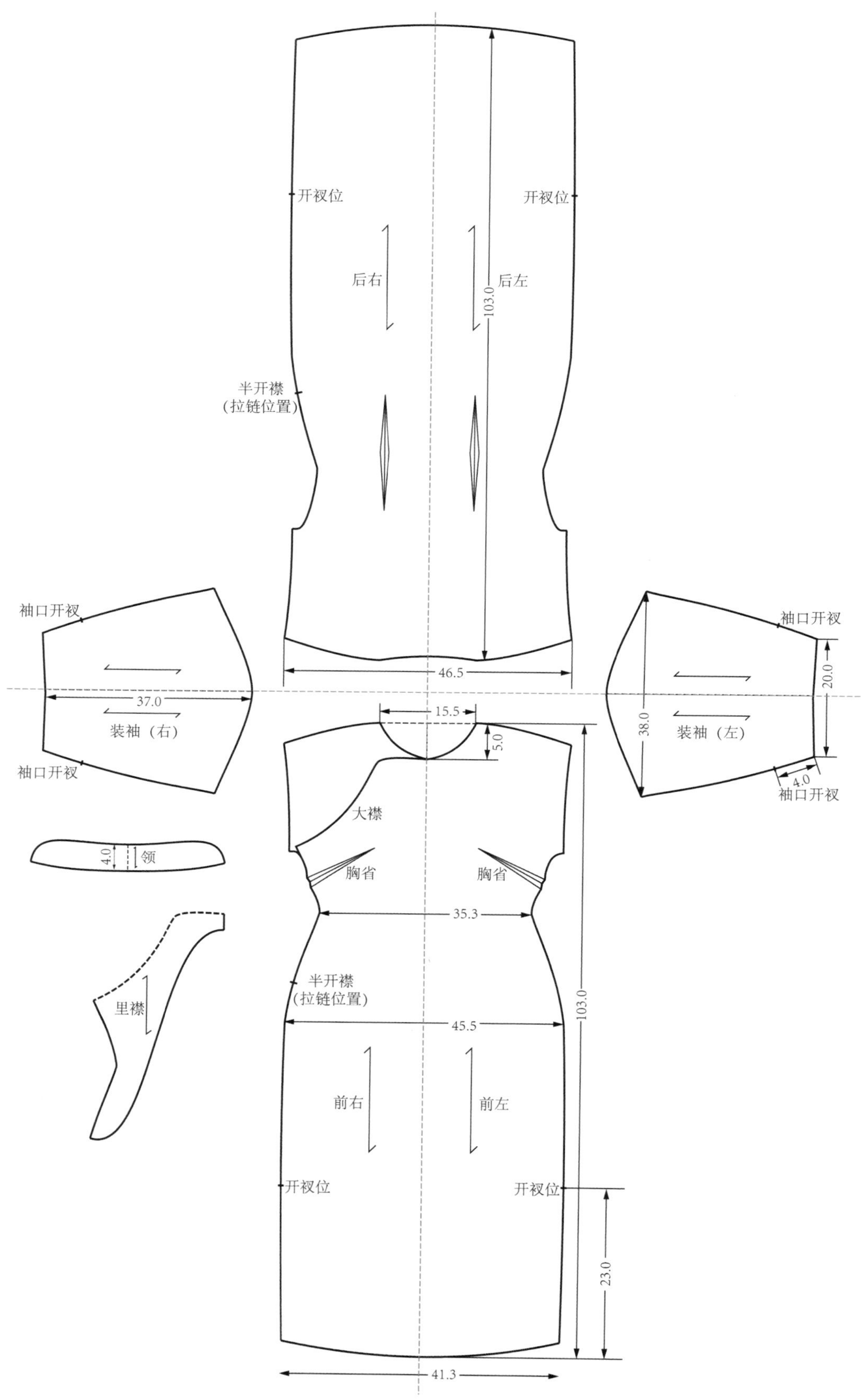

图 2-48　民国浅蓝素面收省中长袖旗袍主结构测绘与复原（单位：cm）

将民国浅蓝素面收省中长袖旗袍穿于虚拟模特之上，经过结构的导入（除了上述主结构外，补充立领、镶滚等辅料结构），并通过虚拟缝合等系列操作之后，完成了旗袍由 2D 平面向 3D 立体空间的结构转换（图 2-49），缝合之后穿在女模身上如图 2-50 所示，袖长至手腕，衣长至股下。在双臂 55° 侧抬、双臂 30° 侧抬和双臂垂落三种状态下，旗袍在颈部、肩部、手腕以及胸部、腰部等部位宽松适体，较少出现面料的余量堆积。

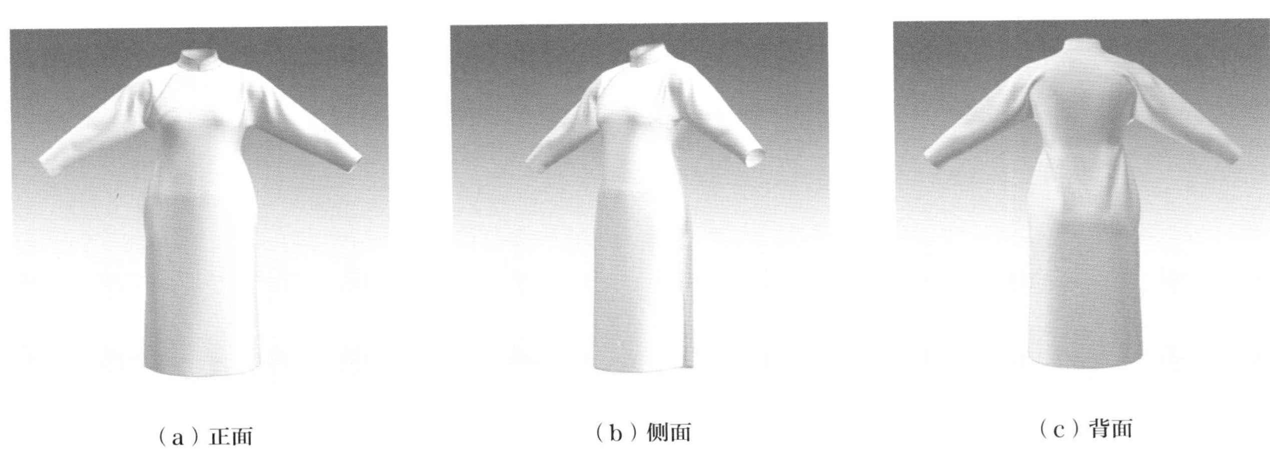

（a）正面　　（b）侧面　　（c）背面

图 2-49　民国浅蓝素面收省中长袖旗袍的三维空间营造

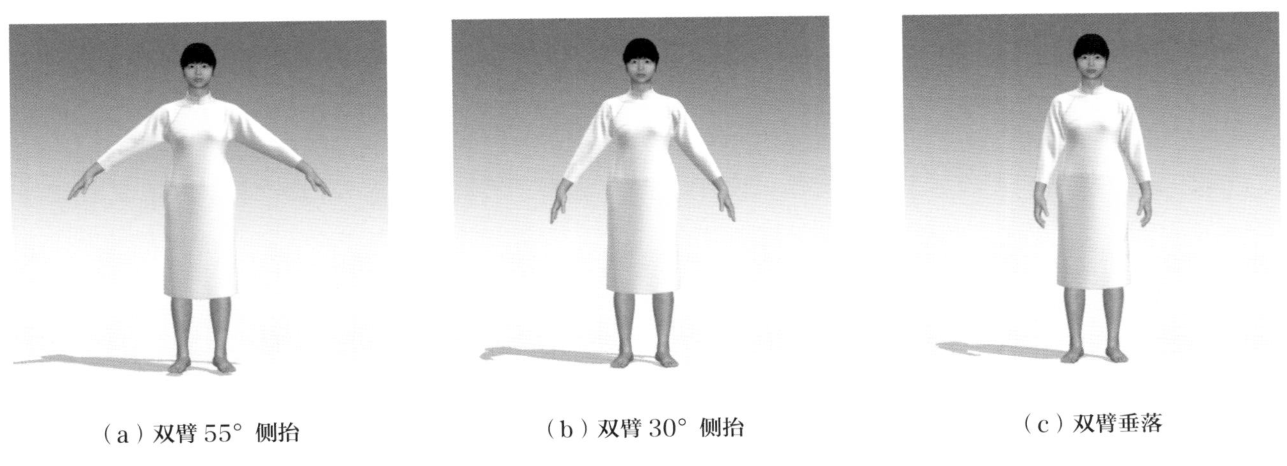

（a）双臂 55° 侧抬　　（b）双臂 30° 侧抬　　（c）双臂垂落

图 2-50　民国浅蓝素面收省中长袖旗袍的虚拟试穿实验分析

将民国时期两款代表性的收省旗袍结构放在一起对比，可以更加直接地看出两者之间的共性与差异。相比之下，民国黑绸牡丹纹刺绣礼服女褂的结构变化主要有：立领变窄；衣长变短，由股下上升至臀周；袖长也变短，由手腕处升至小臂下处。但是两款旗袍整体的宽松程度相差不大（图 2-51）。

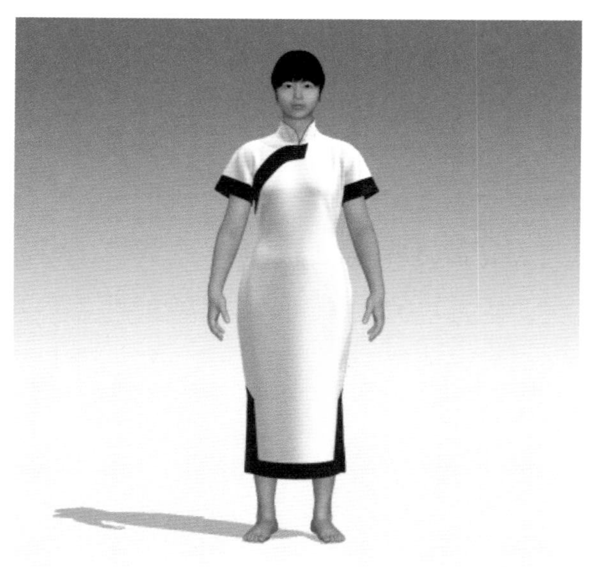

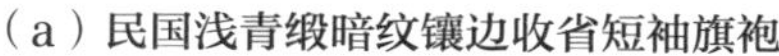

（a）民国浅青缎暗纹镶边收省短袖旗袍

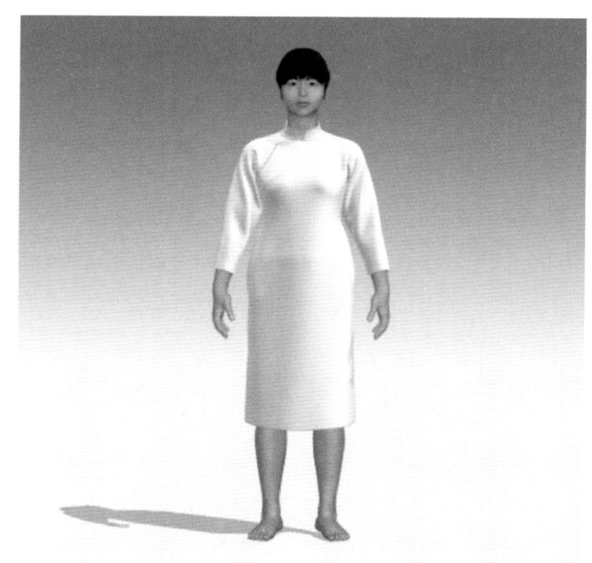

（b）民国浅蓝素面收省中长袖旗袍

图 2-51　民国收省旗袍的试衣对比分析

在虚拟试衣过程中，测试民国浅蓝素面收省中长袖旗袍对虚拟人体的服装压力，选取虚拟模特背面、肩点（两侧）、手臂侧面、胸围线点（正面）、腰围线（两侧）等关键部位压力与应力分析值，如表 2-9 所示。在虚拟试衣中打开显示压力点（图 2-52）和应力点（图 2-53），可以得出旗袍的压力主要集中在肩部和胸周，其他部位压力较小，可见旗袍穿着效果较为宽松舒适。

表 2-9　民国浅蓝素面收省中长袖旗袍穿后女体关键部位压力与应力分析

受力	背面	肩点（两侧）		手臂侧面		胸围线点（正面）		腰围线（两侧）	
	中	左	右	左	右	左	右	左	右
压力/kPa	3.5	13.0	13.1	1.4	1.5	6.4	6.5	7.2	7.5
应力/%	103	115	116	103	104	110	111	104	105

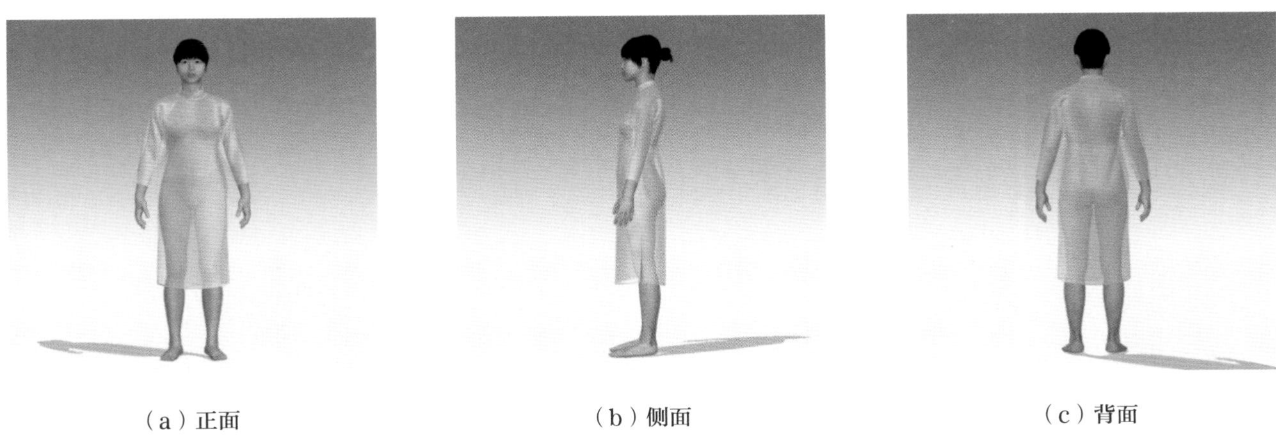

（a）正面 （b）侧面 （c）背面

图 2-52 民国浅蓝素面收省中长袖旗袍对人体的服装压力分析

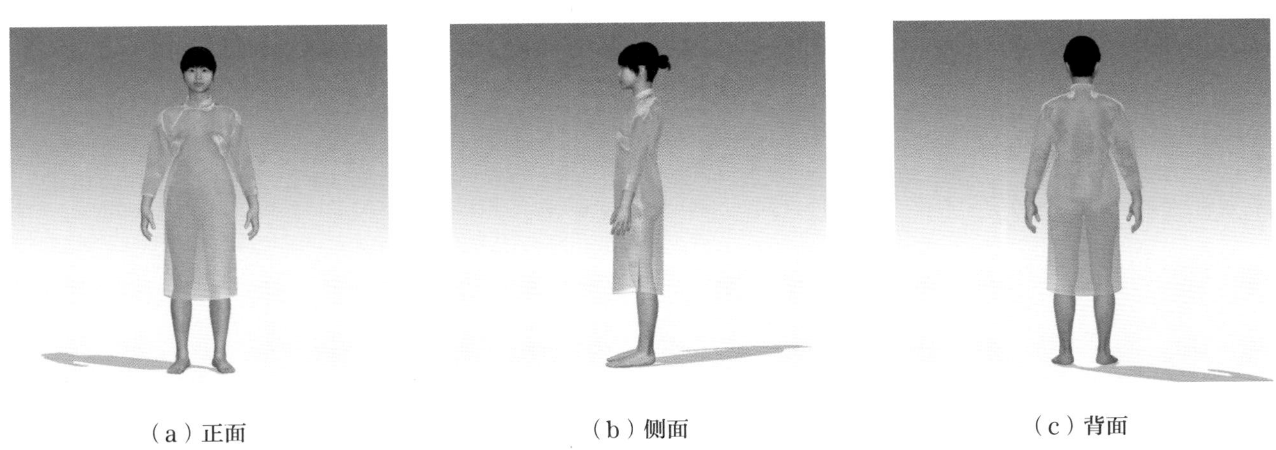

（a）正面 （b）侧面 （c）背面

图 2-53 民国浅蓝素面收省中长袖旗袍对人体的服装应力分析

但是，与民国浅青缎暗纹镶边收省短袖旗袍相比较，民国浅蓝素面收省中长袖旗袍穿后女体关键部位压力与应力分析还是发生了轻微的变化：背面、肩点（两侧）、手臂侧面、胸围线点（正面）及腰围线（两侧）的受力均有所增加，虽然增加的幅度并不大，但是足以实证民国浅蓝素面收省中长袖旗袍的适体性更优于民国浅青缎暗纹镶边收省短袖旗袍。由于两件旗袍的各项尺寸差异并不大，因此形成此种压力变化的原因主要是长袖结构的设计。

第三节　民国女童袍型的创制及结构设计特色

中华人民共和国成立以来，学界在传统服饰文化史研究中聚焦儿童服饰研究相对较少，主要有：第一，针对传统儿童服饰造型、工艺及装饰细节的专题研究，且以期刊论文为主，如李荣❶、罗蓉❷等；第二，系统梳理并论述古代儿童服饰发展演变的综合研究，如李雁❸等；第三，有关传统儿童服饰民俗文化及传世实物的解读与阐释，如钟漫天❹、❺等。

上述研究基本勾勒出了中国传统儿童着装的基本样态及艺术特色，然而针对民国初年，即封建帝制瓦解之初及之后数年的儿童着装研究，研究者鲜少提及传统童装不合时宜的落后属性，也未对为何落后做出系统解读。换言之，民国时期在“古”与“今”、“中”与“外”、“封建”与“文明”等错综交织的时代背景下，社会激烈变迁，服饰亦处于激烈的变革更替中。社会对文明的实践，表现在女装中为“文明新装”及旗袍等的创新，表现在男装中为中山装及西服等的发明，表现在童装中则为何？除了直接引进西式童装外，针对中国传统童装样式是否直接舍弃？还是有所改进？

因此，本节选取民国童装为研究对象，通过梳理挖掘当时知识精英及社会舆论关于儿童成长、教育及服饰问题的诸多讨论，结合代表性传世实物开展设计分析，以期还原民国儿童着装中存在的主要问题和解决方法，为今后中国童装的改革与发展提供参考。

---

❶ 李荣，张竞琼．近代民间童袄褂的领襟形制及其系结方式 [J]. 纺织学报，2018, 39(8):110-116.

❷ 罗蓉．近代江南地区童装面料纹样研究 [D]. 杭州：浙江理工大学，2014.

❸ 李雁．中国古代儿童服饰研究 [D]. 苏州：苏州大学，2015.

❹ 钟漫天．传统童装的形制及其民俗事象 [J]. 艺术设计研究，2011(2):41-45.

❺ 钟漫天．中国童装文化 [M]. 北京：国际文化出版公司，2019.

一、儿童着装的“成人化”现象及其批判

（一）存续千年的儿童着装“成人化”问题

在中国古代，儿童服装从形制到装饰基本取法于成人服饰，除一些专门为儿童设计的服饰如围涎、襁褓等，其他服饰基本为成人服饰的缩小版。宋史专家傅伯星先生曾在《大宋衣冠》中直言中国“古代没有‘童装’一说，儿童衣服即成人衣服的缩小版，唯色彩更鲜亮而已。”❶辛亥革命后的民国初期，中国儿童着装受社会主流恢复华夏传统思想的积极提倡与推动，一定程度上也与当时爱国主义的政治主张相联系，在服饰风格上也很大程度地保留着民族传统样式，甚至在某些地区的服饰形制并未因为政治变革而发生改变。据《莱阳县志》[民国二十四年（1935年）铅印本]记载，当时服饰“男女常服与昔尚无大差异，惟袜多机织，鞋多无梁。”❷因此，沿袭传统童装风尚的民初童装仍然是成人服饰的缩小版。

从现有实物及图像、文献记载来看，清末民初儿童的着装确实与成人无异，鲜少考虑儿童处于特殊年龄阶段下，对服饰实用功能及穿着心理情感的特殊诉求。时刊《现代父母》指出，“一般母亲们最喜欢把她们的孩子，不是装束成一个瓜皮帽、小马褂、长袍、扎裤腿、小马靴，就是把他们给扮成一个虎头帽、对襟袄、开裆裤、猪鞋等等样式。只要是成人们的兴之所至，儿童们是不准参加意见或是反抗的。”❸图2-54所示是笔者2019年在美国见到的一组邮票上的中国清末民初儿童着装情形，以为图像佐证。同年，商焕庭亦称：“我们的儿童自呱呱坠地时，便紧紧扎在襁褓里，及长大一点，穿上一套笨重的衣服，养成了一副呆钝的神气，所谓‘轻裘缓带，按步而行’一种文质彬彬的气派，继算达到了一般家长的希望，将儿童活泼的个性营造衰老的形态，养成弱种的国民。”❹可见，传统文化背景下儿童着装追求的是一种成人化的形态与风格。

民国期刊《长寿》针对民国儿童服装的样式也曾有一段详细的论述：“婴儿刚出母胎，母亲就用蠟蠋包儿将他包裹起来。无论手呀脚呀，一股脑儿捆在里面，好像一根棒儿似的。长些了，体面的父母就给他装成和爸爸妈妈一抹一样，长袍儿、

❶ 傅伯星．大宋衣冠：图说宋人服饰[M]．上海：上海古籍出版社，2016，16．

❷ 崔荣荣，牛犁．民国汉族女装的嬗变与社会变迁[J]．学术交流，2015(12):214．

❸ 云光．儿童服装论[J]．现代父母，1935,3(10):18-19．

❹ 商焕庭．缝纫栏：儿童服装[J]．方舟，1935(18): 59．

短褂子、瓜皮小帽儿，活像缩小的小老人。长旗袍，或短袄玄裙子，活像缩小的小妇人。”图 2-55 所示为清末民初新加坡华裔富人家儿童着装。几组人物服饰与上述文献记载完全一致，皆是上衣下裳或上衣下裤的传统着装样式，主服装饰及首服、足服配饰等皆延续了清朝繁复的技法与审美，一丝不苟。值得注意的是，各个服饰的品类、形制、装饰等除尺寸大小外，皆与成人无异。如此成人化的服饰装扮下的儿童显得朝气不足，缺乏童趣与儿童本应有的灵动。

图 2-54 清末民初穿传统衣裳的中国儿童形象

（崔荣荣 2019 年摄于美国邮票）

图 2-55 清末民初新加坡华裔富人家儿童着装

（袍、袄、褂、云肩、马面裙等）

这种以存续传统为目的的儿童着装成人化现象不仅在民国初期，在民国中后期乡村地区仍很普遍。1935 年，金文觀在家乡研究乡村问题时，发现家乡小儿童在万历年节时所穿的新衣与戏曲小生穿戴竟然颇为相似：头戴挑角帽，高跷弯角，挂一对金黄色吊穗，粉面缎料刺绣许多花朵，前缀八尊银质镀金的八仙过海神像，后面还挂着一双小铃。虽然华美富丽，但对于新剃了头的儿童，着实冤屈。穿着长袍马褂的儿童，俨然一副“小大人”模样[1]。因此，民国儿童着装的成人化现象作为一种存续传统的行为，在接受先进文明及社会思潮资讯落后的内陆及乡村地区更为普遍，至 1935 年仍屡见不鲜。

[1] 金文觀 . 乡村问题研究：乡村儿童的服装问题（附图）[J]. 锄声，1935,1(9-100):19.

（二）民国知识精英对儿童服饰落后的揭露

日本著名社会主义学者安部矶雄在研究家庭构成时发现，家庭的组织分为三类："夫本位"的家庭、"妻本位"的家庭和"儿童本位"的家庭。他指出中国是大家庭制度最盛行的国家，数千年相传的系统只有以男子、家长为中心，认为以子女为本位为可耻[1]。所谓"夫为子纲"，其实母亦为子纲。服装的功用原在蔽体，不过随历史的进化随之增高，延伸出礼仪、羞耻、审美等观念，服装的价值，儿童的着装也不例外。因此，儿童着装是以成人为出发的，在本质上是父母观念在儿童身体上的一种映射，而这种映射至民国时期，表现在新时代所追求的民主与自由思潮中显得十分落伍，如前所述出现了诸多反对的论调。易言之，清末民初，在儿童尚未成为完整意义的"人"前，中国人鲜少思考儿童的生活，但西方日趋成熟的儿童研究成果，科学现代的儿童设计用品又刺激着中国知识精英正视本国的儿童问题[2]。

1. 基于生理发育的身体健康论

成人的服装一般起着御寒、遮阳、美观的作用，而儿童除此之外尚有发育、轻便等需求，所以儿童的服装对其身体健康有着极大的关系。新生儿常服的蠟蠋包便是非但阻碍婴孩的发育，抑制其活动的余地，而且很易把柔弱的骨骼迫压成畸形的形态。1935年云光在《儿童服装论》中指出："我们中国人对于儿童的服装，非常的不讲究，不是臃肿不堪，便是紧狭难着。前者不但不美观，而且最易引起长风感冒等疾患，或是阻碍儿童自身的活动。后者呢？除了使儿童的血脉不得畅行外，还会使儿童身体的各部分，作畸形的发展。譬如说，孩子的帽子紧而小，则头部不见其增长，孩子的鞋子着的紧，则足指不是压扁便是屈折，孩子的腰带束得紧，腰部则不易敞开。诸如此类，儿童的身体实受害非浅。"[3]认为对于儿童裤带的过紧，鞋子的不合脚形（不分左右脚）都有改良的必要。

---

❶ 日安部矶雄原著，张静译．儿童本位的家庭（一）[J]. 晨报副刊：家庭，1927(2099):7.

❷ 熊嫕．民国"幼者本位"观念影响下的儿童生活设计考察　以玩具设计为中心 [J]. 新美术，2017，38(4):46.

❸ 云光．儿童服装论 [J]. 现代父母，1935,3(10):17.

2. 基于活动作业的实用功能论

民国时期许多知识精英开始意识到，传统儿童的着装风尚大多是父母成人的情感投射与物质附加，并非儿童本体需求。1938 年《家庭（上海 1937）》研讨童装功能性问题时，提出一个精辟的质疑：“小孩的衣服究竟是为了使人看着欢喜呢？还是为了小孩子本身的好处呢？自然以后者为对。因为一个小孩如果戴着美丽的帽子，帽边上缝着亮晶晶的穗子，在孩子眼前摇摇摆摆，这不过是为满足母亲的虚荣心，对于孩子舒适问题，却一点也没有顾到。”❶从“家长本位”视角出发的儿童服装设计，社会及父母们核心考量的是家长的需求，即审美及文化需求，忽视了儿童自身穿着服饰，以活动作业为基本取向的实用功能需求。因此，这是父母对儿童服饰的一种过度追求装饰化、符号化，而悄然忽视实用功能的价值误判。

3. 基于朝气成长的童趣激活论

1937 年《妇女新生活月刊》撰文提及儿童服装制作的条件，提出“朝气论”及“去老人化”的论断❷。商焕庭认为：“西洋儿童自小便穿那种轻便合于卫生的衣服，所以天真活泼，令人可爱，他们的个性，便很容易趋向于进化，因此在衣服上求改良，确是值得注意的一件事。”人们敏锐地发现儿童服饰对于儿童性情培养及浸润的重要作用。日本德富氏在《游华感想录》中记载：“欧美儿童的游戏，常喜模拟职业上的动作，日本儿童的游戏，喜欢模拟战争，而中国儿童，却喜欢模拟赌博。”这固然与国民性情习惯有关，但与儿童的着装也不无关系。长袍马褂的束裹使得儿童禁锢在那里，身上的衣物不便于运动，无怪乎要模仿大人们坐在那里，斗麻雀、玩扑克，做一些所谓“斯文”的动作作为娱乐。因此对比之下，中国儿童因繁复的服饰包裹易于失去朝气与童真。葛石熊甚至称：“老绅士式的服装，虽颇能发挥斯文的精神，然而无形中就剥削了儿童活泼的天性。一声‘少年老成’的美名不知戕贱了多少可爱儿童的生命。”

---

❶ 雷阿梅．父母教育：第三章：幼童的服装问题 [J]. 1938,3(1):28.

❷ 佚名．儿童服装问题（一）[J]. 妇女新生活月刊，1937(5):38.

二、女童旗袍及连体服的创制与流行

儿童衣着目的本与成人无异，然因儿童年龄、体格、天性、教育等关系，使儿童着装又不能雷同于成人，儿童着装之所以成为问题便在这[1]。儿童生活合理化包含两方面。一是身体的合理化。儿童体态呈窄肩凸腹、四肢短胖的特点，为掩饰体型弱点，童装设计在结构上需要确保穿脱的方便性及一定的固定度，兼顾适体性、连贯性、稳定性及活动域，关注人体因子，追求儿童与服装关系的合理化。二是性情的合理化，儿童服装制作在样式上需要“有朝气，勿装成老人的样子”[2]。商焕庭认为“西洋儿童自小便穿那种轻便合于卫生的衣服，所以天真活泼，令人可爱，他们的个性便很容易趋向于进化”。因此，身体与性情的合理化共同构成了儿童生活的合理化，如此指导下的儿童服饰从服饰质料性能考量、样式结构设计优化、尿布改良及搭配[3]等方面完成了自身的设计改良，使“家长本位”衍生出的成人化现象得以消弭。

“儿童本位”是提倡以儿童为中心，其他人或事物必须服务于儿童利益的观念，是民国社会精英在关注儿童发育发展中十分强调的一种思潮。依据民国著名教育家朱经农的思想，“儿童本位”理念下的童装应以促进儿童生长为目的，以儿童为主体去实施，贴近儿童的生活需求，从儿童兴趣和能力出发，符合儿童身心发展的自然个性，呈现“生长性、自主性、自然性、生活性、兴趣性”鲜明特征[4]。民国革命家、教育家俞子夷谈及“儿童本位”时结合着装改革指出：“小孩子的衣，尺寸总是合他身体的长短大小做的。要是硬叫小孩子穿父母的衣服，不将被人当做疯子！新法更主张孩子衣服的式样要和成人不同，孩子正在生长旺盛时期，衣服宜宽大，连带子也不宜系得紧，这等‘儿童本位’的穿衣谁也不加反对。”[5]

女童着旗袍的起源尚未定论，但是基本可以确定其与成年女性着旗袍时代不差上下，在20世纪20年代中后期成年女性着旗袍基本普及后，女童旗袍也频频出现。1930年《中国大观图画年鉴》记载“旗袍之流行”：“旗袍为满清朝服式之变

---

[1] 葛石熊.育儿常识：上篇：卫生问题：儿童服装问题[J].长寿(上海1932),1935,4(25-28):24.

[2] 佚名.儿童服装问题(一)[J].妇女新生活月刊，1937(5):38.

[3] 王志成，崔荣荣，梁惠娥.从“家长本位”到“儿童本位”：论民国儿童着装的成人化现象及设计介入[J].丝绸，2020,57(12):115-118.

[4] 张传燧，李卯.朱经农儿童本位课程思想及其价值[J].学前教育研究，2013(9):47.

[5] 俞子夷.“儿童本位”浅释[J].教师之友(上海),1935,1(12):1788.

相。现经相当之改良，已为目下我国妇女通常之服式，若剪裁得宜，长短适度，则简洁轻便，大方美观。”并配图：长旗袍小马甲、旗袍长马甲、夏日之长旗袍、冬日之夹袍及大衣种种，其中特别刊出一则“小孩子着小旗袍”❶（图 2-56），画面中女童手持一把遮阳伞，身穿“倒大袖”形制的长旗袍。据著名民俗收藏家钟漫天先生考证：“20 世纪 30 年代旗袍流行开来，儿童旗袍成为当时女孩子必备的节日礼服，‘至少有一件旗袍’是这些个女孩子的追求。”❷ 钟先生的说法在民国一档生活记录中得到了互证：1936 年一位家境贫寒的女童与三岁的妹妹，为了给染病的母亲请医生治病，拿出了家中仅有的妹妹的人造丝小旗袍，抵押给隔壁的黄大妈，换取了六元半钱❸。藏于箱中的小旗袍无疑是女童极为珍贵的物什之一。

有趣的是，与成人旗袍流行伊始遭受质疑❹ 相同，女童着旗袍也曾遭受到质疑。1936 年《漫画界》在刻画“爱弥儿的教育”主题板块时称有位母亲对其女儿叫到：“宝宝！那件国货小旗袍真难看，穿起来，像一个小外国人，你喜欢吗？”孩子回答道：“嘻嘻！妈妈真好！”❺ 这里对女童旗袍的质疑只要从审美的角度开展，认为女童着传统旗袍是一种落伍的做法，不够时尚。但是旗袍结构极简，是最省料的服装形制之一，因此在民国那种经济落后、物资匮乏的年代中，每逢春节等佳节时儿童都有添置新衣的习俗，旗袍自然成为女童新衣的首选。图 2-57 所示为 Walter Arrufat 于 1946 年春节拍摄的上海着旗袍的两位女童，另外两位男童也是身着男袍，男女袍服除了衣领外形制基本一致。图 2-58 所示为江南大学民间服饰传习馆珍藏的一件民国时期女童旗袍，衣身印有“虎镇五毒”民俗纹样，虽然纹样的构图区别于传统饱和式构图，以打散后重组的方式布满衣身，但是从题材上看，这还是一件端午佳节服用的儿童旗袍，寓意驱逐瘟病，祈求安康。除了佳节常备外，在女童的日常生活里新兴的旗袍也是常服形制。图 2-59 所示影像颇具意思，一众女童一字排开立于学堂等公共场合门前，身穿旗袍，头剪新式短发，这些在当时都属于身体解放运动中文明的、进步的打扮，但是双脚却缠着裹脚布，并以足尖立于门前。从画面中女童颇具表演的姿势来看，笔者推测应为当时女学生宣传放足，提倡女性解放之举。在民国衣装体系里，旗袍与剪发、放足一样，是脱离封建社会衣裳体制，表征科学与民主的物态形式。儿童作为国家和民族的希望，这些旧俗的革新

---

❶ 旗袍之流行：小孩着小旗袍：照片 [J]. 中国大观图画年鉴，1930:229.

❷ 钟漫天 . 中国童装文化 [M]. 北京：国际文化出版公司，2019:35.

❸ 艾菲 . 生活纪录：小妹妹的旗袍 [J]. 腾冲旅省学会会刊，1936(1):78-79.

❹ 孙传芳禁止女子穿旗袍 [J]. 良友，1926(2):8.

❺ 朱成琳 . 爱弥儿的教育 [J]. 漫画界，1936(6):22.

与服饰的改良势必“首当其冲”，从这个角度看，民国女童着旗袍也是时代发展的必然。

图 2-56　民国女童着旗袍

图 2-57　1946 年春节上海着旗袍的女童

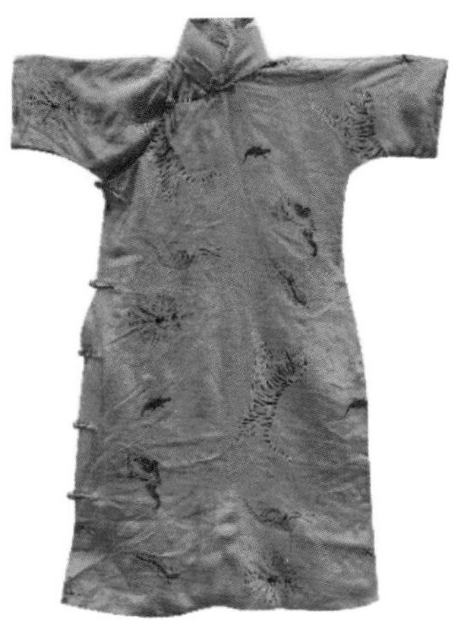

图 2-58　民国女童旗袍实物

图 2-59　民国缠足幼女着旗袍

此外，在“儿童本位”思潮影响下，大众开始本着适合卫生、经济简便、艺术时尚等原则开展设计改良与创新。社会上开始出现上下联属的儿童连体服，将上衣与下裳采用一体裁剪组合在一起，最典型的是将儿童原本内搭的短衫与短裤连接构成连体衫裤，并外穿于身，且在下体处设计开裆。此外，还有将裤与袜连接的连脚裤、西式舶来的连衣裙等。儿童穿着连裆连体裤[1]及真丝连衣裙等，活动便利，轻松自在。

---

❶ 徐进之摄 . 小朋友：(右) 亲爱：照片 [J]. 中华 (上海),1931(5):35.

三、女童旗袍及连体服的结构设计特色

（一）质料性能考量下的儿童服装面料优化

材料是服饰设计的核心要素，尤其针对童装，材料适合与否直接决定了服饰成品的实用与否。1938 年，E. F. A. Drake 称中国“从前的婴儿服装，似乎都不太合乎健康条件，‘束带’是恼人的锁链，改善的方法，现在已经普遍化了，婴儿的尿布，如何建立婴儿有纪律的习惯，针制的绒垫，小衬衣……”❶针对传统面料粗硬的小衬衣，Drake 向公众介绍了一款用 Brocure Shaker Flannel（一种法兰绒）制作小衬衣的方法：“只要一码宽大的方块，把一隅裁掉，剪成一个十八寸长的三角形斜边。而对着裁掉一角的斜边，用一寸半宽的斜块，两端合拢在右面，剩下的角隅也缠绕在右面，可用线横着缝缀起来，保持十分整洁，于是一件小外衣制成了。”❷这种外衣的面料半毛半棉，可以很好地规避收缩的问题。最后，E. F. A. Drake 称在数量上，小衫与围巾，每种要预备三件，小的缝制外衣要预备半打，小块尿布要预备一打。小孩离床的时候要用一两块绒布包着，可以当孩子的衣裳用，这样婴儿的服装就算够用合理了。同时，童帽的设计宜用轻软的料子，质料必须能通空气，制作过程少用糨糊、衬布等，且造型与制作注意不能太紧。民国时期线绒已有出售，且价格低廉，时人开始用其编织帽子，温暖通气而柔软，较为卫生，十分适合儿童佩戴。此外，童裤、童围涎、童鞋等儿童常用服饰品设计均纷纷效法，采用不刻磨皮肤的柔软亲肤质料。

（二）人体工程主导下对传统童装样式结构的优化

样式与结构的设计是选好材料后童装设计面对的重要问题，也是传统儿童服饰落伍和先进与否最为明显的物质表征。民国时期宽衣博袖等古典服饰造型已然无法满足儿童生长生活的现实需求。因此，人们受儿童主体，即儿童人体工程的指导，开展了大量的设计优化实践。笔者结合文献记载及大量实物标本测绘等，总结并列举了三例经典案例。如表 2-10 所示，自上而下第一件是儿童连裆裤的优化设计，将上下衣裳联属设计之后，在下裆处设置了可灵活开合的揿扣，以方便儿童排便及

---

❶ Drake E. F. A，建平译 . 保育婴儿最合理的服装用具 [J]. 健康生活 ,1938,14 (4):112.

❷ Drake E. F. A，建平译 . 保育婴儿最合理的服装用具 [J]. 健康生活 ,1938, 14(5):156.

穿脱。在领口处也设计开衩并用纽扣连接，可根据婴儿颈、头围灵活开合。第二件为女童长衫改良，主要将袖口、腰身从传统追求博大的造型上向瘦、窄处理，从而增强衣服的合体性和便捷性，方便儿童活动。第三件为一件夏季肚兜的优化设计，将儿童夏令时节常常外穿的肚兜，通过与下裤的联属设计，改造出一款连体服饰，以最简化的结构设计满足儿童最大的活动需求量。

表 2-10　民国儿童服装样式及结构改良设计表

改良品类	样式图考	结构图考	优化要素	相关实物展示
儿童连裆裤	 用扣 揿扣	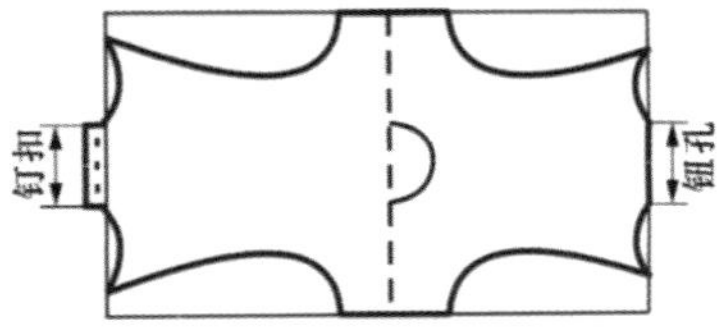 钉扣 钮孔	上下形制联属，下裆开裆处理，且以嵌扣闭合，使开闭灵活	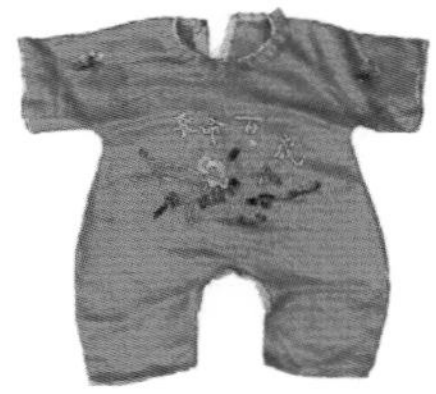
女童长衫	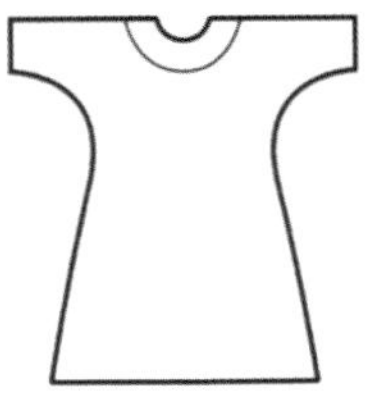	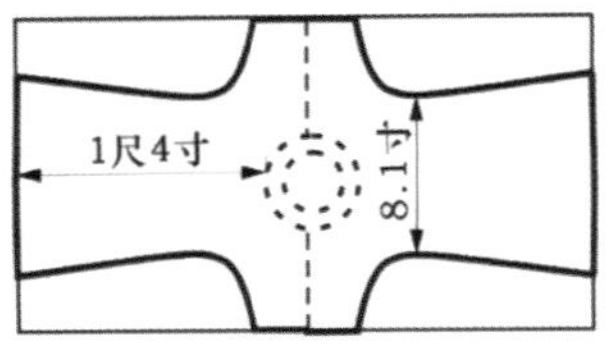 1尺4寸 8.1寸	上下形制联属，腰身、袖口窄化处理，使衣服更合身	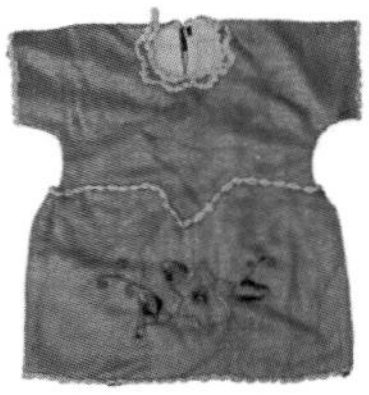
夏季肚兜		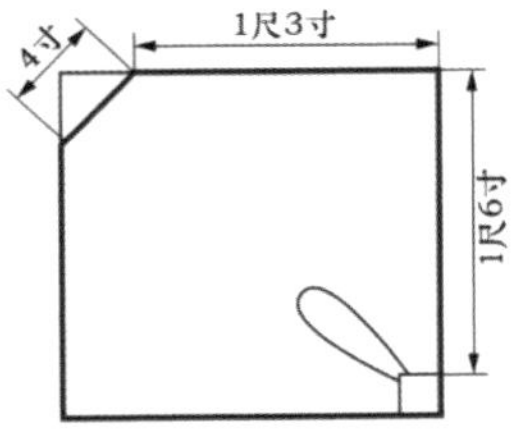 4寸 1尺3寸 1尺6寸	将肚兜与下裤联属，将结构解构、简化，形成特色连体服	

注：表中样式及结构图参考民国《锄声》杂志 1935 年第 1 卷、第 9-10 期金文觀设计手稿，相关实物展示中儿童连裆裤、女童长衫采自江南大学民间服饰传习馆藏品，夏季肚兜采自钟漫天先生藏品，作为文献记载与传世实物的相互佐证。

由此可见，这三则民国童装的设计优化案例，在儿童人体工程考量下开展对传统服饰的改良与简化，去繁复、去装饰，在样式上尚“简”求“窄”，表现在腰身由直线向曲线转变、袖口由宽博向窄小转变，但在整体结构上仍延续了中国传统平面十字形结构与 T 字造型，延续了经典的一片式裁剪法则。一言以蔽之，民国童装设计介入的价值，是在改良童装样式结构以契合“儿童本位”思潮及人体工程功效的同时，最大限度地保留了传统，不同于清末以来诸多文明的被动接受模式，这是一项洋为中用的主动吸纳与改良创新的积极实践。

1936 年，雪清介绍“儿童服装之裁制法”时“特选世界优良的儿童服装，式样美观简洁，裁制便易的，介绍于读者，想亦为贤良的母亲所欢迎的吧！”[1] 虽然作者未明确指出该连衣裙属于中式结构的设计改良，但是从所示图片可以直观地看出其属于中华传统的平面十字形结构。从最终的形制［图 2-60（c）］上看，这是一件较为平常的女童连衣裙，形制为及膝中长款、短袖、收腰且腰部打褶、翻领设计。设计元素基本属于当时欧美服饰形制体系。但是该件服装设计的巧妙之处在于，在衣身、衣袖的主结构上仍然采用了中华传统的平面十字形结构，如图 2-60（a）和（b）所示，通过对长方形布料的简单裁剪，并在腰部两侧进行完全对称但方向相反的排褶设计，形成了连衣裙的主体结构。改良后的连衣裙造型更加立体、合身。同时，此种前后衣片相连、衣身衣袖相连的一片式结构，在面料裁剪上也极具节约的价值，从而达到经济与美观、中式与西式共生的设计范式。

[1] 雪清．儿童服装之裁制法：贡献给贤良的母亲们 [J]. 女子月刊，1936,4(6):104.

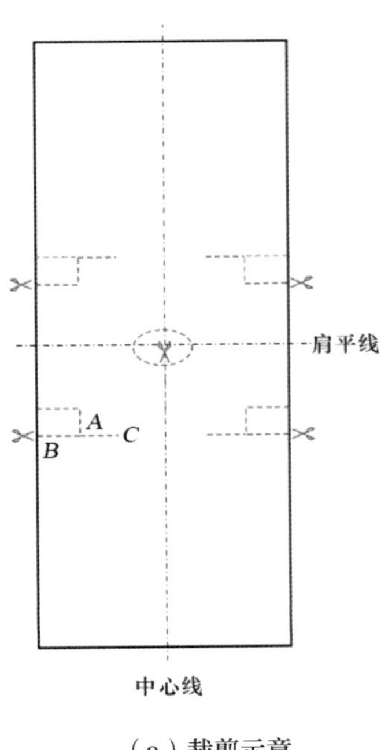

（a）裁剪示意

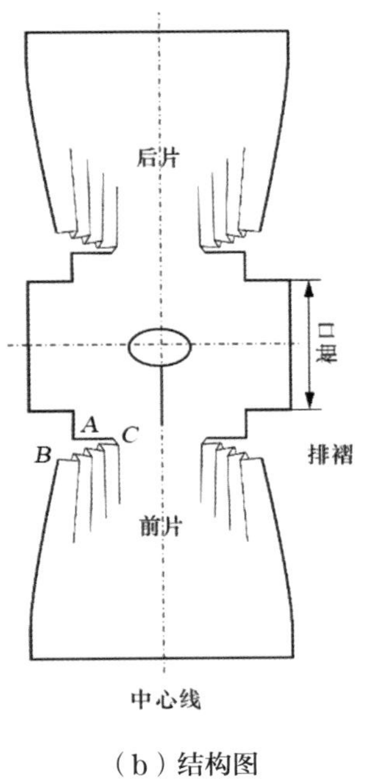

（b）结构图

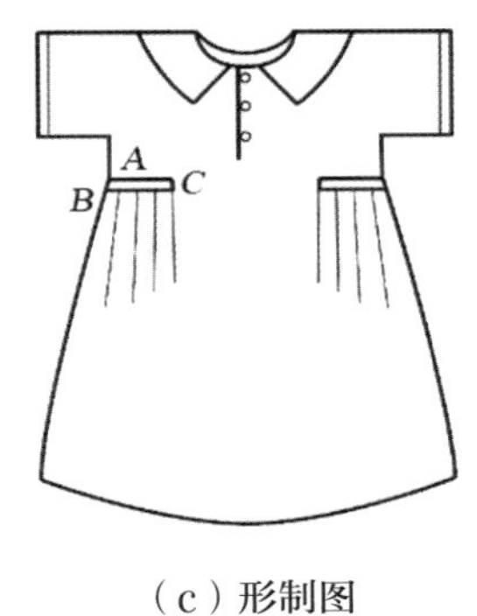

（c）形制图

图 2-60 民国女童连衣裙结构设计

（资料来源：1936 年《女子月刊》第 6 期）

此件衣服应为女童夏季所着，1926 年广州《民国日报》刊文幼女入夏之服装："幼女天真烂缦，不可过事粉饰，宜保存其天然之美。衣以短轻为佳，衣极短之纱衫，色用极淡之绿色，或黄色。袖不宜长。当使两臂露出，庶形活泼。领用翻领，结以蔚蓝或紫青色之缎结，成蛱蝶形。裙亦宜短，差可覆膝，用淡黄色之素绸，随意缎团花一二处。"此件连衣裙虽然不是上衣下裙式，但是领型、袖型及裙长等形制设计与文献所载基本一致，是当时女童夏季所着的代表性款式之一。

在民国女童的连体服中，还有一个最大的结构特色是将上衣与下裳联属拼缝在一起，如图 2-61（a）所示，上衣由一块类似正方形布料对折后裁剪而成，下裙由一块长方形布料直接围合呈筒裙形制，然后将上衣与下裙进行拼合，并形成均匀的裙褶；图 2-61（b）所示方法与图 2-61（a）类似，在材料的使用上，可以将整块尺寸加大的方形布料，先折叠剪出上衣后，再将剩余布料制成下裳，并与上衣拼合即可；图 2-61（c）所示为上衣与裤子的拼合，上衣同上，裤子则按照儿童常穿开裆裤的结构裁好缝合后再与上衣拼缝即可。

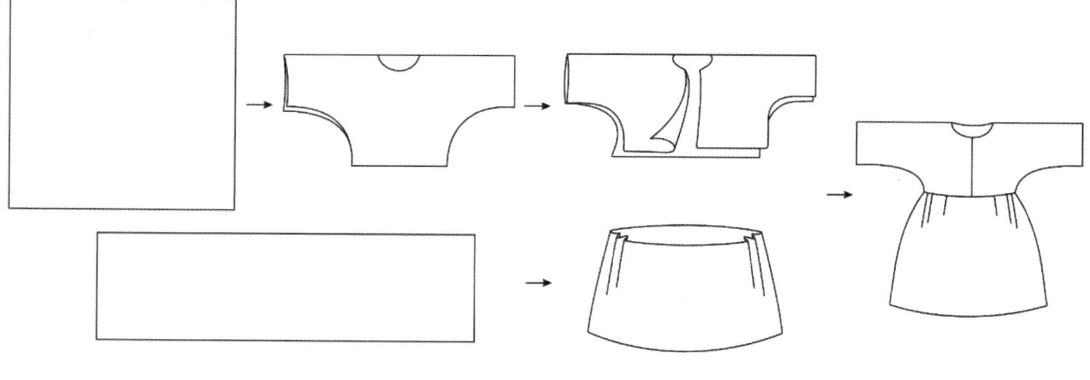

（a）上衣下裙联属（一）

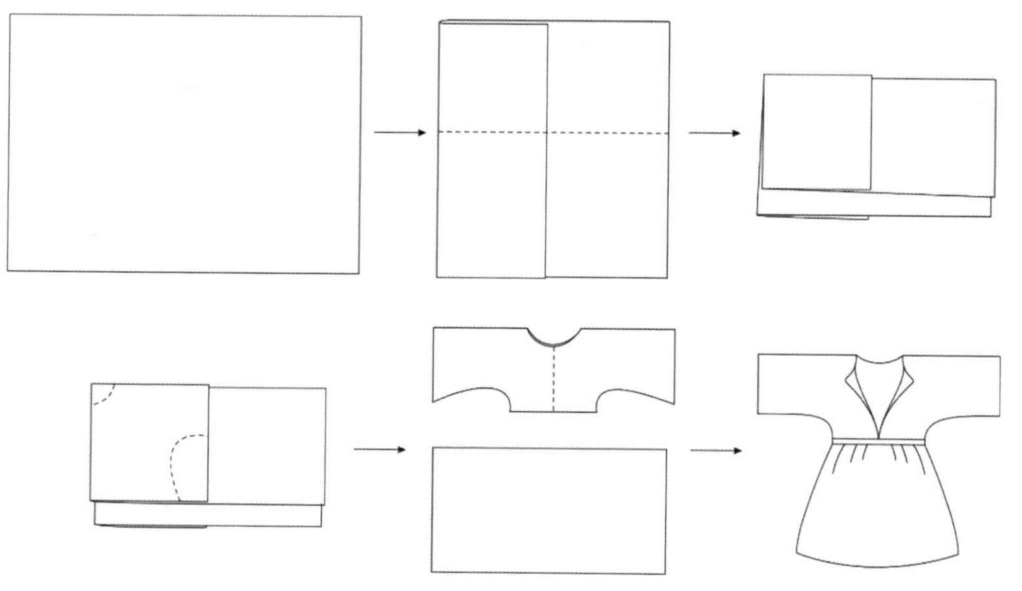

（b）上衣下裙联属（二）

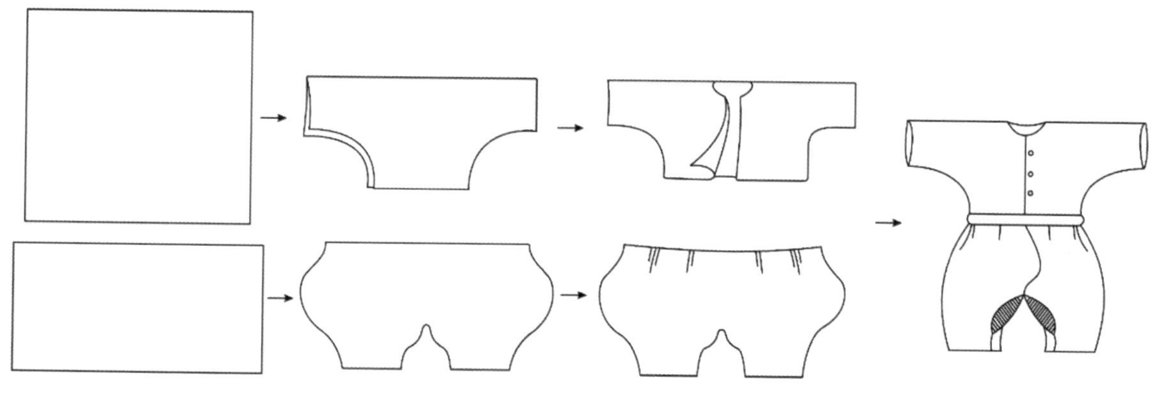

（c）上衣下裤联属

图 2-61　民国连体服结构设计演示

［资料来源：图（a）（c）参考 1936 年中华书局出版的《裁缝大要》，图（b）参考 1936 年商务印书馆出版的《裁缝课本》］

在儿童连体服中，旗袍是最具代表性的形制之一。在苏州中国丝绸档案馆珍藏了数件民国女童旗袍（表 2-11 和表 2-12），其中编号为 8002-05-2018-263 的旗袍为 20 世纪 20 年代末 30 年代初夏款单女童旗袍，衣长较长，穿着时及脚踝上处，衣身较为宽松，身侧腰、臀处无曲线轮廓，下摆处有弧度，袖子长直及腕，袖根部与袖口处大致同宽，面料为绿色织锦提花，前身面料稍有泛黄褪色，衣服表面有污渍。前身花型朝向因连裁原因与后背花型朝向相反。领圈、大襟、下摆、袖口及侧边处有机织花边，花边外圈为黄色，内部为紫色。领底有两颗盘香扣，大襟、腋下分别有一颗盘香扣，身侧共有三颗扣盘香扣。编号为 8002-05-2018-266 的旗袍为 30 年代春秋穿夹旗袍，衣长较长，穿着时长过脚踝处，衣身较为宽松，身侧腰、臀处稍有曲线轮廓，臀部稍凸出，臀以下竖直下摆有弧度，袖子长至手腕，袖型宽松，袖口稍有收口。面料为真丝印花，前身花型朝向因连裁原因与后背花型朝向相反。领边、领圈、双襟、下摆及侧边处有咖啡色包边，领口有两颗一字扣，大襟、腋下均有一颗一字扣，身侧共有五颗一字扣，最后一颗扣与开衩同高。里衬为暗红色面料，里料与面料大小相同，在侧摆、底摆处缝合。

表 2-11　民国女童旗袍实物标本基本信息

馆藏编号	实物标本	形制复原	年代考证	面料工艺	系扣方式
8002-05-2018-263			20 世纪 20 年代末 30 年代初	织锦提花	盘扣、揿扣
8002-05-2018-266			20 世纪 30 年代	真丝印花	盘扣
8002-05-2018-264	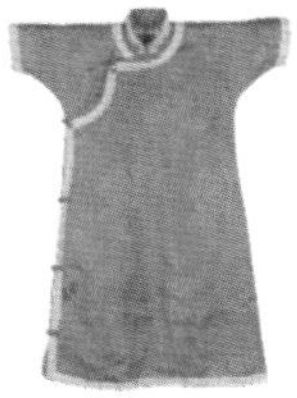	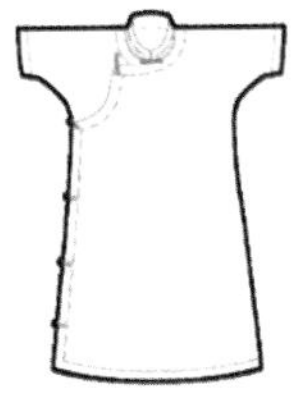	20 世纪 30 年代	织锦提花	盘扣
8001-11-2018-773			20 世纪 40 年代	真丝绸料	盘扣、揿扣

表 2-12　民国女童旗袍标本全息数据采集

测量部位	测量值 /cm				
	8002-02-2018-263	8002-02-2018-266	8002-02-2018-264	8002-12-2018-773	均值
衣长	61.0	68.0	67.5	98.0	73.6
胸宽、挂肩宽	32.0	30.5	30.0	31.0	30.9
下摆宽	41.0	37.0	41.0	50.0	42.3
挂肩长	16.4	14.3	19.0	20.0	17.4
大襟定长	6.5	6.0	6.0	8.0	6.6
斜襟长	14.0	13.0	14.0	15.0	14.0
侧襟开口量	42.0	53.0	47.0	28.0	42.5
小襟长	42.0	25.5	47.0	32.0	36.6
小襟宽	6.0	8.0	10.3	4.5	7.2
小襟扣子数量 / 个	5.0	5.0	4.0	3.0	4.3
领围长度	27.5	26.4	28.0	31.0	28.2
后领高	4.5	4.0	3.5	5.5	4.4
前领高	3.0	3.5	3.0	4.5	3.5
领子扣子数量 / 个	2.0	2.0	1.0	3.0	2.0
通袖长	69.0	78.4	51.0	98.0	74.1
袖口宽	14.5	10.0	10.0	21.0	8.9
开衩长	15.2	16.0	8.0	0	9.8

编号为 8002-05-2018-264 的旗袍为 20 世纪 30 年代夏款夹女童旗袍，衣长较长，穿着时及脚踝上处，衣身较为宽松，身侧腰、臀处无曲线轮廓，下摆处有弧度，袖子稍短，袖口稍比袖根部小，面料为深绿色织锦提花，前身面料稍有泛黄褪色，衣服表面有污渍。前身花型朝向因连裁原因与后背花型朝向相反。领圈、大襟、下摆、袖口及侧边处有花边做装饰。领底、大襟、腋下分别有一颗盘香扣，身侧共有四颗盘香扣。里衬为米白色面料，底摆处内侧的里衬贴边为条纹面料。编号为 8001-11-2018-773 的旗袍为 40 年代春秋穿旗袍，中等长度，穿着时长至小腿部。衣身宽松，身侧胸、腰、臀无曲线轮廓，胸部到下摆呈上窄下宽的梯形。袖长至腕部，袖宽较宽，腋下袖跟处沿直线向袖口处稍微放宽，呈“倒大袖”。面料为淡粉色地绣花绸，无里料。领、袖和下摆等处，以相同浅粉色细包边装饰，半开襟，无开衩，系合方式有盘扣和按扣，盘扣材质与包边相同，形状为上方小圆下方大圆的葫芦形，领面上两粒盘扣，领底、胸前大襟上各有一粒盘扣，腋下和身侧

设按扣。面料色彩与图案设计为甜美风格，是一款少女穿旗袍[1]。

“传统的儿童旗袍款式一般具有以下几个突出特征：立领、不破肩、不收腰、下摆开衩低、盘扣等等。”[2]不难看出，相较成人旗袍，“不收腰”和“下摆开衩低”是儿童旗袍的显著特点。针对衣身不收腰或鲜少收腰，尤其是不收腰，“考虑到儿童天性活泼好动且发育快，袖子较成人的尺寸宽松”，如图 2-62 和图 2-63 所示为直身儿童旗袍。

（a）历史影像

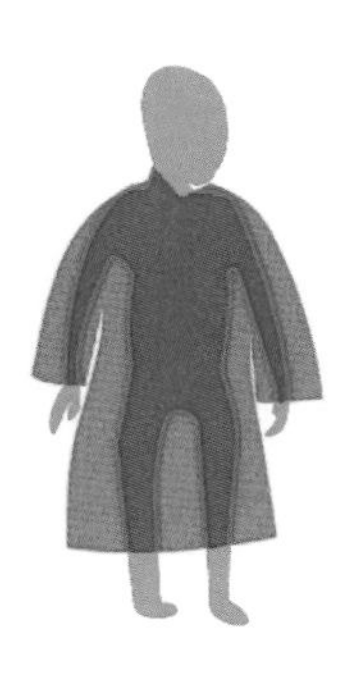

（b）廓型图考

图 2-62　民国女童旗袍与成人对比

（a）历史影像

（b）廓型图考

图 2-63　20 世纪 20 年代着旗袍女童

（三）领、襟形制及其闭合方式设计优化

立领是传统儿童服饰主要领型，衣领上立，四周严密包裹着脖颈，鲜有余量。这与中国传统制衣习惯及审美取向有关，传统服饰虽然讲究宽衣博袖，但在两处却颇为特殊，反道而行：一是汉族妇女缠足及弓鞋，以小为美；二是上衣的衣领，以紧扣脖颈为礼，凸显精气，忌讳衣领松垮。而这种造物特性置于童装，忽视了儿童生理及生活的特殊需求。儿童脖颈发育伊始，质骨绵软，且喜好活动，紧缚的衣领不仅束缚了儿童脖颈的向好发育，也约束了儿童的活动嬉戏。

---

❶ 苏州中国丝绸档案馆，苏州市工商档案管理中心 . 芳华掠影——中国丝绸档案馆馆藏旗袍档案 [M]. 苏州：苏州大学出版社，2021.

❷ 钟漫天 . 中国童装文化 [M]. 北京：国际文化出版公司，2019:35.

因此，衣领的设计优化集中体现在开口处留有足够余量，保证服装穿着的舒适性及易于穿脱，在款式上表现为各种翻领，如带领座的翻立领，不带领座的坍肩方角翻领、坍肩圆角翻领、坍肩花边翻领等，其中领围设计空间较大的坍肩翻领最为常见。图 2-64 为民国幼童浅红色纺纱刺绣翻领连衣裙中的坍肩方角翻领造型与结构分析，其领围达到了 32cm，且为两片式叠合设计，不勒脖，完全满足了儿童颈脖的发育量及运动量。

（a）实物标本

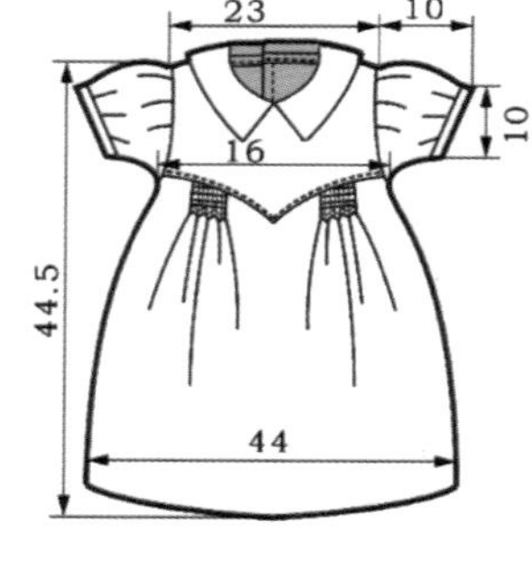

（b）形制数据采集

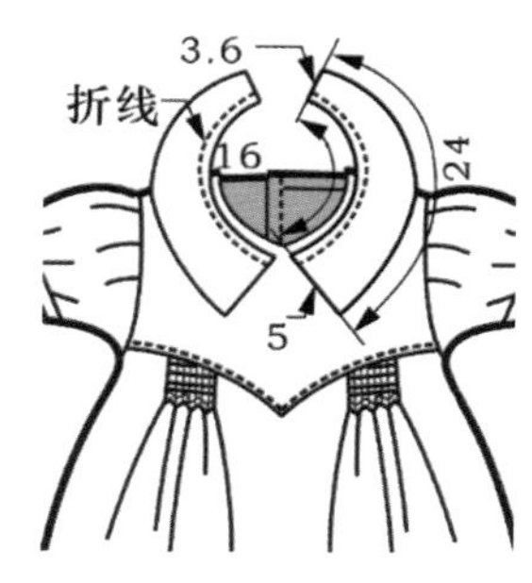

（c）翻领结构分析

图 2-64　坍肩方角翻领形制及结构分析（单位：cm）

（资料来源：江南大学民间服饰传习馆藏民国幼童浅红色纺纱刺绣翻领连衣裙）

儿童连体服门襟的设置也一改常态，从前身转为后背（图 2-65），且鉴于衣身后片的结构限制，原来常见于前身的右襟形制也果断舍弃，只在后中心线设计开襟形式，如图 2-65（c）所示为民国幼童棕褐色提花绸改良开裆连衣裤的后背衣襟。针对衣襟系结方式，1938 年 E. F. A. Drake 称中国："从前婴儿服装，似乎都不太合乎健康条件，'束带'是恼人的锁链，改善的方法现在已经普遍化。"❶笔者通过考证大量现存实物发现，这里所指"改善的方法"即是嵌扣、圆纽两种新式系结方式，系结位置多设置在童装后背中上部。通过设计适合儿童关节活动的尺寸变化，保持服饰内部气候的最佳状态，使领、襟连接下儿童服装具备与成长相应的耐用时间和不会使身体关节产生负担感的保护结构。

❶ Drake E. F. A. 作，建平译 . 育婴儿最合理的服装用具 [J]. 健康生活 ,1938,14 (4):112.

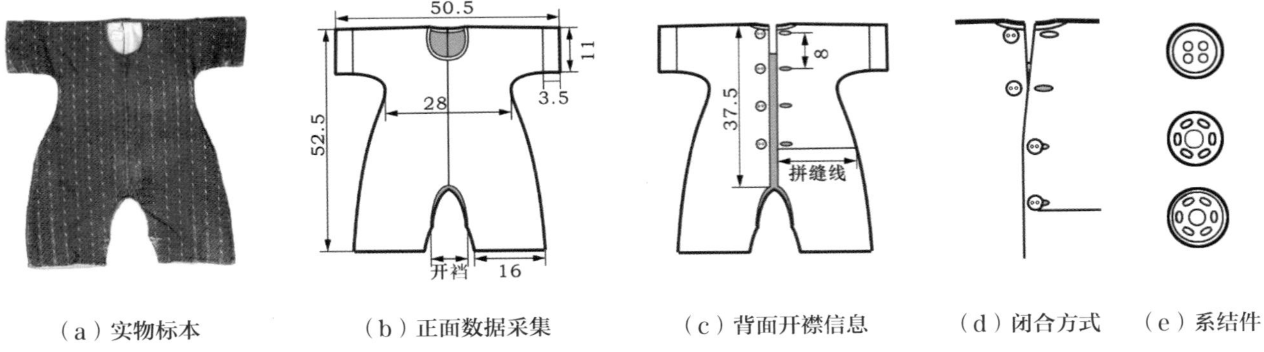

（a）实物标本　（b）正面数据采集　（c）背面开襟信息　（d）闭合方式　（e）系结件

图 2-65　后开背衣襟形制及圆钮闭合方式示意（单位：cm）

（资料来源：江南大学民间服饰传习馆藏民国幼童棕褐色提花绸改良开裆连衣裤）

此外，女童旗袍采用下摆低开衩或不开衩设计。如图 2-66 所示，整理出三种常见开衩及其闭合方式设计：第一种，低开衩设计，最后一个盘扣距底摆的距离比盘扣与盘扣之间的间距还低；第二种，表面开衩实则闭合的设计，从外观看上去最后一个盘扣距底摆尚有一定距离，但是在内部却潜藏着子母扣作为暗扣进行闭合；第三种，将左右侧缝都缝固的不开衩设计，此种下摆适合底摆宽较大的儿童旗袍，以免造成儿童下肢行动不便的问题。

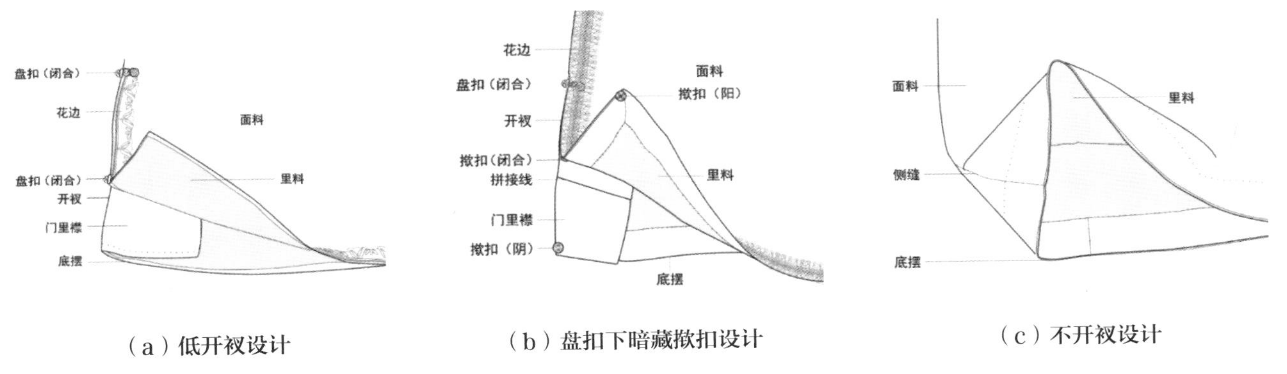

（a）低开衩设计　（b）盘扣下暗藏揿扣设计　（c）不开衩设计

图 2-66　儿童旗袍常见三种开衩设计

（四）“自上而下”的方便脱衣方式

儿童连体服不同于传统上衣下裳搭配形式，衣和裳原本分属，脱去自然也是分开脱出，上衣一般由前向后褪去，下裳一般由上而下脱去，而连体服为上下联属，因此穿脱方式显得格外重要。1934 年钟志和阐述：“脱去婴儿的衣服最好自上而下，从脚脱出，切弗向上由头部拉出。”❶ 首次提出儿童服饰“自上而下”的脱衣方式。笔者结合大量民国儿童连体服的实物分析，发现这种“自上而下”的方便脱衣方式正是儿童连体服脱衣的代表，图 2-67（a）示出裤袜连体服先松解腰带，再从脚下脱出；图 2-67（b）示出衣裤连体服先从后背解开圆扣，然后分别从袖口、腰身以及裤腿处脱出。

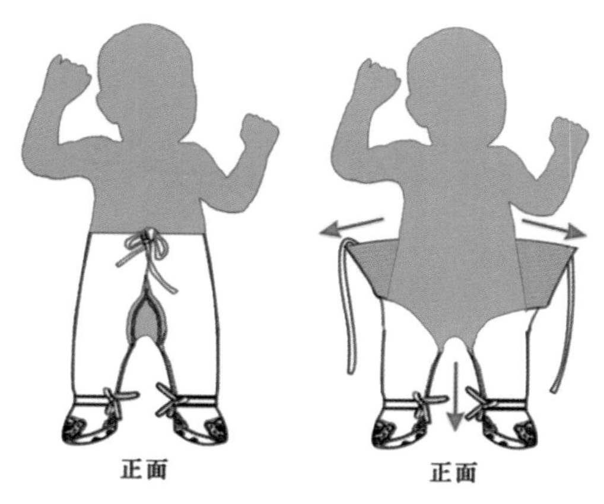

（a）裤袜连体服的脱衣方式

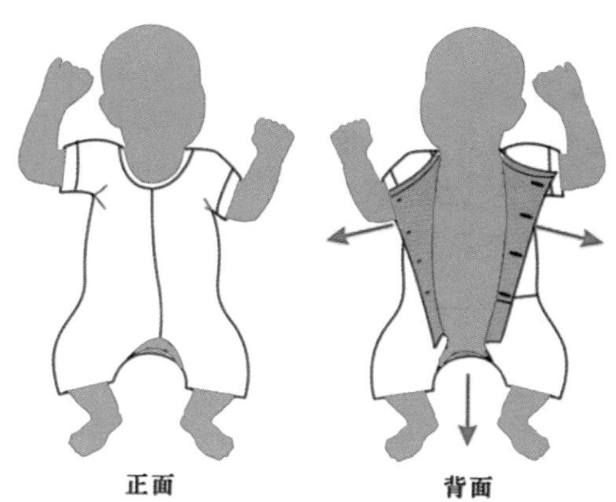

（b）衣裤连体的脱衣方式

图 2-67 “自上而下”的脱衣方式示意

❶ 钟志和．婴儿卫生浅说：婴儿的衣服和尿布 [J]. 现代父母，1934,1(10):22.

（五）揿扣式尿布设计优化及与连体开裆裤的搭配

民国时期没有纸尿裤，常用一块长方形棉布通过简单折叠，衬垫于儿童下体，称为尿布。1949 年毕承禧称，尿布与婴儿健康有很大关系，且往往被人忽视。他指出当时通行尿布有许多缺点：太阔，缚在婴儿胯间容易皱缩，不舒服；加之婴儿骨头酥软，长期使用易造成 O 形腿，因此后来出现"改良尿布"[1]。如图 2-68（a）～（e）所示，"改良尿布"在腰两边用揿纽、纽扣、布带或安全针别上，以揿纽为最方便，且大号最佳，小号容易松脱。这种尿布的优点是：裆较狭，不会把婴儿两腿分开，胯间舒服，不会皱缩起来，能保护肚皮，换洗便利，美观大方。与开裆裤搭配使用［图 2-68（f）］，极大地释放了裤内空间，为儿童下肢运动腾出了极大余量。此外，笔者考证发现民国儿童连体裤中有大量裤子在下裆处采用开合的按扣设计，虽不是开裆裤，但设计者也创造条件以便儿童更换尿布使用。

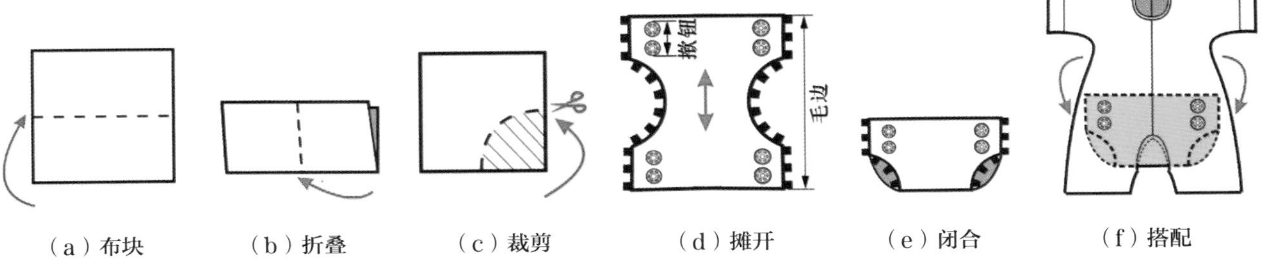

图 2-68 "改良尿布"设计与连体开裆裤的配套使用演示

综上所述，需要强调的是，民国儿童着装针对成人化现象及其潜藏的诸多落后属性而开展的"设计介入"，是一种首先由社会知识精英揭露、呼吁和提倡，其次逐渐为民间所广为接受、实践并普及开来的一种设计改良行为。其目的就是为了跳脱数千年来中国儿童服饰的成人化阴影，在思想上从"家长本位"走向"儿童本位"，在设计上厘清了成人服饰与儿童服饰的界限，实现了儿童服装设计理念的重大转变。从这个角度看，民国儿童服饰中的改良创新，即"设计介入"，不仅使历史遗留的成人化现象得以消弭，更揭开了中国现代童装设计的序幕，具有重要的划时代意义，影响重大。

---

[1] 毕承禧 . 尿布的开裆裤 [J]. 家，1949(39): 75.

儿童尤其是低龄婴幼儿，较成年人缺乏自理能力和自主性而处于“弱势”，由此带来儿童服饰设计中的“特殊需求”，如实用性强、方便穿脱、舒适简洁等，这些问题在民国儿童连体服设计改良中得到了较好的解决。

“增进儿童幸福的实际工作，其实不外两方面，精神方面，应施以科学化的合理化的以儿童本位做出发点的教育。物质方面，应以衣食住行诸方面生活上的合理享受。然无论精神物质，两者均不可偏废。”[1]民国儿童着装，从儿童的角度实现了从被动接受到主动体验的重要跨越，改良设计后的儿童服装变得更加合体、卫生、健康，赋予童趣。同时，面对西洋童装大量引进的时代浪潮，民族传统童装并未就此消逝，而是采用设计介入的积极方式，最大限度地保留了民族传统，也使得民国童装在类型及风格上更加丰富和多元。这对现代儿童的着装及生活仍具有重要的启示作用，从儿童的服装设计到衣食住行及其生活、教育等各方面，不仅要规避“成人本位”的越位出现，关注儿童主体性及能动性，而且需要探寻民族童装的传承与创新路径，巧妙使用设计语言，使儿童着装在西式潮流中开辟一条东方之路。

---

[1] 葛石熊．育儿常识：上篇：卫生问题：儿童服装问题 [J]. 长寿 (上海 1932), 1935,4(25-28): 23.

第四节 民国“编结”成型的旗袍创制及结构设计特色

针织是利用织针把各种原料和品种的纱线构成线圈，再经串套连接成针织物的工艺技术及过程，具体分为手工针织（即编织）和机器针织两类。相较梭织物，针织物质地松软、弹性优良且具有较好的透气性，穿着舒适性强。在2018年国家博物馆举办的《伟大的变革——庆祝改革开放40周年大型展览》中，由东华大学时尚科创团队原创的两款“科技旗袍”亮相。其中一款便是采用柔软、弹性的针织面料研发出的“针织变色科技旗袍”。该针织旗袍规避了传统旗袍常用锦缎、香云纱等梭织面料制作导致弹性不足的缺点。然而经笔者考证，针织在旗袍面料上的出现及应用早在80年多前的民国时期便已存在。

滥觞于民国的旗袍是清朝袍服之变相，主动吸纳西式剪裁及着装风尚，极大地契合了当时女性出入不同场合、进行各种社交活动的衣饰习惯，是一件广为流行、雅俗共赏的服饰单品。在面料层面，人们热衷探讨民国旗袍面料由绫罗绸缎等传统手工织造向化纤等近代工业生产转型，考析其纹饰由至繁归于至简的设计演变过程。然而对于针织、编织在民国旗袍中的出现及发展，研究主要集中在旗袍蕾丝、花边及盘扣等辅料的针织上[1,2,3]，缺乏对旗袍针织面料的学术梳理与专题解读。只在考察民国编结技艺时略有提及，如王楠等[4]在论证“仿呢料”肌理在服饰中应用时，指出了1942年冯秋萍曾创作出“仿呢料”编结旗袍。此外还有针对现代针织旗袍的研究，如陆晗翔[5]、王海红[6]等，主要从技术角度探讨传统旗袍与现代针织技术的融合与共生。因此，本节以蕾丝旗袍和手工编结旗袍为研究对象，拟从历史起源、工艺工序、结构特征角度探讨针织旗袍的流行发展与价值等，系统考证现代针织旗袍的雏形——民国特色的针织旗袍。

---

❶ 龚建培 . 近代江浙沪旗袍织物设计研究 (1912-1937)[D]. 武汉：武汉理工大学，2018.

❷ 王妮 . 二十一世纪海派旗袍面料设计与运用研究 [D]. 上海：东华大学，2020.

❸ 沈征铮 . 民国时期旗袍面料的研究 [D]. 北京：北京服装学院，2017.

❹ 王楠，张竞琼 . 近代冯秋萍“仿呢料”与“仿皮料”绒线编结技艺 [J]. 服装学报，2019,4(1):49.

❺ 陆晗翔 . 横机针织旗袍的设计实践 [D]. 上海：东华大学，2017.

❻ 王海红 . 基于弹性面料的女青年旗袍结构设计研究 [D]. 西安：西安工程大学，2019.

一、蕾丝面料旗袍的创制与结构设计

笔者以广州市博物馆、苏州档案馆、江南大学民间服饰传习馆等珍藏民国蕾丝旗袍为实物史料，结合相关文献史料记载开展整理与研究。首先，蕾丝旗袍在民国影星名人与日常生活女性中的普遍流行，为夏季时尚单品；其次，考据蕾丝旗袍的形制与结构设计细节，总结其以植物元素为主的花型结构、以立领半开襟为主的领襟形制以及明暗组合式的闭合方式等；最后，从使用的角度指出衬裙作为蕾丝旗袍的必搭配饰，不仅在色彩上需要与蕾丝旗袍形成内外呼应、内浅外深的搭配方案，而且在结构上也可以与旗袍"合二为一"，以"假两件"的形式制成具有"里子"的蕾丝旗袍，更加便于女性穿着。通过对传统蕾丝旗袍的整理与研究，以期为今后蕾丝旗袍产品设计研发提供技术与艺术参考。

蕾丝是一种舶来品，是具有网眼组织的针织织物，按工艺分为手工蕾丝与机织蕾丝两种。经过对大量民国旗袍传世实物的整理发现，现存较多蕾丝旗袍。这些旗袍在材质手感、视觉风格及结构设计上与一般丝绸、棉麻梭织旗袍差异较大。目前学界对蕾丝旗袍的分析研究较少，除了考察蕾丝作为花边装饰在梭织旗袍的衣缘上，针对通身均由蕾丝面料制成的旗袍研究十分罕见。主要有赵帆❶对中国丝绸博物馆藏海派蕾丝旗袍的整理与基本信息概述，贺阳❷对北京服装学院民族服饰博物馆藏20世纪30～40年代蕾丝旗袍的整理与特征阐释，但均未就蕾丝旗袍的流行背景与服用对象、设计细节与结构特征等开展深入细致的考证。本书以广州市博物馆等珍藏民国蕾丝旗袍实物为研究资料，通过整理与测绘，重点从设计与使用的角度开展深入研究。

（一）蕾丝旗袍时尚流行及服用对象

民国初期在女性始着旗袍之际，旗袍"不刻意显露身体……趋于宽大平直、严冷方正"❸，随后以上海时尚女性及本帮裁缝为代表的力量，对传统旗袍开展了大量的革新与改良，改良旗袍应运而生。蕾丝旗袍便是改良旗袍中在面料层面创新改良

---

❶ 赵帆 . 海派蕾丝旗袍研究 [J]. 浙江纺织服装职业技术学院学报，2018,17(1):25-32.

❷ 贺阳 . 钗光鬓影　似水流年——北京服装学院民族服饰博物馆藏 30~40 年代民国旗袍的现代特征 [J]. 艺术设计研究，2014(3):2，31-36.129.

❸ 腾冲县人民政府办公室 . 腾冲老照片 [M]. 昆明：云南人民出版社，2011:125.

最彻底的案例之一。蕾丝面料轻、薄、透、漏，由其制成的旗袍被誉为“薄如蝉翼”[1]，深受当时身体、思想解放后时尚女性的喜好。当时还有一种透明旗袍，即玻璃旗袍。伴随玻璃丝袜、玻璃皮包等新型玻璃纤维制品问世，玻璃旗袍也被发明，且有黑色、蓝色、绿色、红色、白色等多种色彩可选，不仅被国人如京剧演员童芷苓[2]等定制，还在美国流行（图 2-69）[3]。但是这种玻璃旗袍在实用上存在巨大缺陷，不但售价昂贵，而且透气性差。据载，玻璃旗袍“夏季服之虽云美观但因密不透风热不二当。玻璃旗袍可落水洗涤，但不能熨烫，此点正同于香云纱，而上身独不及香云纱凉爽经久，售价且有高出五倍以上。”[4]相比之下，轻盈透气的蕾丝旗袍在使用功能上又是夏季女装的绝佳选择，时人称黑蕾丝衬出内衣的护胸线条是夏季最富肉感的一种旗袍（图 2-70）。在时尚审美与实际使用的美用共生互促下，蕾丝旗袍的流行已经由偶然走向必然。

图 2-69　美国流行的玻璃旗袍

图 2-70　民国女性着蕾丝旗袍

---

❶ 蒋为民主编；王青等撰稿 . 时髦外婆　追寻老上海的时尚生活 [M]. 上海：上海三联书店，2003:35.

❷ 刁刘 . 童芷苓的玻璃旗袍 [J]. 上海滩 (上海 1946),1946(12):6.

❸ 佚名 . 美国流行的玻璃旗袍：画图 [J]. 沙龙画报，1946(2):4.

❹ 潘閒 . 王莉芳新置玻璃旗袍 (附照片)[J]. 海涛，1946(17):9.

由于时尚流行的广度，民国蕾丝旗袍的传世量虽不及丝绸旗袍那么普遍，但也不容小觑。图 2-71 为苏州档案馆珍藏的民国浅粉色蕾丝旗袍。无袖，袍长至脚踝，衣身适体，无明显收腰设计；面料为浅粉色镂空蕾丝，单层无里料；领边、领圈、双襟、下摆、侧摆及袖口都饰有与面料颜色相同的细镶滚设计，系结处用钦扣与风纪扣组合搭配；领面设有一粒风纪扣，领底、胸前大襟上、腋下为钦扣；领型呈尖角方形，上有标签写有“云容妇女服装店，上海福煦路同孚路口”，领里为白色绸料，领面与领里之间采用黑色定形硬衬，这与一般蕾丝旗袍常用透明硬衬迥异。图 2-72 为苏州档案馆珍藏的另一件民国香槟色蕾丝镂空花卉旗袍。相较上款，除了配色不同之外，此款在蕾丝面料上选择了结构与手感更加细密丝滑的品类，蕾丝的结构精致稳定，因此在腰部设计了适当的收腰，使旗袍更加适体[1]。这些品相完整、工艺深湛、装饰精美的传世实物是今后蕾丝旗袍研发与创新设计的灵感源泉。

[1] 苏州中国丝绸档案馆，苏州市工商档案管理中心 . 芳华掠影——中国丝绸档案馆馆藏旗袍档案 [M]. 苏州：苏州大学出版社，2021.

（a）正面　　（b）背面

图2-71　苏州档案馆珍藏的民国浅粉色蕾丝旗袍

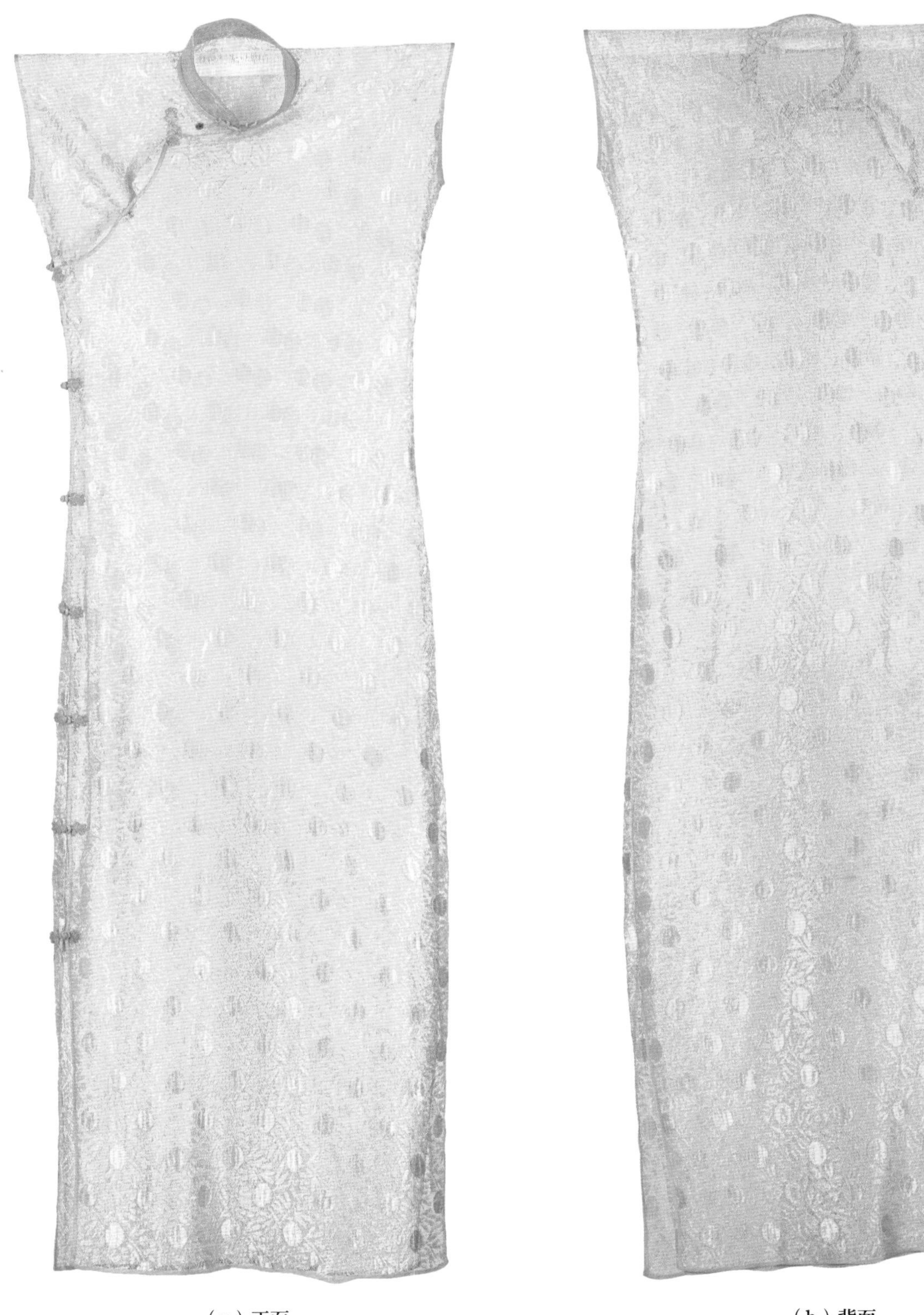

（a）正面　　　（b）背面

图 2-72　苏州档案馆珍藏的民国香槟色蕾丝镂空花卉旗袍

针对民国蕾丝旗袍的穿着对象，常被当下人们依据想象以刻板印象定性为妓女及“交际花”所着，实际上并非如此，民国时期蕾丝旗袍的穿着对象为当时各个社会群里中所有追求时尚的女性。走在潮流前线的影视明星对新鲜事物的接受程度高，对流行时尚及新式服饰追求的积极性高。轻薄透亮，能够彰显曼妙身姿的蕾丝旗袍自然成为她们想尝试和追捧的对象。20 世纪 30 年代上海滩红极一时的女演员胡蝶便是蕾丝旗袍的忠实粉丝。1936 年，旗袍制作名师褚宏生为胡蝶设计定制了一件白色蕾丝旗袍，采用当时最新流行的法国蕾丝面料制成，在胡蝶的演绎下博得时人喝彩❶。在民间百姓的日常生活中，蕾丝旗袍通常异彩纷呈。作家朱慰慈在传记文学《我的两个母亲》中展示了母亲在 40 年代着蕾丝旗袍的优美形象（图 2-73），内搭绸质衬裙。蕾丝旗袍深受朱母的喜爱，设计定制了数十件，并保存了十来件珍品一直到晚年❷，可见蕾丝旗袍在民国女性心中的价值与分量。

图 2-73　朱慰慈母亲着蕾丝旗袍

---

❶ 上海海派旗袍文化促进会 . 美丽传说 [M]. 上海：上海人民出版社，2017:123.

❷ 朱慰慈 . 我的两个母亲 [M]. 上海：上海远东出版社，2007:17.

（二）蕾丝旗袍的形制及结构设计特征

蕾丝旗袍的造型特色与丝绸旗袍对比，主要表现为蕾丝面料自身的组织结构形成的花型、肌理以及裁剪制作过程中的形制细节与结构特征。

1. 植物元素为主的蕾丝花型结构

从现存实物的整理与研究来看，蕾丝花型主要以花、草、叶、茎等植物元素为结构单元，然后以四方连续式构图，通过纱线的勾连，铺成整幅面料。图 2-74 示出民国蕾丝旗袍中常见的、具有代表性的几款花型解构。图 2-74（a）为竹叶式，叶片弯且细长如竹叶，每片叶内有两三道异色竖向叶脉，临近竹叶之间相互交错、勾连，通过部分重叠的方式，形成结构相对稳定的织物结构，但整体结构相对松散，镂空面积较大。图 2-74（b）为花叶式，在元素上分为花朵与茎、叶三种，在设计上以花为点、以叶为面、以茎为线，不仅在构图上更加丰富和有层次，而且通过不同大小及造型的元素之间相互错落和组合搭配，形成的蕾丝面料在结构上更加紧致和稳定，因此织物的透气性和镂空程度相对较低。图 2-74（c）为类海棠花式，以海棠花的花瓣及花蕊为核心元素，附带几片叶子作为装饰，规则地布满织物，且相互之间并未同一般他式一样形成部分重叠与勾连，而是直接通过网纱连接在一起，因此在视觉上看，很像将海棠花面料直接缝缀于网纱之上。此种花型及工艺设计使花纹与网纱底料之间的对比更加强烈，蕾丝面料的肌理感更鲜明。图 2-74（d）为类菊花式，经推测应为菊花瓣的解构与重组，细长且略带弯式的菊花瓣比竹叶更加柔软和灵动，在构图上随意性和空间性更强。蕾丝旗袍上不同的花型解构对旗袍的裁剪与缝制工艺也提出了不同的要求，花型结构松散、面料镂空性越强，工艺处理难度越大。

（a）竹叶式

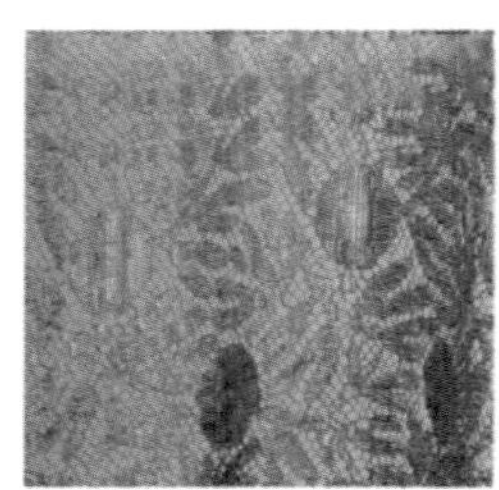
（b）花叶式

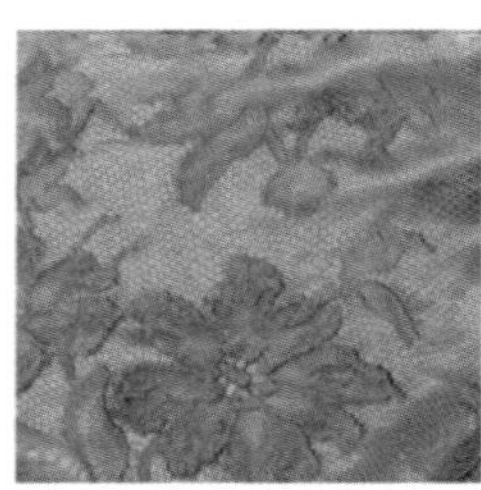
（c）类海棠花式

（d）类菊花式

图 2-74　民国蕾丝旗袍常见花型结构四式

2. 立领半开襟的常用形制结构

蕾丝旗袍的领型主要采用立领的形制，民国时期女性为追求身体解放曾一度兴起“废领运动”，无领旗袍也有创制。蕾丝旗袍同样作为女性身体解放的产物，却没有响应“废领运动”而仍然选择立领形制，主要是基于蕾丝面料的特殊考量。立领，特别是加了硬衬的立领，对于蕾丝旗袍领袖、门襟乃至整个上半身的塑形具有重要作用。蕾丝面料由于极大的松散型，不仅在制衣时极难成型，而且在服用时也会产生不服帖、变形等疵病。贴合于脖颈的立领设计，通过领窝处的拉力，能够将蕾丝旗袍的领襟处面料良好地贴合于人体而不易变形。因此，蕾丝旗袍的领型主要在领角等立领造型上做出变化，衍生出直角立领、筒式立领等新领型。

蕾丝旗袍门襟的常见形制还是右衽大襟，但是门襟有全开与半开之分。全开襟与丝绸旗袍基本一致，相比之下半开襟更符合蕾丝面料特性，更为常用。江南大学民间服饰传习馆珍藏一件黑色半开襟蕾丝旗袍（图 2-75），形制为圆角立领，右衽大襟，后领中有挂耳，前后无中缝，侧开衩。旗袍衣长 119.0cm；领围长 31.0cm，后挫 1.5cm，前直 6.0cm，后横 5.0cm，领高 4.0cm，前领脚无起翘；通袖长 19.5cm，袖口宽 15.0cm，挂肩宽 18.0cm；大襟定宽 6.0cm。采用了挖大襟裁剪法，挖襟量为 2.0cm，款式上采取了西式连衣裙套头式，即右边不开裾，故小襟仅限于上开口的斜襟部位，且小襟极为细窄，仅为宽度 2.5cm 的绲边，从前领口一直延伸至侧缝止口下 5.0cm 处。斜襟和侧襟开口处用“555 ☆”牌揿钮，领口、大襟定、腋下共有 3 组一字扣。严格来讲，这并不是传统意义上的小襟，更像是西式服装中的门、里襟的概念，这也符合蕾丝面料通透的特点，即尽量减少小襟的面积，减少对服装外观的影响[1]。

❶ 吴欣，赵波 . 臻美袍服 [M]. 北京：中国纺织出版社，2020.

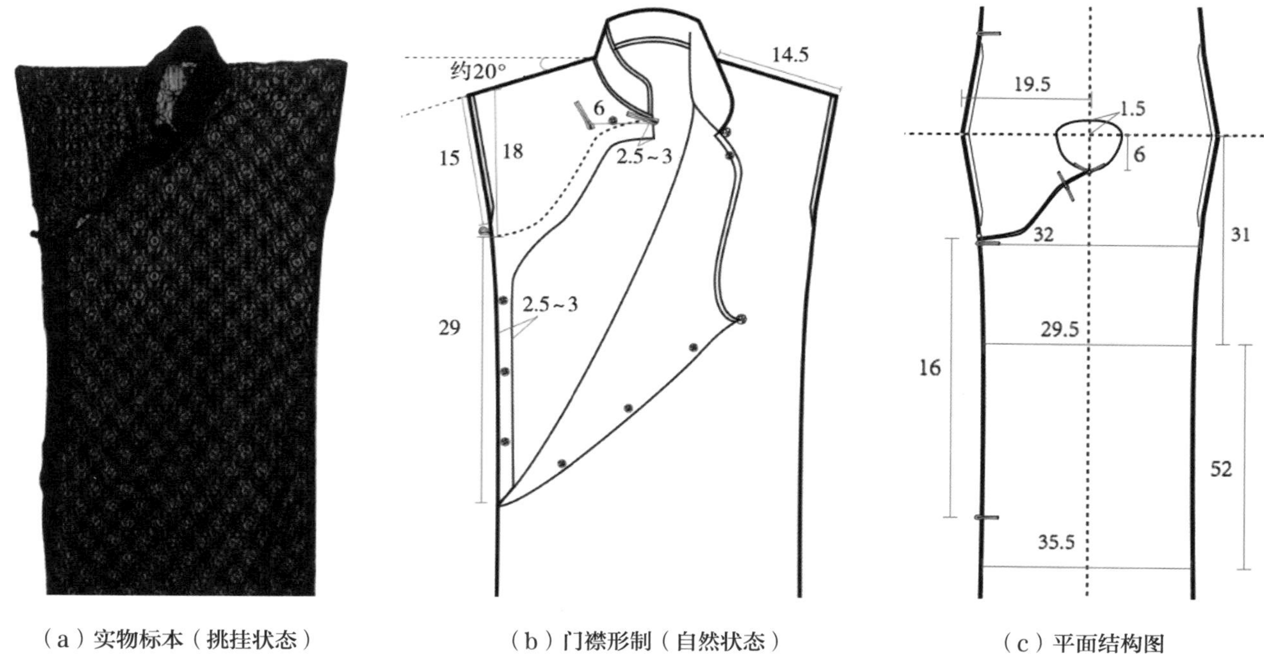

（a）实物标本（挑挂状态）　（b）门襟形制（自然状态）　（c）平面结构图

图 2-75　蕾丝旗袍半开襟形制结构设计（单位：cm）

需要注意的是，在传世旗袍实物中常发现有肩斜存在，但经笔者对丝缕方向的反复考察，绝大多数民国旗袍是没有肩斜存在的。传世实物中存在的肩斜基本上是由于人体长期穿着后，面料形成变形所致。丝绸面料尤其是弹性较好的面料，经过长年累月的穿着，很容易产生轻微的变形，让人产生原本就有肩斜设计的误判。蕾丝旗袍作为最具伸缩性能的旗袍之一，无疑更会出现这种情况，该蕾丝旗袍在自然状态下约有 20° 的肩斜，但其原本的结构经复原测绘，仍属无肩斜设计。

3. 明暗组合式的闭合方式

蕾丝旗袍组织结构松散，面料手感松软轻薄，且容易变形，不仅在裁剪与缝制的过程中要难于其他组织结构严密、相对挺括的丝绸、棉麻织物，制成之后的开合与穿脱也相对困难。这对旗袍闭合方式的设计提出了极高的要求。

蕾丝旗袍的闭合方式及闭合件主要有四种形制；其一，传统的盘扣设计；其二，揿扣设计；其三，拉链设计；其四，风纪扣设计。除了盘扣属于缝缀蕾丝表面的闭合件，显露于外，其余揿扣、拉链、风纪扣均属于隐藏在面料内部的暗合设计。其中拉链主要用于蕾丝旗袍侧开襟、侧缝处的闭合，但拉链出现的时间较晚，基本在 20 世纪 40 年代以后。1940 年，新兴的拉链被称为“改良的纽扣”[1]。1947

[1] 友琴 . 拉链 (改良的钮扣)(附图)[J]. 科学画报，1940,7(1):15-17.

年 6 月 28 日,《时事新报》报道当年度最流行的上海女人时装:“至于今夏的旗袍，尺寸是比去年短，大致尺是三左右，依各人的长度，遮盖了膝头就可以了。领口是比去年高些，同时腋下的钮扣用拉链替代。依照这趋势，夏季的式样和线条，是趋向简单而活泼化了。”如图 2-76 所示，上述四种系结方式基本以组合方式出现，拉链与盘扣通常二选其一，作为旗袍侧缝的闭合方式。由领窝至腋窝处的门襟闭合上，不管是否有盘扣设计，几乎都采用了揿扣进行暗中固定。同时，针对有透明硬衬的领型设计，在领窝处还通常采用风纪扣作为固定方式，使硬挺的衣领减少对蕾丝面料的拉扯，自成领型。可见，蕾丝旗袍相较丝绸旗袍在闭合方式上更多地采用了暗扣设计，但也保留了身处明处的盘扣作为巩固和装饰的作用，通过这种明暗组合的综合使用，使蕾丝旗袍在服用时得以呈现出最佳效果。

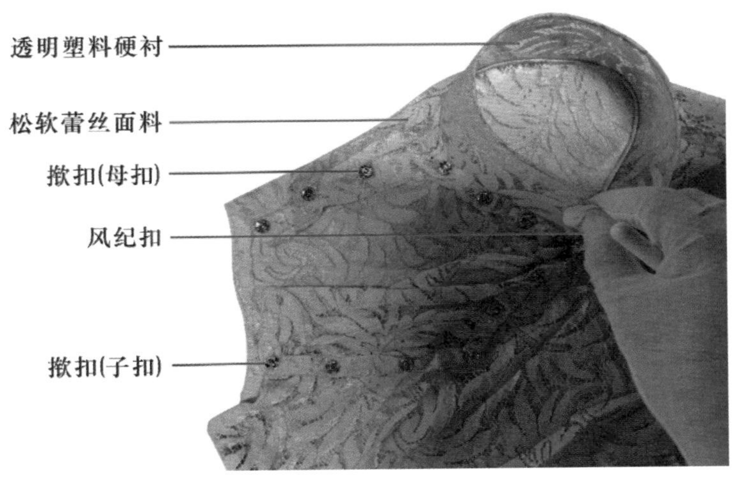

图 2-76　蕾丝旗袍的暗扣设计与组合

（三）蕾丝旗袍与衬裙的结构关系及搭配方案

蕾丝旗袍因其独特的织物组织结构，形成了镂空、透视的视觉效果，不能直接单穿于身，且绝大多数的蕾丝旗袍均采用了无里设计。因此，衬裙成为蕾丝旗袍必备的搭配服饰。而且，蕾丝旗袍与衬裙之间的关系，不仅是使用功能上的必要关系，还是装饰美化上的辅助与优化关系。只有两者通过巧妙搭配，才能形成蕾丝旗袍的独特魅力。

1. 衬裙的搭配及其形制结构

传统旗袍作为时尚单品，在穿着时有很多精美的配饰与其搭配，如衬裙、披肩、马甲、高跟鞋、大衣、臂钏等，其中衬裙是最常见也是最经典的配饰之一。衬裙在形制上基本属于马甲、背心形制，通体尺寸一般略小于外搭旗袍；材料以手感丝滑、轻薄飘逸的真丝为主；在装饰上，衬裙尤以底摆缘饰为特色，通常贴、缀蕾丝花边等，搭配穿上后经女性身体摆动以及旗袍开衩，衬裙底摆花边若隐若现，颇具东方含蓄之美[1]。

江南大学民间服饰传习馆珍藏一件民国时期江南地区的衬裙（图 2-77），通身乳白色设计，形制采用了吊带衫结构，在下摆和左右开衩的边缘拼缀宽 2.0～5.0cm 的蕾丝花边。此外在领圈、挂肩处依喜好同样可以缀以蕾丝花边装饰。闭合方式是在肩带处设计了揿扣，即子母扣。据载，民国“妇女到了夏季，为了凉爽，大半总要穿衬裙。衬裙的制法，可以找不穿的一件旧旗袍，从领口剪下来，其式样随意，最好是前胸的尖端剪到领下五寸，前背尖端剪到领下七寸为止，□（“□”代指文献中因缺损模糊而无法识别的文字）一个鸡心形，袖子剪去，将纽扣□掉，沿大衬边钉上子母扣，这样一件衬裙便完工了。”[2] 所载衬裙形制与图 2-77 基本一致。由以上改制过程还可看出，衬裙与旗袍的结构及制作过程近似，如图 2-78 所示民国制法：“将小襟拼于后身右边之腰部，再将前后身相拼，缝贴边，钉钦钮”[3]，衬裙即成。该衬裙的类型为圆领，且后领深于前领，此外还有尖领、方领设计等。

---

[1] 程乃珊 . 上海街情话 [M]. 上海：学林出版社，2012:126.

[2] 琳 . 旧旗袍可以改衬裙 [N]. 天声报，1938.

[3] 严祖忻，宣元锦 . 家庭问题：衣的制法（五）：旗袍（附图）[J]. 机联会刊，1937(166):19-21.

图 2-77　江南蕾丝花边衬裙

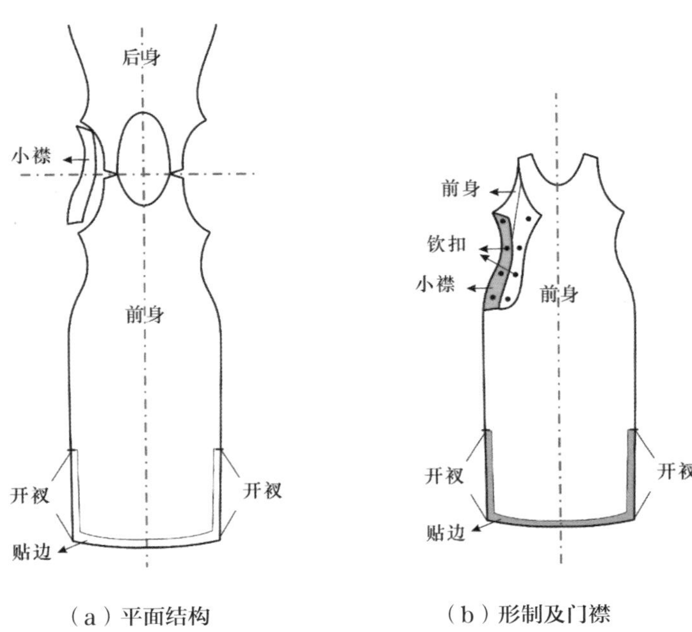

图 2-78　民国衬裙的形制结构及门襟设计

2. 衬裙与蕾丝旗袍在结构上缝合一体

除了里外的穿搭组合，衬裙还可以通过工艺直接缝合固定在旗袍之上。看似两件，实为一体，类似现代服装中的“假两件”设计。笔者在广州市博物馆发现一件民国时期的橙桃色蕾丝配同色衬底里裙三骨袖旗袍，此为衬裙与蕾丝旗袍缝合在一起的典型案例。如图 2-79 所示，衬裙采用与蕾丝旗袍同样的色相——橙桃色，材料为真丝绸料，形制为马甲背心，在衬裙的左右侧缝与肩缝处将其与蕾丝旗袍缝合在一起。此外，由于蕾丝针织面料比梭织面料更具弹性，即更能贴合于人体，此件旗袍在衬裙上设计了长 13.0cm、宽 0.7cm 的省道。

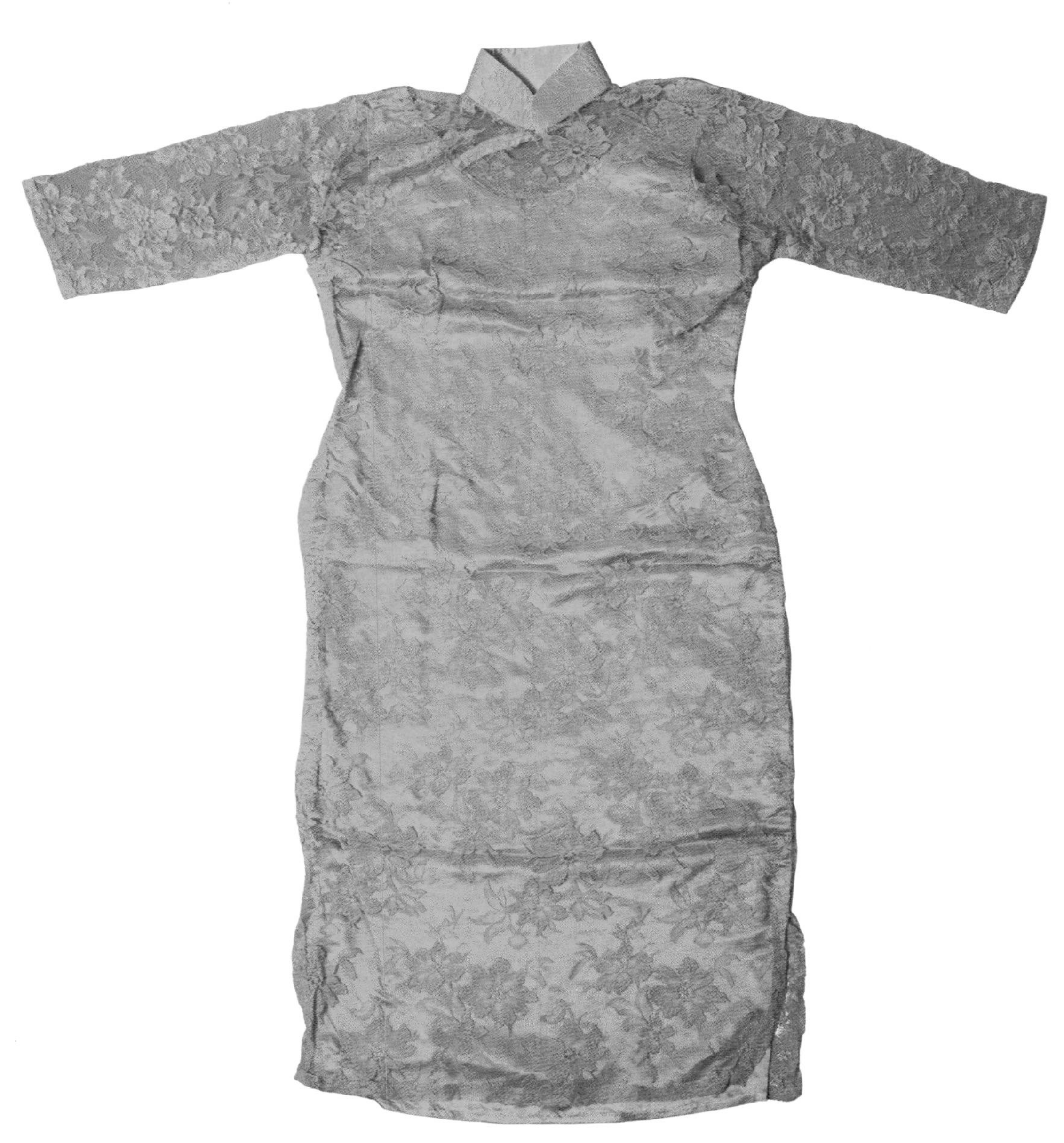

（a）正面

（b）背面

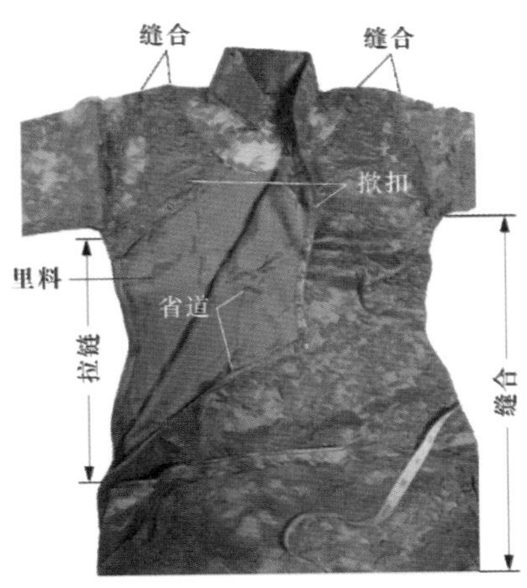

（c）里料

图 2-79　衬裙与蕾丝旗袍的缝合

这种在衬裙胸部设计省道的手法不仅是为了使内搭衬裙与外穿蕾丝旗袍一样合身，减少衬裙与旗袍之间材料皱缩余量的产生，也是为了对女性胸部的塑形和美化。为了加深这种塑形效果，时人还会在衬裙的胸部内侧增加乳罩的结构设计。1943年6月16日，英华在《京报（南京）》论及“衬裙与乳罩”时指出：“前几天又看见一件衬裙，穿的人虽不是光身穿衬裙，但经过这对饱赏衬裙的眼一看，就知道这件东西又是新噱头。颜色是白的，沿的是窄白花边，最引人注意的是，双峰高耸的部分：以穿的人的年龄和身体发育来测量，绝不会这么丰满，是乳罩吧？又不是那么标准型，纳闷了很多天，后来一位裁缝师傅泄露了秘密，原来做衬裙的时候，在乳部用原料多做一层乳罩。”❶ 由此可见，添加了乳罩结构的衬裙，在起到防止蕾丝旗袍因镂空导致走光的遮蔽实用功能之外，还通过对女性胸部的塑形与美化，使原本就以表现女性性感，凸显身体曲线美为目的的蕾丝旗袍更具装饰性。

3. 衬裙与蕾丝旗袍的色彩配套

在色彩上，对衬裙的设计与选择是最考究的。针对一般梭织不透明旗袍，衬裙通过底摆时常显露于外，因此其色彩需要与外搭旗袍搭配和谐。对于透明的蕾丝旗袍，取决于蕾丝面料的透明程度，内搭衬裙的色彩将或多或少地显示出来。为此蕾丝旗袍搭配衬裙的色彩选择更为讲究，一旦搭配不宜，将造成色彩混乱，影响旗袍的整体视觉美观。

这里的色彩不单指具体的色相，主要指色彩的整体色调。因为衬裙的色彩虽多以纯色设计，但也有暗纹、碎花等纹样及肌理设计，因此不能以单一色相来确定衬裙的色彩属性，而是通过色彩的占比和对比来确定整件衬裙的整体色调。表2-13列出民国时期衬裙与旗袍色彩的搭配调性❷，白色、黄色与湖色为当时衬裙的主要色调，其中白、黄两色基本可以搭配浅绿色、浅蓝色、浅红色等色彩纯度较低的浅色调旗袍。搭配的规律是衬裙的色调不能深于旗袍的色调，通常在色彩纯度上要低于外搭旗袍，才不会使内搭衬裙的色彩过于夺目，喧宾夺主。因此，内搭衬裙与外穿旗袍的最好设计方案便是内外呼应、内浅外深。2002年上海电视台生活时尚频道推出专题片《时髦外婆》，通过采访老上海女性，展示民国上海的时尚生活。其中沪剧演员王雅琴珍藏了多件薄如蝉翼的蕾丝旗袍与衬裙，她说：“这样的旗袍面料大多是舶来品，又轻又飘，因为很透明，当时在里面还要穿衬裙。褶裥衬裙是天蓝

❶ 英华. 衬裙与乳罩 [N]. 京报（南京）, 1943.

❷ 琳. 旧旗袍可以改衬裙 [N]. 天声报，1938.

色的，衬在蓝色的蕾丝旗袍里面。还有一件，里面我衬粉红色的，都要配套。”❶王雅琴老人的口述史印证了表 2-13 中所列衬裙与旗袍色彩搭配方案。

表 2-13　民国时期衬裙与旗袍色彩的搭配调性

编号	内搭衬裙主色调	外穿旗袍主色调
1	白色	白色、浅绿色、桃红色、淡蓝色、橘红色
2	浅黄色、黄色	黄色、浅蓝色、橘红色、粉红色
3	湖色	白色、蓝色、绿色、绯色、葡萄灰色
4	深灰色、黑色	深灰色、黑色

此外，除了同色系的深浅搭配，以浅色系搭配黑色的对比搭配同样适宜且流行。1943 年英华称“衬裙的发明人是谁，不知道，从什么时候开始穿，不知道。我第一次看见女人穿衬裙是在十一岁那年，在北平游艺园看见碧云霞穿，当时她的衬裙的颜色是肉色镶白宽花边的，外罩着黑纱暗花旗袍。傍晚的阳光，斜射在她的身上，隐隐的裙肉不分，曲线毕露”❷。展现了肉色衬裙与黑纱旗袍的搭配方式，但是黑色作为“最深”的色相，制成的衬裙，与其搭配的旗袍则只能是黑色。

综上所述，蕾丝旗袍作为民国针织旗袍的范式之二，不同于手工编结旗袍的昙花一现，在流行的深度和广度上均有较大提高，这与其自身的形制结构及穿搭方式密不可分。诸式植物元素的蕾丝花型设计使蕾丝旗袍兼具了镂空透气与装饰美感的基本美用功能，成为时髦女性夏季可穿的最佳单品；同时，为了解决与丝绸等一般梭织旗袍在形制结构上的差异，蕾丝旗袍还通过领襟形制的优化、闭合方式的明暗组合以及与衬裙在结构、色彩上的巧妙搭配和共生，规避了蕾丝旗袍在服用上的诸多技术和美观问题。民国蕾丝旗袍在结构上松而不散，在装饰上漏而不透，在风格上艳而不俗，为今后中国蕾丝旗袍的设计改良与创新研发提供了重要的灵感素材和理论指导。

❶ 蒋为民主编，王青等撰稿．时髦外婆　追寻老上海的时尚生活 [M]. 上海：上海三联书店，2003:36.

❷ 英华．衬裙与乳罩 [N]. 京报 (南京),1943.

二、手工编结旗袍的创制与结构设计

针对民国时期出现的手工编结特色旗袍，笔者采用文献记载、图像视读及工艺复原等方法对其起源、工艺、价值、发展等问题展开研究。考证得出：手工编结旗袍由民国编结大师冯秋萍女士始创于1939年9月，代表性款式有赛方格呢编结旗袍等；编结工艺方式除材料及工具选择外，先后经“前身—中腰—大襟—后身—立领—滚边—系结”7步工序，以“自下而上、由前到后”方式手工编结。本书研究指出：编结旗袍的创制不仅使旗袍的面料、工艺及造型艺术等更加丰富多元，亦是民国女性延续传统女红文化的重要载体，是民国女性服饰创新的重要实例。虽然手工编结的方式效率低下，与当时“去手工化”主旋律相悖，未能在民国以后大规模流行流通，但是现代市场中出现的机织旗袍解决了工业化的技术问题，为未来针织旗袍的广泛流行提供了可能。

（一）编结家冯秋萍与编结旗袍创制

民国时期自编结技艺从西方引进后，便迅速俘获了中国女性的集体芳心。《方舟》《立言画刊》《三六九画刊》《今代妇女》《上标公报》《大众画报》《纺织染工程》《妇女杂志（北京）》等几十家期刊先后刊发出大量关于编织技艺教学，集时下最流行的编织时装展示的图文，供国内女性参考学习，尤其在1930年以后更是蔚然成风。其中1934年6月创刊于天津的典型家庭刊物《方舟》(月刊)，直接开创了“编织栏”专栏❶，编结的服饰品类也是极为丰富。刊载内容有“春衫”“夏装”“婴孩帽”“女长袖衣”“女帽”“游泳衣”“短裙衫”“宽腿裤”“新式女风衣”“男毛背心”“西服式背心”“女外衫”“毛毛袜子”“裤衩”“毛线裤”“披肩”及“适于卧室内穿的毛外套”等，基本囊括了男、女、老、少不同性别、年龄在不同季节及场合下的大部分服饰品。在手工编结技艺及相关编结产品在中国的流行和发展、普及过程中，冯秋萍起到了至关重要的开拓和引领作用。

冯秋萍（1911—2001，图2-80❷），民国时期著名的绒线编结艺术家及教育家，擅于依据不同人群及季节场景等，采用新材料、新针法，设计出各种造型

---

❶ 商焕庭.编织栏[J].方舟，1935(18):31.

❷ 佚名.冯秋萍最近发明的羢线编结法：服务于编结界十多年的冯秋萍女士近影（照片）[J].艺文画报，1947,1(10):25.

新颖、风格鲜明、深受时人欢迎的绒线编结服饰。冯秋萍在手编领域中的贡献集中体现在两大方面：一是创造性研发出各种新式编结方法，据统计其一生共创作了2000余种绒线编结花样，研发出野菊花、美人蕉、孔雀翎、牵牛花等诸多新式花型，并设计应用到“孔雀开屏披肩”“野菊花荷叶边春装”“杜鹃花拉链衫”等服饰品中❶；二是极大地拓展了传统编结的领域，使作为西方舶来的手编绒线，由原本用于保暖的内衣，拓展至单穿外漏的外衣，如马甲、披肩、大衣、西装、围巾、童鞋、童帽等服饰品及沙发等家纺用品。此外，冯秋萍倡导，编结技艺是民国步入新时代，在新形势下的中国女性“新女红”；并通过开办学校、与企业合作等方式，有效促进了民国手工编结及国产绒线工商业的向好发展。冯秋萍也因其卓越贡献被人尊称为“编结大王”❷。

1939年9月，冯秋萍在手工编结广为流行的时代背景下，结合时尚女装旗袍，创新发明了手编针织旗袍。冯秋萍用四股英雄牌国产毛绒线试结了一件短袖旗袍，全身多编平针，用小桂花针镶边，结成后再以细绒线配色，采用毛线刺绣法挑绣蝴蝶纹样，以作装饰。此件编结旗袍一经问世，便深受时人喜爱，据冯秋萍称，“各界女士们惊喜若狂，竞相前来学习（地址在辣斐德路马浪路西玉振里二十号良友编结社）”❸。此次以后，冯秋萍陆续结合流行花型设计出多种经典的手工编结旗袍，其中代表性的有1948年为当时上海的时髦小姐和太太们设计的夏季野菊花型针织旗袍❹，造型为中袖设计，结合当时流行的旗袍垫肩元素，针法及花型选用当年由其创新的野菊花型，配色选用深、浅两种玫瑰色绒线交相呼应，渲染出野菊花的姿态，荣获当年上海青年会编结物展览头奖。此外，冯秋萍在民国时期还设计出诸如并蒂莲针织旗袍等多件时尚精品❺。图2-81所示是1942年冯秋萍发明的手工编结旗袍基本形制。3年后，设计结成的方格花型的编结旗袍，时尚简约，是当时最新式、最流行的一种花样。据冯秋萍描述：“远处望去，竟然辨不出是什么呢或是什么料子做成的”。❻为更直观地展示编结旗袍的结构与造型，笔者复原了一件无袖手工编结旗袍的基本形制（图2-82）。

---

❶ 张竞琼，王楠．近代绒线编结时装所蕴含海派文化内涵探析[J]．丝绸，2020,57(4): 85.

❷ 野星．冯秋萍会翻三百余种花样，不愧“编结大王”[J]．海星（上海），1946(10):3.

❸ 冯秋萍．新创名贵细绒线旗袍[J]．上海生活（上海1937),1939,3(11):48.

❹ 孙庆国，张竞琼．中国现代编织大师冯秋萍[J]．装饰，2006(10):125-127.

❺ 冯秋萍．绒线旗袍编结法（附照片)[J]．杂志，1942,10(1): 208.

❻ 冯秋萍．绒线旗袍编结法：冯女士近影，所穿绒线外衣，係今秋之新装（照片）[J]．杂志，1942,10(1): 209.

图 2-80　冯秋萍着旗袍及编结开衫

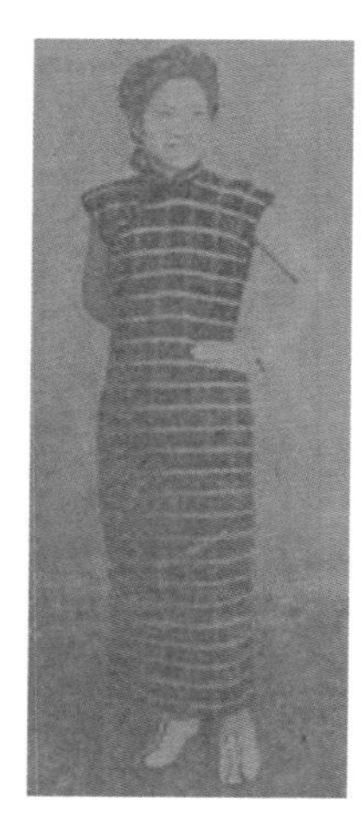

图 2-81　冯秋萍着赛方格呢编结旗袍

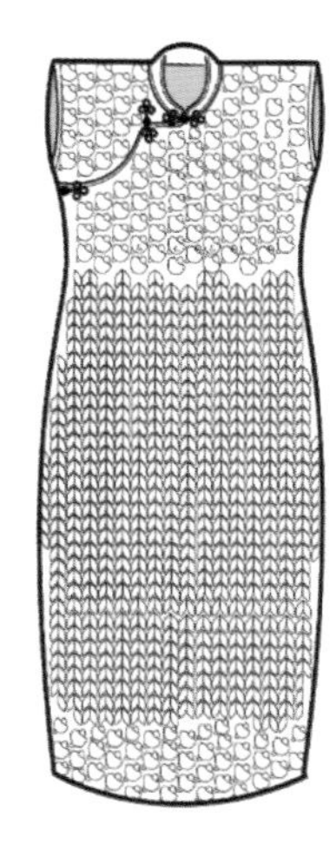

图 2-82　手工编结旗袍基本形制

旗袍是民国中后期女性普及性最强、接受度最广的服饰单品，同时其流行脉络也与编结技艺的流行发展不谋而合，因此，编结技艺在旗袍中的应用是合乎时代的，也是紧随潮流的。换言之，手工编结旗袍在民国时期的出现是时尚与时代的必然。手工编结旗袍作为梭织面料旗袍的重要补充，首次实现了从梭织到编针织的重要跨越，极大地丰富了旗袍面料的品类与艺术风格，成为现代针织旗袍的前身。民国编结旗袍出现的时间相对较晚，属于民国后期，流行也变得短暂，从其创制（1939 年）至民国结束（1949 年）仅十年。同时从文献记载及实物视读的考证中发现，这种物美价廉的编结旗袍并未在民国后期大规模地流行开来，成为中国女性的经典旗袍样式。尤其是民国时期的手工编结旗袍实物，鲜少发现有传世至今者。需要指出的是，虽然手工编结旗袍在民国女性服饰中的存在感及地位并不高，但是其特殊的工艺，以及由工艺衍生出的艺术、人文及市场等价值是不容忽视的。

（二）手工编结旗袍的成型工艺工序复原

本研究结合文献记载、传世影像观测，并通过工艺的实践复原等方法，经反复科学验证及修正，总结归纳出民国手工编结旗袍的编结工艺工序如下。

1. 材料及用具选择

材料：针对普通女性体型（号型：165/88 A），选用细绒 1 磅（约 0.45kg），配色挑花细绒线 1 支。质料宜选择色牢度较高者。用具：单头针 1 支，双头针 1 对，钩针 1 支，及刺绣针 1 支。

2. 编结的工艺工序

（1）前身编结。手工编结旗袍最先编结的部位是前身。先从下摆起头共起124针，下摆3.3cm左右宽及两面拾针，多结小桂花针（即“单桂花针”，上下左右交替编结下针和上针，形成有凹凸形状的肌理，如图2-83所示），中央全结平针（图2-84）；在两端的边针（必须结毛边，即第一针不必挑去）平结有30.0cm长，两端的桂花针不必再结完全换结平针。对于收针的地方，应当依照各人旗袍腰身规定收放。编结过程中需要注意长短的控制：需按本人所穿旗袍的长短标准再短3.0～4.0cm。因为绒线性重，结完后容易下垂拉长衣身长度。并且手编旗袍不穿时宜折叠安放，不宜垂挂，否则也易拉长衣身。

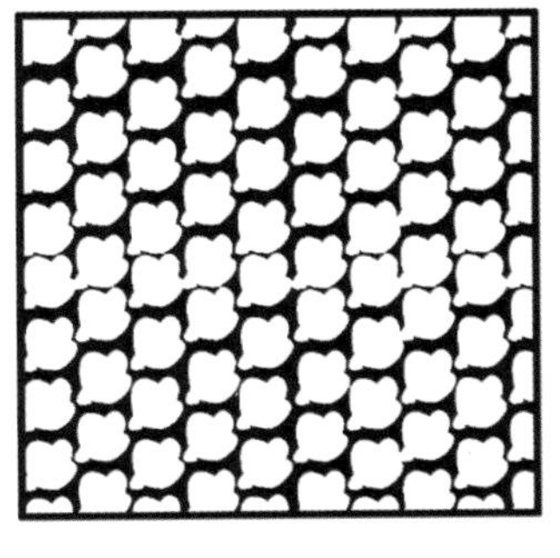

（a）表面肌理

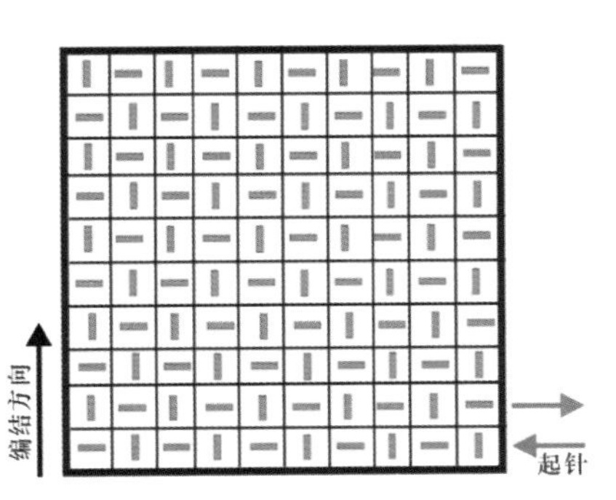

（b）组织结构

（c）工艺复原

图2-83　编结旗袍中小桂花针技艺

（a）表面肌理

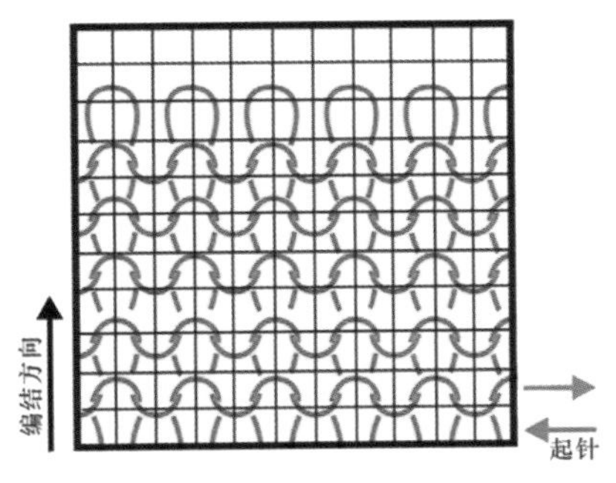

（b）组织结构

（c）工艺复原

图2-84　编结旗袍中平针技艺

（2）中腰收放。手工编结旗袍的中腰收放法是按照各人腰围大小作为标准进行收放，隔 2 ~ 5 行收去 1 针，或放 1 针，形成腰身。考虑到编结服装本身的伸缩性，收放幅度不宜过大。

（3）收大襟。收大襟是手工编结旗袍工艺中最关键的工序。首先在袖管湾处先换结小桂花针；然后隔 1 行再收去 3 针 3 次；随后照大襟之湾处先结小桂花针，将 24 针全都收口，使之呈现大襟式样；在领圈中段，再收去 1 针，收成普通圆领圈；在袖口一端，虽为相连编结，不宜收放，与普通旗袍相同，结到一半剩下。

（4）后身结法。手工编结旗袍的后身结法，除了放里襟相连之外，与前身基本相同。首先在袖管结一半与后身相齐，用缝针照放里襟，在袖管一端结法与后身相同，领圈每行放出 1 针，放到中间再结 4 行，换结上下针 10 针，在边上使边不卷；然后渐渐结有 7 行退结 1 针平针 2 ~ 5 次；再渐渐退下结到湾子下面有 11.7cm，还有里襟的针数 28 针，全结上下针，结有 16.7cm 长收口，里襟已成，袖管已相连在内，同时结成。

（5）领部钩结。手工编结旗袍的领部钩结，首先是领圈编结：用钩针在领圈内钩 1 行短针，使其浑圆后再用钩针钩成。其次是领头编结：用钩针先起首 12 针，全钩短针，前领阔 2.0 ~ 3.0cm，后领 36.7cm，既为短针钩成，式样比较平齐。此外，为将领头做成硬挺美观的造型，最好里面衬一层纸（民国时衬纸）或黏合衬。

（6）滚边处理。手工编结旗袍袖管的边，用 2 支棒针挑起，针数全结桂花针 10 行，用收口法收之。其余四面的滚边，则用钩针全钩短针。

（7）系结件配置。手工编结旗袍系结件分两类。一类是纽子纽襻。做法用钩针先钩 1 根辫子，先打成 3 粒胡桃纽，盘成金花菜 3 瓣共计 6 支，3 粒纽子，3 支纽襻。领口 1 副，大襟 1 副，掛肩湾处 1 副。另一类是揿纽，除上述三处系结外，其余地方全用揿纽钉上即可。

至此完成一件手工编结旗袍的编结过程，并发现：编结工艺方式除材料及工具选择外，先后经“前身—中腰—大襟—后身—立领—滚边—系结”7 步工序，并呈现出“自下而上、由前到后”的编结规律。

（三）手工编结旗袍的创新价值

如前所述，伴随民国时期绒线编结业兴起而创制的手工编结旗袍，虽然流行时间较短、流行程度较低，但其潜藏的诸多创新价值不容小觑，不仅在民国时期，在当下及未来都具有重要的启示和参考意义。

1. 线圈串套下结构工艺的技术价值

编结旗袍的全手工成型工艺，一改其他梭织旗袍需经裁剪、拼缝、镶滚等工艺工序，跳脱中华传统平面十字形的基本结构而直接量体编结而成，在造型与外观风格上独树一帜。民国时期创制的旗袍，虽然结合了西方先进的裁剪及相关制衣技术加以设计改良，但其整体的结构还是存续在中华传统“十字形、整一性、平面化”的基本架构中。这也是旗袍对传统衣裳文化基因最大的继承要素之一。如前所述，手工编结旗袍的制作工艺与梭织面料截然不同，换由织针按照特定工序工艺，根据人体曲直构造通过针法灵活的“收”与“放”“一气织成”，包括滚边、门襟及衣领的制作均已编织而成。因此，此种全成型编结工艺形成了无数线圈之间的空隙及拉力，使编结旗袍松紧自如、依身成型的独特造型，而且在手感上“轻便柔软，外穿内着，均甚相宜，实居服装中之首席”[1]。

此外，材料、工艺及质感等别具一格的手工编结旗袍，在实用层面还具有一定经济优势。民国时期随着针织行业的繁荣发展，绒线编结物是十分大众化的产物，绒线价格相对经济实惠。因此，编结旗袍提供了消费者除传统绫、罗、绸、缎等珍贵丝绸旗袍外的另一种选择。同时，由于手工编结工艺中线圈串套的可逆性、可重复性，一件编结旗袍即使穿到落伍、不时兴，甚至穿到破旧，仍可将其拆散后依新样重新编结。

2. 手作女工存续的人文价值

民国女性通过学习引进西方编结技术，创新应用到当时的潮流服饰旗袍上，一方面彰显中国女性自身极大的创造力，另一方面也是民国女性延续中国传统手工制衣，即女工文化的重要实践。女工，亦作“女功”“女红”“妇红”等，旧时指女性所做的纺织、刺绣、缝纫等制衣工作及相关成品，隐藏着传统社会对女性家庭工作的价值观。近代伊始，随着社会体制及生活方式的剧烈变革，国人对传统女工的实践与认知日渐式微。尤其到了民国中后期，国内纺织服装行业的工业化、机械化生

---

[1] 冯秋萍．漫谈绒线编结 [J]. 胜利无线电，1946(10):21.

产已经规模初成，落后的传统手工艺已难寻踪迹。舶来自西方的绒线编结工艺，其手工的方式有效地填补了民国女性在工业化洪流中对传统手作的缺失，唤醒了中国女性根植数千年的文化基因。手工编结也因此成为“近代新型女工”[1]。

20 世纪 40 年代（中华人民共和国成立前），即编结旗袍创制以后，编结手工艺在社会上、家庭中蔚然成风，一度成为“女人的习惯”，成为不同年龄阶段、不同阶层（图 2-85）女性“最欢喜学习的工作”，成为女性新型的一种生活方式，即所谓“编结生活”[2]。1940 年，据《良友》画报刊载谷人、谭志超摄影，当时校园里“男学生带着网球与球拍到学校去，女学生带的却是绒线团与织针（图 2-86）”；甚至在颠簸动荡的人力车上，乘坐着的女性都不遗余力，充分利用这一点闲暇时间，来编织自己心爱的服饰款式，过一把“手瘾”（图 2-87）[3]。这种发自女性本体的创造力与实践精神，还体现在当时的各项大赛中，如《上海生活》所记载 1941 年由安乐纺织厂组织的绒线编结比赛大会[4]等。在这些比赛及展览会上，手工编结旗袍成为民国女性竞赛与炫技的重要载体之一。

图 2-85　编织中的有闲阶层

图 2-86　带绒线去学校的女学生

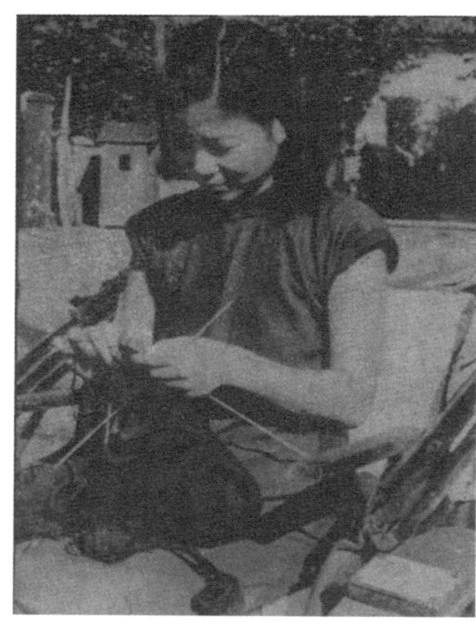

图 2-87　人力车上的女性在编结

---

❶ 王楠，张竞琼 . 近代冯秋萍“仿呢料”与“仿皮料”绒线编结技艺 [J]. 服装学报，2019, 4(1):49.

❷ 谷人，谭志超 . 绒线生活：编结是小姑娘最欢喜学习的工作（照片）[J]. 良友，1940 (161): 17.

❸ 谷人，谭志超 . 绒线生活：编结成为女人的习惯，她们无论在何处甚至人力车上也一样过着手瘾（照片）[J]. 良友，1940(161): 17.

❹ 佚名 . 绒线编结比赛大会（安乐纺织厂举办）（六福照片）[J]. 上海生活（上海，1937 年）, 1941,5(2):1.

3. 技术革新后潜在的市场价值

创制于民国后期的手工编织旗袍，之所以未能在市场中广为普及和流行，其中最大的阻力便是手织工艺未能实现向机器化、工业化的技术转变。虽然当时国内纺织服装行业的工业化程度已成规模，但仍处于动力机器纺织的引进和成长期。针对针织领域，民国以后集中对袜类、内衣类等产品的研发与生产，其中绒线类针织物主要有用横机编织后缝合的毛衣裤、手套、帽子、围巾等❶。由机器生产的针织物品类较为单一，尚未开发出适用于旗袍的成熟工艺。另外，民国编织旗袍对手工的回归，与当时服饰面料"去手工化"的主旋律相悖。民国时期的中国女性，已经不是房内热衷女红的闺秀，已经走出房门，转身为有职业身份及可出入不同场合的新时代女性。因此，停留在手工编结的针织旗袍，即使编结工艺一再推广与宣传，但产出的数量仍是极少数的，无法满足大多数女性的着装需求，也无法具备形成时尚潮流的可能性。这也使得手工编结旗袍在民国时期的市场并不繁荣，只是在展览会等罕见场合中昙花一现。

值得注意的是，市场占比的微弱并不代表市场价值的微小。民国手工编结旗袍最大的市场价值，在于其对后世针织旗袍发展与时尚流行的启示。其潜在的市场价值是庞大的。所谓"历久弥新"，编结旗袍无疑是"历久"的。尽管其在民国没有广泛普及，且在中华人民共和国成立后先后经历了旗袍式微、复兴及污名化的各个阶段，但在改革开放后依旧伴随旗袍的再次复兴而复出。1989 年，上海工艺编织厂在编著《上海棒针新潮》，预知 20 世纪 90 年代编织时尚新潮时，一件象牙白色的编结旗袍赫然在列❷。可见，手工编结旗袍一直存在人们的认知及对未来时尚的预期之中。至于"弥新"，21 世纪以来，编结旗袍通过设计师、品牌及技术介入等方式，变得更加鲜活、更有活力、更显价值。

近年来，针织旗袍仍然频频出现在其各季度的时尚发布会中。在品牌及产业方面，以中国羊毛衫名镇浙江桐乡濮院为例。此地聚集了一大批以针织毛衫的花型及款式设计研发企业、单位等，探索新时代毛衫设计的可能性。在其面向市场的各类针织产品中，同样出现了针织旗袍的身影，如"浩怡服饰"企业旗下"瑶池玫瑰""旗姿悦"等品牌，曾推出系列针织旗袍产品。其研发团队针对复古风产品，经 2 年市场调研，在 2014 年春季开发原创改良针织旗袍秋冬新款，并经一年多的线下实体销售收获好评。2015 年秋冬，该公司将针织旗袍以"瑶池玫瑰"品牌为

---

❶ 周启澄，赵丰，包铭新 . 中国纺织通史 [M]. 上海：东华大学出版社，2017:541,625-627.

❷ 上海工艺编织厂 . 上海棒针新潮 [M]. 上海：上海三联书店，1989.

导向推到线上进行尝试性销售，同样取得较好效果。需要警惕的是，目前市场中的针织旗袍，粗制、劣质现象越发凸显，如版型垮、省道多、盘扣松、装饰俗、镶滚糙、疵病多等。在新时代物质条件相对富足，中高端服饰市场兴起背景下，已基本“去手工化”的针织旗袍可以适度的“手工化”，如手工盘扣、手工镶滚等，从而重塑经典，重塑品质。这也是民国编结旗袍中“手工”温度的现代价值之一。

综上所述，由纱线直接钩套编织成型的针织旗袍，不管在面料质感、工艺工序，还是在造型构造、艺术风格上，都是对主流梭织旗袍的重要补充，民国时期的手工编结旗袍是现代市场中针织旗袍的前身。传统编结旗袍采用全手工制作，包含 7 大工序，是民国女性开展的重要旗袍创新设计案例。虽然编结旗袍因制作周期较长，未能实现批量化生产，未曾在市场中大规模的流行开来，但是其携带的技术、人文和市场创新价值不容忽视。现代流通于市场的针织旗袍，作为民国手工编结旗袍的现代传承，但又区别于民国时期的手工编结工艺，已经改用机器织成的方式，解决了传统手工编结难以批量化生产及大规模流行于市场的重要缺陷，使针织旗袍在未来走向更高、更广的时尚舞台成为可能[1]。

综上所述，民国汉族传统女装袍型在整个民国时期先后创制出卓尔多姿的结构类型，基于适体化演变进程，在收省旗袍（技术层面）、女童旗袍及连体袍型（年龄层面）、蕾丝及编结旗袍（材料层面）等方面形成了鲜明的特色。

---

[1] 王志成，崔荣荣，牛犁 . 民国时期手工编结旗袍的创制及价值考略 [J]. 丝绸，2021, 58(6): 103-109.

第三章 民国汉族传统女装裙型的结构过渡与定型

裙，作为下裳的代表性形制，先秦以来便一直是汉族女性下装的主要形制。发展至民国，传统女裙开始寻求结构上的改良和优化，整体上呈现出由传统围式结构向筒式结构的演变。由此便引出两个问题。

（1）民国时期汉族传统女裙结构由传统围式向当时筒式的演变是否一蹴而就？如果不是，渐变的过程如何体现？有无代表性实物标本？这些实物标本潜藏着那些结构设计特色？

（2）当筒裙定型之后，除了筒裙主结构的一般范式设计外，由于裙长、特别是裙摆围度的急剧缩小，民国女性是如何解决筒裙的内空间营造问题的？换言之，是否存在一些结构设计创新，使筒裙更加合体，方便当时女性的生活和工作。

因此，本章重点从设计的“过程”角度，以筒裙的形成与定型为脉络，深入研究民国时期汉族传统女裙结构的演变规律及其中衍生出的结构特色。

第一节　基于生活方式的女裙设计需求变更

民国时期在西方文明影响下女性生活方式及社会活动发生转变，新兴职业女性及学生群体等开始出现，对女性下裳裙装提出新的设计需求。

一、清代以前女裙围式结构的一脉相承

根据目前考古考证发现，较早带有围式结构的女裙存于战国时期，出土实物为江陵马山一号楚墓女墓主身着的深褐色绢裙，整体为素绢裁制而成，上腰系以宽带围体，在底边拼接几何式纹锦缘边（图 3-1）。同一时期相类似的还有湖南省长沙市马王堆一号墓出土的西汉绛紫绢裙，具体而言为拼接缝制、形为矩形的布幅，并以围式的方式系于腰部。之后，出土的另一件以围式出现的女裙，则是 1972 年新疆吐鲁番阿斯塔纳墓出土的两条唐代印花褶裙，其表现为在裙腰处叠褶，以一处处小褶的堆积来缩小腰围，呈现类似松紧带的堆褶效果，来放大下部的活动量（图 3-2）。随后，辽代刺绣莲荷纹罗裙摆（图 3-3）、福建南宋黄昇墓出土的黄褐色牡丹花镶边裙（图 3-4）也都沿用了传统“围系之裙”的结构。

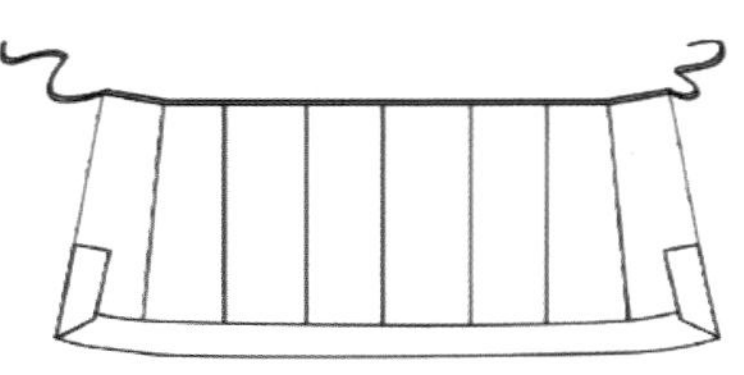

图 3-1　江陵马山楚墓女墓主身着的深褐色绢裙

图 3-2　新疆吐鲁番阿斯塔纳墓出土印花褶裙

图 3-3　辽代刺绣莲荷纹罗裙摆

图 3-4　福建南宋黄昇墓出土的黄褐色牡丹花镶边裙

明制延续“围式”的结构，如江苏泰州明代徐蕃墓出土的浅驼色织金缎单裙（图3-5），以白色布制为裙腰部分，除明显的马面外，在腰的两处分别制出对称方向的褶裥。除此之外，在明末时期，《朱氏舜水谈绮》中记载了以围式为主体的明末汉族下裳的样式和制法（图3-6）。

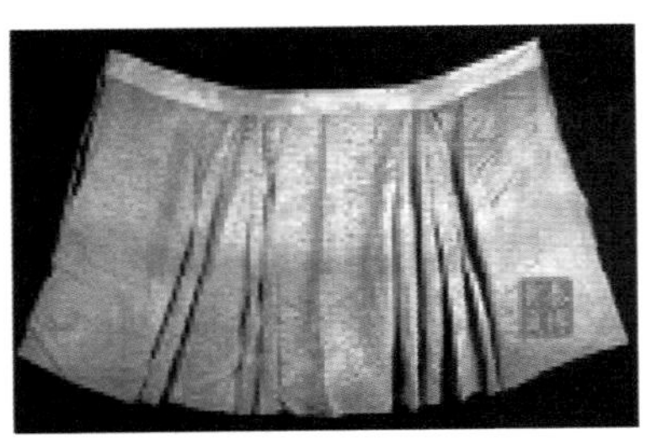

图3-5　江苏泰州明代徐蕃墓出土的浅驼色织金缎单裙

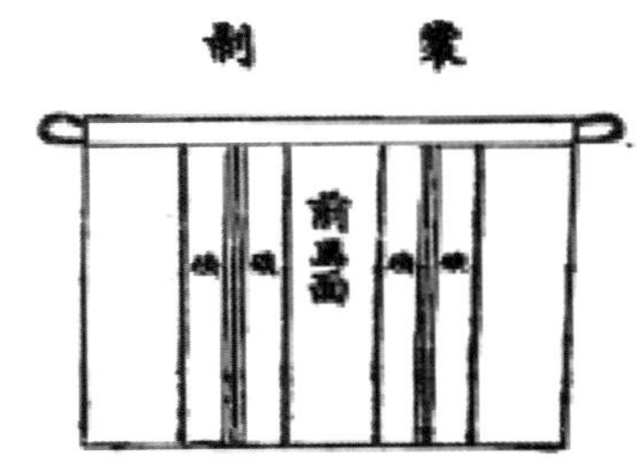

图3-6《朱氏舜水谈绮》记载的明末汉族下裳的样式和制法

至清代，马面裙形制更是卓尔多姿，以镶滚装饰等不断丰富裙摆的层次感。如图3-7所示，马面裙前后里外共有4个裙门，于前片中间裙门处两两重合，每个裙门装饰完整华丽，色彩绮丽，纹样多采用写实花鸟纹进行装饰，绣技高超。图3-8所示清代马面裙以暗红色缎为面，淡粉棉布为腰身。将面料通过褶裥式工艺做裙底，上面缀黑色镶边凤尾装饰条，并在装饰条底部做如意云头造型，因其造型独特又被称为“凤尾侧裥式”，是马面裙在清代所出现的新的变化样式，彰显了制作工艺的新高度。该裙在裙门与下摆的边缘装饰蝶花纹，繁复细腻、造型精致且色彩丰富，还装饰有U形装饰，整幅装饰条各个纹样之间的空隙都以各种造型各异的花卉叶片图案填充，按照排列方式串联，使得装饰画面繁而不杂，色彩与布局都相当有条理，细看之下更是蕴藏深意，各式花卉带有富贵吉祥的含义，同时内部贴有五只形制各异的蝴蝶贴绣，栩栩如生，寄予健康长寿之意。

图 3-7　清七彩缎相间贴绣如意头仕女人物纹马面裙
（资料来源：广州市博物馆藏品）

图 3-8　清朱红暗花缎贴绣蝶恋花绣边马面裙
（资料来源：广州市博物馆藏品）

二、清末民初生活方式变革与女裙设计变迁

民国时期社会受到西方文明的影响，人们学习和接收西方自由平等的生活方式，汉族女性的活动范围不再局限于家庭，开始走向户外，参与工作或社交，对下裳女裙的结构设计提出了新的功能需求。1923 年俞开铭精辟地总结民国女裙与传统清代女裙的差异："（今）露出两条腿，（昔）不见一双脚[1]"，指出新旧女裙最大的结构区别在于裙长的变化上。

汉族女性在封建社会的主要社会角色为女（父亲的女儿）、妻（丈夫的妻子）、母（儿子的母亲），依附于男性而生活在父家、夫家或子家中。特别是宋代以后伴随儒家礼教及规范的约束，汉族女性基本养成了"足不出户"的生活习惯。同时，古代汉族女除了"三姑"（道姑、尼姑、卦姑）、"六婆"（牙婆、媒婆、师婆、虔婆、药婆、稳婆）及私塾教师之外，是没有职业的[2]。在家中室内进行纺纱、织造、制衣、刺绣等女工活动是汉族民间女性最频繁的工作之一，而官宦及富贵人家女子饮食起居则有专人伺候[3]。因此，女性对服装的功能性要求并不高，形成"宽衣博袖"的衣裳结构，而其中的下裙是宽长的马面裙、凤尾裙等，即所谓"移步金莲，凤尾摇曳"。马面裙是明清时期汉族女子着装最典型的款式，凤尾裙为其变式，由多片下端呈棱角的竖直长条一字排开组合而成。在各裙片下端常系铜铃，民间称"铃铛裙"。铃铛在女性穿上此裙行走过程中不可叮铛作响，否则视为失态。因此，马面裙、凤尾裙与弓鞋的搭配，一道成为中国传统服饰文化中限制妇女日常活动、规范妇女行为操守的载体。图 3-9 示出清末李鸿章夫人着马面裙形象，虽为坐姿，但裙长仍及地，遮双脚，上衣搭配袄褂大袖，极为宽松，不利活动。图 3-10 所示为一套清末传世实物，马面裙外加盖一件凤尾裙，也是清末女性常搭配样式。

民国以后在西风东渐和民主与科学的影响下，汉族女性的生活方式发生了变革。在工作上，职业女性开始出现，除了传统的家庭式作坊外，集中办厂的纺织厂、制衣厂以及食品厂、机械厂等其他商业工厂开始大量招收女工。图 3-11 示出民国工厂中女性着装尤其裙装，简洁干练。在京、津、沪、粤以及诸大都会，往往有令女子营业的商店[4]；在社交上，汉族女性的交际场合与类型也变得多元，除了

[1] 俞开铭 . 裙的今昔：漫画 [J]. 滑稽，1923(2):48.

[2] 瞿同祖 . 中国法律与中国社会 [M]. 北京：中华书局，1996:102-114.

[3] 刘士圣 . 中国古代妇女史 [M]. 青岛：青岛出版社，1980:382-383.

[4] 陈东原 . 中国妇女生活史 [M]. 北京：商务印书馆，2017:299.

婚丧嫁娶等传统礼俗场合外，各式各样的舞会、宴会、茶会以及一些商品发布会和展览逐渐出现，汉族女性的身影越来越多；在教育上，汉族女性也不再遵循“女子无才便是德”的旧式陋习，在男女平权思潮下，“男女共学”越发成为教育的理念，在小学、中学和大学中，汉族女学生越来越多。“在昔妇运未发达时代，妇女皆深居闺阁之内，初无交际可言。及世界文明，女子解放，于是国中有识女子亦多有从事社会活动。”生活方式及活动空间的变革，是汉族女性女装的改良成为时代的必然。传统宽大至地的马面裙已经无法适应民国女性新的生活方式，亦即女性裙装设计的需求发生了转变，亟需通过设计与改良以求适合。

图 3-9　清末李鸿章夫人着马面裙

图 3-10　清末服饰体系中裙装搭配

图 3-11　民国工厂中女性形象

（资料来源：《旧社会——老画报里的中国》）

第二节　民国裙型结构由围式向筒式过渡的过程考证

基于生活方式的变革，汉族传统女裙的结构发生了变迁（图3-12），但是这种变迁并非一蹴而就，经大量传世实物的整理与测绘，发现其中存在明显的过渡过程，且可以从实物标本中得到实证。

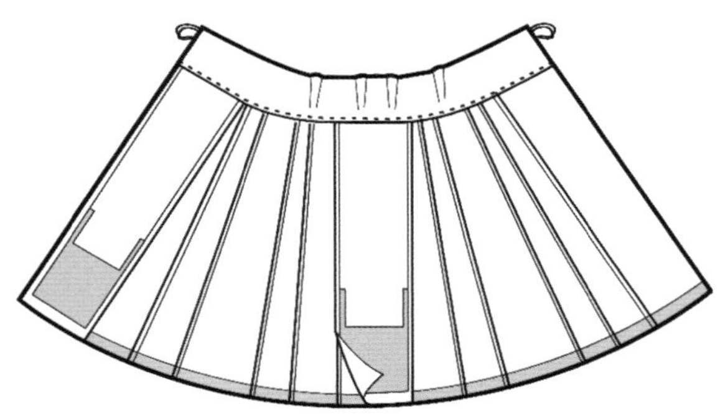

（a）传统围式襕干马面裙样式（展开状）

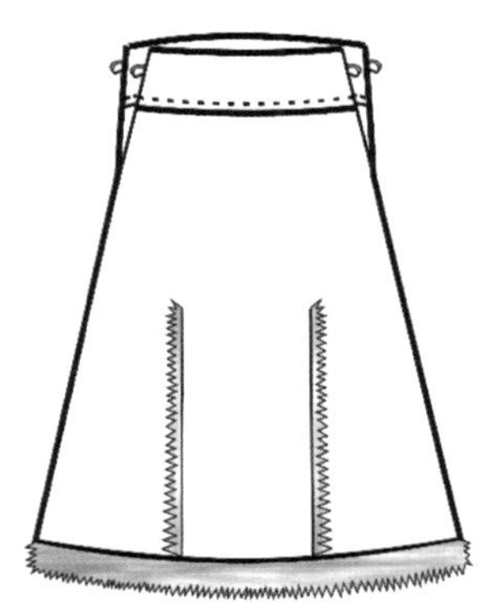

（b）民初马面裙过渡样式（合拢状）

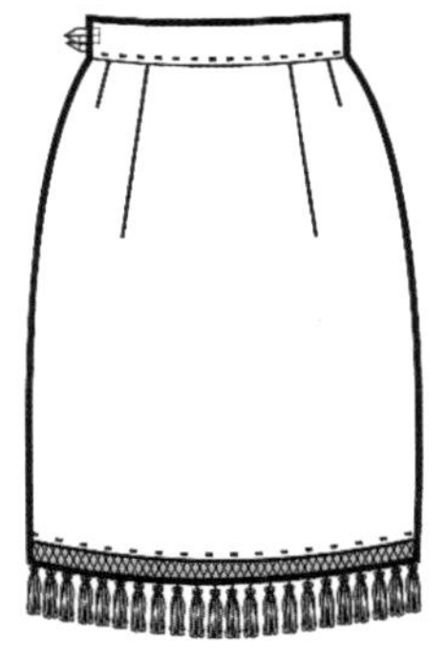

（c）筒裙定型样式（合拢状）

图3-12　女裙由传统围式向筒式演变过程中的三种形制

一、由马面裙闭合而成“筒裙”

由马面裙向筒裙过渡的过程中，第一种简单的，未涉及主结构改良的方法，即是通过闭合方式的介入来实现“由围入筒”。来自广州市博物馆的实物标本——民国红褐绸刺绣襕干式设揿扣马面裙可以实证此法。该马面裙承袭清代流行的襕干马面裙形制，底摆宽大，长及脚踝处，结构已有所改良，将前后裙门，即“马面”结构与侧边的襕干进行缝合，区别于传统马面裙裙门独立存在，交叠于门底襟之外的设计。面料选用上等真丝绸料，光泽度极好，上绣由牡丹等花卉纹样构成的团纹，尺寸极小，散点式铺满马面裙的中下部；在裙门、下摆与裙幅各片边缘镶有米色装饰，丰富裙子的层次（图 3-13）。裙腰使用蓝色面料，用扣系之。

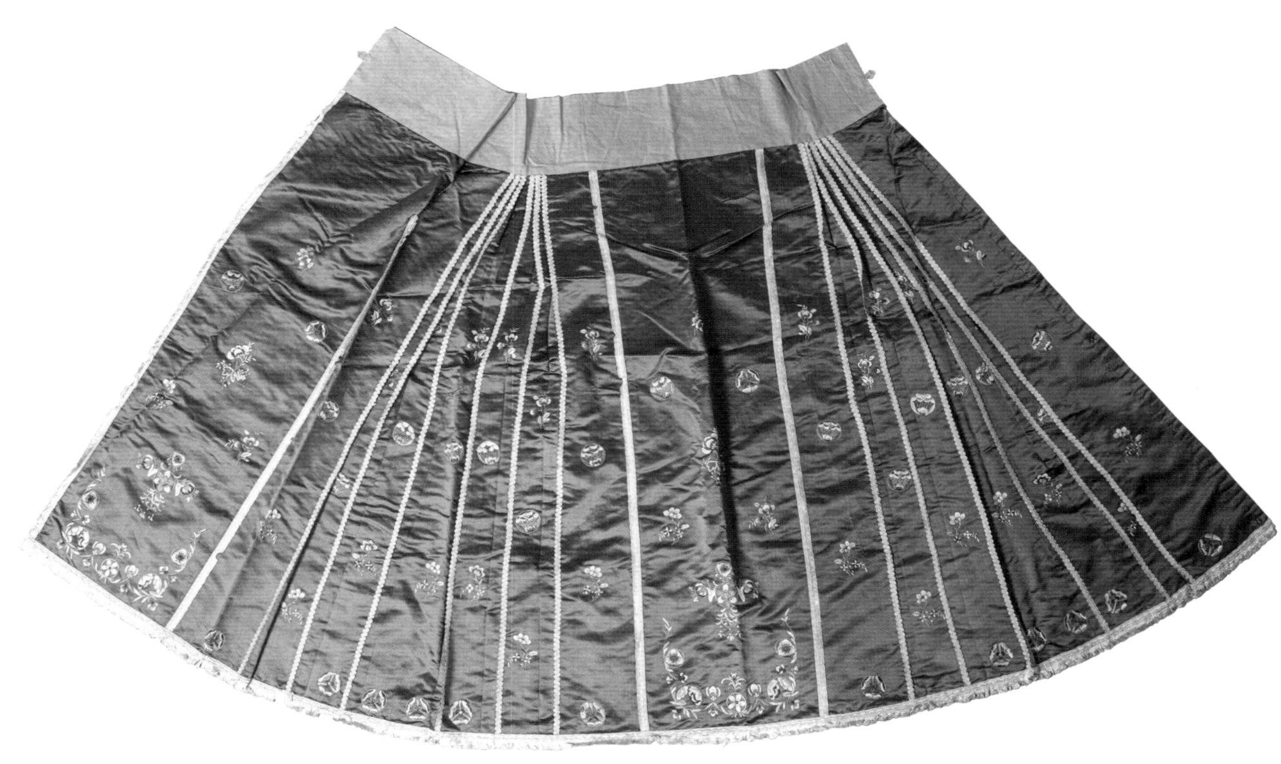

（a）实物

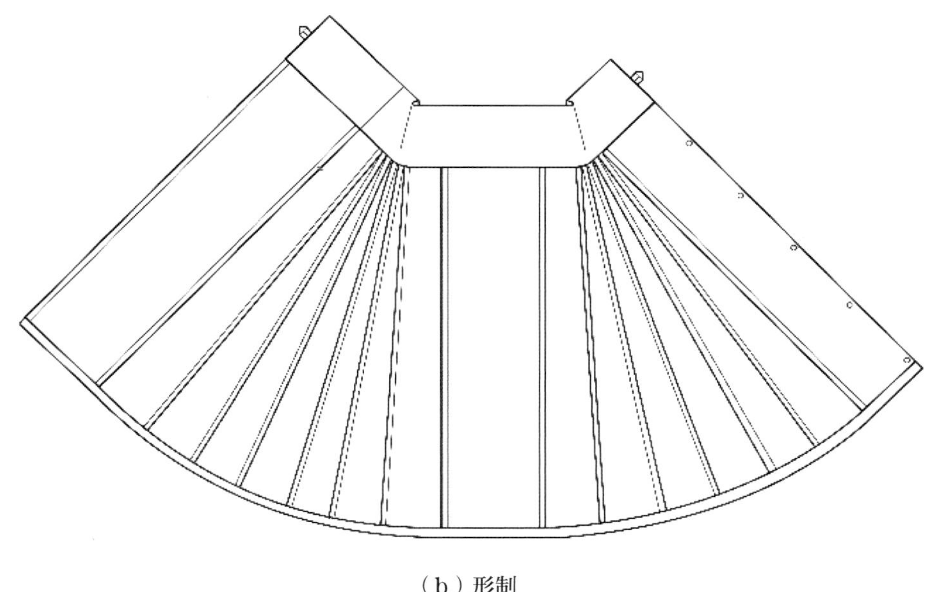

（b）形制

图 3-13 民国红褐绸刺绣襕干式设揿扣马面裙实物与形制
（资料来源：广州市博物馆藏品）

此马面裙最大的特色，即是在后内裙门外侧设置了 5 副揿扣，即子母扣，作为裙身的闭合方式。加上前后裙门与左右襕干的缝合为一体，此件马面裙在穿着后，便可形成“筒裙”一样的结构空间。

对民国红褐绸刺绣襕干式设揿扣马面裙进行主结构测绘与复原（图 3-14），发现腰围 88.0cm，腰头宽 12.5cm，裙长 85.0cm（不包括腰头在内），裙门宽 27.0cm，下摆围 199.0cm，似乎没有特别之处，但若将其放在清代诸式马面裙之中，便“高低立现”。通过大量的实物测绘和总结，发现清代马面裙的腰围基本处于 100.0～170.0cm，且一般均超过 120.0cm；裙长基本处于 90.0～110.0cm，且一般均超过 100.0cm，下摆围基本处于 250.0～310.0cm。相较之下，民国红褐绸刺绣襕干式设揿扣马面裙的尺寸，特别是腰围和裙长在尺寸上进行了大量的缩减。也正是由于腰围尺寸的大幅度缩减，为了穿脱方便，还在裙后腰处设置了一条长 25.5cm 的开衩。

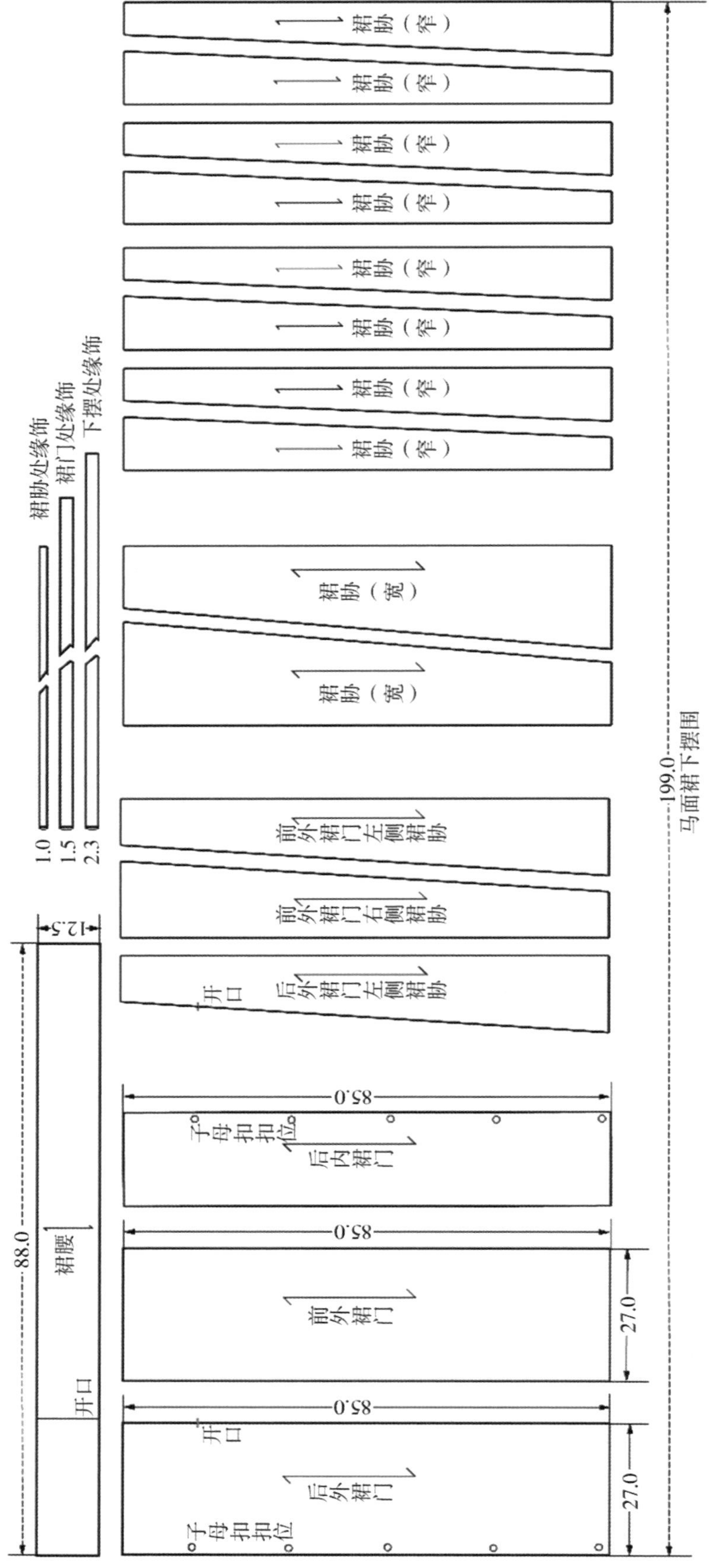

图 3-14 民国红褐绸刺绣襕干式设揿扣马面裙主结构测绘与复原（单位：cm）

因此，民国红褐绸刺绣襕干式设撴扣马面裙是民国时期女裙中非常“文明”和“进步”的结构设计之一。这一点可从其搭配上衣中得到实证，如图3-15为该马面裙搭配上衣，且为“原配”。上衣衣长63.5cm，通袖长120.0cm，下摆宽65.0cm，形制为圆领（无领），右衽大襟，衣袖为直通平口，衣身两侧开衩。上衣质地及装饰细节与下裙一致，里料为蓝色棉料，与下裙的腰头基本一致，可见该套衣裳在面料设计上的讲究。

图3-15　民国红褐绸刺绣襕干式设撴扣马面裙搭配套装

（资料来源：广州市博物馆藏品）

此种马面裙与上衣的搭配，已属于“文明新装”的范畴，且一般为20世纪20年代的装束。1918年，美国知名摄影家西德尼·戴维·甘博（Sidney David Gamble）于福州摄下老照片《名媛》(图3-16)，女性身着衣裳的形制与民国红褐绸刺绣襕干式设撤扣马面裙搭配套装非常类似。

图3-16　1918年福州女性着裙

二、由马面裙改制而成“筒裙”

1938年10月20日，余振雄在《申报》提出“截长成短”：“中等甚至再下一等的女子，却也偏要看样，累得家中父母丈夫，焦头烂额，摇首叹息，况且身居在这物力维艰的‘孤岛’上，想想真是何苦多此一举呢！但爱美是女子的天性，或为了环境不得不如此，那倒可以另开途径的，也可穿着上最时式的短旗袍。这惟一的捷径，就是改制，把旧有的衣裳，来截长成短，因为它既给认为过时而摒诸箱底的衣服，弃之可惜，现在改制成一件合时的衣裳，岂不是在经济上，在美观上，都收有甚大的效能吗？”

（一）襕干式马面裙改制成“筒裙”

该件民国绿绸襕干马面裙改制成“筒裙”，色彩绮丽，使用绿色绸缎面料作为底色，附有暗花纹样（图3-17）。在形制上，此裙属于“筒裙”，为马面裙改制缝合而成。改制前马面裙为等距型襕干马面裙形制，裙幅处饰有一半黑色如意云头装饰，缀有金线纹样（图3-18）。在马面部分以黑色绸缎镶边，在中部做侧型如意云头造型装饰，并于内层装饰有紫底白色花蝶纹样，最内侧镶有米色底纹样，同时在马面中央用金线地织绣人物，纹样内容为仕女划桨图，男子遥望划桨的女子，通过荷花纹样的装饰烘托出善良美好的姑娘、纯洁的爱情和高尚的情。纹样做工精细，装饰繁复，十分精美。

（a）正面

（b）背面

图 3-17　民国绿绸襕干马面裙改制成“筒裙”实物

（资料来源：广州市博物馆藏品）

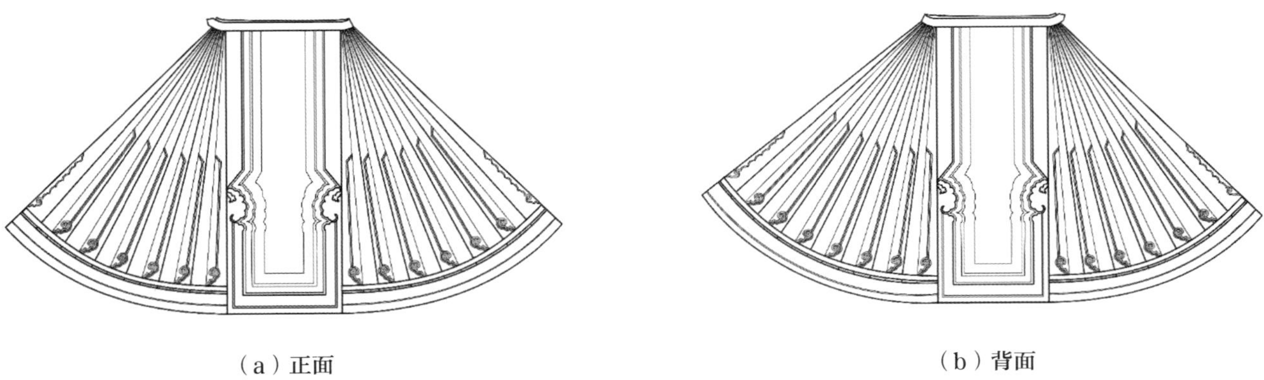

（a）正面　　（b）背面

图 3-18　民国绿绸襕干马面裙改制成“筒裙”形制

对民国绿绸襕干马面裙改制成“筒裙”主结构进行测绘与复原（图 3-19），发现裙长仅 77.5cm（不含腰头），与传统马面裙长度差距较大，故推测此马面裙应在腰处进行了部分截除；改制前马面裙底摆围 335.0cm，改制未对其做处理；裙门宽 28.7cm，襕干基本等距，于下摆处最宽为 7.8 ~ 10.8cm。因此，此件由马面裙改制而成的“筒裙”主要改在腰部结构，改制后不仅腰围变窄，腰头也大幅度缩短，仅为 3.0cm。

需要指出的是，此件改制最大的结构处理，当属左右襕干腰部进行的打褶设计，不仅使马面裙在结构上更加适体，而且最大限度地保留了前后裙门的结构完整，使马面裙的形式与装饰之美得以完美保留。

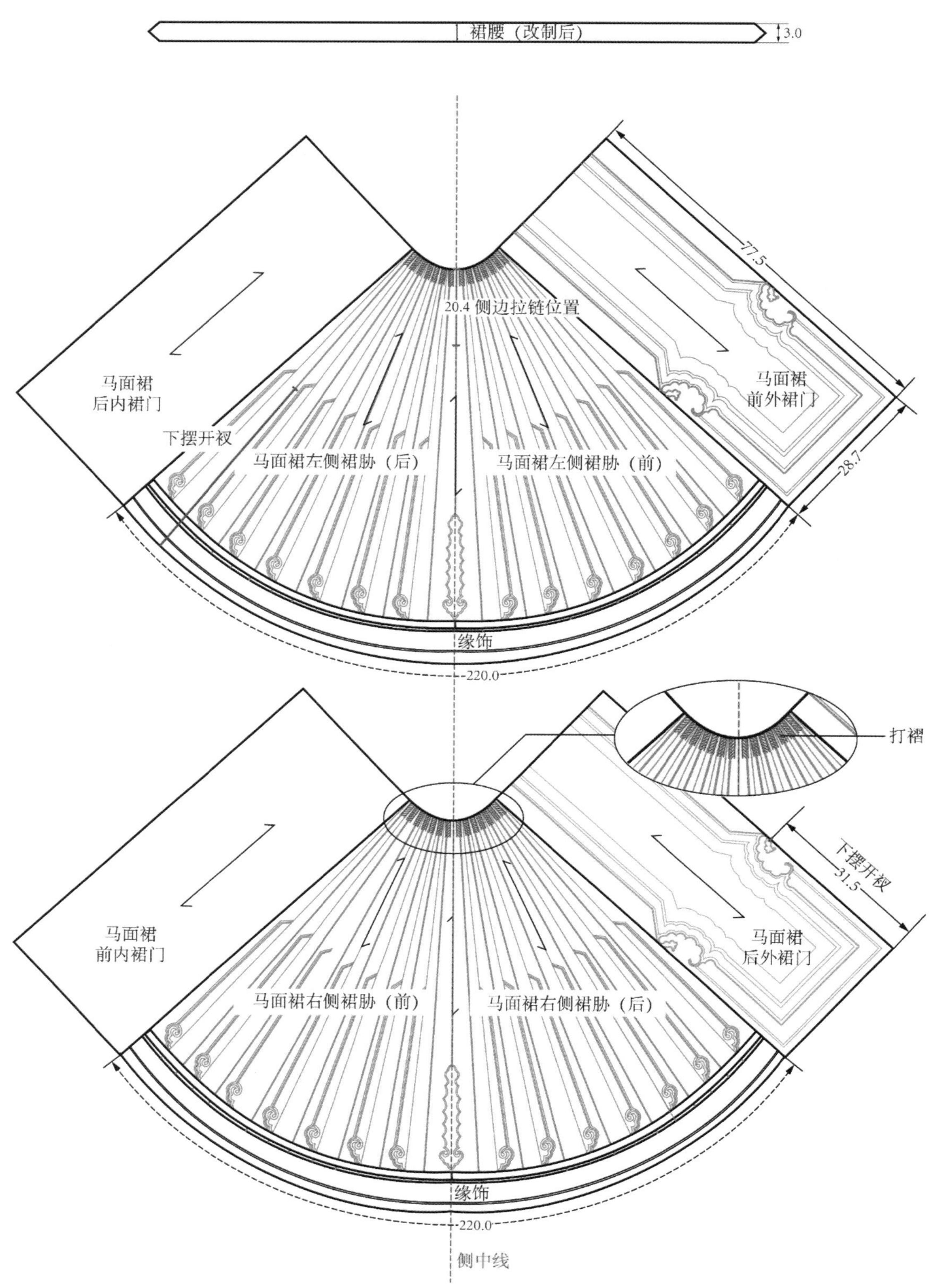

图 3-19　民国绿绸襕干马面裙改制成“筒裙”主结构测绘与复原（单位：cm）

基于裙腰收腰变得窄细，“筒裙”的闭合方式势必需要重新设计。

（1）在腰处对应侧中线处设置一条长 20.4cm 的门襟，由拉链进行闭合，并在腰头处增加 3 副风纪扣进行固定，避免拉链的滑落（图 3-20）。

（a）闭合状态

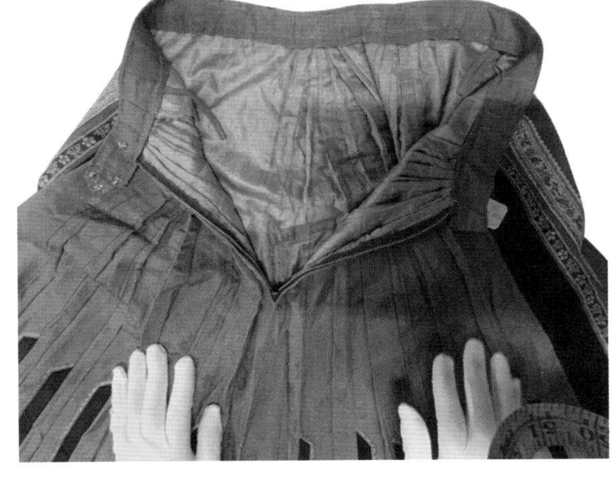

（b）打开状态

图 3-20 民国绿绸襕干马面裙改制成“筒裙”的闭合方式

（2）虽然此群下摆围度足够大，完全满足女性下肢的活动，但是在后裙门缝合设计时，还是留出了一定的下摆开衩量（图 3-21）。

（a）正面

（b）背面

图 3-21 民国绿绸襕干马面裙改制成“筒裙”裙里及开衩设计

除了改制之外，民国时期还有一种重要的结构，即表面上为马面裙，但在本质上（结构上）属于筒裙范畴。此种筒裙在外观上极具迷惑性，根本无法辨别出筒式还是围式。在 1912 年颁布《服制》所规定的女子礼服样式图中，对于下裳的规定虽然在文本描述上为“马面裙”，但是从图示及实物中还是可以看出筒裙的身影。

民国黑绸“鹤穗”刺绣礼服筒裙（图3-22）在外观上保持了传统马面裙的形制特征，并且属于襕干式马面裙，但这是一件“新制”的产品，并非如民国绿绸襕干马面裙改制成“筒裙”那样，由旧裙改制而成。因此，这种在外观上延续传统女裙形制，但在结构上却做出根本改变的“旧式新构”式结构设计，在当时应该是具有一定影响的，并非处于“旧衣新用”理念下的被动做法，而是一种主动的设计和选择。

（a）正面

（b）背面

图3-22　民国黑绸“鹤穗”刺绣礼服筒裙实物

（资料来源：广州市博物馆藏品）

此外，民国黑绸“鹤穗”刺绣礼服筒裙与上述民国黑绸“鹤穗”嘉禾团纹刺绣礼服女褂为一套装束（图 3-23），是民国女性礼服的经典衣裳范式。

（a）正面

图 3-23

（b）背面

图 3-23　民国黑绸“鹤穗”刺绣礼服筒裙搭配上衣

（资料来源：广州市博物馆藏品）

通过对民国黑绸“鹤穗”刺绣礼服筒裙的形制及结构进行测绘与复原（图3-24和图3-25），发现此裙的裙长88.5cm（不含腰头），裙摆围148.0cm，裙门宽24.7cm，腰头宽10.0cm，腰围78.5cm，且前宽后窄，相差约0.3cm，从设计的角度看，如此差值可以达到左右侧缝开衩（不含腰头则长21.0cm和21.5cm）闭合之后，使系结件藏于或朝向裙后，以达到美观的效果，不可谓匠心不独到也。

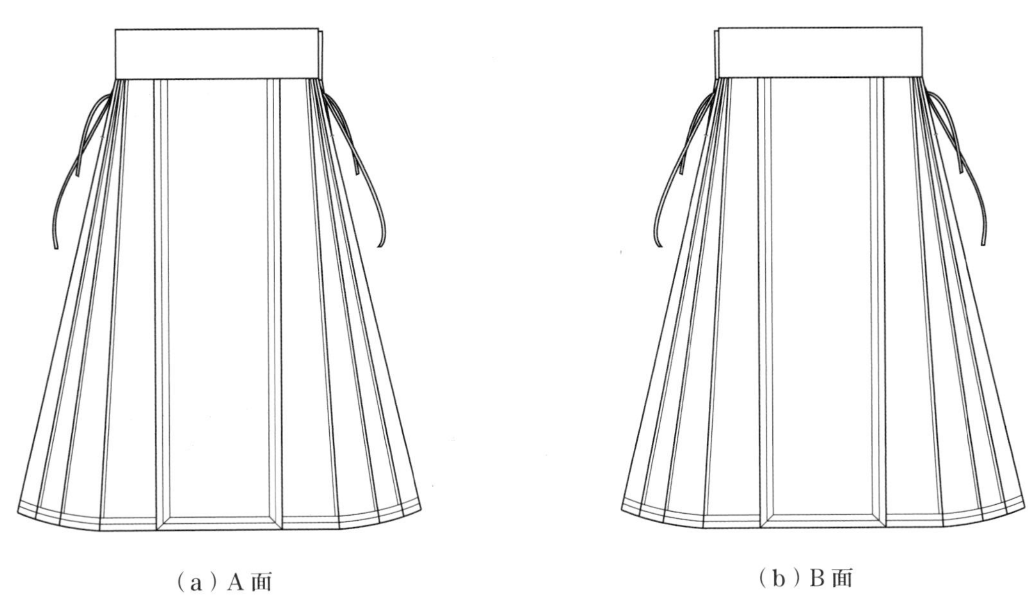

（a）A面　　（b）B面

图3-24　民国黑绸“鹤穗”刺绣礼服筒裙形制

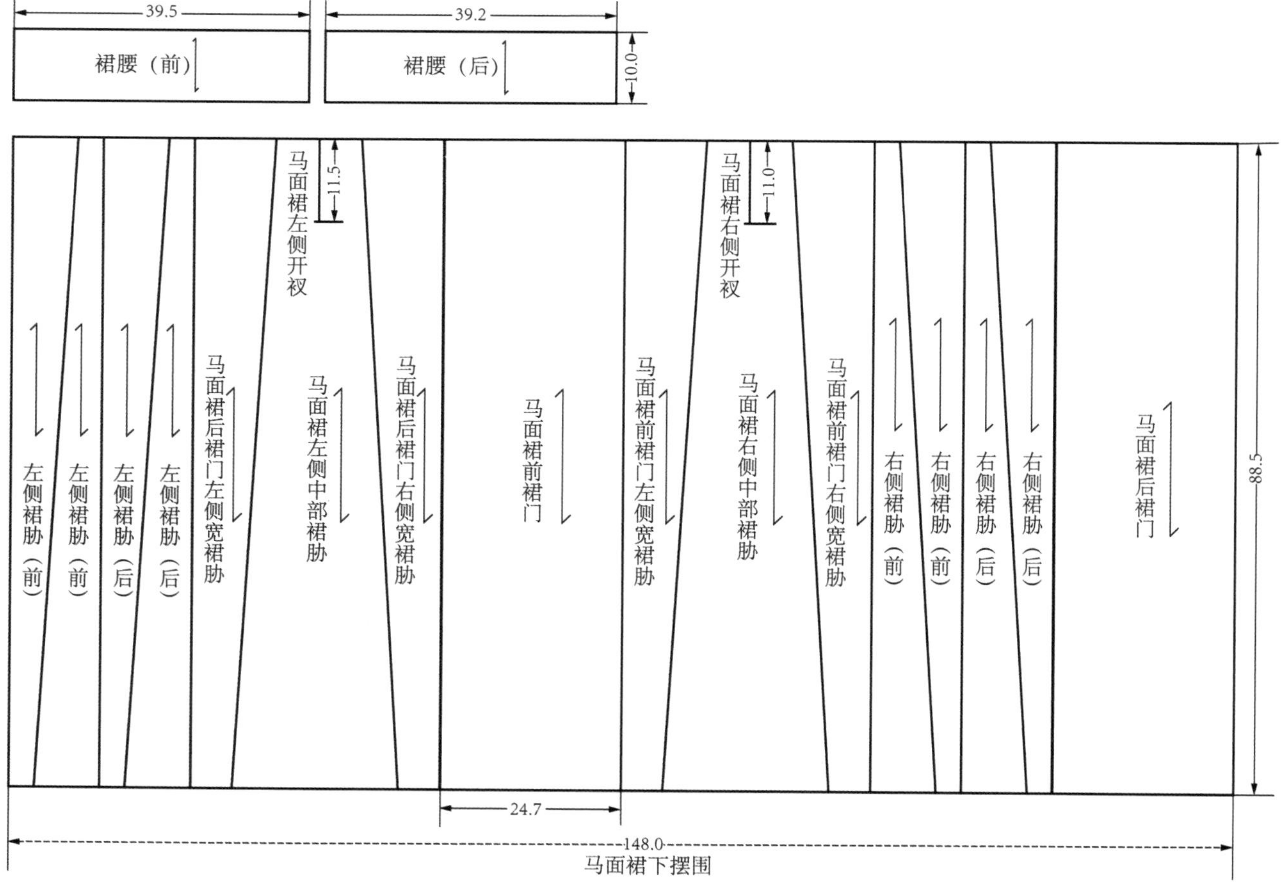

图 3-25　民国黑绸“鹤穗”刺绣礼服筒裙主结构测绘与复原（单位：cm）

（二）侧裥式马面裙改制成“筒裙”

在民国时期由教育部制定，由商务印书馆发行的“女子中学师范教科书”的《第三十六编　衣服》中记载着当时女性礼裙的形制和结构，首先指出整体特征：“前后中幅平，左右有裥，上缘两端用带，制造用料，须本国丝织品，并得加绣饰”；其次强调“裁法与常裙同，唯前后不开，并不用裹马面。服时从下套上，是以上腰两端，须开衩。”[1] 这段论述，实证了民国黑绸“鹤穗”刺绣礼服筒裙的结构设计。

[1] 佚名 . 第三十六编、衣服 [M]. 上海：商务印书馆，（时间不详）.

所谓“细裥裙”，在命名上重点突出了此裙两侧打褶，形成密密麻麻细裥的结构特征。从形制图上可以直观地看出，此裙虽然保留了马面裙门、左右侧裥，但是在主体结构即闭合方式上，已不属于传统的围式结构，而属于“筒裙”的结构，并且在左右侧缝腰处设置了开衩，以便“筒裙”的穿脱与闭合（图 3-26）。与此同时，在结构上，此裙与传统侧裥式马面裙的结构设计仍然区别不大。因此，此类“筒裙”的改制仍然满足“只改结构，不变其形”，即笔者称为“旧式新构”的结构过渡设计法则。

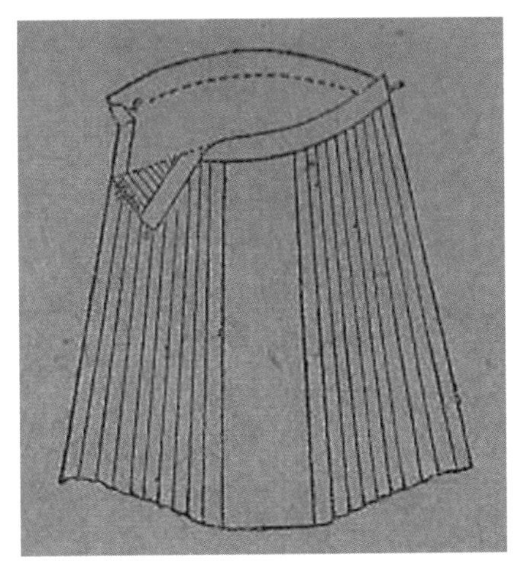

（a）形制

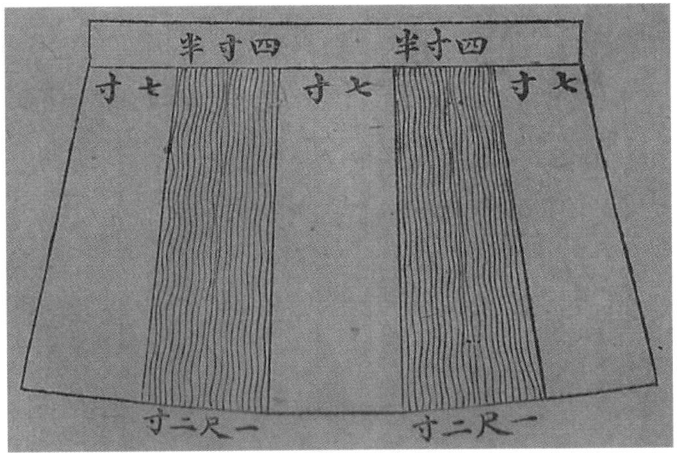

（b）结构

图 3-26 民国“细裥裙”形制及结构考

（资料来源：民国商务印书馆出版《第三十六编 衣服》）

在广州市博物馆中珍藏一件与上述细裥裙近似的实物标本——民国浅红缎牡丹喜鹊刺绣侧裥式马面裙改制“筒裙”。该“筒裙”由侧裥马面裙改制而成，改制前马面裙一共有两个裙门，裙门覆盖于另一片之上，并在侧面打裥，故为侧裥式马面裙，因褶裥细密众多，又可称为百褶马面裙。该裙质地为粉紫绸面，在整幅面料上绣有反光鱼鳞网格暗纹，同时裙腰处使用了弹力松紧绑带工艺，增加了裙装的便携性。在裙门与裙幅下摆处绣有梅花纹样，是明清以来最喜闻乐见的传统寓意纹样之一，寓意为不老不衰，又可示五福之意。此外在马面上还缀有花鸟纹与蝴蝶，鸟绣为喜鹊，寓意吉祥到好运来，结合多种图案的使用，整体表达出一种吉祥平安、延寿无疆的美好期盼（图 3-27 和图 3-28）。

（a）正面

（b）背面

图 3-27　民国浅红缎牡丹喜鹊刺绣侧裥式马面裙改制“筒裙”实物

（资料来源：广州市博物馆藏品）

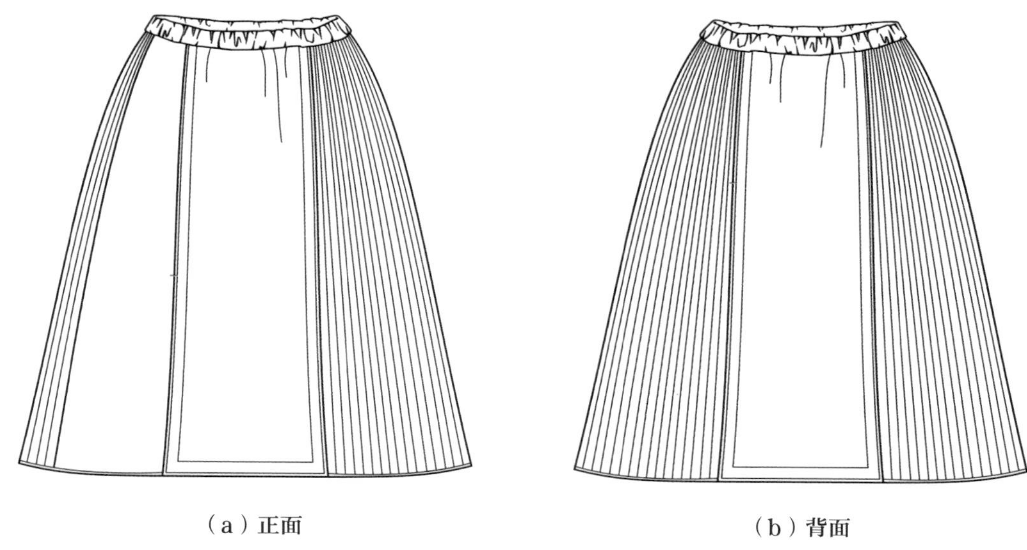

（a）正面　　（b）背面

图 3-28　民国浅红缎牡丹喜鹊刺绣侧裥式马面裙改制“筒裙”形制

对民国浅红缎牡丹喜鹊刺绣侧裥式马面裙改制“筒裙”主结构进行测绘与复原（图 3-29），发现裙长 85.3cm，底摆围 177.8cm，其中覆盖于后马面裙下的门襟宽 27.8cm，比宽 28.7cm 的马面裙要窄 0.9cm；腰头宽 3.5cm，较传统马面裙有了大幅度缩减；“筒裙”的前后开衩，位置介于马面一侧，尺寸分别为前开衩长 41.2cm，后开衩长 69.0cm。腰部的闭合方式为松紧带的设置，弹性较大，因此未增加腰部开衩的门襟设计，在穿着时由下而上套穿即可。

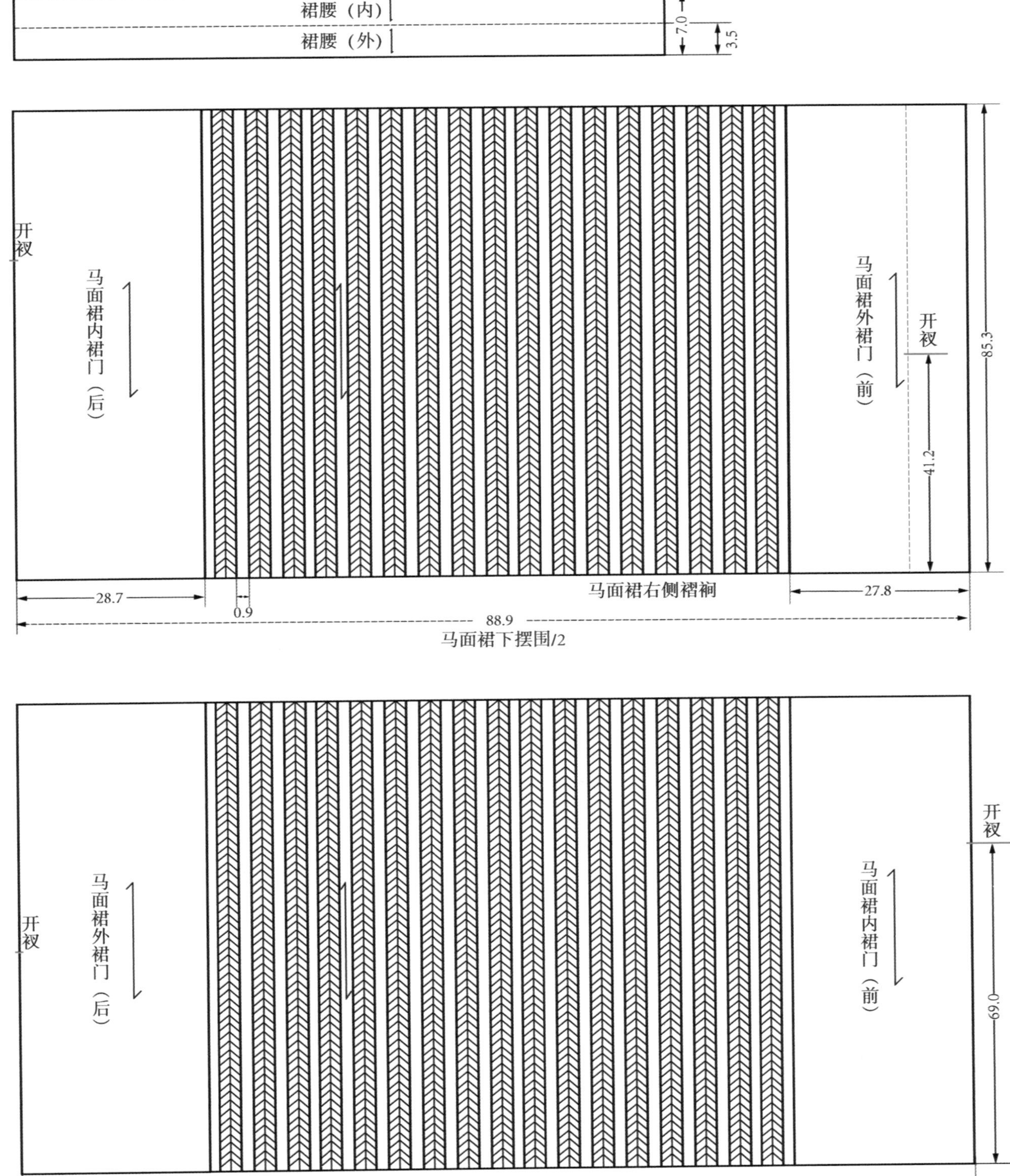

图 3-29　民国浅红缎牡丹喜鹊刺绣侧裥式马面裙改制“筒裙”主结构测绘与复原（单位：cm）

三、遗存“马面”结构的筒裙

除了闭合方式以及结构的改制外，在筒裙逐渐定型的过程中，还存在一种重要的结构特色，即存在“马面”结构的筒裙。民国红绸仙鹤牡丹刺绣马面筒裙保留了传统马面裙的形制结构，属于民国女裙由传统围式向筒式变革的过渡形制。裙身以红色丝绸为地，上方使用同色质地做腰头，里料也为红色丝绸质地。最大的特点是在裙门侧面打裥，为了使这些褶裥能够维持固定的形态，用熨烫与缝合工艺进行定型，使裙子可以随着人的行动裙幅发生张合变化，形成富有动感的流动视觉效果，同时裙身两侧的襕干形成左右对称的自然形态，体现出庄重、严谨、对称的穿着效果。该裙的视觉中心在正中所绣的仙鹤花卉图案，图中仙鹤脚踩海水纹样，装点吉祥富贵的花卉纹样与象征多子多福的植物纹样，同时在四周裙幅上绣有形态各异的花枝纹样，整体色彩与排列都相当有条理，组合纹样协调统一，对称平衡，同时在下摆有流苏装饰，在古代流苏有着象征身份尊贵、富贵华丽与浪漫爱情的含义，与裙身结合在一起尽显富贵之态（图 3-30 和图 3-31）。

（a）正面

图 3-30

（b）背面

图 3-30　民国红绸仙鹤牡丹刺绣马面筒裙实物

（资料来源：广州市博物馆藏品）

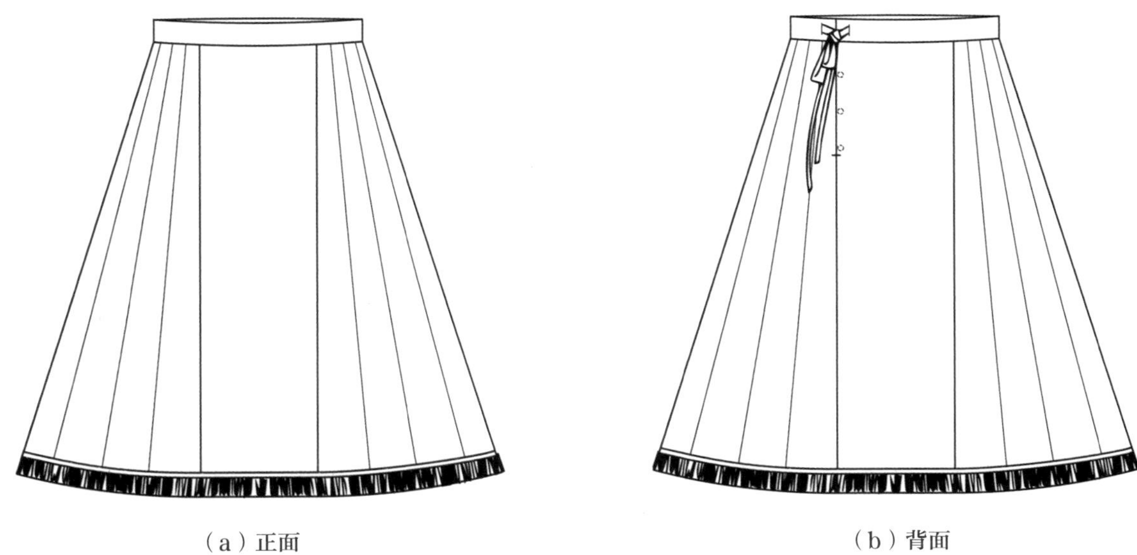

图 3-31　民国红绸仙鹤牡丹刺绣马面筒裙形制

对民国红绸仙鹤牡丹刺绣马面筒裙主结构进行测绘与复原（图 3-32），发现裙长 82.0cm，其中腰头宽 4.1cm；腰围约 76.0cm，下摆围 148.8cm；筒裙遗留的“马面”结构宽度为 19.3cm；在筒裙的后右对应“马面”结构的侧缝处设置了门襟设计，长 24.0cm，并以 3 副子母揿扣闭合，在腰头处还增设了内嵌式细带用以系结裙腰。

综合上述几款属于过渡性质的筒裙结构分析，可以发现其结构存在共性：均是在二维平面体系中开展的结构设计，且主结构基本都能拼合成一块方形面料。这种在方布上通过排列和组合，裁剪制作出“上窄下宽”特征的筒裙，最大限度地利用了面料，很多甚至是“零浪费”裁剪，是传统女裙结构传承下来的重要基因。

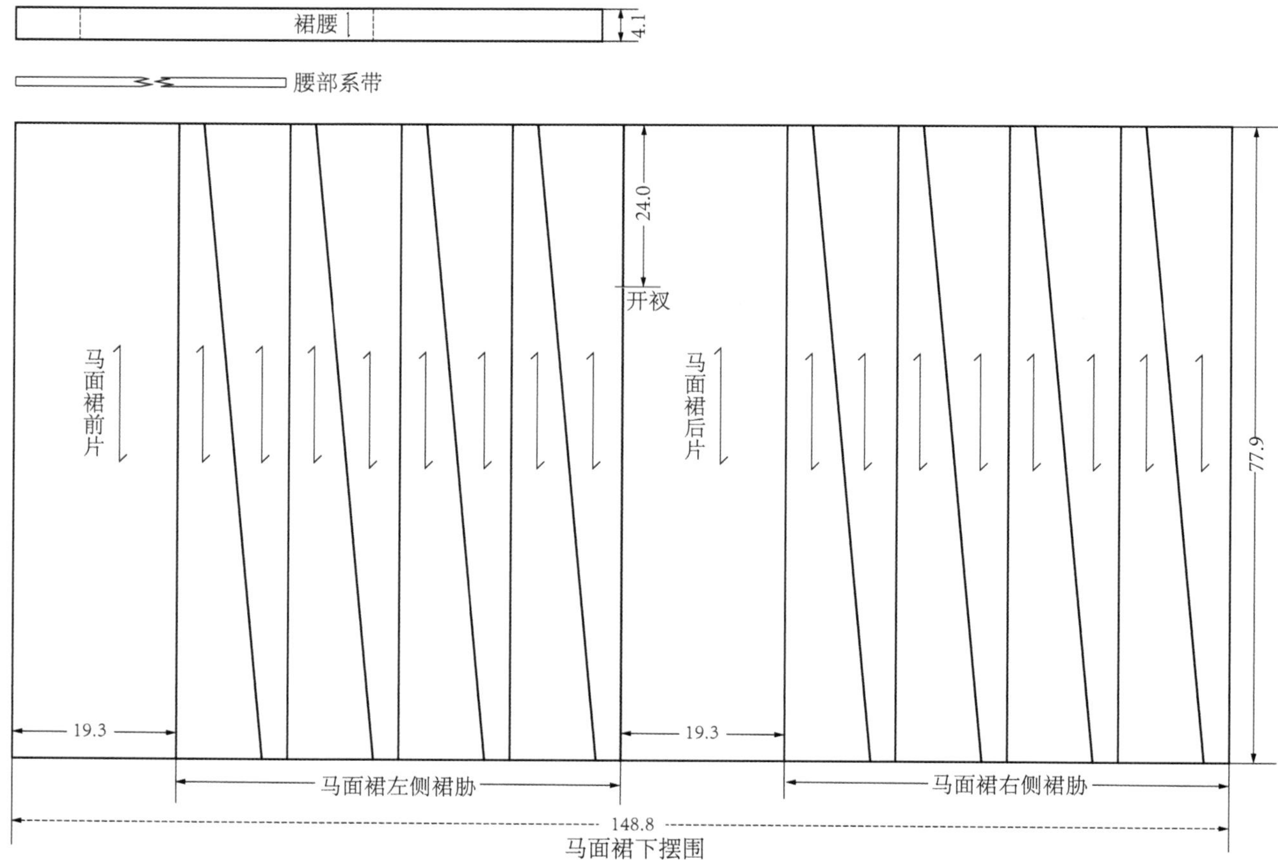

图 3-32 民国红绸仙鹤牡丹刺绣马面筒裙主结构测绘与复原（单位：cm）

需要指出的是，这种遗留“马面”结构的筒裙结构对后世影响颇深。中华人民共和国成立以后，在汉族女性裙装的结构设计中，基本完全取消了传统围式的结构特征，一律采用筒裙的结构体系，但是在这些卓尔多姿的筒裙的结构设计中，经常可以看到传统“马面”结构的形象。代表性的结构有“花色马面裙”[1]“六片马面裙”[2]“四扣马面裙”[3]（表 3-1）等，其结构共性为裙身前片“马面”结构的设置，后身的“马面”结构或有或无，而传统流行的左右侧身打褶的结构特色也是或有或无，总体上结构设计不受拘束，且在裙腰处通过腰省、育克、拼接等结构设计，使筒裙更加适体。同时，只是在此时筒裙的“马面”上，不再施以刺绣装饰，使筒裙更加简约和素雅。

❶ 上海服装鞋帽商业行业协会 . 上海时装裁剪 [M]. 上海：上海文化出版社，1991: 62-63.

❷ 王海亮 . 女装款式设计与制作 [M]. 北京：金盾出版社，1997:65-67.

❸ 王海亮，陈富美 . 春夏女装 [M]. 北京：中国展望出版社，1983:66.

表 3-1　现代筒裙中“马面”结构传承统计

编号	名称	形制图	结构图	结构特征
1	花色马面裙		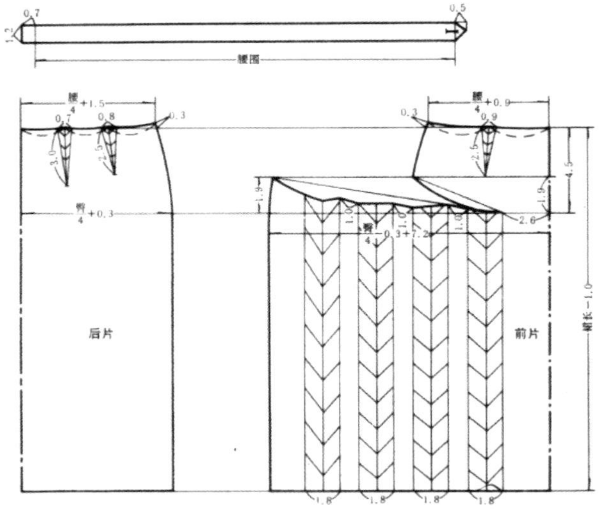	1991 年设计，裙长及膝盖；前后对称，两侧打褶，下摆渐窄，廓型呈 V 字形
2	六片马面裙		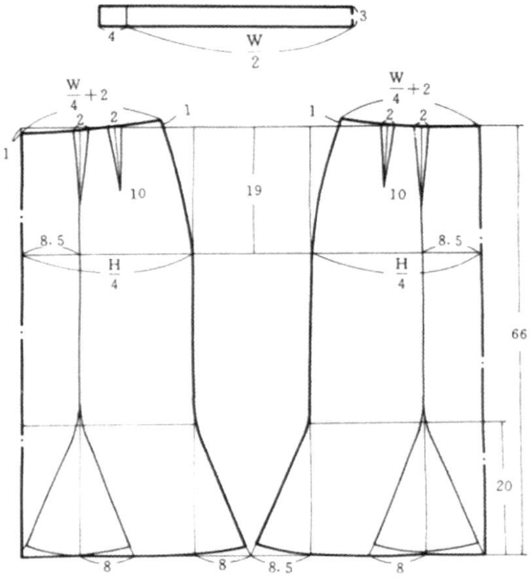	1997 年设计，裙长及膝下，左右未打褶，下摆呈喇叭形，廓型呈喇叭形
3	四扣马面裙		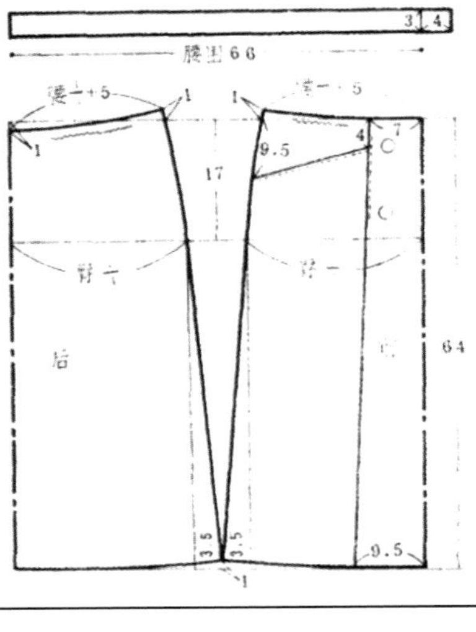	1983 年设计，裙长至膝下，前后不对称，仅裙前有“马面”结构，廓型呈 A 字形

第三节　民国定型筒裙的结构设计及其“显隐”适用特色

正是通过上述结构的过渡和演变，文明新装的经典样式——筒裙才得以正式定型。因此，所谓“（今）露出两条腿，（昔）不见一双脚”只是一种结果（传统马面裙的结果）与结果（民国筒裙的结果）之间的对比，其背后潜藏着的结构“渐变”和“过渡”（图3-33），才是解密当时女裙结构演变及特色的重要内容之一。

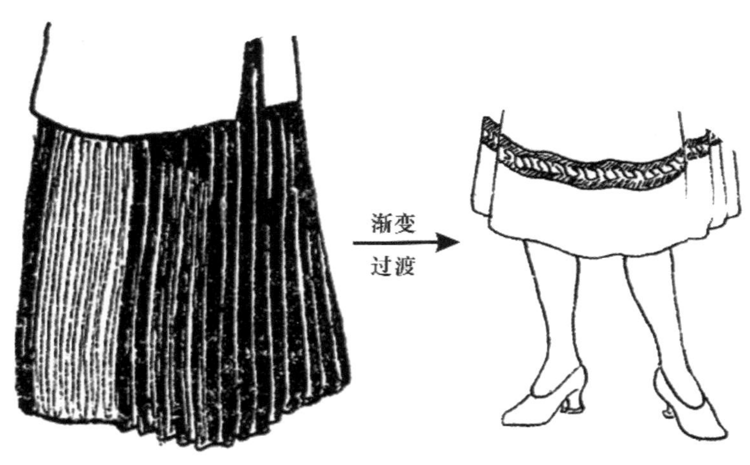

图3-33　民国女裙结构演变示意

一、基本结构设计

定型筒裙，裙身结构特点为从腰开始自然垂落，呈筒状或管状，故又称“统裙”“直裙”或“直统裙”等。在裙腰处一般设置腰省，也有直上直下，裙腰与裙摆同样宽度者，裙长一般介于膝盖与脚踝之间，底摆经常以流苏缀饰。筒裙的装饰，在色彩上以黑色和红色最盛，纹饰主要集中在裙身中下部。如图 3-34 所示为民国黑绸牡丹刺绣筒裙，裙腰沿用了传统马面裙的结构，由浅蓝色棉布制成，尺寸较宽，但是裙身已变成直上直下的筒裙结构，底摆围度得到大幅度缩减。如图 3-35 所示为民国红绸花卉刺绣流苏筒裙，裙身与黑绸牡丹刺绣筒裙一致，且纹章经营也为统一范式，但是腰头变窄，且在裙摆处增设了流苏结构，这也是民国时期女装筒裙中的一大设计特色。

图 3-34　民国黑绸牡丹刺绣筒裙

图 3-35　民国红绸花卉刺绣流苏筒裙

具体以广州市博物馆珍藏的民国正红绸牡丹刺绣筒裙实物（图 3-36）为例进行考证。该筒裙在形制上裙摆渐宽，裙腰宽与裙摆宽的差值相较民国黑绸牡丹刺绣筒裙更明显，且前后腰身处有多处打褶结构设计。面料以正红色真丝绸料为地，在裙身的正面、背面的中心，即对应人体裆部以下部位设置了一组以牡丹纹为题材的组合纹样，且前后对称，由此可见定型筒裙虽然在结构上有了质的变化，但是仍然延续了传统正背面基本一致的设计范式。筒裙的腰头使用粉白色格纹棉布制成，在前右侧中对应腰节处开衩设置，在腰头上设置了 2 副纽扣作为细节，且 2 副纽扣的扣子位置并不对齐，位于上面的扣子离中心线更近，离侧中线更远，如此设计是为了使腰头闭合后更好地贴合于类似梯形的女性腰部，体现出时人对人体工程的重视（图 3-37）。

（a）正面

（b）背面

图 3-36　民国正红绸牡丹刺绣筒裙实物

（资料来源：广州市博物馆藏品）

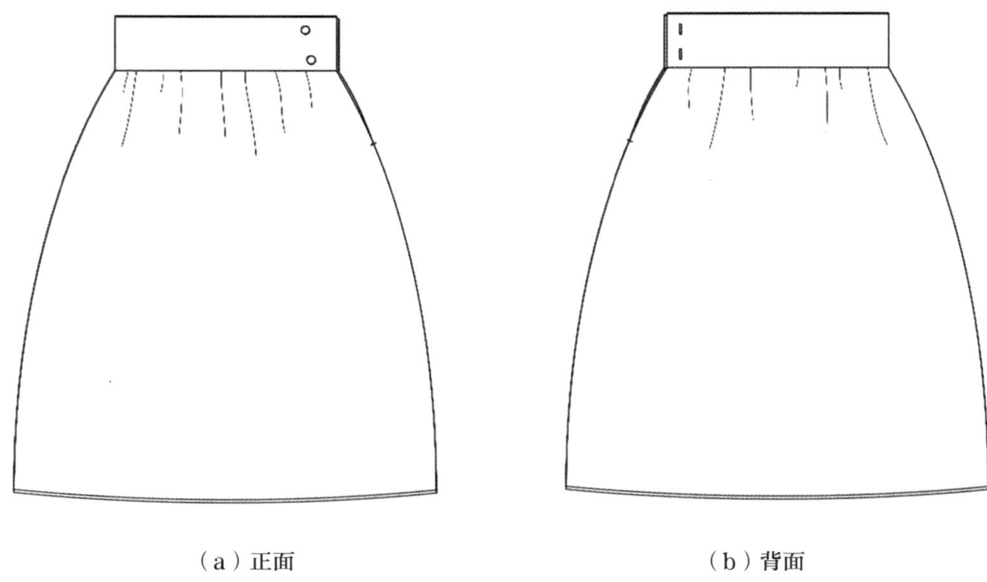

（a）正面　　（b）背面

图 3-37　民国正红绸牡丹刺绣筒裙形制

对民国正红绸牡丹刺绣筒裙的主结构进行测绘与复原（图 3-38），发现筒裙的腰围 80.2cm，裙摆围 142.0cm，裙长（不含腰头）78.0cm，腰头宽 10.5cm，开衩（不含腰头）长 18.5cm。此裙在前后腰身分别设置了 8 道和 7 道褶裥，形成了类似省道结构功能的适体效果。值得注意的是，虽然此裙在腰部采用了前后打褶的设计，但是在原始结构上并未选用直上直下的矩形结构，而是在左右侧缝设计上增加了一定的弧度，达到基本的收省处理，使筒裙基本适合女性的腰臀及腿部的结构特征。

通过对大量传世实物及历史图像的视读和对比，得出此件民国正红绸牡丹刺绣筒裙的裙身结构是 20 世纪 20 年代以后定型筒裙的基本范式，即在类似梯形（也有直接采用矩形）的前后裙片结构上，通过对腰褶或腰省的增设，完成筒裙的结构设计，其变化主要体现在左右侧缝位置的细节设计（后文揭示）。

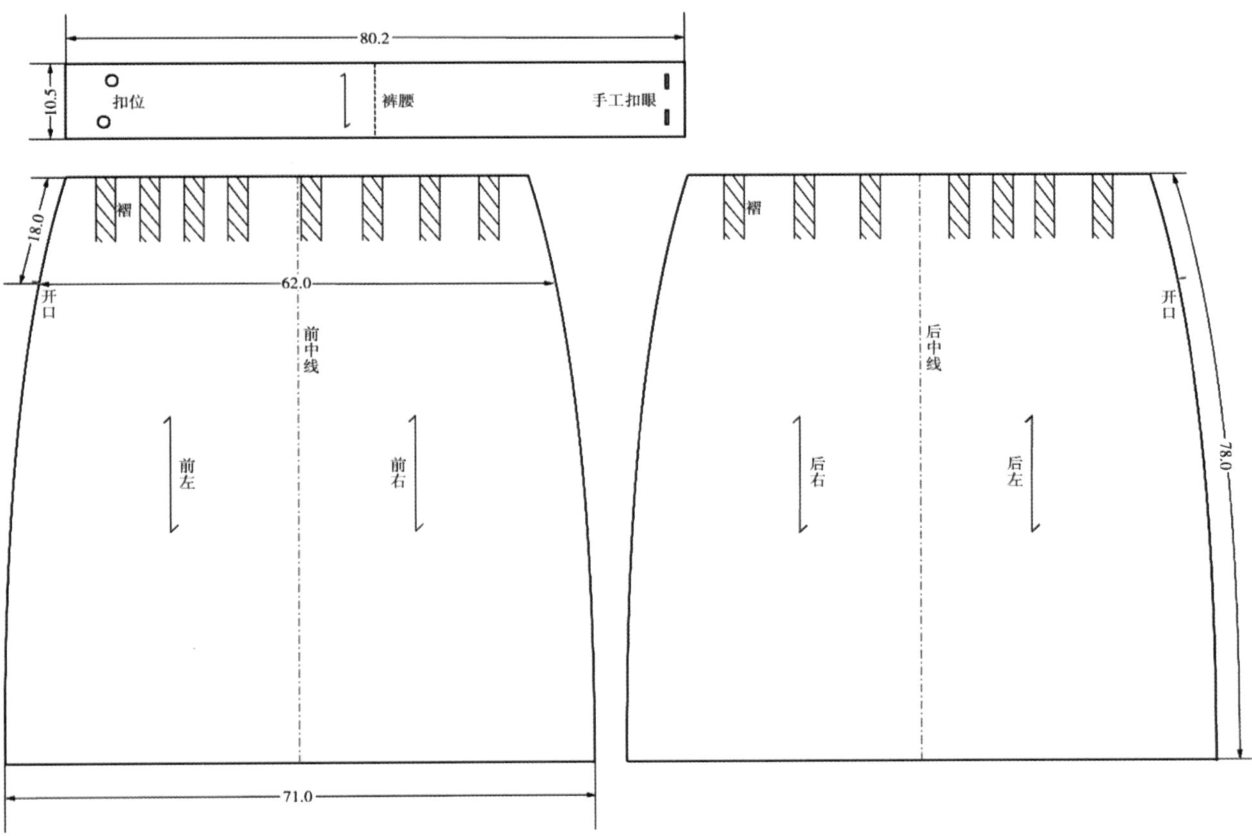

图 3-38 民国正红绸牡丹刺绣筒裙主结构测绘与复原（单位: cm）

为了对比筒裙与马面裙的结构差异，选取江南大学民间服饰传习馆藏具有代表性的 10 件马面裙和 10 件筒裙，对其腰围、底摆围和裙长 3 项决定裙型内空间主要尺寸进行测量和对比（表 3-2 和表 3-3），得出以下结论。

（1）筒裙在腰围、底摆围上总体较马面裙呈降低趋势，且幅度较大，其中腰围平均缩短 31.0cm，底摆围平均缩短 63.6cm，而裙长缩短幅度不高，只有约 2.5cm。

（2）在数据中，发现部分筒裙的腰围和底摆围依然尺寸较大，“独树一帜”，特别是底摆围，最长为编号 JN-Q2 的筒裙，达到了 240.0cm，接近甚至超过了部分马面裙的尺寸，但其腰围却只有 68.0cm，其中原因值得思考和深究，随后揭示。

表 3-2　清代汉族女性马面裙与民国筒裙各地区标本测量数据统计　　单位：cm

马面裙				筒裙			
标本编号	腰围	底摆围	裙长	标本编号	腰围	底摆围	裙长
SX-Q3	140.6	220.0	97.0	JN-Q4	86.0	140.0	93.0
SX-Q10	136.0	228.0	89.0	SX-Q4	79.0	158.0	87.0
SD-Q43	96.0	216.0	99.0	SX-Q18	93.0	200.0	84.0
SD-Q10	108.0	268.0	92.0	SX-Q29	126.0	140.0	84.0
SD-Q9	124.0	172.0	97.0	SX-Q21	85.0	162.0	96.0
ZY-Q17	114.0	212.0	95.0	WN-Q6	85.0	138.0	87.0
ZY-Q25	104.0	178.0	90.0	SD-Q45	86.0	136.0	93.0
ZY-Q8	105.0	168.0	92.0	SD-Q19	112.0	132.0	99.0
JN-Q5	164.0	298.0	102.0	ZY-Q24	74.0	190.0	95.0
WN-Q2	112.0	312.0	85.0	JN-Q2	68.0	240.0	95.0

（3）在马面裙的尺寸数据中，发现腰围、底摆围及裙长等也存在不断缩小的现象，这也侧面证明了在出现过渡筒裙前，马面裙自身在清末民初也对自身进行了适当窄化。

表 3-3　清代汉族女性马面裙与民国筒裙各地区标本测量数据分析

平均值 /cm						差值 /cm		
马面裙			筒裙					
腰围	底摆围	裙长	腰围	底摆围	裙长	腰围	底摆围	裙长
120.36	227.2	93.8	89.4	163.6	91.3	−31.0	−63.6	−2.5

二、裙腰闭合方式的设计变化与搭配

传统清制马面裙的围式结构闭合件主要是系带，经过将围裙围绕包裹女性腰腹部位之后，再以长条系带进行缠绕和系结闭合。该方式较为单一，相比之下，筒裙的闭合方式及闭合件则更为多变，伴随筒裙结构的创制衍生出诸多设计变化与组合形式❶。

（一）纽扣搭配风纪扣

纽扣，即服饰上用于两边衣襟或裙边相连的系结物。其最初的作用是用来连接服饰边缘等部位的，现已逐渐发展为除保持其原有功能以外更具装饰性。风纪扣是一种搭扣、挂钩，常用于制服领口、裙腰或裤腰处。如图 3-39 所示，创新发明的纽扣与风纪扣多以组合出现，宽 9.2cm 的腰部平面中以一排 3 扣（扣子长度 1.5cm）的双排纽扣形式设计，纵向每 3.5cm 一扣，横向每 2.5cm 一扣，可根据穿着者腰围的不同，提供可松可紧的两种系结选择。在较长开衩处设 3 个风纪扣，风纪扣长为 1.0cm，纵向每 4.0cm 一扣。风纪扣是一种搭扣，同揿扣一样，暗藏裙襟内，起辅助系结作用。

（a）实物标本

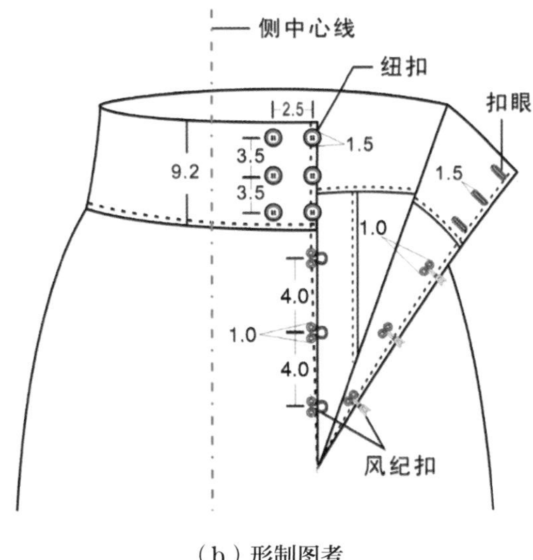

（b）形制图考

图 3-39 裙腰系结方式中纽扣与风纪扣搭配设计（单位：cm）

❶ 丛天柱，任敏 . 民国女性生活方式视野下的筒裙设计解析 [J]. 装饰，2021(04):142-143.

（二）系带抽绳设计

抽绳最初具有明显的实用性，多用于裙裤、上衣等需要收缩松量的部位，并制造一些褶皱和垂吊的感觉，在腰间或裤脚轻轻一拉，能够让服装造型更加多变。如图 3-40 所示是区别于上述系结方式的不同传统扣耳的搭系，而是利用 3.5cm 宽的腰部面料内部，穿过筒裙腰头的空隙，通过抽拉系带进行收拢腰头，从而形成大量活褶，所谓系带（抽绳）的闭合方式。系带抽绳的闭合设计适用于不收省，直上直下的结构设计，通过抽绳达到抽褶和收省的作用，因此系带抽绳所适用的女性腰围尺寸范围也较大，可以因体而异地进行闭合，是现代女性松紧带系结的雏形。这便是表 3-2 统计部分筒裙腰围较大的原因，如表 3-2 中裙 SX-Q29，腰围达 126.0cm。

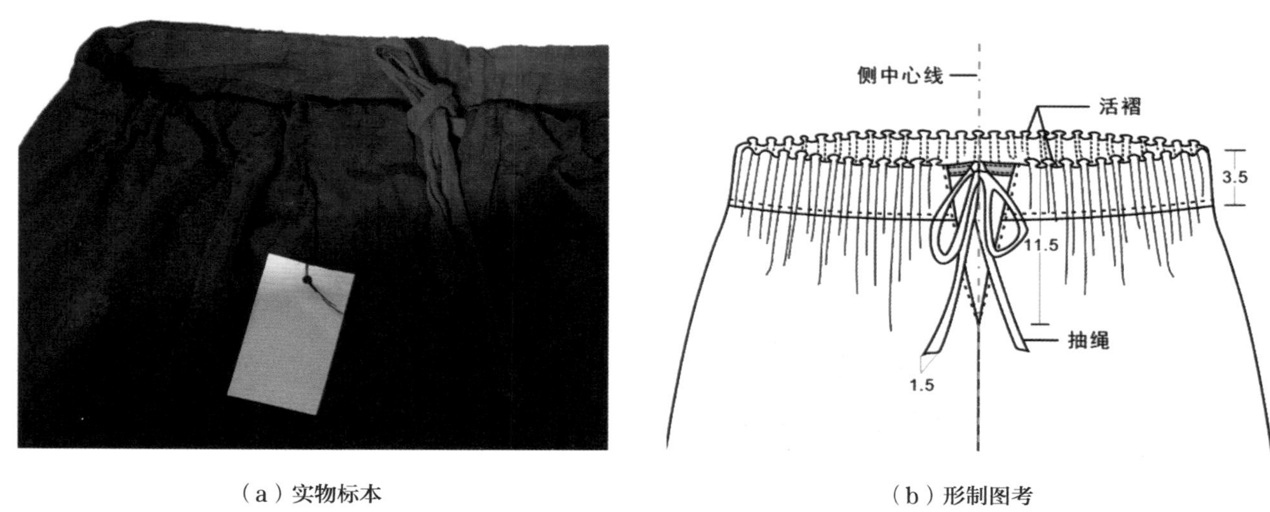

（a）实物标本　　（b）形制图考

图 3-40　裙腰系结方式中系带抽绳设计（单位：cm）

（三）系带搭配揿扣

揿扣是一种使用较普遍的扣子，分为金属扣和树脂扣（也有人称塑料扣），由于使用时两扣相对用力一按就固定在一起，所以称为“按扣”，此扣一般缝在衣物内部不易察觉，故也称为“暗扣”。具体而言，首先通过 8.5cm 宽的腰部面料的边缘，增加一条宽 2.0cm 的系带扣耳（上下各占腰头宽度 3.5cm 长度），同时在测中心线的前后，各设置 2 个系带扣耳，总计 4 个系带扣耳。此系带可穿过整个腰头系带扣耳空隙，抽拉细绳、收拢腰头，从而达到随意增加和减少腰部的空隙。除此之外，在筒裙腰头下的较长开衩处，如上述中“纽扣与风纪扣组合”相似，而是将风纪扣换成了揿扣，揿扣宽 1.5cm（图 3-41）。

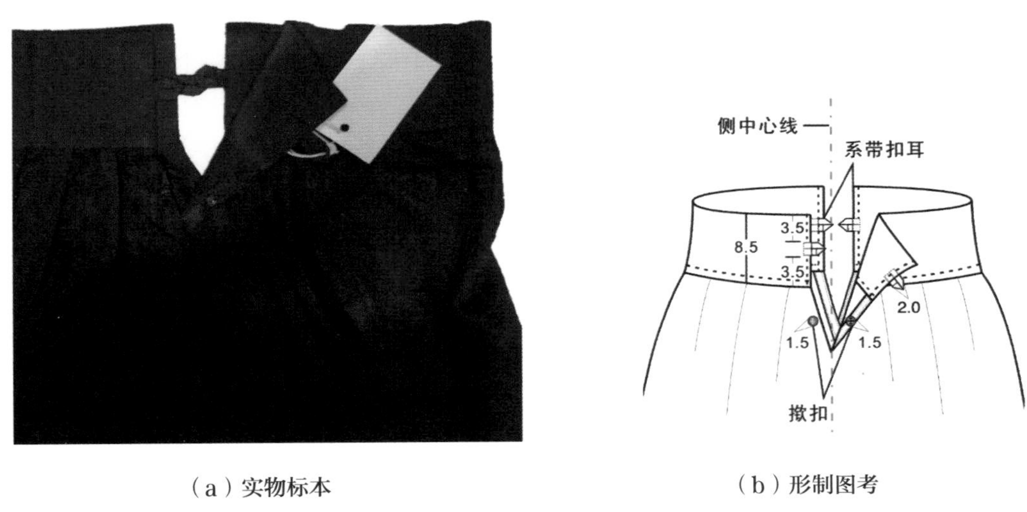

（a）实物标本　　（b）形制图考

图 3-41　裙腰系结方式中系带与揿扣搭配设计（单位：cm）

综上所述，在筒裙的闭合方式中，由两种及以上不同闭合件的组合式系结较为常见，突破了传统单一式的闭合，使定型筒裙在结构窄化之后更加便捷和舒适地穿着于人体，实践了孙中山先生“为人类之安适及方便计者”的设计思想❶。

❶ 张金滨 . 传统服饰元素融入现代服装设计的路径分析 [J]. 服装学报，2020,5(4):30.

三、侧身褶裥的“显隐”设计与适用功能

在女裙结构设计及其裙内空间营造中，如果裙摆围与人体正常行走需要的尺度之间的关系设计不合理，会严重影响甚至制约女裙的穿着舒适性[1]。定型筒裙的 H 字形结构与传统马面裙的 A 字形结构不同，底摆围度大量降低，形成群内空间及余量急剧减少。据文献记载，“近今新式衣服，窄儿缠身，长能复足；袖仅容臂，偶然一蹲，动至绽裂，或谓是慕西服而为此者”[2]。为解决此问题，定型筒裙通过褶裥的创新利用，在保持筒裙基本廓型不变的前提下，极大地增加了裙摆的围度，不仅使裙身穿着后更富层次感，而且通过增加裙摆活动量实现了“裙内空间”[3]的创新营造。

民国朱红缎牡丹彩绣筒裙以朱红色缎面为地，上方使用粉红色棉布拼接，两侧留有系带。与传统下裳对比裙腰较为贴身，一改宽衣博带着装风尚，开始向近代化迈进，造型简约不失美感，具有时代特色。此款长裙的裙面下半部分为一幅完整的花卉组合刺绣图案，图案正中为盛开的花卉，以万寿纹为背景点缀诸多点点围绕其上，寓意万寿无疆多子多福，同时在四周均衡排列花卉纹样与葫芦纹样。古人喜爱葫芦纹样是因葫芦谐音“福禄”，且葫芦的枝茎称为“蔓”，而“蔓”又与“万”谐音，且“福禄”“万代”即是“福禄寿”齐全，故将葫芦纹认为是长寿吉祥与富贵的象征，所以在民间认为葫芦具有吉祥与子孙兴旺之意，同时该裙下摆装饰有排列整齐的紫色花瓣与亮片边饰，增加了下裳的层次感（图 3-42 和图 3-43）。

---

[1] 屈国靖、宋伟．人体行走尺度对裙摆围度设计的影响及对策 [J]. 服装学报，2017, 2(2):147.

[2] 杨米人．清代北京竹枝词(十三种)[M]. 北京：北京出版社，2018:136.

[3] 王雪筠．裙空间的创造与设计 [J]. 装饰，2015(9):139.

（a）正面

（b）背面

图 3-42　民国朱红缎牡丹彩绣筒裙实物

（资料来源：广州市博物馆藏品）

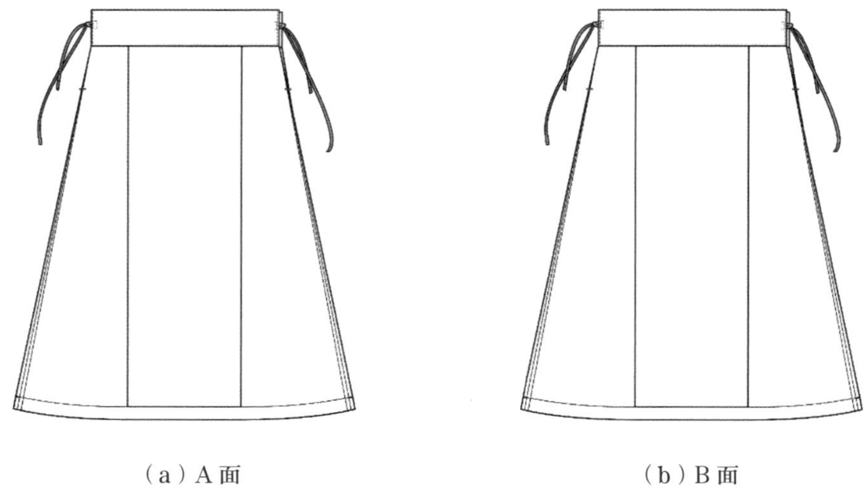

（a）A 面　　　　（b）B 面

图 3-43　民国朱红缎牡丹彩绣筒裙形制

通过对民国朱红缎牡丹彩绣筒裙主结构进行测绘与复原（图 3-44），发现裙长 85.5cm，其中腰头 8.0cm，腰围 79.0cm，下摆围 176.0cm，侧缝处开腰衩 17.2cm。该筒裙通过侧身褶裥的结构设计，裙摆围度达 176.0cm，营造了侧缝空间（图 3-45、图 3-46）。

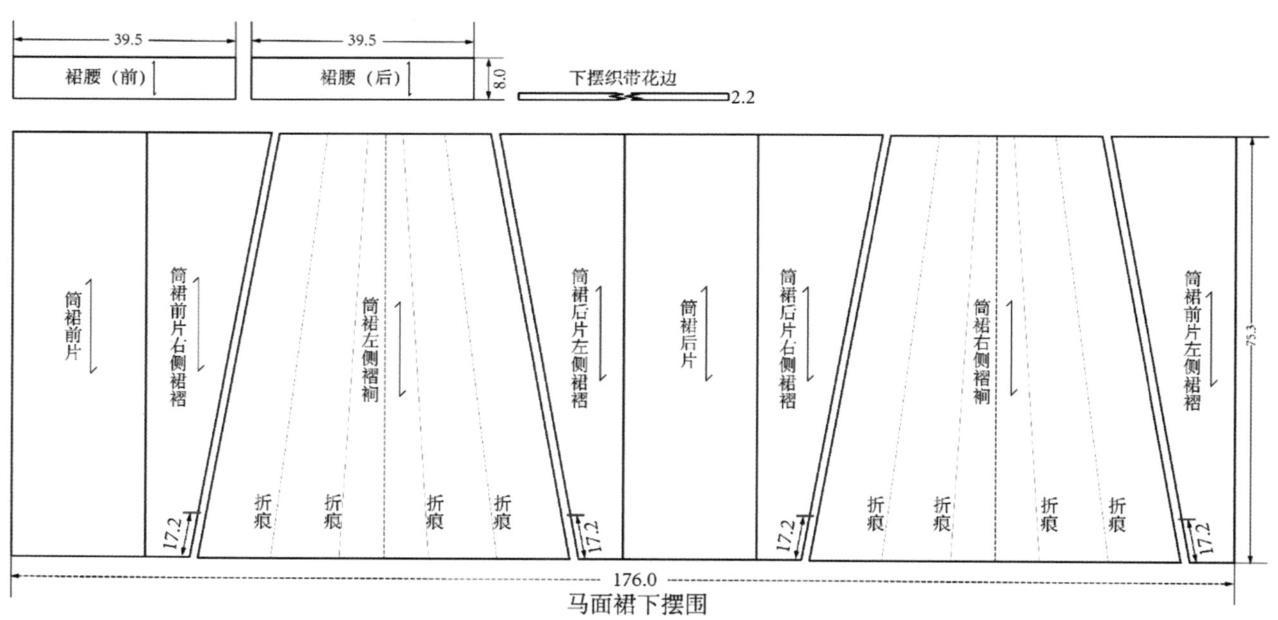

图 3-44　民国朱红缎牡丹彩绣筒裙主结构测绘与复原（单位：cm）

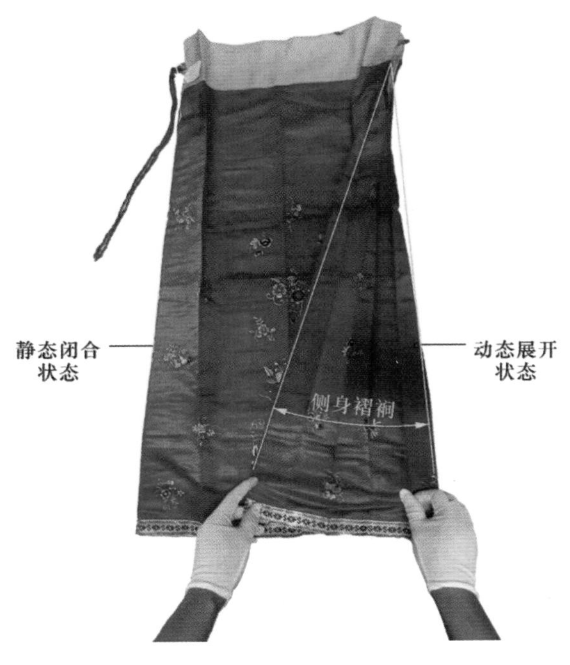

图 3-45　民国朱红缎牡丹彩绣筒裙
侧身褶裥的显示

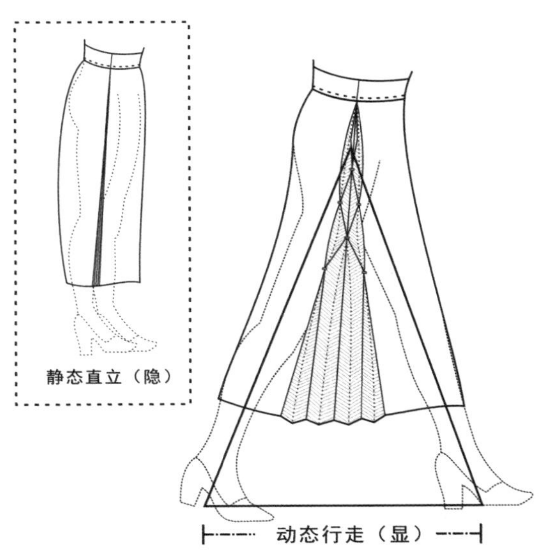

图 3-46　筒裙静态直立与动态行走
褶裥“显隐”演示

笔者考证大量民国筒裙传世实物发现，褶裥分为显示与隐藏两种状态。

（1）显示的褶裥。指静态下在筒裙正面可以肉眼观测的叠褶，主要有 3 种。一是顺裥（是衣服上的活褶。活裥叫做折裥，是根据体型需要做出折叠的部分，不必缝合，起到代替省道的作用。如裤子的前后折裥及上衣、裙子等有省道的部位），同方向折叠。二是箱形裥（指两翼产状较陡，转折端较平坦而宽阔，形似箱子的褶皱。箱状褶皱具有两个枢纽和一对共轭轴面），左右相对折叠，两边呈活口状态，由裥面、裥里和裥底三层不等量裙料构成。三是阴裥，左右相对折叠，中间呈活口状态，由裥面、裥里和裥底三层等量裙料构成。

（2）隐藏的褶裥。这里指未穿着状态下在筒裙正面肉眼无法观测，合拢、隐藏于筒裙侧缝及其附近的褶裥。穿着时随女性体态及活动幅度自动伸缩，因其展开状呈菱形，笔者称其为“菱形”褶裥，常有 3 种样式，分别为 1 层褶裥、4 层褶裥及 6 层褶裥。

（一）“隐形”设计中的 1 层褶裥

“隐形”褶裥与系带扣耳相结合。首先通过 8.1cm 宽的腰部面料的边缘，增加一条宽 1.5cm 的系带扣耳（上下各占腰头宽度 3.3cm 长度），同时在测中心线的前后，各设置 2 个系带扣耳，总计 4 个系带扣耳。重点是在筒裙腰头下的较长开衩处，通过动态拉力下，可明显看到 1 层褶裥（此褶裥在非动态拉力下是一个“隐形”看不出任何褶裥迹象的状态），从腰头最下沿往下开衩 11.5cm 处，设置 1 个止口，“隐形”褶裥对称对折各占 9.0cm，最大可拉伸至 18.0cm，为民国女性增加了一定的步行松量（图 3-47）。

（a）实物标本

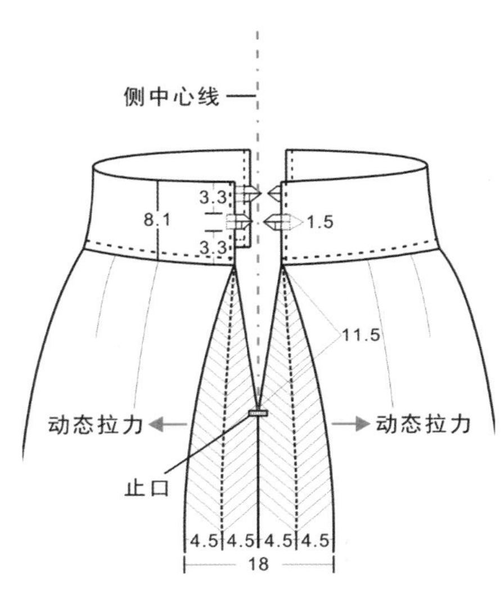

（b）形制图考

图 3-47 民国筒裙侧身“显隐”褶裥的 1 层褶裥设计（单位：cm）

（二）"隐形"设计中的4层褶裥

与上述系结方式的组合有所不同，是普通腰头开裥与褶裥相结合。褶裥存在于筒裙腰头最下沿开始开衩处，而在动态拉力下，可明显看到4层褶裥（此褶裥在非动态拉力下是一个"隐形"看不出任何褶裥迹象的状态），从腰头最下沿往下6.8cm处，设置1个止口，再往下移3.2cm设置2个对称止口，再下移3.2cm设置1个止口，最后以再下移动3.2cm的2个止口为止，最终呈现出最大可拉伸至38.4cm的"隐形"4层褶裥，此褶裥对称对折各2次，各占19.2cm。其中每个对称对折的单位小褶裥，左占4.5cm，右占5.1cm，为民国女性增加了相当大的步行松量（图3-48）。

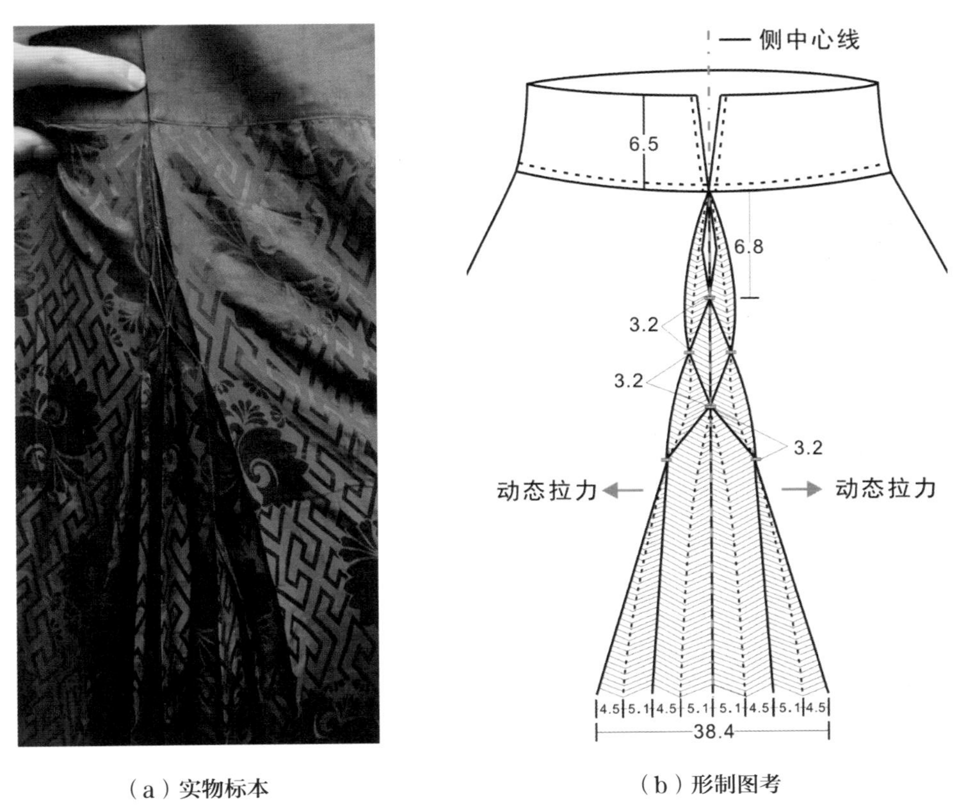

（a）实物标本　　（b）形制图考

图3-48　民国筒裙侧身"显隐"褶裥的4层褶裥设计（单位：cm）

在侧缝处进行了排褶设计，宽度8.4cm，为了掩盖增设了同等宽度的遮盖布帘，且布帘至今面料与裙身一致，而且采用了满绣的装饰手法，异彩纷呈，从审美的角度将观者的视觉焦点引于其上，从而削弱对内藏侧缝处褶裥的发现和关注。

（三）“隐形”设计中的6层褶裥

此种结构的褶裥设计，与上述系结方式的组合相似，是普通腰头开裥与褶裥相结合，但褶裥的开处部位有所不用。褶裥存在于筒裙腰头最下沿开始开衩处的背面，在动态拉力下，可明显看到6层褶裥（此褶裥在非动态拉力下是一个“隐形”，看不出任何褶裥迹象的状态），从腰头最下沿往下移动2.8cm处，设置2个止口，再重复5次，各设置3个止口、2个止口、3个止口、2个止口、3个止口；最终以最后的3个止口位置为止，同时呈现出最大可拉伸至54cm的“隐形”6层褶裥，此褶裥对称对折各3次，各占27.0cm。其中每个对称对折的单位小褶裥各占4.5cm，为民国女性下摆女裙增加了极大的步行松量（图3-49）。

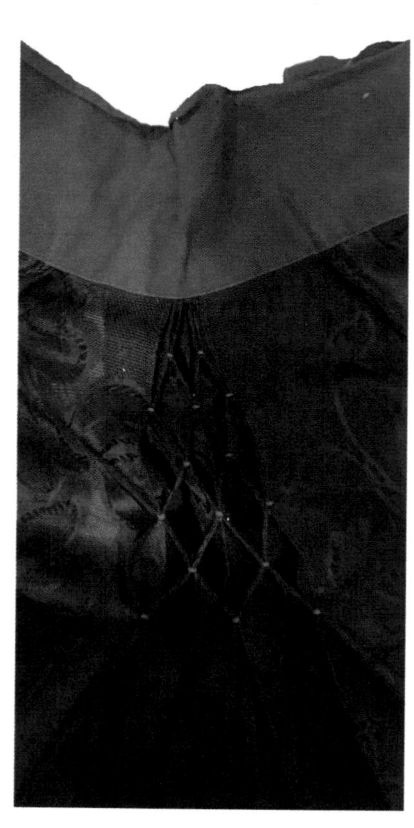

（a）实物标本

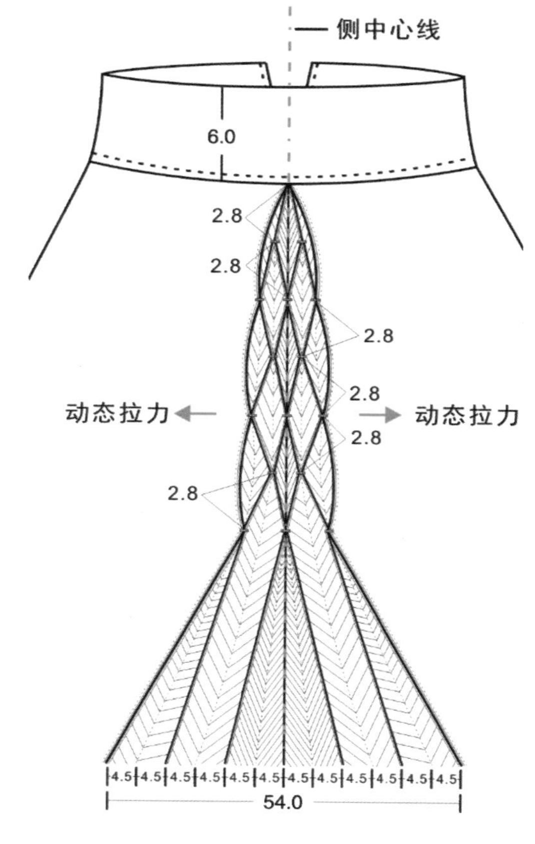

（b）形制图考

图3-49　民国筒裙侧身“显隐”褶裥的6层褶裥设计（单位：cm）

（四）“显形”设计中的褶裥遮蔽

上述褶裥设计，虽然营造的空间较大，增加下摆量最宽达 54.0cm，但是仍为不显于外的隐藏设计，即在筒裙静置或穿着后直立状态下，这些褶裥均隐藏在侧缝之内。除此之外，还存在另外一种褶裥的遮蔽方式。

广州市博物馆珍藏的民国紫缎珠绣筒裙，形制为窄腰宽摆，腰围 84.0cm，腰头宽 6.0cm，裙长 101.0cm（不含腰头），下摆围 236.0cm，裙门呈梯形，上宽 30.0cm，下宽 35.0cm；侧身打褶，褶宽约 3.3cm。左右侧缝腰下处开衩，且衩长存在一定差异，右侧开衩长 21.0cm，左侧开衩长 17.0cm，左右开衩分别设置 2 副暗扣。筒裙的装饰工艺为珠绣，且为珠片绣，纹样为牡丹花卉，配色以红、黄、绿三色搭配，形成二方连续式构图，装饰于裙门边缘及侧裥底摆处（图 3-50）。

（a）正面

（b）背面

图 3-50　民国紫缎珠绣筒裙实物

（资料来源：广州市博物馆藏品）

在侧缝处进行了排褶设计，宽度8.4cm，为了掩盖增设了同等宽度的遮盖布帘，且布帘至今面料与裙身一致，而且采用了满绣的装饰手法，异彩纷呈，从审美的角度将观者的视觉焦点引于其上，从而削弱对内藏侧缝处褶裥的发现和关注。

此外，此裙前后腰宽并不一致，前腰宽45.0cm，后腰宽39.0cm，相差6.0cm，正是由于左右两侧的遮盖布帘引起的，设计者将布帘连接于前身。如此设计，也是为了将侧缝闭合门襟偏向裙后，从而确保裙身于正面的美观性（图3-51）。

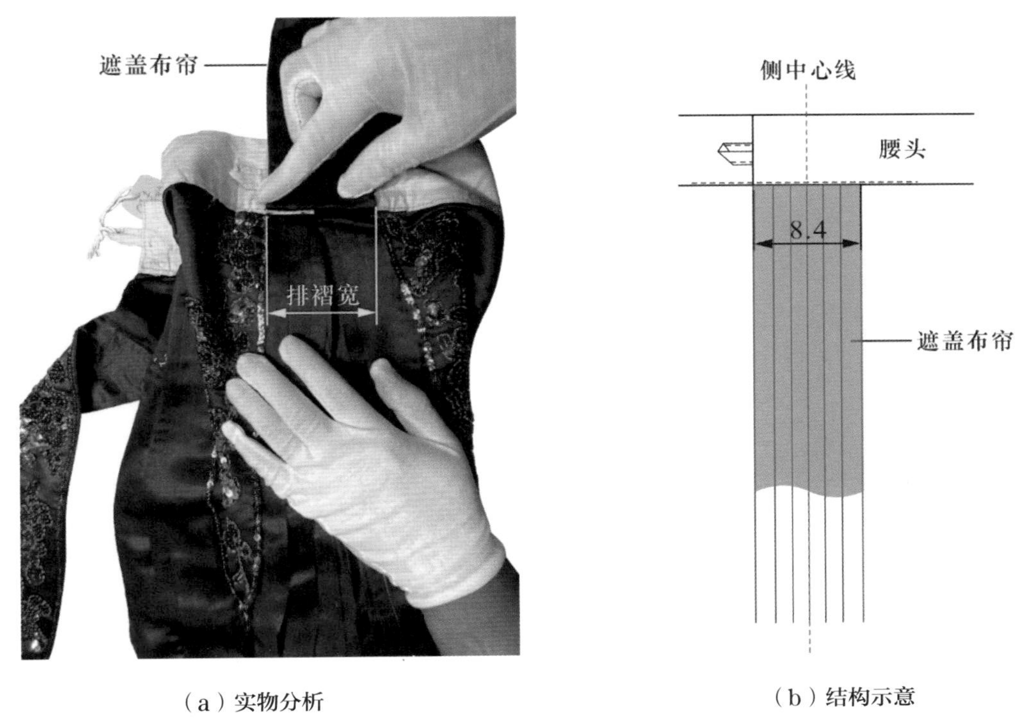

（a）实物分析　　（b）结构示意

图3-51　民国紫缎珠绣筒裙侧缝处褶裥遮蔽设计（单位：cm）

与民国紫缎珠绣筒裙搭配的是一件同质同饰的上衣，形制为立领，右衽大襟，暗扣设计；袖口渐窄，袖长至小臂下；存在收腰设计，底摆呈圆弧形；前后中不破缝，但左右衣袖存在接袖结构。经测绘得出，此袄胸宽44.5cm，腰宽38.0cm，衣长53.5cm，通袖长114.0cm，袖口宽15.0cm。在装饰上，与下配筒裙保持一致，在领口、领窝、门襟、底摆和袖口处装饰牡丹珠绣纹样（图3-52）。

（a）正面

（b）背面

图 3-52　民国紫缎珠绣筒裙搭配套装

（资料来源：广州市博物馆藏品）

从装饰的角度看，这也是珠绣工艺在近代汉族民间普及后的代表性应用。经笔者考证，早在汉末魏晋时期已有“珠绣之衣”，早于目前所认知的唐朝，距今约有1800年。南北朝时期珠绣常见于宗教形象中，至唐代随着佛教文化的引入及传播而发展起来。清代时珠绣的发展到达顶峰，作为华贵和奢侈的表征，在皇室贵胄备受青睐，同时对民间珠绣发展产生了一定的影响。清末民初以后，由于工业文明的进步及贸易往来，使得获取珠绣制作所需原料更加便利，带动了珠绣行业在民间的迅速发展与普及，目前珠绣已跻身国家级非物质文化遗产。

综上所述，民国筒裙通过造型样式的“渐变”演化、裙腰系结方式的变化改良以及裙侧身褶裥形式的巧妙设计，以此展现民国汉族传统女裙结构在设计演变过程中的“文明”与“新”，这既满足了民国女性新生活需求，亦使其成为现代筒裙雏形。

第四章 民国汉族传统女装裤型的结构变化与范式

裤，或写作“袴”，为上衣下裳之下裳的一种形制。民国时期女性着裤颇为流行，不管是“窄衣化”上衣还是“文明新装”中的“倒大袖”上衣，均喜好在下裳中搭配裤型，或宽口、或窄口，或长裤、或短裤。为了和上衣风格一致，一般长袖窄衣搭配长裤窄脚（图4-1），宽袖短衣搭配六至八分阔腿短裤（图4-2）。

图 4-1　1917 年重庆女性着裤群像

（资料来源：美国杜克大学图书馆电子图片库，Sidney D. Gamble 摄）

图 4-2　民国女性着阔腿裤画像

（资料来源：《红玫瑰》1924 年第 3 期）

目前针对民国汉族传统女裤结构的整理与研究，对于一般结构与工艺的考证较为丰富，但是仍然存在 3 个问题有待实证。

（1）现有研究对民国女裤结构考证存在以偏概全的混杂现象，经大量传世实物整理发现，这是由于民国女裤结构设计变化极其丰富所致，需要从变化中总结出不变的规律。

（2）基于上述问题，民国传统女裤结构有无范式和体系？若有，如何构建？

（3）民国汉族传统女裤的形制和结构相对固定，不如上衣、袍服及女裙那样变化丰富，存在大量的结构改良细节，因此现有研究极少针对女裤结构改良展开。基于此，能否整理到存在结构改良的女裤实物？有无相关技术史料佐证？从中能探索出哪些结构改良特色？

第一节　幅宽影响下民国女装裤型结构的变化设计

在结构上，裤主要由裤腰、裤管（或称“裤筦”）、裤裆三部分构成。其中裤裆的结构及其功能至关重要。首先，依裤裆是否缝合，可将裤型作基本分类。裤裆缝合之裤，称“合裆裤”或“满裆裤”；裤裆不缝合之裤，则称“开裆裤”。其次，在传统裤型的三部分构成中，裤腰的结构首先可以“忽视”，因其在结构上始终表现为一块平平无奇的长方形，加之材料也与裤管及裤裆面料不同，因此对于裤腰的裁剪与制作，基本上是待裤子裁缝完成之后，另寻一块棉麻纯色布料按腰围包缝之，通常“各布店均有现成出售”❶。因此，裤子的结构主要由裤管和裤裆决定。传统女裤结构构成及其命名如图4-3所示，主要由裤挺、大扯、小扯和裤腰组成。其中，“裤挺，两腿之直挺也；大扯，亦名‘大旗’，系裤裆之右半；小扯，亦名‘小旗’，系裤裆之左半。”❷

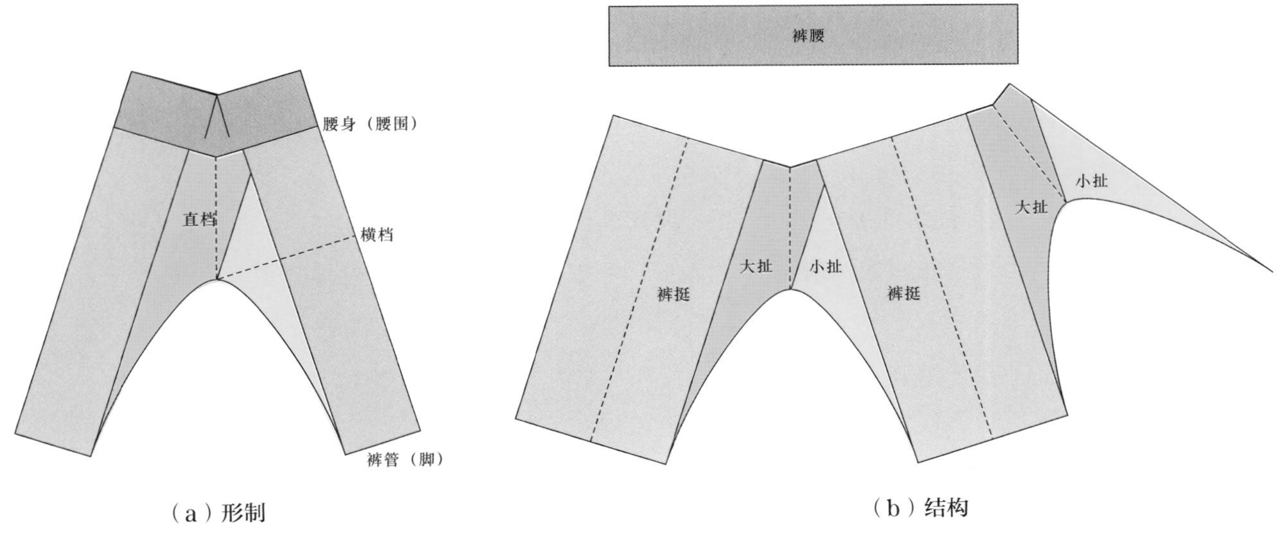

（a）形制　　（b）结构

图4-3　传统女裤结构构成及其命名

❶ 严祖忻，宣元锦．家庭问题：衣的制法（三）（附图）[J]. 机联会刊，1937(163):22.

❷ 潘之奎玉辰．裁缝科讲义（续）（附图）[J]. 妇女时报，1913(11):78.

“裤之裁法，种类繁多。盖视乎裤之尺寸，与裤之门面若干，然后定其裁法。”❶传统女裤看似类型繁多且颇为复杂的结构设计，却是有章法可循的，可谓“杂乱有章”。而这里的“章”，便是指面料幅宽对结构设计的影响。

针对幅宽对女裤结构的具体影响，集中表现在对大扯、小扯的“影响”上。在传统裤型的裤挺、大扯、小扯三要素中，“除裤挺不宜补角外，其余如大扯、小扯等件，虽亦有完全之式，然为省料计，往往接角拼凑，偶或行之。但接角之处，非在脚管之内面，即在前后之腰间。制成之后，服之并不显露，较衣之接小襟，尤觉隐藏。”❷具体来看裤之算法：“裤之算法，本无确定。旧例，凡普通尺寸之裤，均照四个裤挺之尺寸计之。如制五寸脚管，二尺五寸长之裤，用一尺门面之料，则适合独幅裁法，四个二尺五寸，计用料一丈；或用二尺门面之料，则又合半幅裁法，用料五尺，他如二八门面者，则五尺嫌多。八寸门面者，则一丈不够。然皆约略之数，并非确真。况近来尺寸，竞尚缩小，或用接凑补角之法，则旧例算法，可必其有余而无不足，虽以八折九折扣之亦可勉强从事矣。盖裁剪一事，惟裤最难，因大小扯之斜曲折叠也；亦惟裤最易，缘大小扯之可以接凑补救也。今将各种裁法，约略绘图如左，全赖学者之举一反三，切勿胶柱鼓瑟也。”❷一言以蔽之，传统女裤的结构设计是在面料幅宽“影响”下开展的一项灵活的、充满造物智慧且彰显节俭精神的设计活动。并且其看似“无定制”的结构表象背后，严格遵循着某种特定的准绳和范式。基于此，笔者结合技术文献与实物标本，试从裤之裁法的分类出发一窥究竟。

---

❶ 潘之奎玉辰 . 裁缝科讲义 (续)(附图)[J]. 妇女时报，1913(11):78.

❷ 潘之奎玉辰 . 裁缝科讲义 (续)(附图)[J]. 妇女时报，1913(11):79.

一、“独幅裁”与“半幅裁”

“独幅裁者，以独幅之料，先裁第一裤挺，续裁第二裤挺，再续裁大扯小扯等件，又名‘鱼贯裁法’，多用于挟（应指“狭”）门面之料者也。自八寸至一尺二寸等门面，皆可用之。”❶表 4-1 示出民国汉族传统女裤“独幅裁”诸式结构及形制复原。

从表 4-1 中可以更形象地理解，“独幅裁”即指所裁面料仅够单个裤挺的裁制，幅宽即裤挺宽（加缝份，一般计 2.0cm，左右各 1.0cm），常用幅宽为 33.3cm 和 26.7cm；“完全者”指大扯、小扯结构完整，无须拼接；“补凑者”指大扯、小扯，受面料长度的影响，需要拼接。其中，“独幅裁”中的“完全者”是应用最广泛之一。针对尺寸相同大小的女裤，且廓型相同，相比之下，“补凑者”裁比“完全者”裁更节省面料，在同等幅宽尺寸下，可节省面料 33.3cm（幅宽为 33.3cm 时）和 13.3cm（幅宽为 26.7cm）。

“半幅裁者，以料对开成为两半幅，而后按幅裁剪也，多用于阔门面之料。凡二尺至二尺八寸等门面，皆可用之（如裤之尺寸紧小者即一八一九之门面，亦可偶行之）。”❶表 4-2 示出民国汉族传统女裤“半幅裁”诸式结构及形制复原，常用面料幅宽同样存在两种尺寸，分别为 73.3cm 和 86.7cm。“补凑者”裁比“完全者”裁节省面料分别为 20.0cm（幅宽为 73.3cm）和 13.3cm（幅宽为 86.7cm）。

❶ 潘之奎玉辰．裁缝科讲义（续）(附图)[J]. 妇女时报，1913(11):79.

表 4-1 民国汉族传统女裤“独幅裁”诸式结构及形制复原 单位：cm

独幅裁式		完全者		补凑者	
		式Ⅰ	式Ⅱ	式Ⅰ	式Ⅱ
形制复原	正面	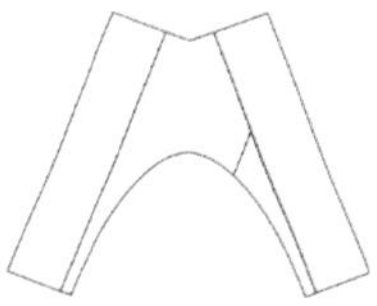	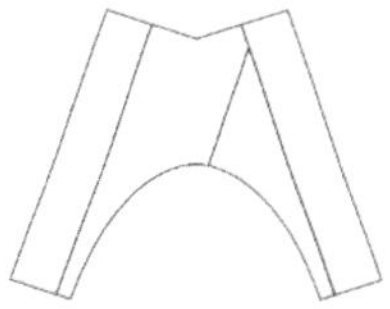	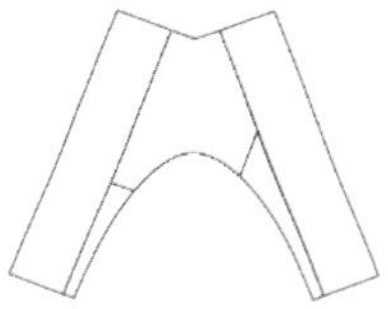	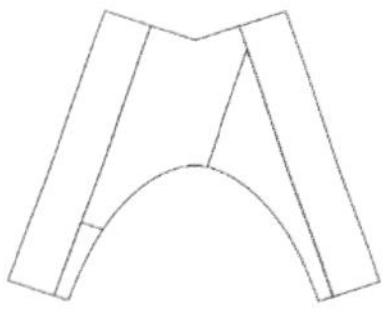
	背面	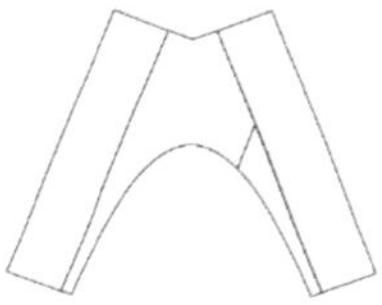	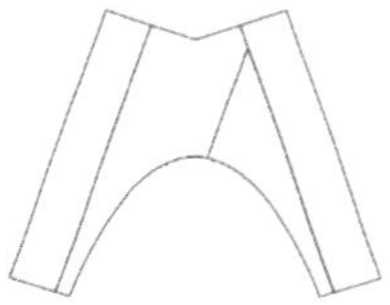	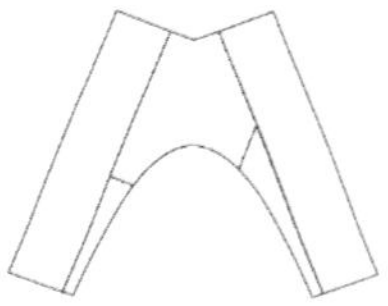	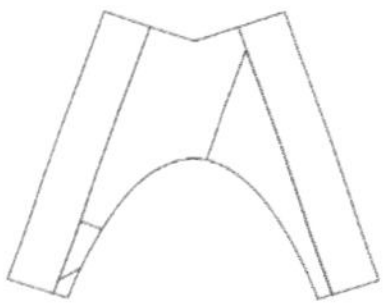
排料及结构复原		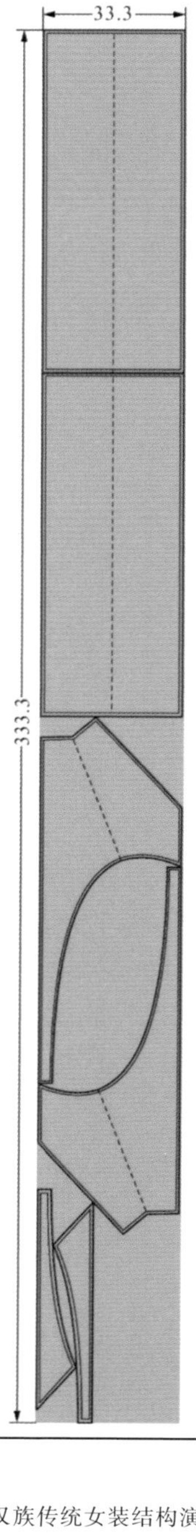 33.3 333.3	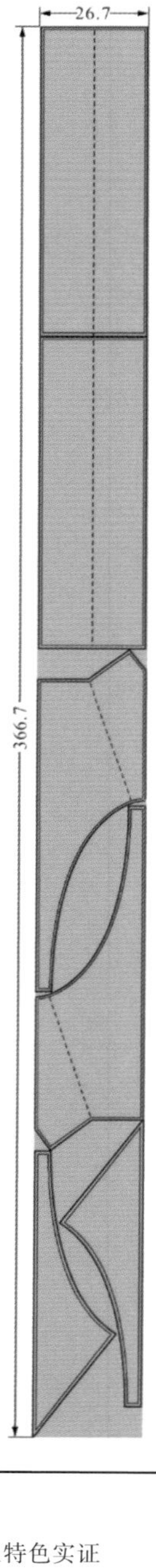 26.7 366.7	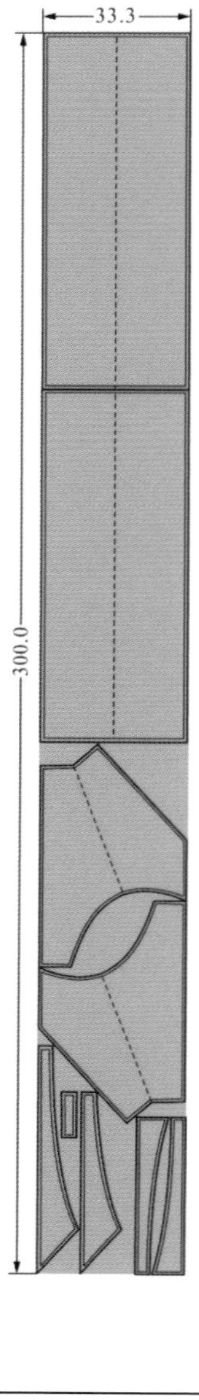 33.3 300.0	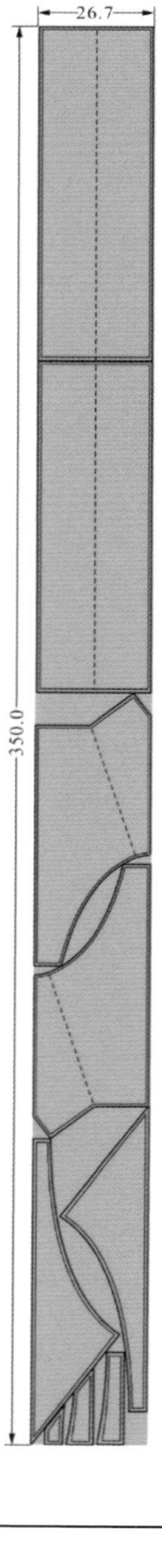 26.7 350.0

表 4-2　民国汉族传统女裤“半幅裁”诸式结构及形制复原　　单位：cm

半幅裁式		完全者		补凑者	
		式Ⅰ	式Ⅱ	式Ⅰ	式Ⅱ
形制复原	正面				
	背面	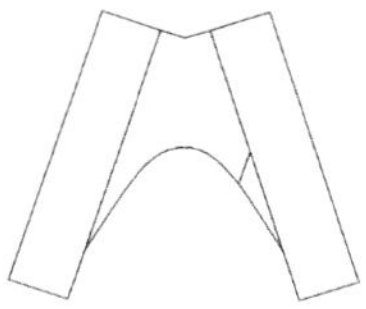	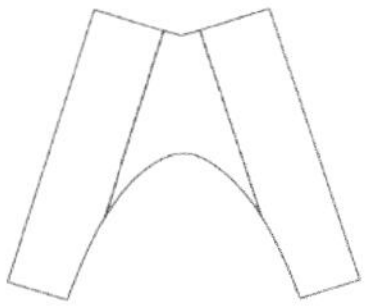	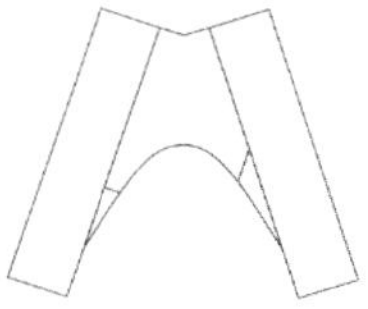	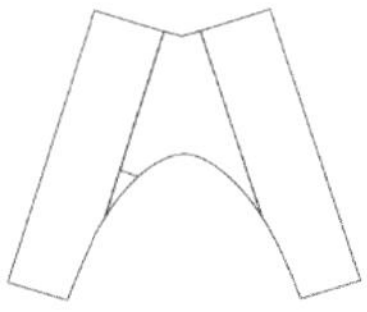
排料及结构复原		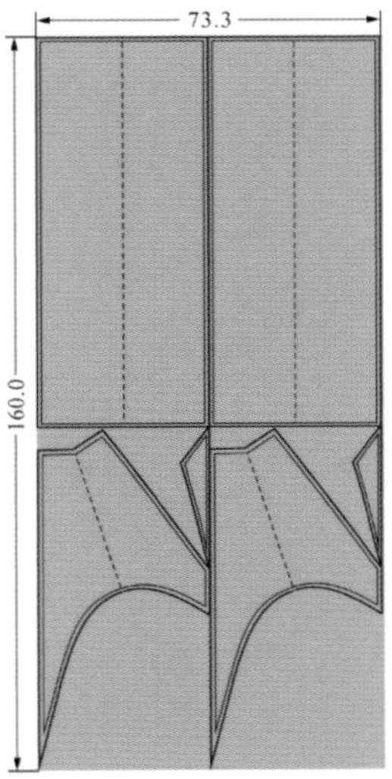 73.3 160.0	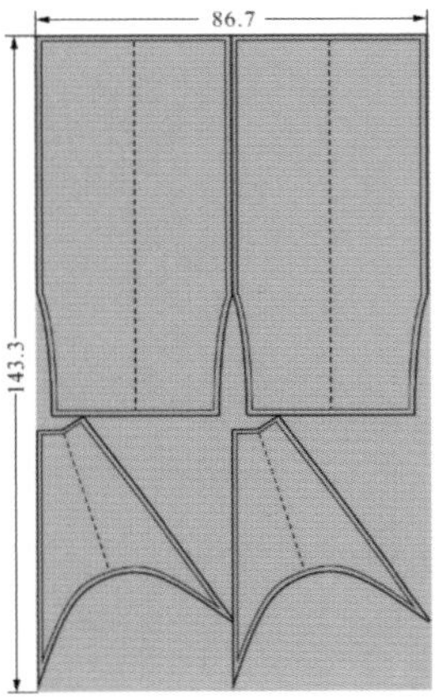 86.7 143.3	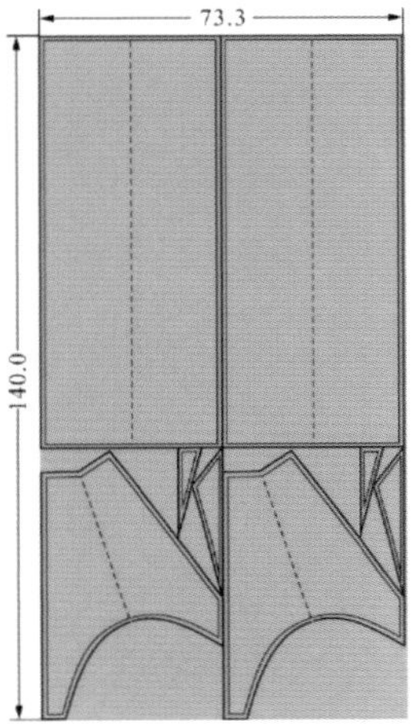 73.3 140.0	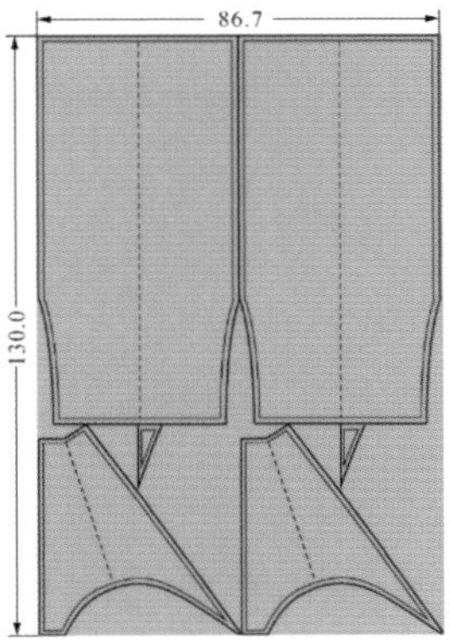 86.7 130.0

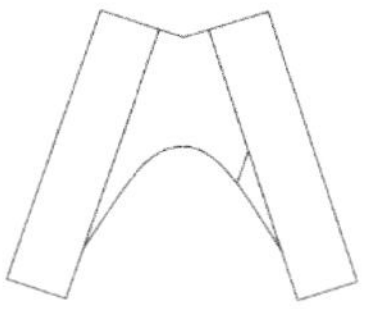

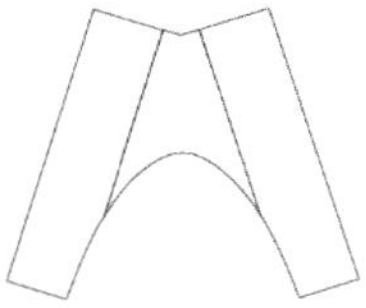

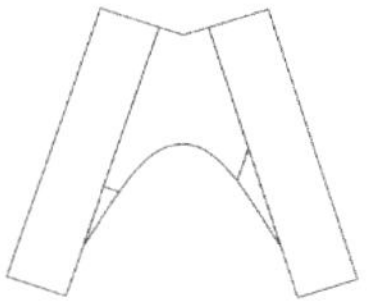

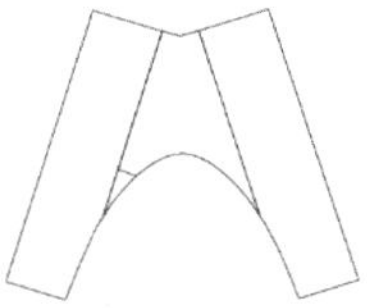

二、“拔裁”与“风车裁”

“拔裁”是针对那些幅宽介于“独幅裁”和“半幅裁”所需布幅之间的布匹。“每逢不阔不狭门面之料，欲用独幅裁，却嫌料阔；欲用半幅裁，而又嫌料狭。如一四一五一六等门面，则用拔裁之法裁之。拔裁者，在料之一边，照脚管若干尺寸，先将两裤挺拔去之，然后将所余之小半幅，再裁大小各扯也。”[1]表4-3示出民国汉族传统女裤“拔裁”诸式结构及形制复原。“拔裁”常用的面料幅宽为53.3cm，比“独幅裁”宽20.0～26.6cm，比“半幅裁”窄20.0～33.4cm。在同等幅宽下，“拔裁”的“补凑者”比“完全者”省料33.3cm。

此外，补凑者的结构一般设置在前后大扯、小扯的对应裤脚部位，通过尽可能减少补凑面料的尺寸，从而既降低拼缝的工作量，又在外观上弱化补凑的存在。

[1] 潘之奎玉辰.裁缝科讲义(续)(附图)[J].妇女时报，1913(11):79.

表 4-3　民国汉族传统女裤“拔裁”诸式结构及形制复原　　单位：cm

拔裁式		完全者	补凑者
形制复原	正面	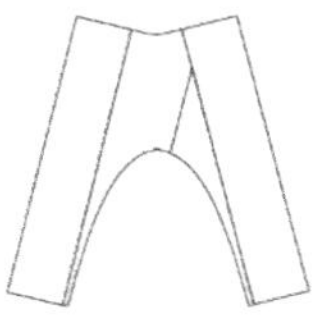	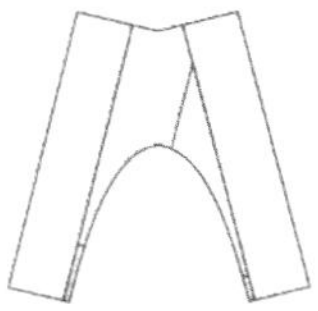
	背面	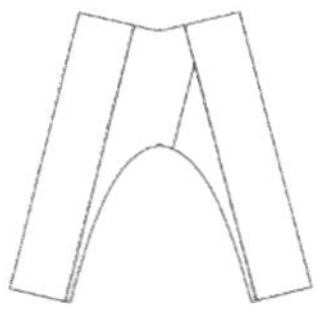	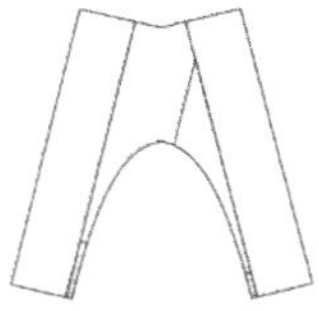
排料及结构复原		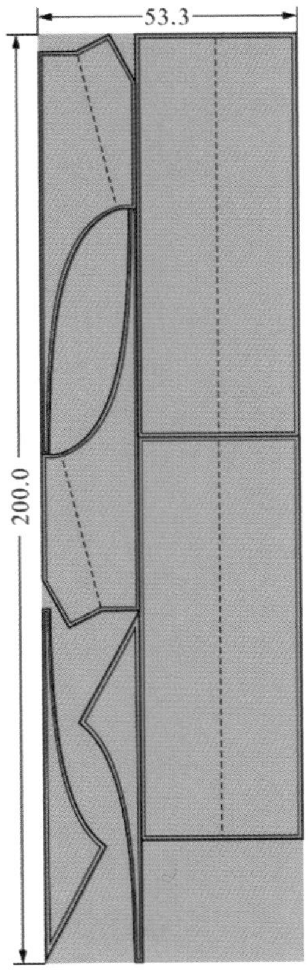 53.3 200.0	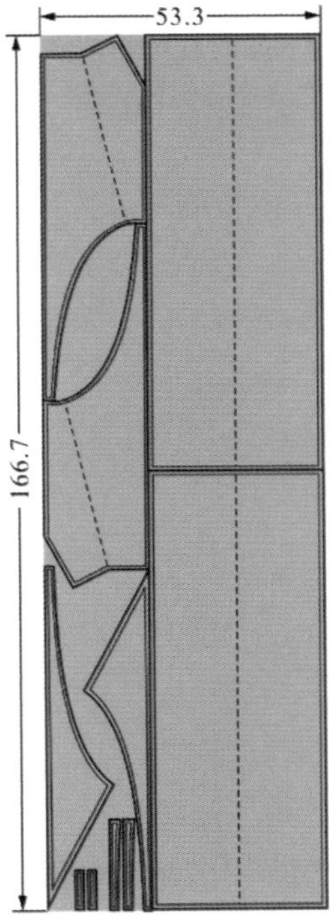 53.3 166.7

“风车裁”又称“锁壳裁”，是“拔裁”的一种变化形式。据技术史料记载，“风车裁之性质，等于拔裁也。但拔裁挺由一边出，风车则从两端裁剪。一左一右，成风车形。或又名为‘锁壳裁’。”❶“风车裁”的面料幅宽46.6cm，用料长210.6cm。对比“风车裁”与“拔裁”可以得出，“风车裁”不仅是在面料幅宽介于“独幅裁”和“半幅裁”之间，而且宽度尚不能构成“拔裁”，即面料幅宽不能同时满足单个裤挺和大扯的宽度之和时，所采用的改良之法（图4-4）。

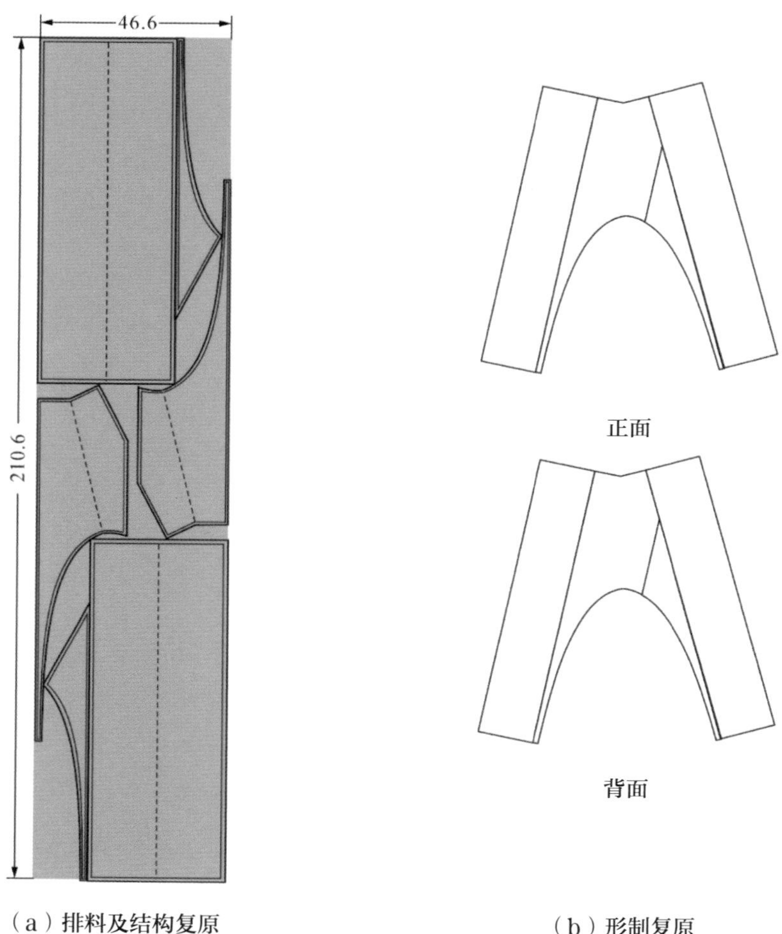

（a）排料及结构复原　　（b）形制复原

图4-4　民国汉族传统女裤“风车裁”结构及形制复原（单位：cm）

（资料来源：《妇女时报》1914年第12期）

❶ 潘之奎玉辰．裁缝科讲义（续）（附图）[J]. 妇女时报，1913(11):79.

三、“对裆裁”与“四角落地裁”

“对裆裁”的结构设计及裁剪方法与上述诸式均不同，上述诸式均将裤挺与大扯、小扯分开设计，特别是裤挺，基本作为主要结构单独存在，而“对裆裁”则将裤挺、大扯、小扯“融为一体”，打破了固有结构范式。如图 4-5 所示，将大扯与小扯连接到裤挺上，使前后裤裆以侧中线两两相对，由于面料幅宽 73.3cm 所限，在裤裆处形成了补缀结构，并分为前后左右 4 个三角裁片。这也实证和解释了当下大量民国女裤传世实物中为何在裤裆处存在类似插角的结构设计，正是由于面料幅宽所限而采用的“对裆裁”技术。所谓“四角落地裁”在本质上属于“拔裁”的一种，区别之处在于“四角落地裁”在裤挺对应腰部的结构设计上便已出现斜率，且与“对裆裁”一致（图 4-6）。

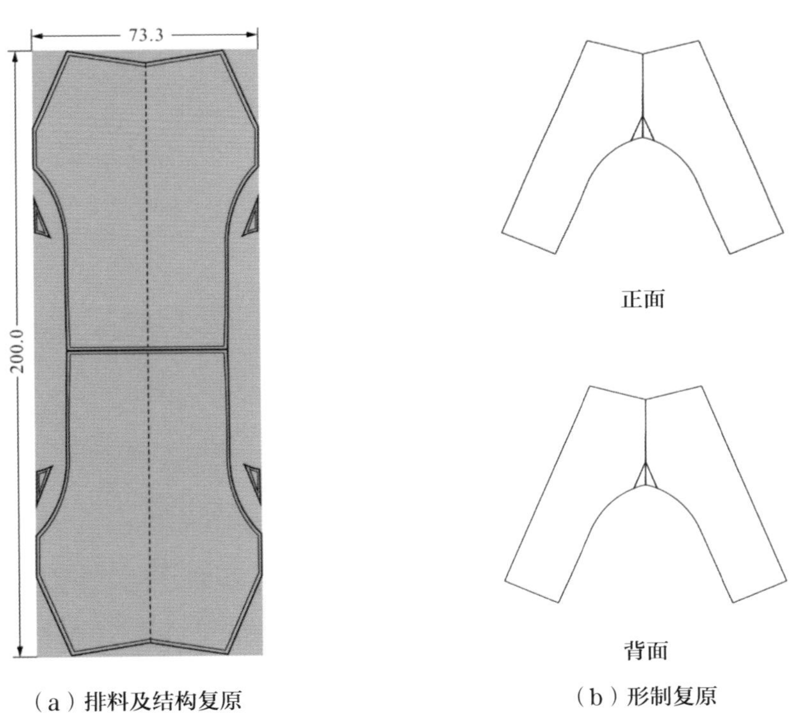

图 4-5　民国汉族传统女裤“对裆裁”结构及形制复原（单位：cm）

（资料来源：《机联会刊》1937 年第 163 期）

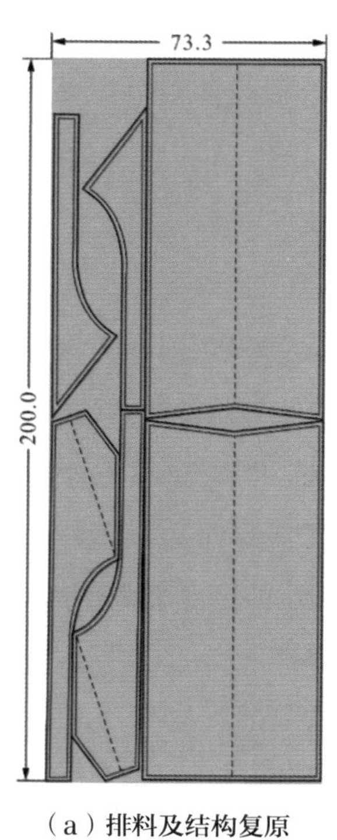

（a）排料及结构复原

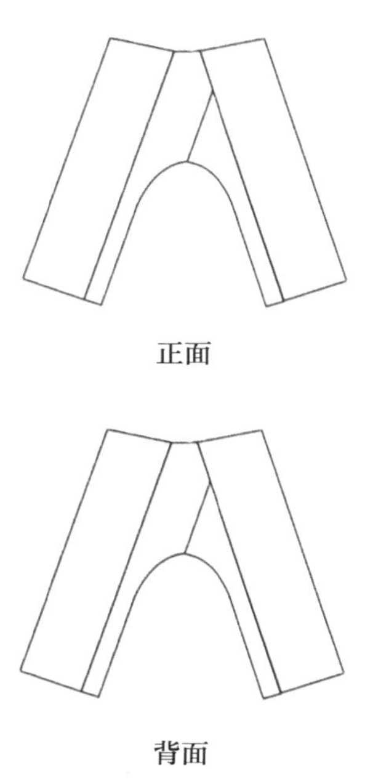

（b）形制复原

图 4-6　民国汉族传统女裤“四角落地裁”结构及形制复原（单位：cm）

（资料来源：《机联会刊》1937 年第 163 期）

另外，对比“对裆裁”与“四角落地裁”的差异，史料记载：“对裆裁与四角落地裁，逢到腰围横档脚口都是小的时候，用料是差不多的，但是，如若逢到大腰围大横档大脚口，那么，四角落地裁，就要比对裆裁废料多。所以鄙意袴子的裁制，还是采用对裆裁，并且做起来也要比四角落地裁便当得多。不过有人说，对裆裁是适合于女子，四角落地裁方才适合于男子。此说法是毫无根据的。考四脚落地裁的创制，是从前洋货未输入吾国的时候，国产的布疋（同‘匹’），都是木机制的，幅门很小，对裆裁反而损料。现在不要说洋货，国产布疋，也都是铁机制的大幅门了。那么，吾们何不采取合乎经济的对裆裁呢？”[1] 因此，“对裆裁”和“四角落地裁”均是民国汉族女裤最常用的结构，但是相比之间，随着民国时期面料幅宽的不断增加，结构简易、裁剪及制作方便的“对裆裁”逐渐成为首选。而且，“对裆裁”还是将直裆破缝的裁剪方式之一，在民国中后期伴随大门幅面料问世，甚至出现了采用“对裆裁”但是没有在裤裆插角的结构设计（图 4-7），整件女裤由两片式构成（图 4-8）。

[1] 严祖忻，宣元锦 . 家庭问题：衣的制法（三）(附图)[J]. 机联会刊，1937(163):25.

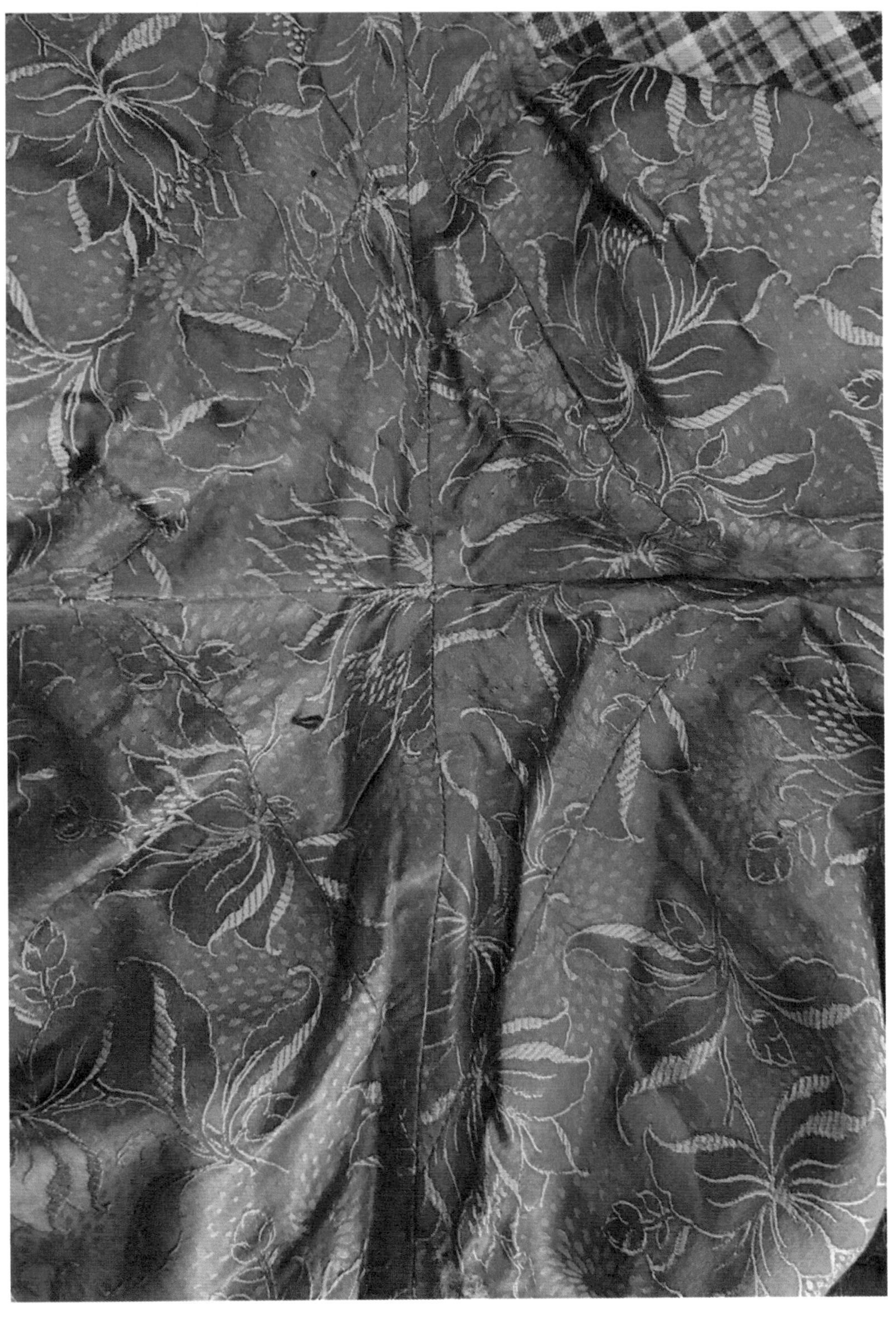

图 4-7　民国汉族传统女裤的裤裆补角结构

图 4-8　民国紫绸散地绣花女裤实物

（资料来源：广州市博物馆藏品）

上述裁剪方法基本囊括了民国汉族传统女裤的裁剪方法，此外还有一种“两裤合裁”，顾名思义，是将两条女裤放在一起进行裁剪，其结构及形制复原如图 4-9 所示。实际上为“半幅裁”的延展和变式，面料幅宽与“半幅裁”一致，只是长度更长，达 266.6cm，约为“半幅裁”的 2 倍，面料利用率为 85.4%。

因此，笔者以为对“两裤合裁”的理解和解读不应该局限于此，针对“独幅裁”“拔裁”“风车裁”“对裆裁”和“四脚落地裁”等其他裁法，只要面料达到足够的幅宽和长度，是否均可以同时将两条女裤放在一起进行合裁，且裁后女裤之间的形制结构和尺寸完全一致？

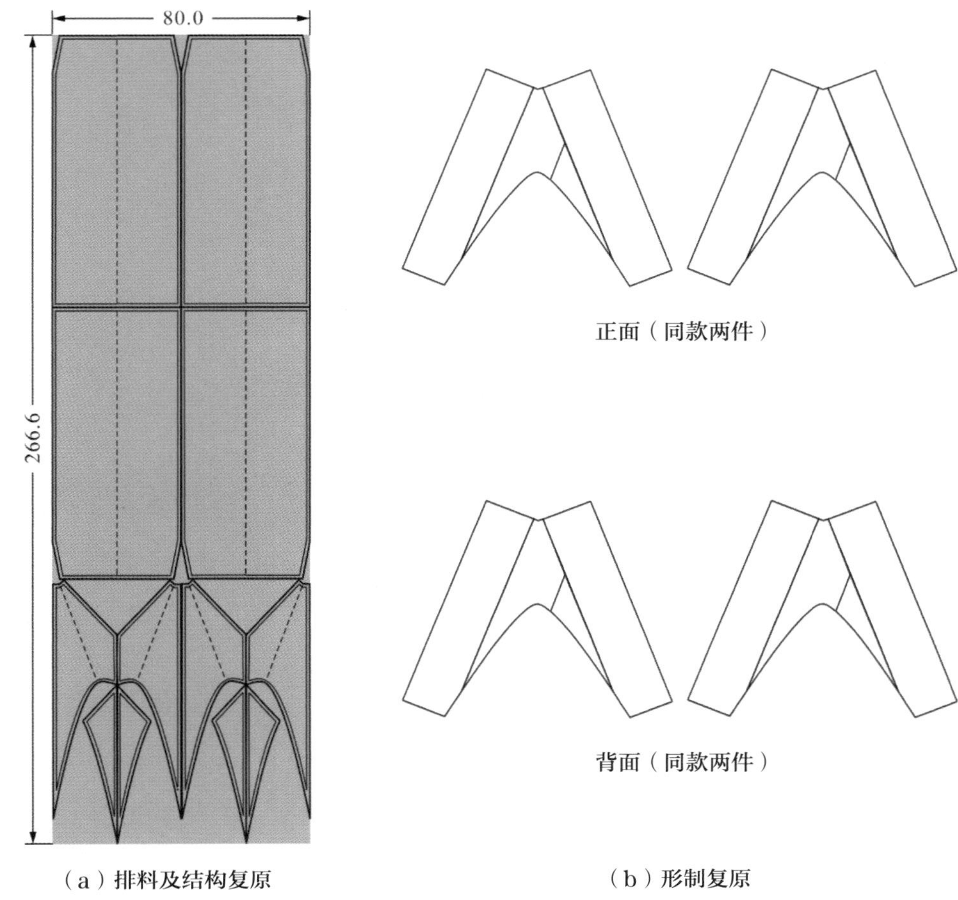

（a）排料及结构复原　　（b）形制复原

图 4-9　民国汉族传统“两裤合裁”结构及形制复原（单位：cm）

（资料来源：《江苏省立第二女子师范学校汇刊》1915 年第 1 期）

上述所列各种女裤的裁剪及排版方式，均是在限定布幅下最为省料和合理的方案之一。虽然结构裁片千变万化，但裁剪的过程却相对固定。

（1）针对有裤挺及大扯、小扯结构的裁法，遵循“裤挺→大扯→小扯”的 3 步确定法则。据相关文献记载，“惟无论何种裁法，裁时总宜先裁裤挺。俟裤挺既剪，乃按直裆、横档之尺寸，将料斜折，而剪成大扯之一。复依大扯所缺之处，再剪小扯之一。然后照样剪第二大扯，及第二小扯”“切忌合掌，或小扯剪反等事”[1]。

（2）针对无裤挺、裤扯之分的结构，显而易见，先裁剪裤身的主体结构，再裁剪裤裆补角等需要补凑之处。

（3）为了对比上述各种裁剪方式对面料的使用效率，将复原结构裁片及所用面料导入 AutoCAD 软件中（图 4-10），识别并测算出每种裁法的女裤各裁片（毛

[1] 潘之奎玉辰 . 裁缝科讲义（续）(附图）[J]. 妇女时报，1914(12):76.

样）面积 S_1、S_2、$S_3\cdots S_n$，以及所用面料的面积 S，计算得出该女裤结构设计对面料的使用率 V，公式如下。

$$V=\frac{S_1+S_2+S_3+\cdots+S_n}{S_2}$$

由于女裤各裁片与布幅尺寸均在同等比例下进行识别和测算，虽然所测面积并非真实数据，但是数据之间的比例与真实尺寸比例保持一致。

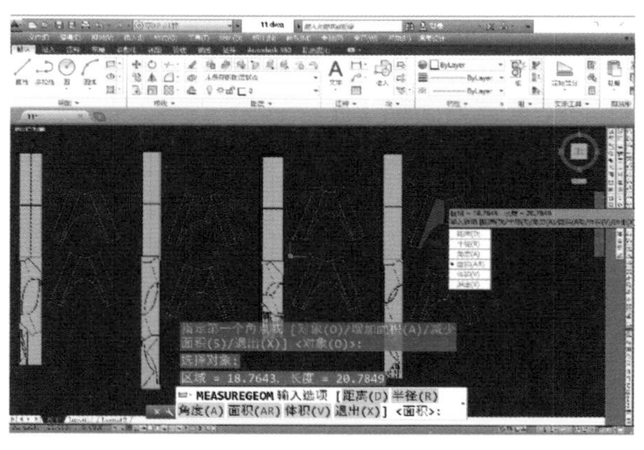

（a）裁片（大扯）面积测算

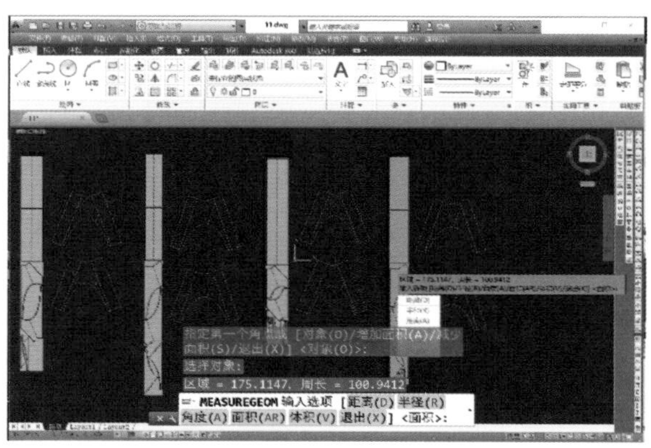

（b）布幅面积测算

图 4-10　基于 AutoCAD 软件的民国汉族传统女裤结构裁片及布幅的面积测算

将“独幅裁”“半幅裁”“拔裁”“风车裁”“对裆裁”“四角落地裁”及“两裤合裁”的裁剪毛样和所用面料进行测算并得出各裁剪方法对面料的利用率，如表 4-4 所示。总体上，“独幅裁”的面料利用率最高，除了完全式Ⅰ外，其余均达到了 80.0% 以上，平均值为 83.3%；从“完全”与“补凑”的角度看，补凑裁法的面料利用率高出很多，在同等裤型尺寸下，面料利用率提高了 10.0% 左右，其中面料利用率最高的为“拔裁”中的“补凑者”，达到了 88.8%，面料利用率最低的为“半幅裁”的“完全者”，分别为 73.2% 和 71.1%。同时需要指出的是，在保持裤挺、大扯、小扯三者结构完成的情况下，“独幅裁”的“完全者”式Ⅱ面料利用率最高，为 83.1%，而其余裁法的“完全者”基本都在 80.0% 以下。

表 4-4　民国汉族传统女裤不同结构设计排版的面料利用率对比分析

裁剪类型			面料利用率		
“独幅裁”	“完全者”	式Ⅰ	74.9%	79.0%	83.3%
		式Ⅱ	83.1%		
	“补凑者”	式Ⅰ	86.8%	87.5%	
		式Ⅱ	88.1%		
“半幅裁”	“完全者”	式Ⅰ	73.2%	72.2%	76.7%
		式Ⅱ	71.1%		
	“补凑者”	式Ⅰ	82.8%	81.2%	
		式Ⅱ	79.6%		
“拔裁”	“完全者”		77.4%	83.1%	
	“补凑者”		88.8%		
“风车裁”			84.0%		
“对裆裁”			80.1%		
“四角落地裁”			87.8%		
“两裤合裁”			85.4%		

第二节　材料影响下民国女装裤型结构的变化设计

“材料”与“幅宽”不同，“幅宽”仅指裁制女裤所用面料的宽度，属于“材料”范畴。“材料”的意义更广，包括材料的类型、材料的新旧等，分述如下。

（1）针对材料的类型，主要指制作同件女裤需要用到不同材质的面料，有两种面料的拼接，还有多种材料的拼接。

（2）针对材料的新旧，主要指“旧料新用”，即改制。通过旧制服装的创新结构设计，改制成女裤。

一、基于两种材料拼接的结构设计

江南大学民间服饰传习馆珍藏民国黑棉拼接女裤由两种材料拼接而成，其中裤挺为质感稍厚的黑色面料，大扯、小扯为质感稍薄的黑色面料，两种面料选用同色，确保在外观上尽可能保持和谐一致（图 4-11）。腰头为白色棉布所制，左右对应侧缝处系扣同质棉带。

（a）A 面　　（b）B 面

图 4-11　民国黑棉拼接女裤实物

民国黑棉拼接女裤形制为长裤，裤口渐窄，长至脚踝处；大扯在腰部存在拼接；虽然此裤不分前后，但是从裤裆处面料的伸缩变形情况看，B 面应为背面（图 4-12）。

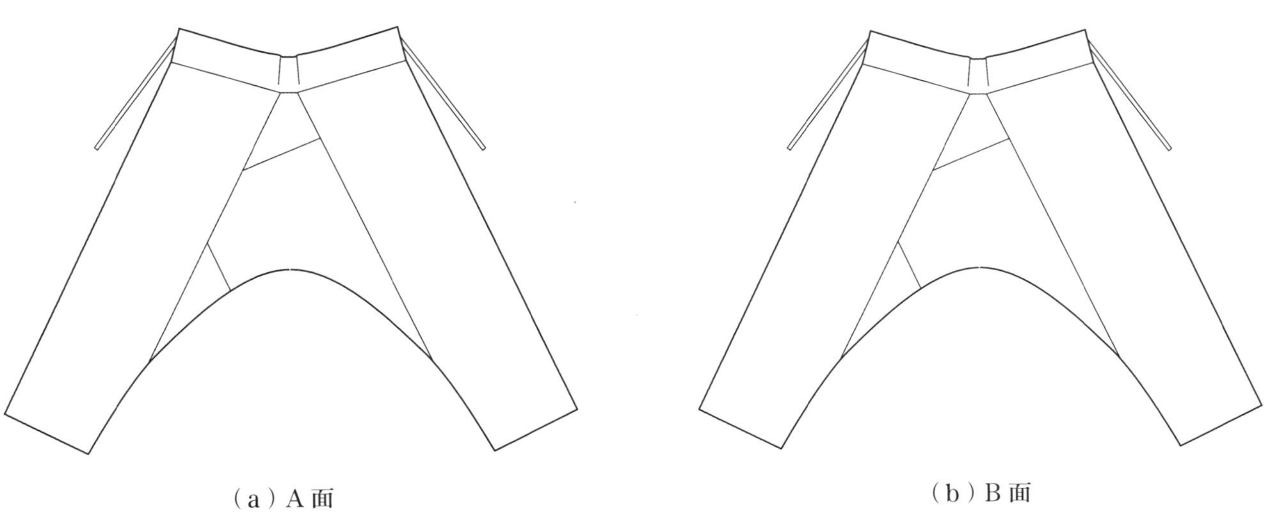

（a）A 面　　（b）B 面

图 4-12　民国黑棉拼接女裤形制

民国黑棉拼接女裤主结构测绘与复原如图4-13所示，裤长（包含腰头）80.2cm，腰围101.0cm，裤脚宽22.0cm，直裆（或称“上裆”“立裆”等）长35.7cm，裤挺宽44.0cm，小扯长24.7cm，大扯宽28.3cm。需要注意的是，在裤挺上的前后腰线与裤口线并非平行，由外侧缝向内侧缝处逐渐上翘，量为2.0cm。传统裤型的裤裆不分前后，因此不存在“大裆”与“小裆”之分，裤型也由此不分前后。

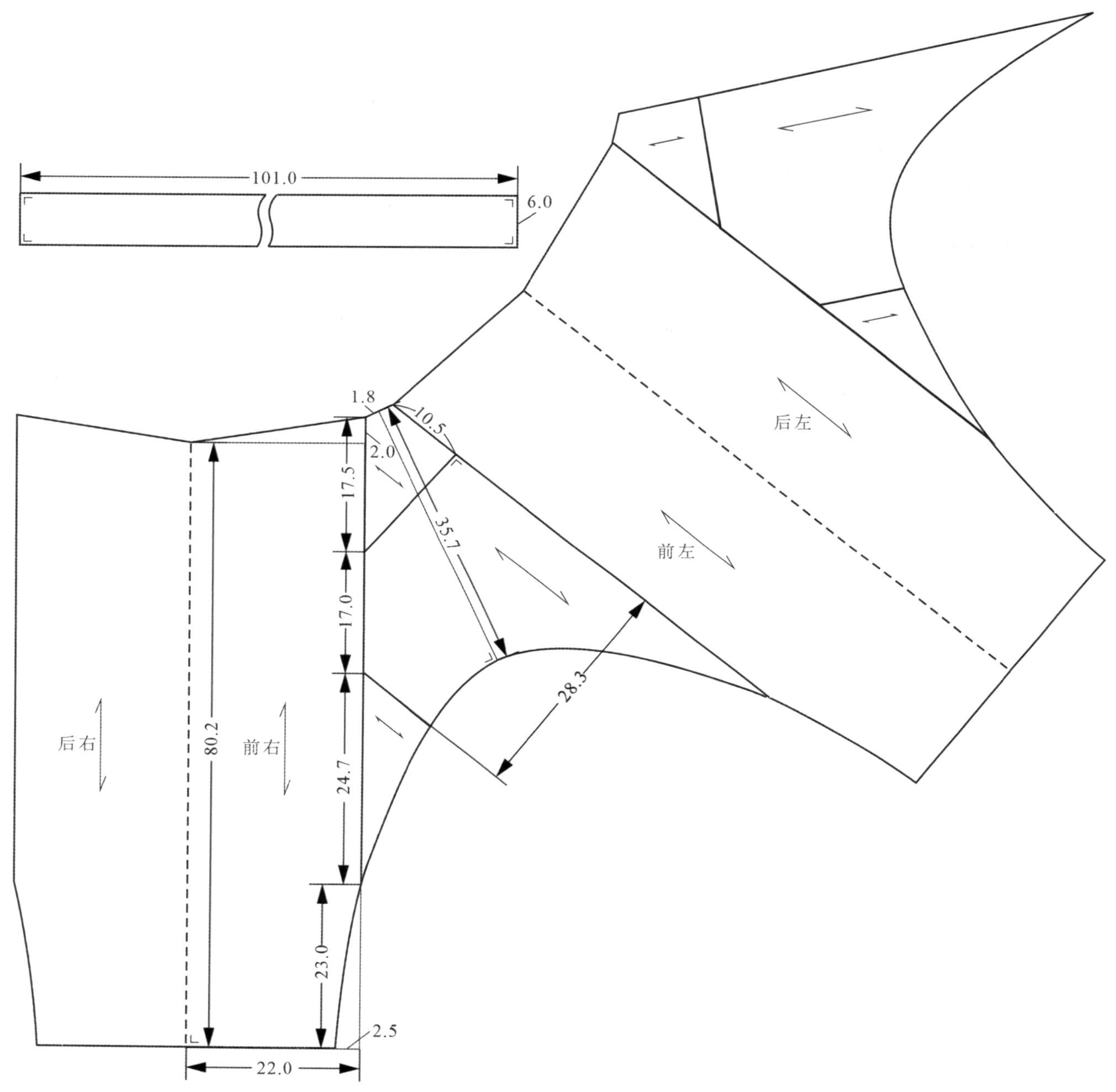

图4-13 民国黑棉拼接女裤主结构测绘与复原（单位：cm）

对女裤主结构毛样进行模拟排料，注意裤挺和大扯、小扯，即两种不同面料之间需要分开排料，得出两种方案（图4-14）。其中，对于大扯、小扯的排料，得出幅宽30.3cm、长118.9cm的方布，对面料的利用率较高。对于裤挺的排料，则有两种方案：其一为基于裤脚与裤腰部位相接的裤挺上下相接裁法，得出幅宽48.0cm、长168.4cm的方布；其二为裤挺的左右相接裁法，得出幅宽96.0cm、长84.2cm的方布。

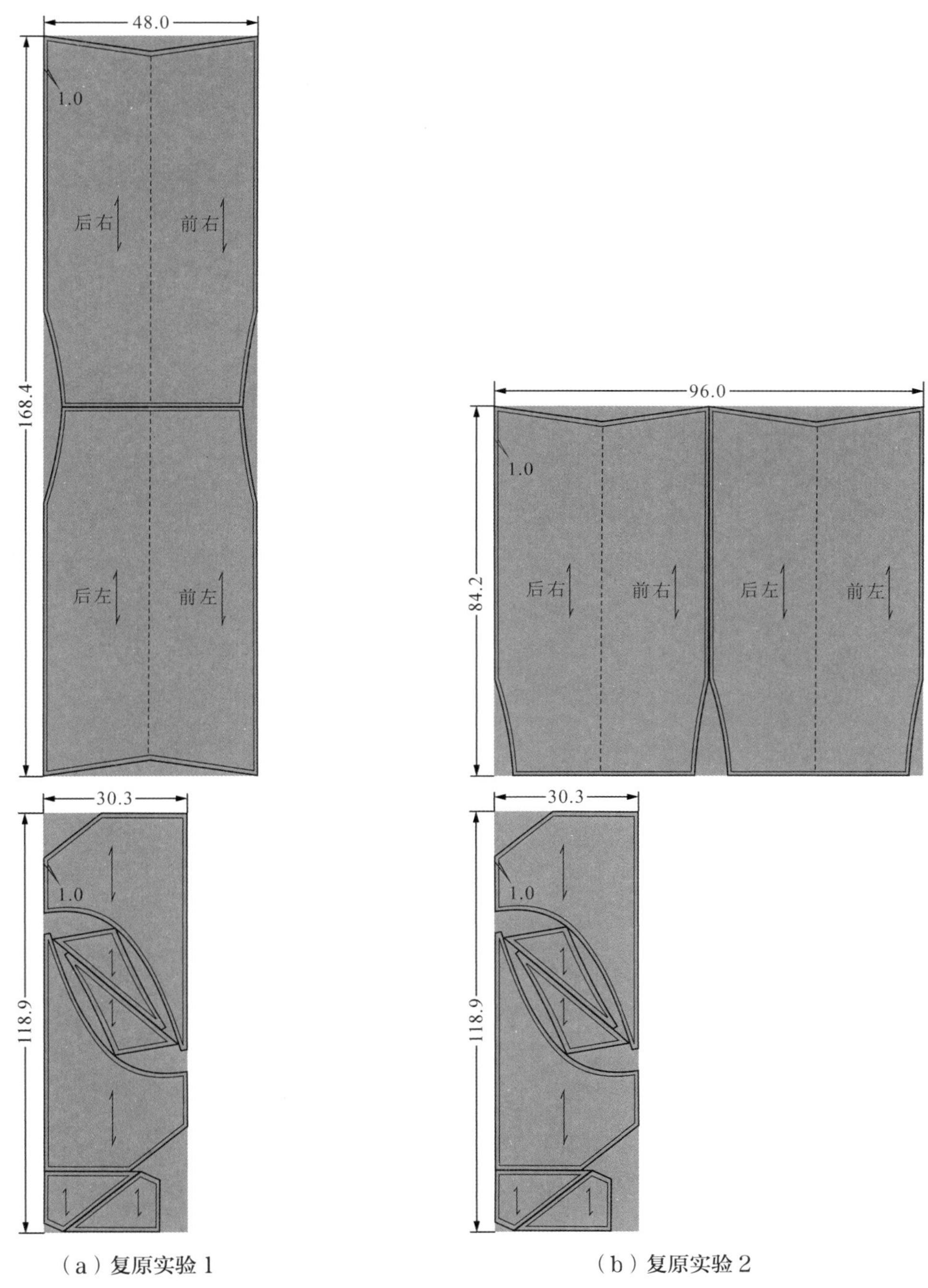

（a）复原实验 1

（b）复原实验 2

图 4-14 民国黑棉拼接女裤主结构毛样模拟排料分析（单位：cm）

此外，通过实验的对比分析发现，由两种材料拼接而成的此裤比由同种材料裁制更为省料。

民国黑棉拼接女裤，由于两种材料在色彩上保持一致，因此从外观上不易辨别，此外还有采用两种不同色彩的面料进行拼接的结构设计。如图 4-15 所示，其一为传统素麻挑花绣拼接女裤，选用两种不同深浅的麻料进行拼接，裤挺选用浅棕色，大扯、小扯选用深棕色，并在裤脚口以更深色相进行挑花装饰；其二为传统青蓝棉布印花拼接女裤，选用蓝印花棉布与类似牛仔面料的土布进行拼接，但是两件女裤各自所选面料在整体材质和风格上保持了一致。与民国黑棉拼接女裤以同色相面料弱化拼接的处理手法相反，此两件女裤通过不同色相甚至不同装饰的对比，在结构拼接的同时形成了拼色的装饰视觉效果。

（a）传统素麻挑花绣拼接女裤

（b）传统青蓝棉布印花拼接女裤

图 4-15　主结构面料由两种材料拼接的其他实物

二、基于数种材料拼接的结构设计

民国浅红绸各种拼接刺绣女裤，在前后裤身的裆部以上设计了数种拼接结构，除去裤脚处镶拼不算之外，前后分别有 11 块面料拼接，且前后并不完全对称，在腰节处稍有差异。经对比发现，此裤拼接用到的面料至少有 3 种以上。

该裤整体以紫罗兰色为主调，采用以团花图案与花卉形象为主的暗花绸缎面料制作直裆、平口裤，此外自上而下还有用于束腰的米色裤腰与绒面面料，用以增加长裤的便捷性与实用性；淡紫色暗纹提花面料纹样多变，有菊花、团寿、兰花等，暗纹呈四方连续样式排列组合，精致美观又富有吉祥寓意。该裤自膝盖至小腿中部绣有蝴蝶、知了等昆虫以及各式各样的花枝图，用色绮丽形象生动，展现出一幅生机盎然之景，同时于小腿中与裤脚处缀有两条水蓝色缘边，缘边间绣有仙鹤、蝴蝶、花卉等装饰，整体配色舒适协调，纹样布局错落有致，相互呼应，犹如花圃盛会，热闹非凡。缘边之上缀有深蓝色工字二方连续回纹纹样，纹样将该裤视觉中心上下分隔，使得图案之间层次分明，增添了其中的节奏感（图 4-16 和图 4-17）。

（a）正面

（b）背面

图 4-16　民国浅红绸各种拼接刺绣女裤实物

（资料来源：广州市博物馆藏品）

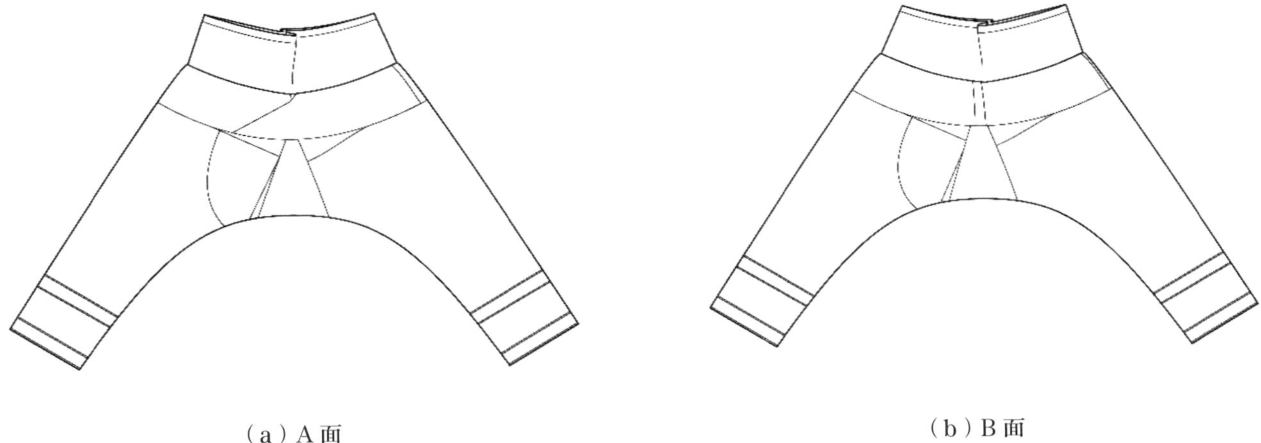

（a）A 面　　（b）B 面

图 4-17　民国浅红绸各种拼接刺绣女裤形制

对拼接后女裤进行测绘发现，裤长 78.3cm（不含腰头），直裆长 32.0cm（不含腰头），横裆宽 41.5cm，腰围 110.8cm，腰头宽 15.0cm，裤口宽 19.0cm（图 4-18）。此裙在结构设计上呈现如下特色：第一，结构拼接的部位集中在前后裤裆及腰头处，对应女性裆部，选择了相对隐蔽的部位，当搭配穿着上衣之后，拼接结构一般被上衣衣摆遮盖，并不显露于外；第二，虽然此裤采用了十余处拼接设计，但是结构的裤型延续了民国女裤的一般范式，形成内部结构拼凑灵活、外部结构廓型稳定的整体特征。

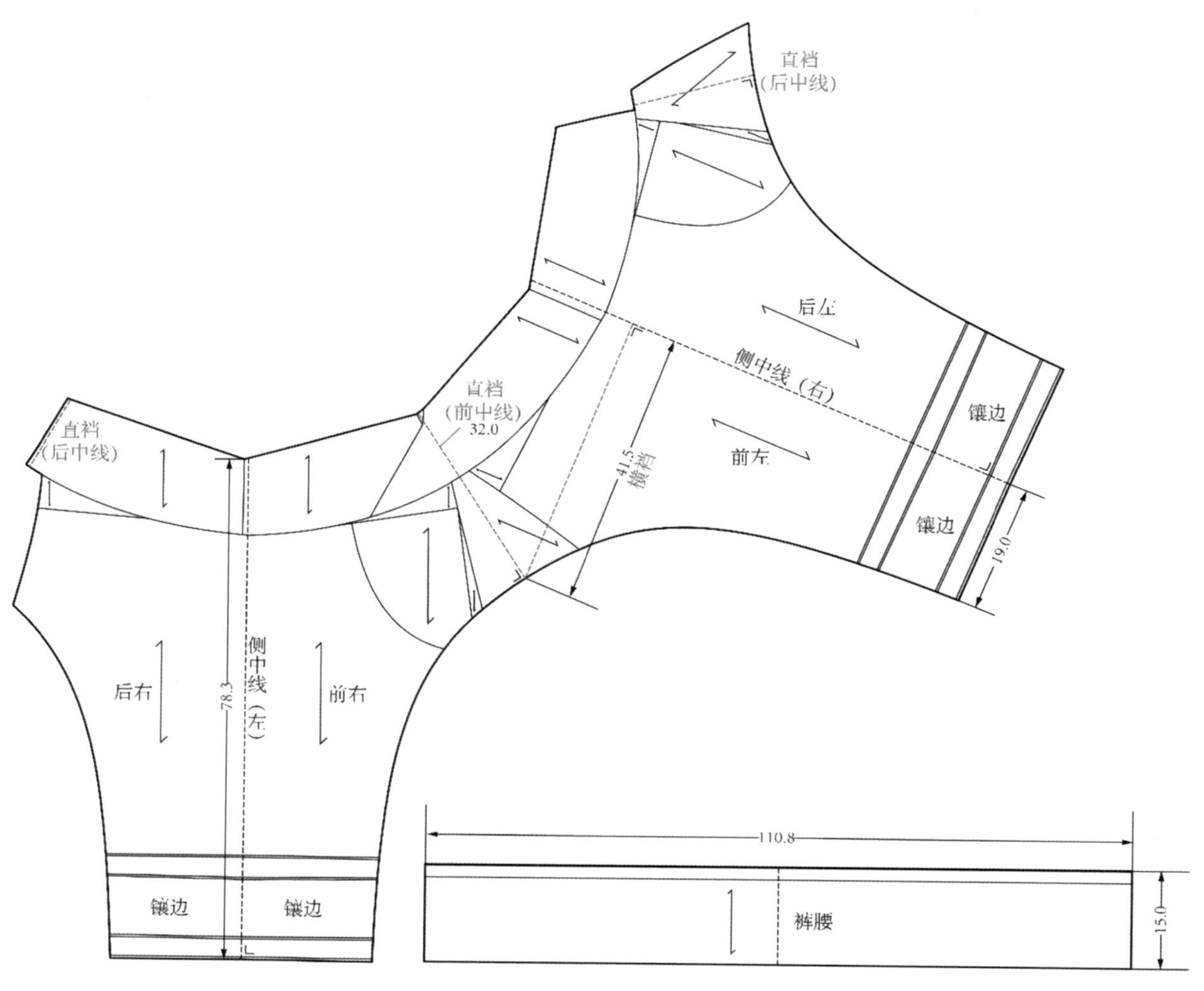

图 4-18　民国浅红绸各种拼接刺绣女裤主结构测绘与复原（单位：cm）

三、基于“旧料新用”的改制结构设计

除了各种材料拼接而制的女裤外，在民国汉族传统女裤中还存在着重要的结构设计，即结构改制，所谓“旧料新用”。

（一）马面裙改制女裤的结构特征

广州市博物馆珍藏一件罕见的改制女裤实物——民国正红绸牡丹刺绣改制女裤（图 4-19），形制为中长裤，裤长至小腿处，裤口渐宽，但程度不大，裤腰为松紧带闭合方式，均与一般女裤制式不同。女裤通身由裤裆至裤口处均以刺绣装饰，纹样为牡丹，有大有小，顺着裤口各结构裁片方向，错落有致。

经考证，此裤除松紧带的闭合，还应该增加了系带（腰带）作为巩固闭合，腰带系结的位置处于正面中间，即前中线处。此裤在左右裤腿上设置了大量的竖向拼接，裤前左右裤腿各有 3 处拼接，裤后左右裤腿各有 5 处拼接（图 4-20）。由此可见，此裤的前后结构并不对称，裤前拼接相对较少，结构更为完整。

（a）正面

（b）背面

图 4-19　民国正红绸牡丹刺绣改制女裤实物

（资料来源：广州市博物馆藏品）

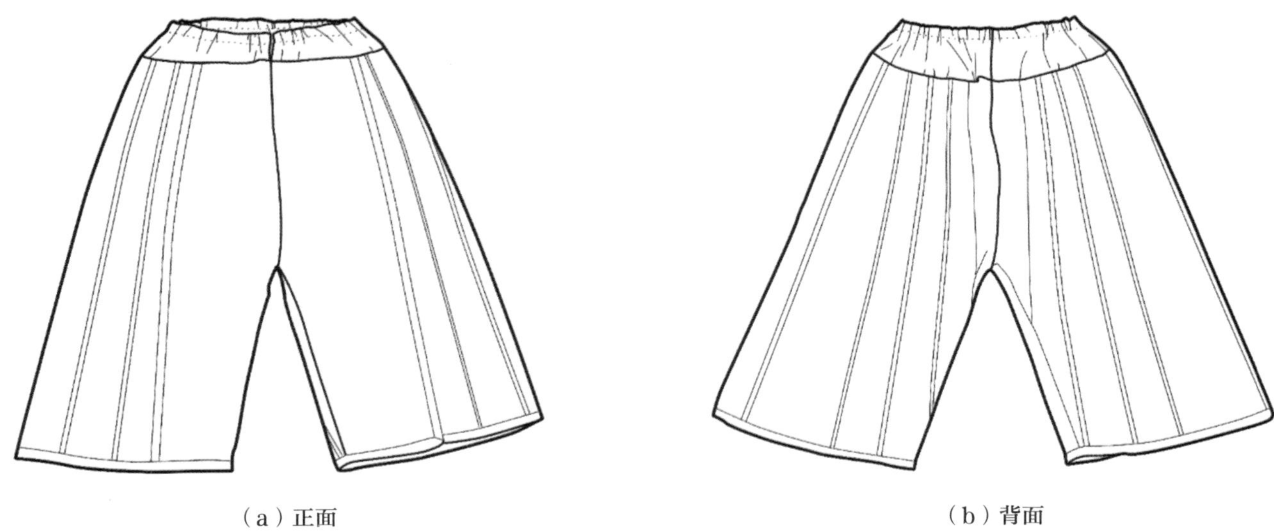

（a）正面　　（b）背面

图 4-20　民国正红绸牡丹刺绣改制女裤形制

此裤在征集时，取自民国套装，所搭配的上衣由同款材质制成，且装饰纹样及工艺风格等均为一致，可以断定下裤与上衣为原始套装，非后配为之。上衣形制为立领，右衽大襟，5 副盘扣，下摆渐宽，长至臀周，袖口渐窄，但程度较小。前后中破缝，且存在接袖结构，左右开衩设计，长为 25.0cm（图 4-21）。上衣整体尺寸较为合体，衣长 71.0cm，胸宽 50.0cm，底摆宽 62.0cm，衣型较窄；通袖长 124.0cm，挂肩长 24.5cm，袖口宽 20.0cm，袖型也适体。

（a）正面

（b）背面

图 4-21　民国正红绸牡丹刺绣改制女裤搭配上衣套装

（资料来源：广州市博物馆藏品）

（二）改制过程的复原与结构考证

从民国正红绸牡丹刺绣改制女裤的结构细节及纹章布局分析，基本可以确定其由一件马面裙改制所成。为了实证这一猜想，试对改制的过程进行实验和复原。经反复验证后的方案如下。

（1）首先由女裤进行反推，得出女裤除原马面裙拼接外的两大主结构，如图4-22（a）所示，图（3）为女裤所需两片马面裙的形制，但是传统马面裙的结构并非如此，需要将其中一片进行左右变换，形成图（2）之式，再将其合并便成为图（1）形制，即马面裙基本形制。

（2）马面裙通过拆解、重组，形成符合缝制成裤的结构裁片，如图4-22（b）所示，主要将两块马面结构进行换位。

将马面裙片进行重组后，便可以测绘和复原出女裤的结构设计过程，两块马面的拼合线便为前中线，首先在其左右裁出前内侧缝，裤裆处于腰下39.0cm处；其次，确定左右侧缝线的位置，分别距离裤裆37.5cm，即横裆长；最后，确定后中线的位置，再裁出后内侧缝即可［图4-23（a）］。裁减之后，形成的结构如图4-23（b）所示。

女裤腰头也是一改旧制，并未采取白色棉布或麻料进行制作，而是选用与裤身同种质料，宽约6.5cm，前窄后宽，可能是受面料尺寸所限。腰围在未装伸缩带时尺寸为100.0cm，加入伸缩带后变为70.0cm。此外，裤长77.5cm（不含裤腰），裤口宽38.5cm。

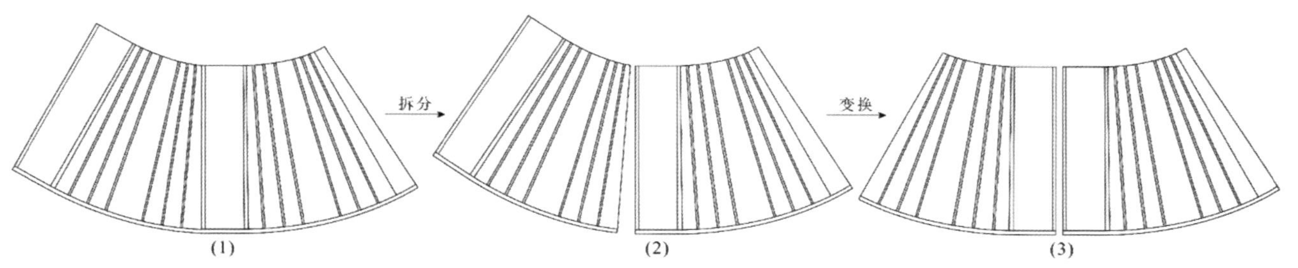

（a）马面裙改制女裤的演示过程

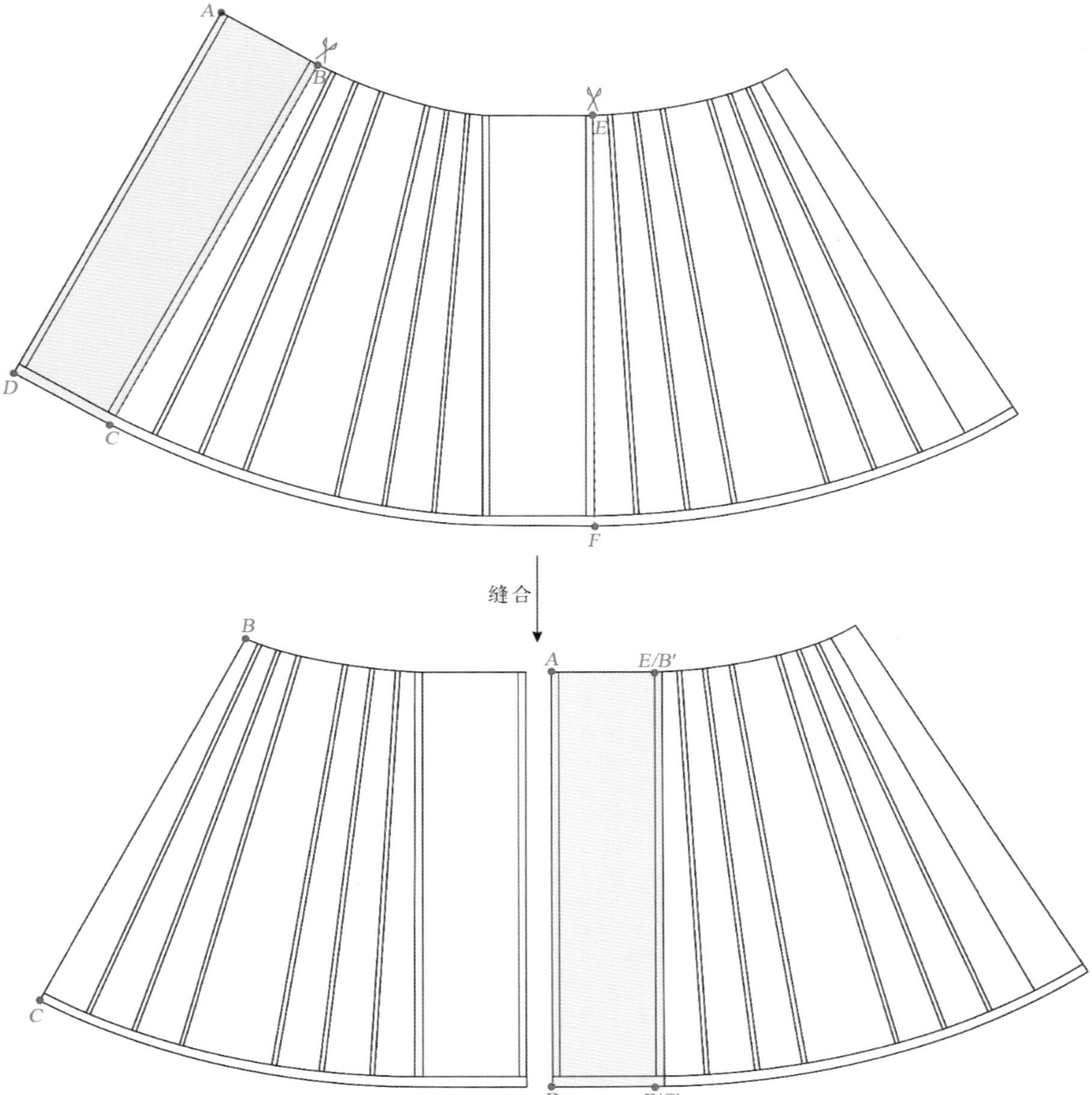

（b）马面裙拆解与重组演示

图 4-22　民国正红绸牡丹刺绣改制女裤形制实验分析

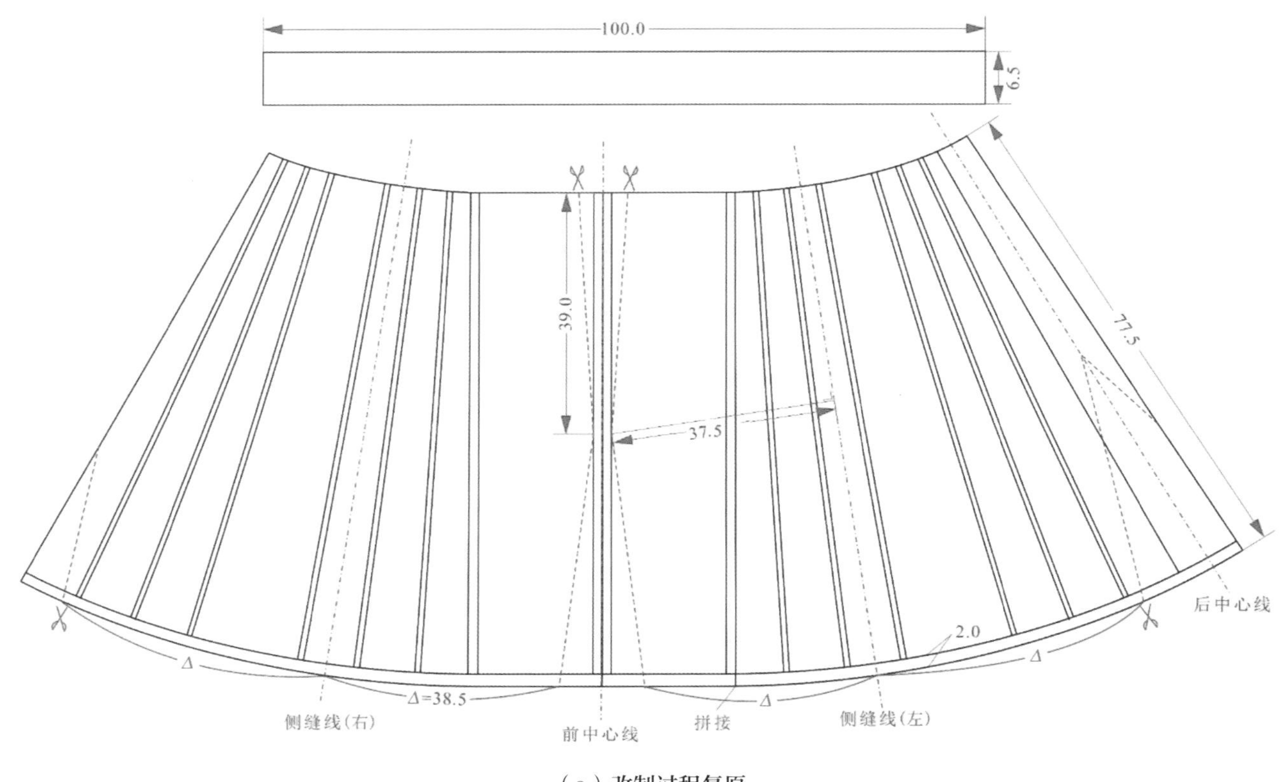

（a）改制过程复原

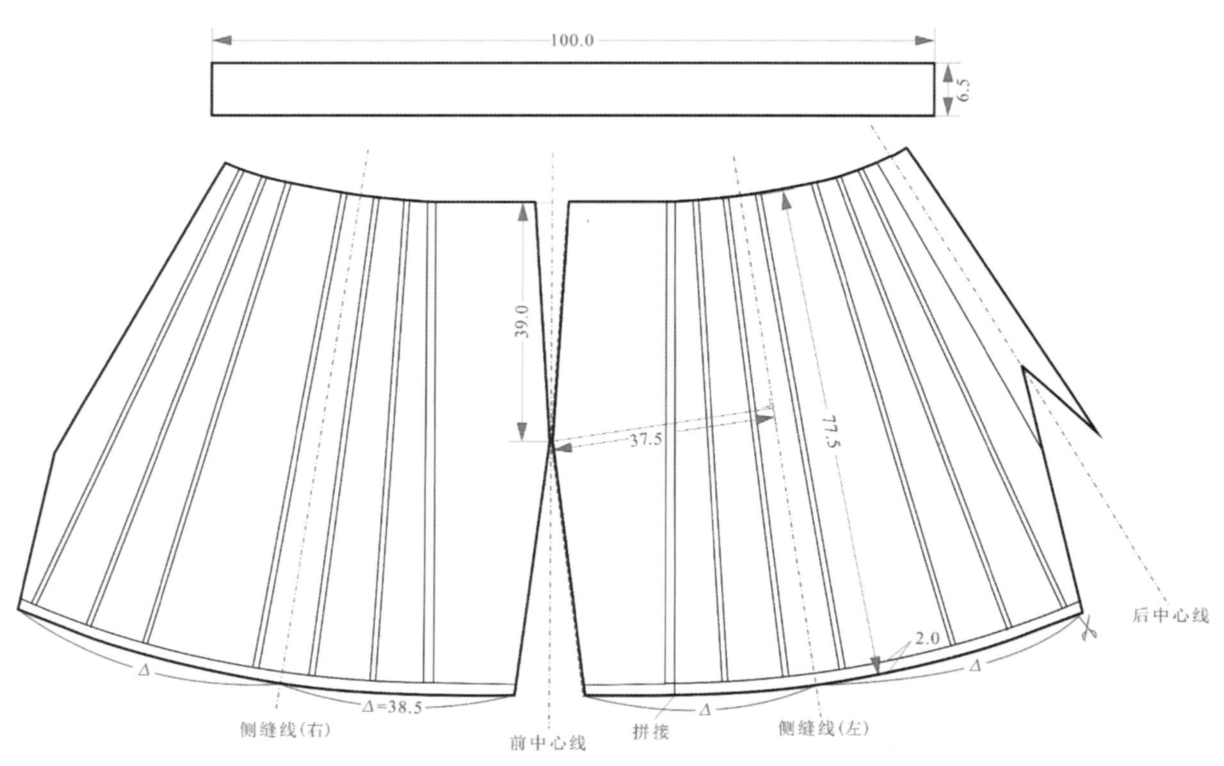

（b）结构复原

图 4-23　民国正红绸牡丹刺绣改制女裤裁剪及结构复原（单位：cm）

第三节　民国女装裤型结构的设计原理及“倒 V”型范式

重点结合技术史料，结合大量实践和实验，通过反复验证和修正，对民国女裤结构的设计流程进行复原，从而总结其中的设计原理，提炼其中的共性和价值特色。

一、裤型结构设计的流程复原

（一）四片式女裤结构设计的流程复原

（1）取方形布料对折，如图 4-24（a）所示，*AB* 为对折线。

（2）将折叠后的右上角（两层面料）折起，如图 4-24（b）所示，*EF* 为折线。

（3）将折后的上面一层三角剪开，向上翻折，如图 4-24（c）所示，*EC* 为翻折线，使 *F*′ 点与 *F* 以左上角 *C* 点为中心点对称。

（4）翻折后形成三角形 *EF*′ *F*，取角 *F*′ *FE* 为一半在此向左侧翻折，如图 4-24（d）所示。

（5）由点 *E* 向右侧翻折线作垂线，用剪刀顺垂线剪开，如图 4-24（e）所示。

（6）*G* 点为裁后顶点，以 *EF* 为辅助线，延展向右下方引出线段 *FI*，长度约为线段 *GF* 的一半，然后以 *EF* 为中线设置三角形，如图 4-24（f）所示。

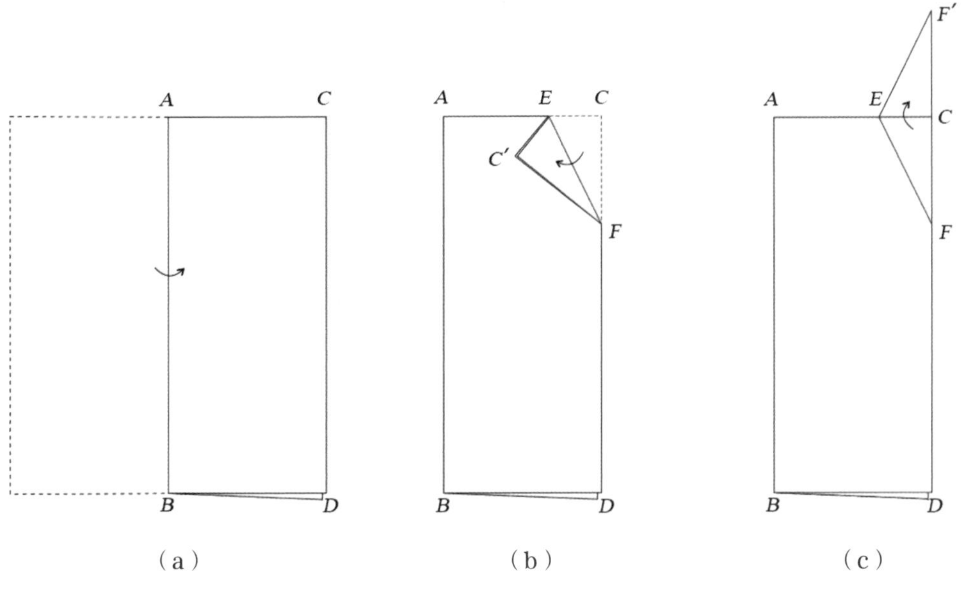

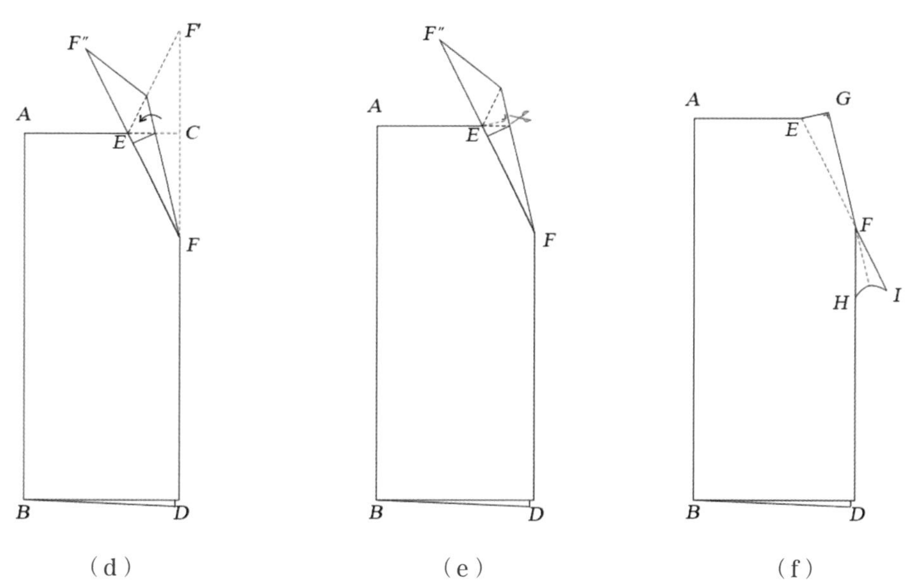

图 4-24　四片式女裤结构设计流程复原

经上述折叠及裁剪之后，便形成了四片式女裤的结构雏形，但仅为一半，另一半以同样流程裁出即可。其结构复原如图 4-25 所示，类似于上述“对裆裁”结构，只是裤裆处的插角由原来的 4 块合并为 2 块，而且腰线的走势也稍有差别。将裁片缝合便得完整形制，如图 4-26 所示。

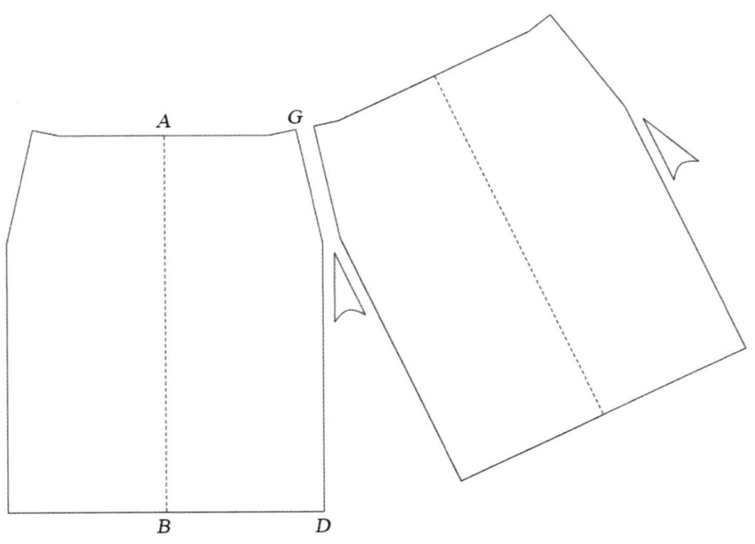

图 4-25　四片式女裤结构复原

图 4-26　四片式女裤形制复原

（二）六片式女裤结构设计的流程复原

六片式女裤结构（不含腰头）设计流程[1]复原如图 4-27 所示，具体如下。

（1）将矩形（宽大于长）按照中心线 *AB* 对折，形成矩形 *ABDC*，如图 4-27（a）所示。

（2）将矩形 *ABDC* 按照线段 *EJ*、*FI*、*GH* 分别剪开，形成两个等长不等宽的矩形，其中线段 *EF* 为裤长，点 *H*、*G* 分别为线段 *AC*、*BD* 的中点，如图 4-27（b）所示。

（3）确定裤裆点 *K*，作水平线 *KL*，为横裆线；将角 *C* 以点 *K* 为支点向左下方向翻折，使线段 *MC* 交于点 *J*，形成翻折线 *MK*；分别裁剪线段 *NJ*、*SJ*（点 *S* 为线段 *MR* 的中点），形成四边形 *KNJR*，其中线段 *SK* 为直裆线，其长度即直裆长（股上长）。如图 4-27（c）所示。

（4）裁剪曲线 *KPON′D*，注意：线段 *N′P* 平行且长度等于线段 *NK*、*PO* // *KD*、∠ *RKT*=90°、∠ *α*+ ∠ *β*=90°（∠ *α* 与∠ *β* 互余）；裁剪线段 *QP*、*OI*，其中 *QP* ⊥ *KD*、*OI* ⊥ *NI*，如图 4-27（c）所示。

（5）最后，如图 4-27（d）所示，将四边形 *KNJR* 向右上方向原路折回，即形成三种裁片，如图 4-27（e）所示。

---

[1] 珍卜．小道可观：裁剪大全 [M]．穗兴印务馆，1947:101.

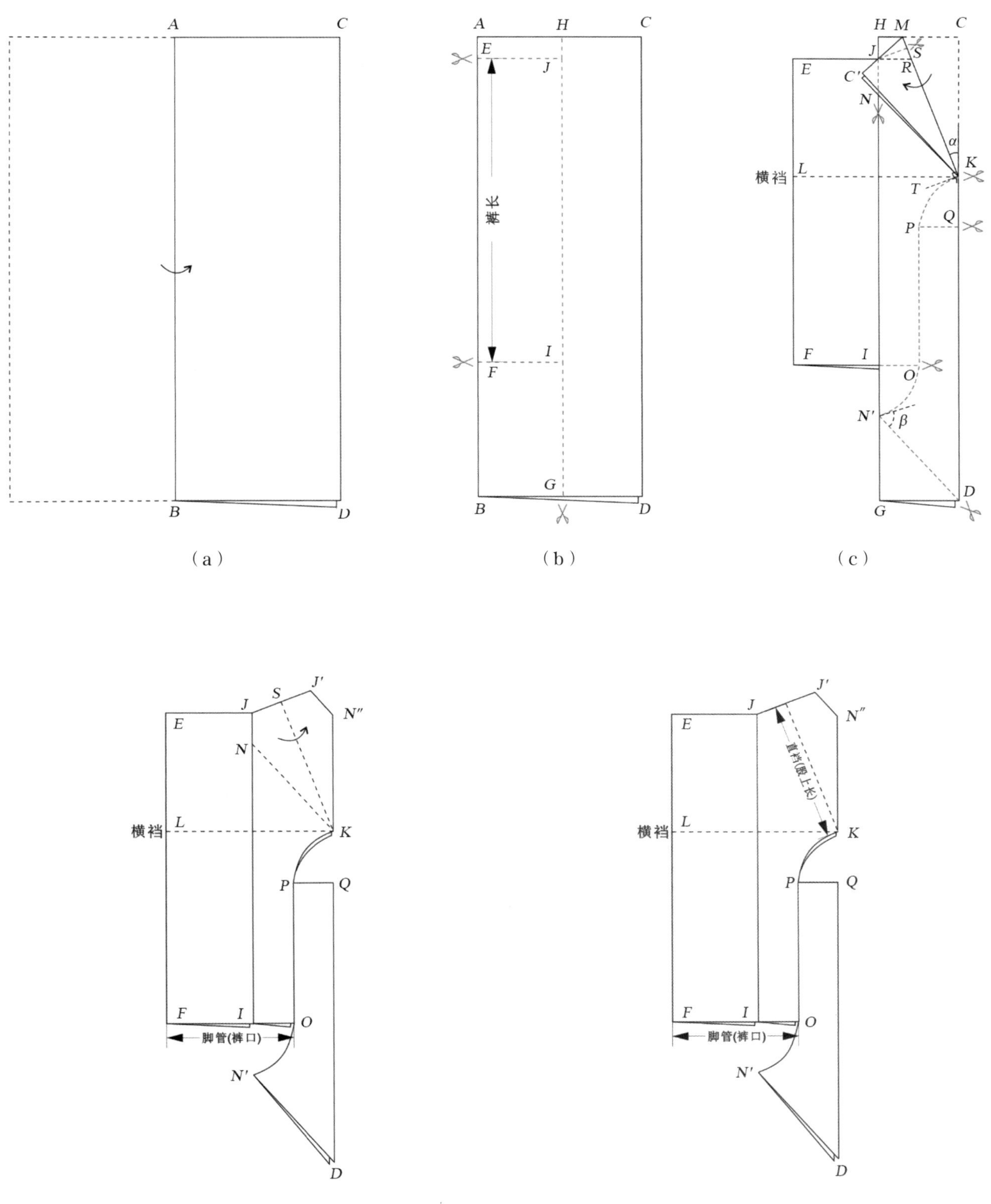

图 4-27　六片式女裤结构设计流程复原

图 4-28 和图 4-29 示出六片式女裤前后所有裁片的拼接结构图形制图。

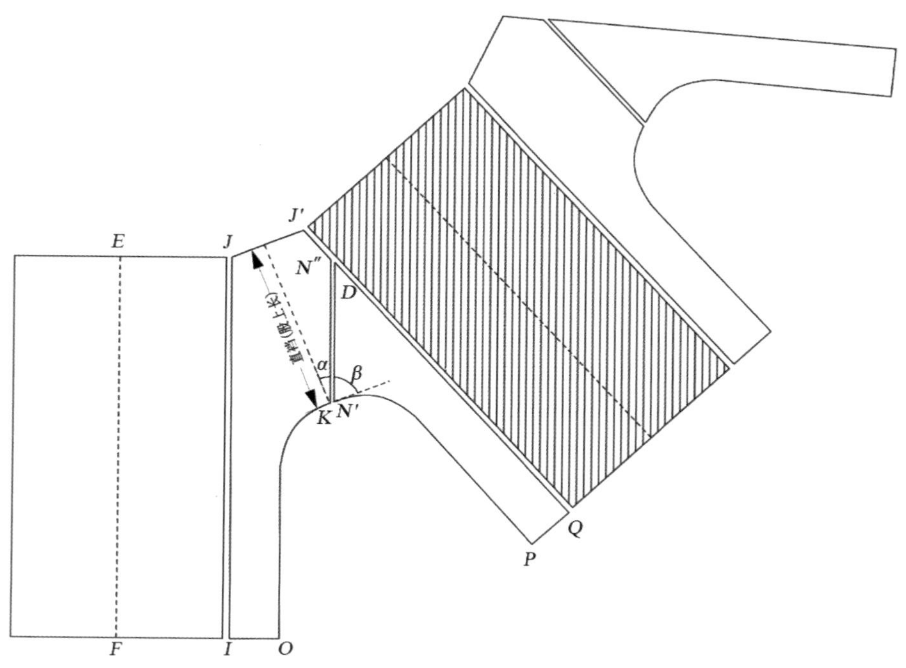

图 4-28　六片式女裤结构复原

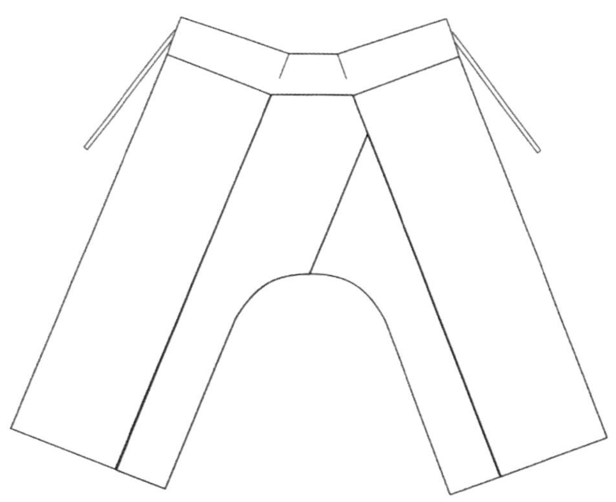

图 4-29　六片式女裤形制复原

二、裤裆余量设计原理及其衍生平面“倒 V”型范式

经过对上述众多传世实物及技术文献史料的考证，已不难发现民国时期传统女裤尽管结构千变万化，但是由前后侧缝线、前后内缝线、前后腰线和裤口线构成的廓型却一直处于基本恒定的状态，而女裤结构的变化也主要集中在裤裆附近。

为了深入解读女裤结构设计的原理和特色，重点对四片式和六片式结构女裤进行实验与分析。如图 4-30 所示为四片式女裤围合实验对比分析，以前后中线，即直裆线为中心线，以左右内缝线相交汇于直裆线，形成了角 α 和 2α，从而形成了裤裆的余量，使两裤管呈“倒 V”型散开。与此同时，若将角 α 变为 0°，则两条裤管合并在一起，无丝毫裆部余量。

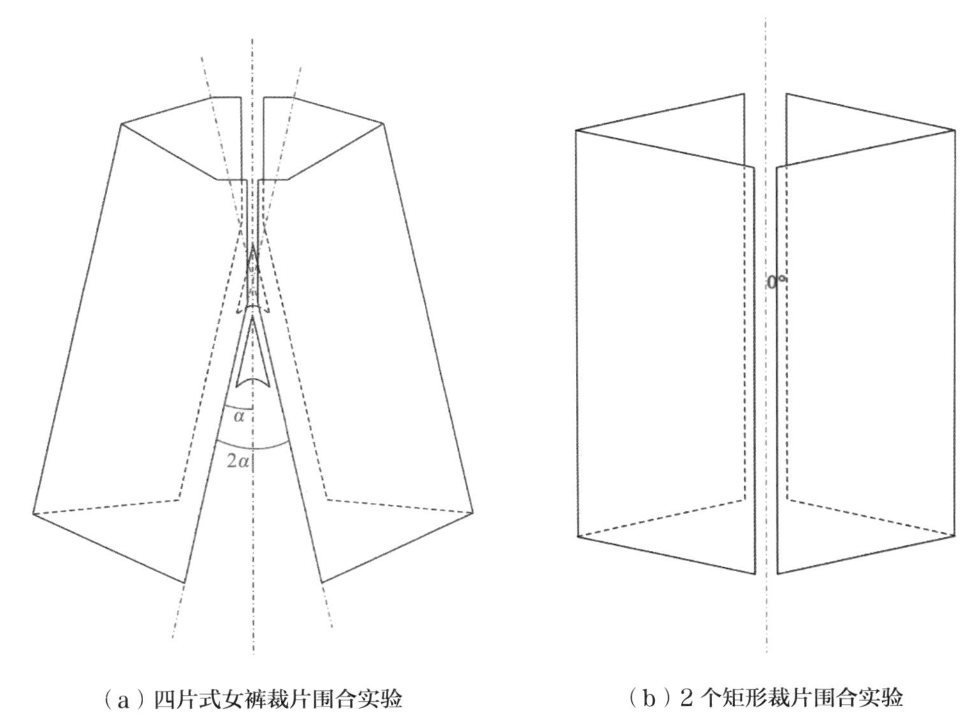

（a）四片式女裤裁片围合实验　　（b）2 个矩形裁片围合实验

图 4-30　四片式女裤裁片围合实验对比分析

进一步实验得出裤裆余量即裆下三角的插角（图 4-31），由此也可以看出在结构设计和裁剪过程中通过巧妙地翻折，完成了对裤裆空间的营造。

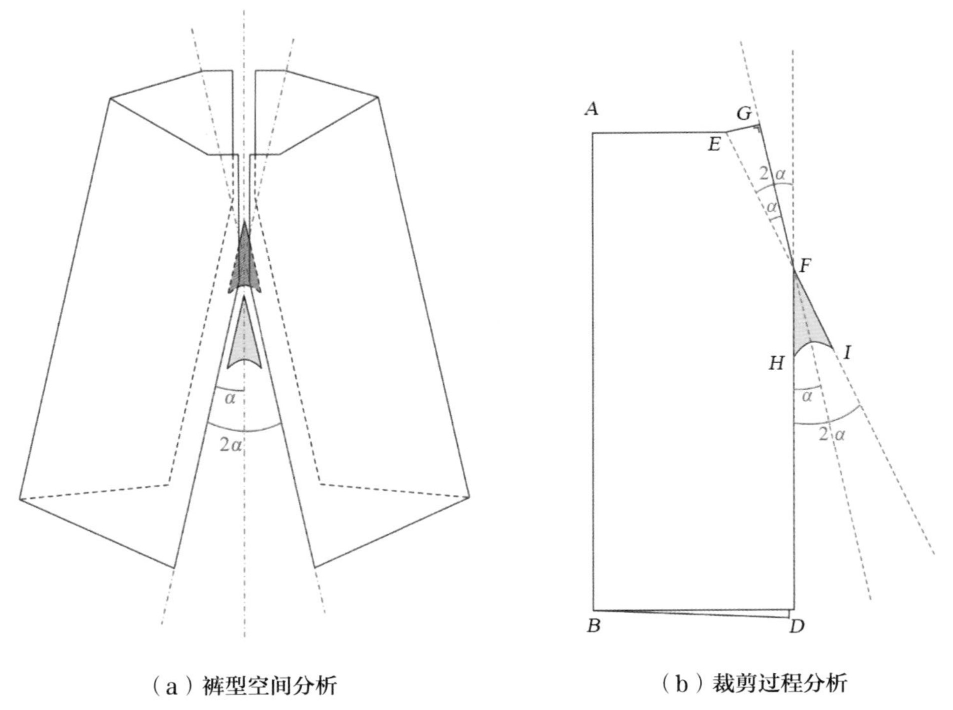

（a）裤型空间分析　　（b）裁剪过程分析

图 4-31　四片式女裤裤裆余量分析

不同于四片式女裤裆部存在三角的结构设计，六片式女裤在裆下并不存在三角结构，但是通过对六片式女裤进行裆部余量的实验分析发现，裆部余量的结构设计仍然存在，且原理与四片式女裤一致（图 4-32）。

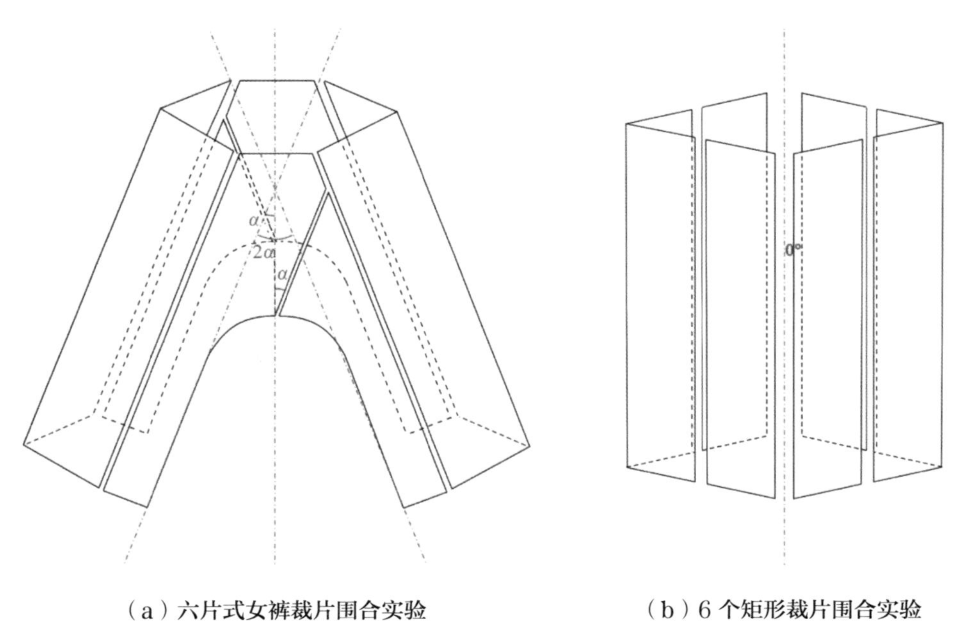

（a）六片式女裤裁片围合实验　　（b）6 个矩形裁片围合实验

图 4-32　六片式女裤裁片围合实验对比分析

图 4-33（a）示出该六片式女裤裆部余量，可以理解为在无形中营造了一个同四片式女裤一样的类三角形，图 4-33（b）示出在结构设计和裁剪过程中通过巧妙地翻折，完成了对裤裆空间的营造。

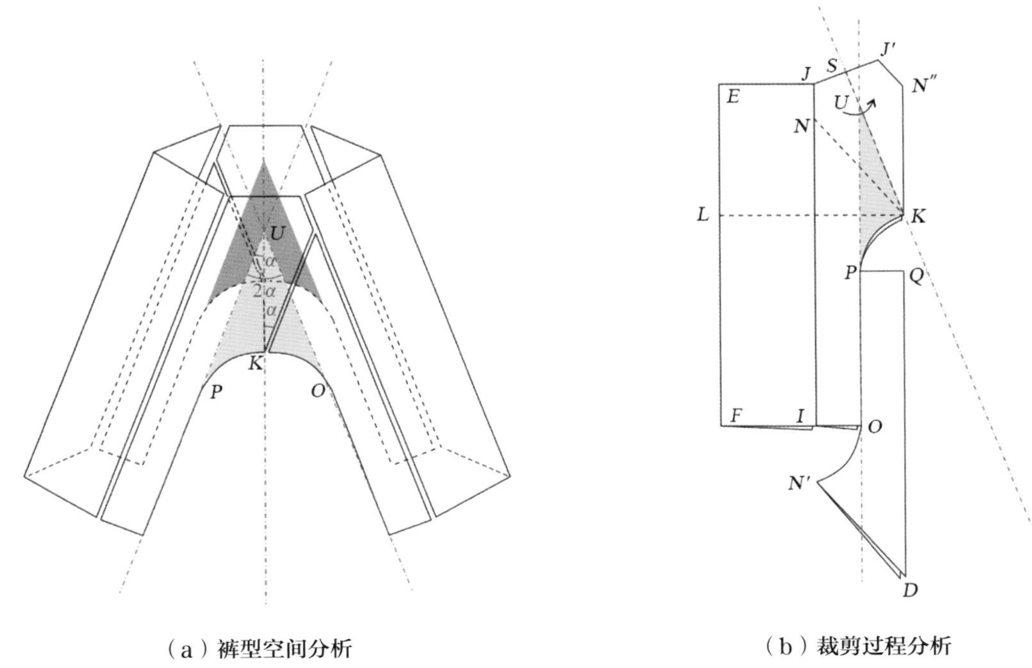

（a）裤型空间分析

（b）裁剪过程分析

图 4-33　六片式女裤裤裆余量分析

形象地看，传统女裤结构设计最大的玄机便是裤裆余量的结构设计与空间营造，通过类三角的结构设计，使 2 个裤口之间存在一定距离，呈现“倒 V”型廓型，从而保证下肢的活动量。

并且，这种“倒 V”型廓型还是二维空间内的平面结构体系，同上衣及袍中的平面十字形结构异曲同工。民国汉族传统女裤的结构设计，不管采用何种方法，形成多少不同的结构拼接，均遵循着平面“倒 V”型结构法则，体现出传统女裤结构设计中的“变”与“不变”。

第四节 基于“倒 V”型体系的民国裤型结构设计改良

“中式长裤，目前唯有对男子尚可穿着，女子因不穿长裙子的关系，再不能用旧式的裤腰来做长裤；此等裤子，被女子所穿实有不美观之极，需要改良下列图案的裤腰式样及其做法，才会好看，此等之裤如果配上短衣，再用头巾包在头上，真像腰鼓式的打扮。再用一条腰带更加美丽，完全像中国古装式的打扮，亦就是现在最流行的服装。”❶

一、侧缝平直状态下裆弯线的出现与设计

裆弯线指由臀围线到横裆线之间的弯曲线段，有前裆弯线和后裆弯线之分，两者形成抱势，包绕底裆。裆弯线是为了使裤型更加服帖和形塑人体裆部，对前后中线于裆部附近所做的弯曲处理。在西洋裁剪中，由于腹凸、臀凸存在差异，前裆弯线曲率要小于后裆弯线。据技术史料显示，民国后期的女裤设计中出现了裆弯线的结构设置。如图 4-34（a）所示，原传统直裆线 *AC*，经弯曲形成曲线 *ABC*，其中线段 *AB* 仍为直线，即前中线。存在于“膨肚线”（笔者推测应为臀围线）与横裆线之间的曲线 *BC* 即是前裆弯线。后裆弯线与前裆弯线相同。虽然当时还没有关注到前后裆的曲率差异，但是裆弯线的出现，是中国传统裤型第一次对人体裆部结构的设计改良，有利于臀部和大腿的活动。通过微量的裆弯设计，在承续前人的传统“倒 V”型平面结构上泛起一波立体的浪花。

❶ 项文达甫编，陶俊助校 . 达氏衣着裁制法 [M]. 上海：达氏衣着出版社，1949:34.

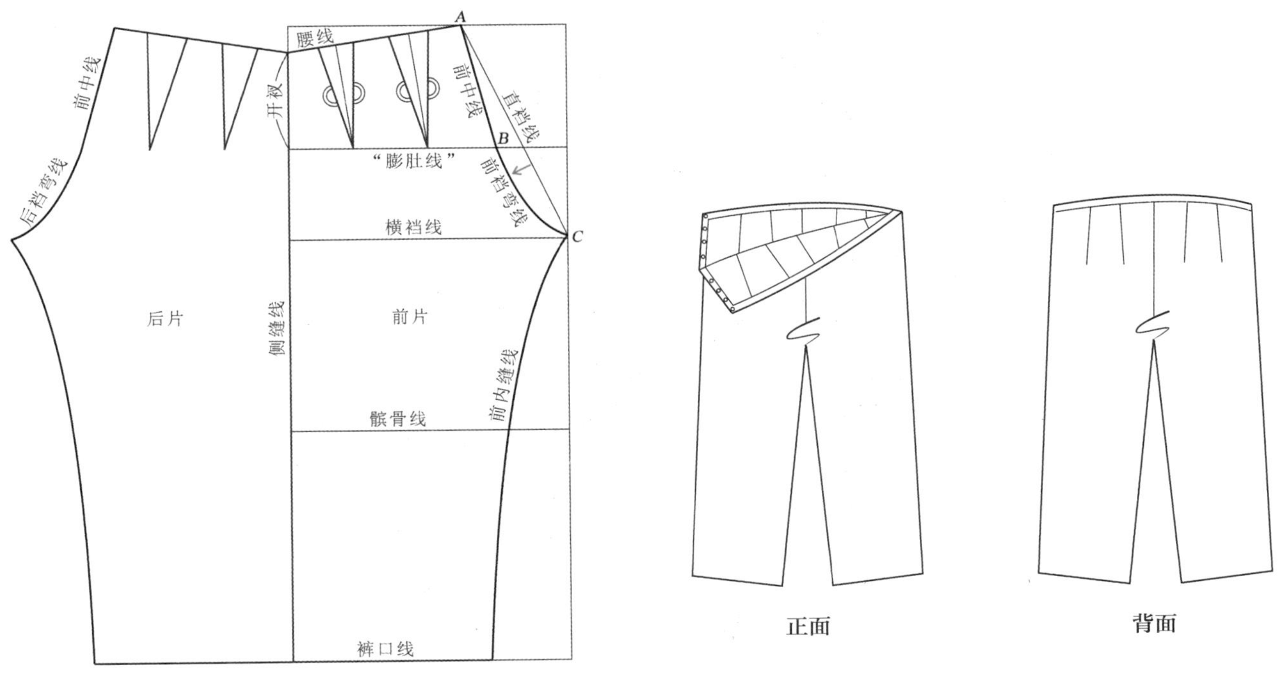

（a）结构复原（半身）

（b）形制复原

图 4-34　改良中式长裤结构及形制复原

（资料来源：项文达甫编、陶俊助校《达氏衣着裁制法》）

特别指出的是，由于省道及裆弯线的出现和设计，裤子的腰围势必缩短，更接近于人体的尺寸，因此在穿着方式上，显然不能沿用传统直接的套穿及系扎方式，如图 4-34（b）所示，改用侧缝开衩结合揿扣系结的方式，首次改良了女裤的开合穿脱方式。

广州市博物馆珍藏的民国银灰漳绒改良女裤是一件罕见的改良实物，通身由灰缎漳绒制成，腰头与腰身相连，为同幅面料，拼接自然，整体样式和谐统一。脚口处镶黑色滚边，整体形态呈规则形状，彰显当时剪裁技艺的高超（图 4-35）。

（a）正面

（b）背面

图 4-35　民国银灰漳绒改良女裤实物

（资料来源：广州市博物馆藏品）

该民国银灰漳绒改良女裤的形制，在廓型上看似打破了上述构建的平面“倒V”型，为直上直下的方形，类似H字形（图4-36）。在裤裆的设计上，也是突破原有体系，增加了裆弯线的设计，也正是如此，才使左右裤腿即使直上直下，也能适于下肢结构，便于活动。

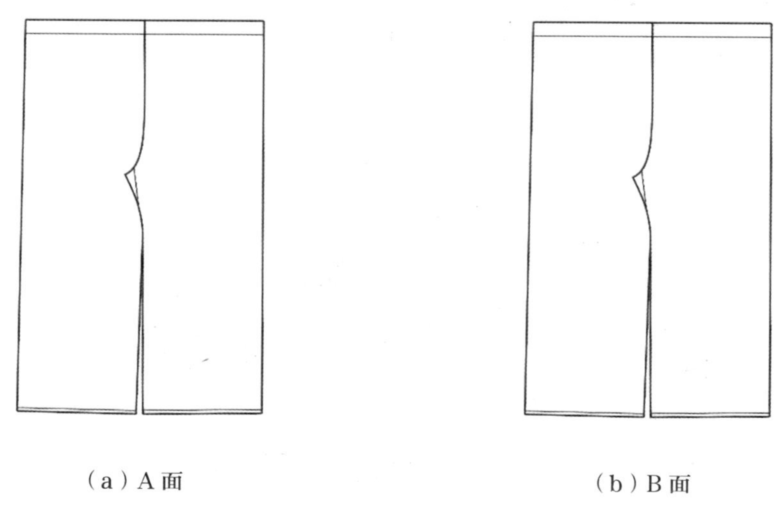

（a）A面　　（b）B面

图4-36　民国银灰漳绒改良女裤形制

上述所言“看似”，是因为此裤在本质上并没有脱离“倒V”型体系，如图4-36所示仅为静态下的裤型形制，可以看出裤裆形成弯势，浮于表面。这是按照两条裤腿的结构，将其平铺展示；试将裤裆处结构抚平，则会呈现另一个姿势，如图4-37所示，裤腿变换为“倒V”型廓型。因此，民国银灰漳绒改良女裤是一款基于平面“倒V”型体系的改良设计，在确保左右侧缝平直的情况下，重新设计了裆部的余量空间。

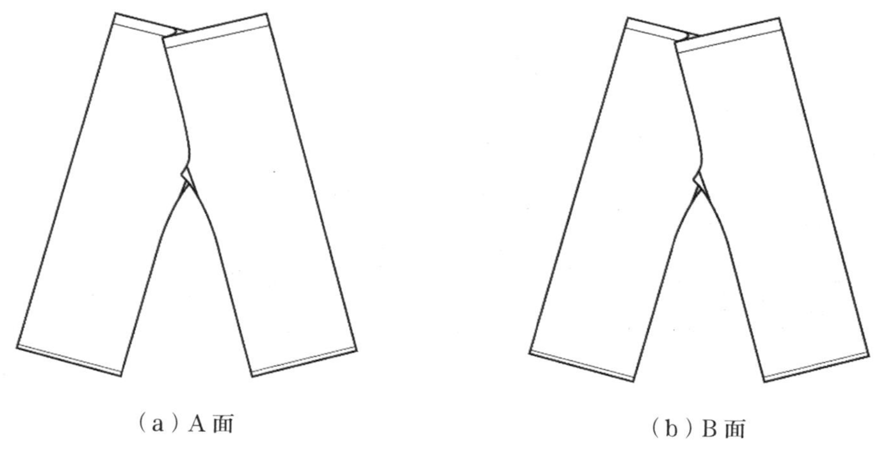

（a）A面　　（b）B面

图4-37　民国银灰漳绒改良女裤形制变式

对民国银灰漳绒改良女裤主结构进行测绘与复原（图 4-38），发现裤腰 97.2cm，裤长 87.0cm，腰头宽 2.0cm，裤长 87.0cm，横裆长 27.0cm，裤口宽 24.3cm，正好是裤腰的 1/4，可见此裤腰宽与两裤脚的宽度完全一致。

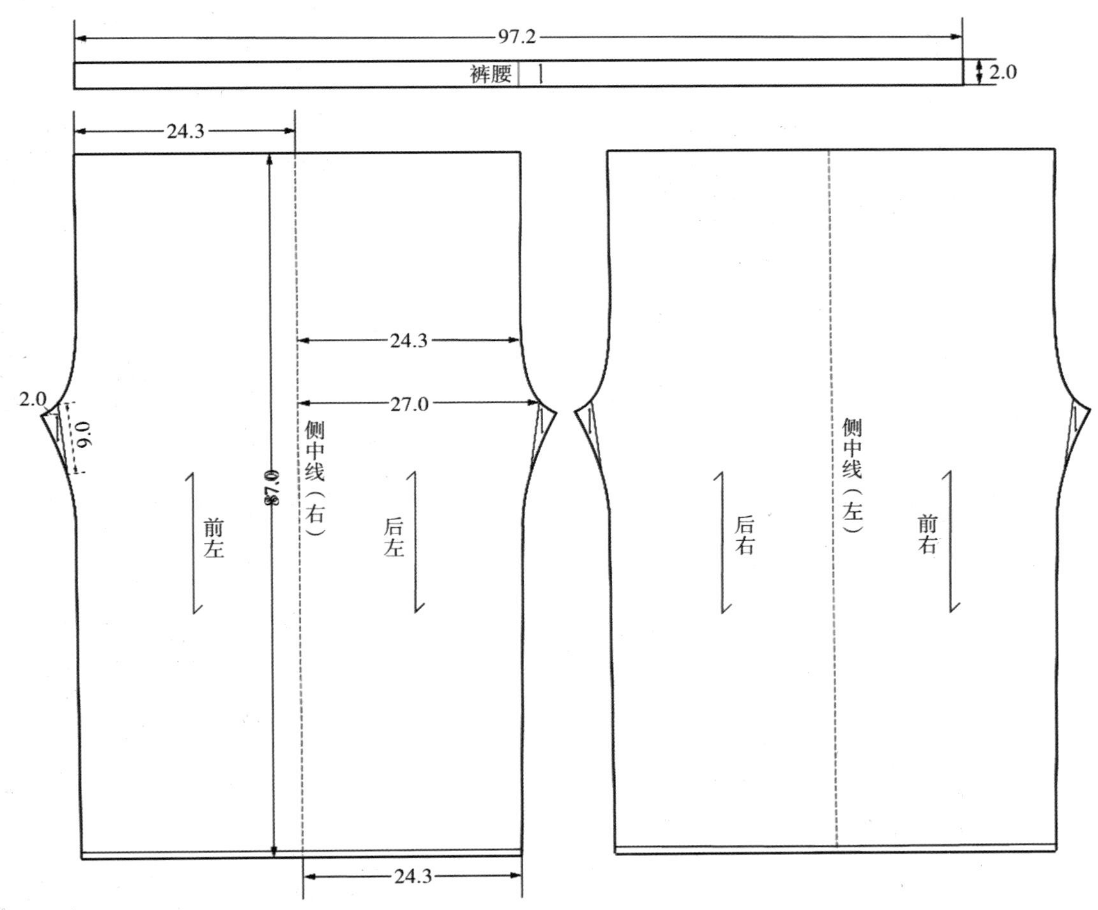

图 4-38 民国银灰漳绒改良女裤主结构测绘与复原（单位：cm）

与民国银灰漳绒改良女裤搭配的是一件马甲（图 4-39），形制为无袖，立领，领高 2.7cm；右衽大襟，4 副盘扣；门底襟长 32.0cm，下宽 21.3cm，上设一幅长 14.0cm、宽 11.2cm 的插袋；衣长 50.0cm，长至腰节处；底摆开衩 8.0cm；衣片前后中破缝，无其他拼接现象；不同于下裤裤口处的黑色滚边，上衣马甲选用白色材料进行滚边，宽度 0.5 ~ 0.7cm。面料及装饰，上下一致，同用漳绒。漳绒以绒为经，以丝为纬，用绒机编织，使织物表面构成绒圈或剪切成绒毛的丝织物，可用作服装、帽子和装饰物等。因起源于福建省漳州市，故名“漳绒”，亦称“天鹅绒”。

（a）正面

（b）背面

图 4-39　民国银灰漳绒改良女裤搭配马甲套装

（资料来源：广州市博物馆藏品）

二、育克抽褶结构及其闭合方式改良

古代裤型的腰省设计在清代以前已有迹可循，只是较为罕见，并未普及流行，且腰省的设计较为简单。民国时期，在汉族传统女裤的结构改良中，除了上述在裤裆余量上的营造与重新设计外，在腰省的设计上也有创新。代表性实物标本有广州市博物馆珍藏的民国象牙白暗花缎育克抽褶改良女裤，裤腰一改传统服饰中的裤带装饰，改成具有松紧收缩性的裤腰，并在前后片侧面装纽扣与暗扣用来固定裤装，是当时中西融合的改良产物。而在裤腰以下还保留了褶裥工艺，除装饰作用外还增加了下装的活动量，使得其更加舒适。并在平口裤脚处装饰镶边，增加耐磨性。此花缎长裤还采用象牙白暗花缎面料，暗纹采用葡萄纹，使用对称排列重复的方式铺满整幅面料，将多子多福的寓意蕴于其中。葡萄最早是在汉代被传入中国，葡萄纹在中国图案装饰艺术中最早见于东汉时期，作为一种装饰纹样题材在唐代大放光彩。葡萄纹样被广泛地运用到铜镜、织物、建筑装饰上，并与本土纹样融合，形成了独具东方韵味的装饰纹样，葡萄纹除多子多福的寓意之外，在佛教艺术中还带有五谷丰登的寓意（图 4-40 和图 4-41）。

（a）正面

（b）背面

图 4-40　民国象牙白暗花缎育克抽褶改良女裤实物

（资料来源：广州市博物馆藏品）

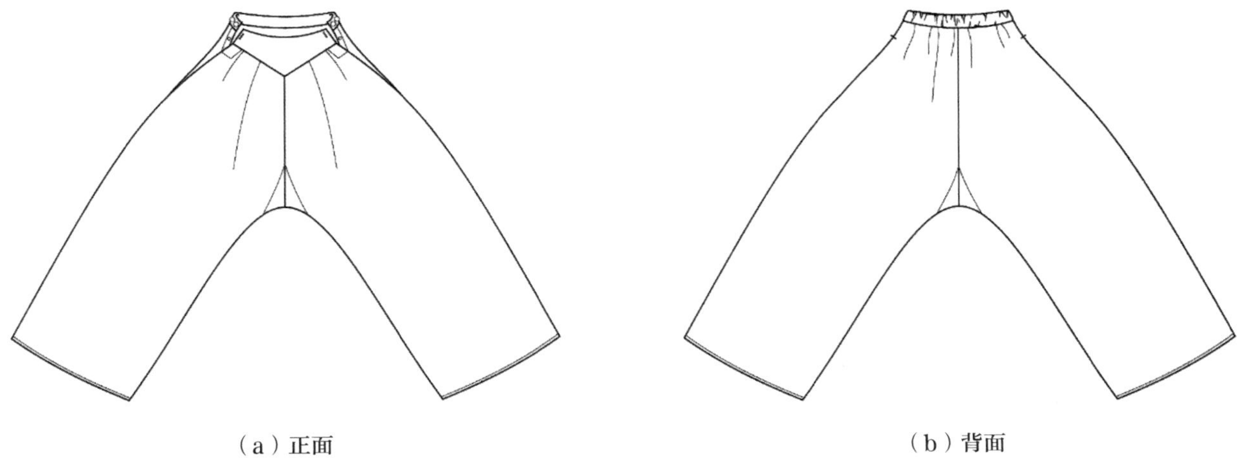

图 4-41　民国象牙白暗花缎育克抽褶改良女裤形制

对民国象牙白暗花缎育克改良女裤主结构进行测绘与复原（图 4-42）发现，裤长 88.5cm，腰围 72.5cm，且前后不同，前腰宽 26.5cm，后腰宽 46.0cm，相差足足有 19.5cm；直裆长 44.4cm（含育克），横裆长 37.5cm。裤脚宽 29.5cm，在裤腰两侧设置了开衩，长为 9.8cm。此件改良女裤的前后裤长不一致，后腰高于前腰约 3.5cm。在前腰处设置了育克结构，长 26.5cm，最宽 9.4cm，最窄 4.6cm。

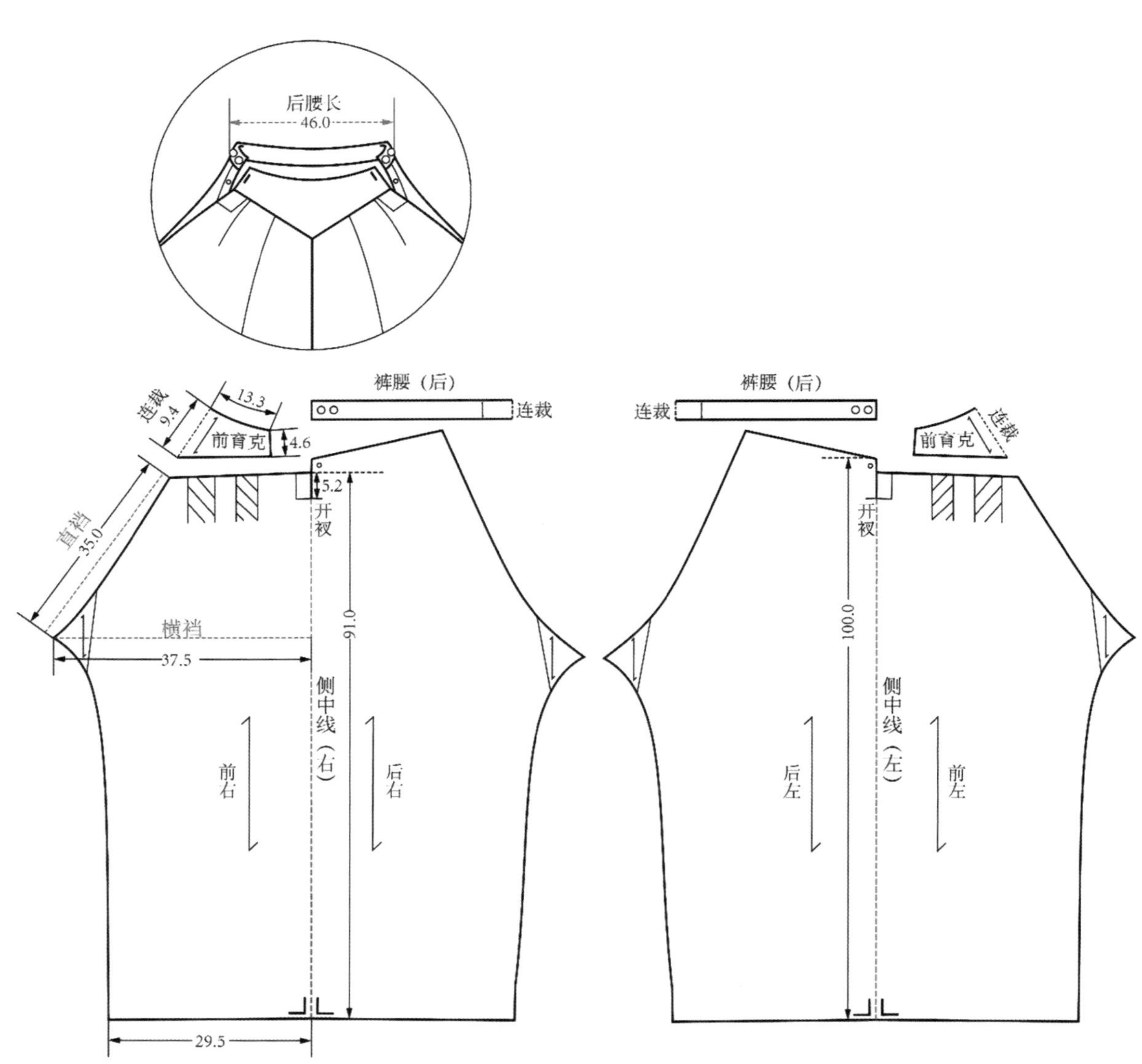

图 4-42　民国象牙白暗花缎育克抽褶改良女裤主结构测绘与复原（单位：cm）

育克作为一种结构分割，不仅兼具省道的适体作用，而且更加注重造型的装饰性，位置对应于腰臀部位，且常与褶裥搭配使用。此裤通过前身设置育克，后身并未采用，而是由裤腰处直接打褶，从而形成前腰余量少于后腰的空间营造，使改良后的女裤更加贴合女性较平坦的前腰腹，和较丰韵的后腰臀。

针对复杂的腰部结构设计，此裤在闭合方式上也采用了复杂的设计，首先在尺寸较大的后腰上设置了松紧带；其次以子母扣对量变开衩进行闭合；最后以左右各2副纽扣对前后腰头进行固定，3种不同闭合牢度程度的交叉设计，使改良女裤更加合体和舒适（图4-43）。

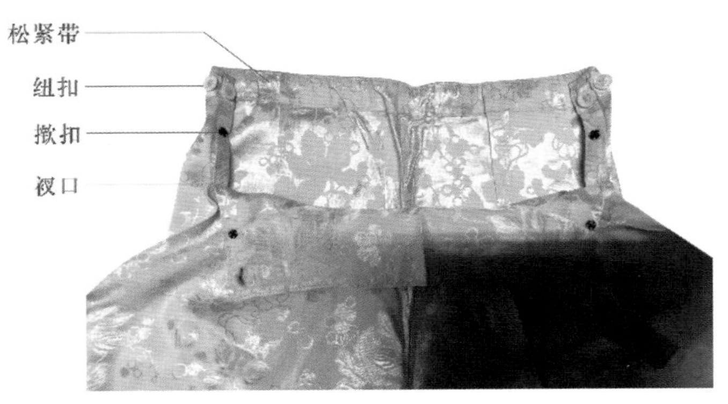

图4-43　民国象牙白暗花缎育克抽褶改良女裤闭合方式

最后，需要指出的是，民国象牙白暗花缎育克抽褶改良女裤尽管在腰部及前后裆弯进行弧度设计，其左右侧缝仍然是平直设计，并未做任何弧度，这也是中式女裤结构设计中最具特征的要素之一。中华人民共和国成立后，此种保持侧缝直挺的结构设计影响深远，下面举两个例子。

（1）中西式女裤式Ⅰ，劳动布制，半长式，中西式裁剪，斜插袋翻袋盖，袋盖与裤脚边用格子料斜镶，适合女青年春秋季骑行或旅游，裤长2.4寸、裤腰2.1寸、下口0.7寸，幅宽2.2寸、用料5寸、镶边0.5寸[❶]（图4-44）。

（2）中西式女裤式Ⅱ，咖啡色条线呢制，裤片中西式裁剪，右开门，加腰头，腰头两边装扦子，2个明贴带，用料省，适合青年女性劳作，裤长2.88寸、裤腰2.2寸、下口0.57寸，幅宽2.1寸、用料6寸[❷]（图4-45）。

---

❶ 北京市轻工业局服装研究所．新颖劳动服装和童装裁剪法[M].北京：商务印书馆，1959:26.

❷ 北京市轻工业局服装研究所．新颖劳动服装和童装裁剪法[M].北京：商务印书馆，1959:27.

（a）效果图

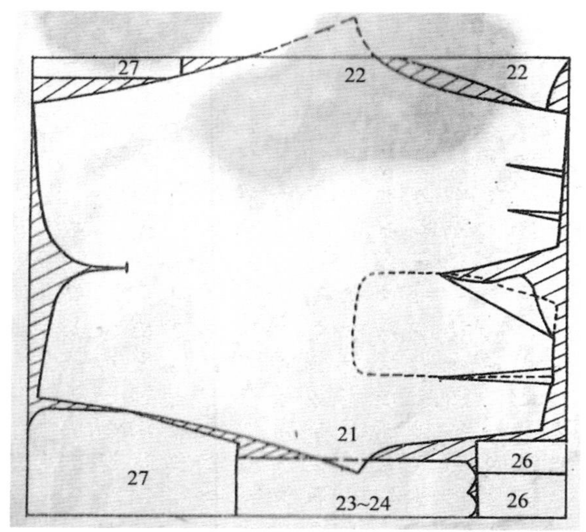

（b）主结构裁剪

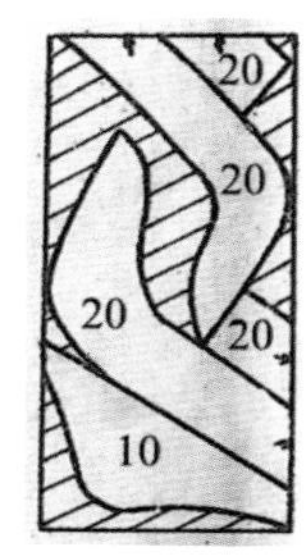

（c）镶边裁剪

图 4-44　中西式女裤式Ⅰ裁剪（单位：寸）

（a）效果图

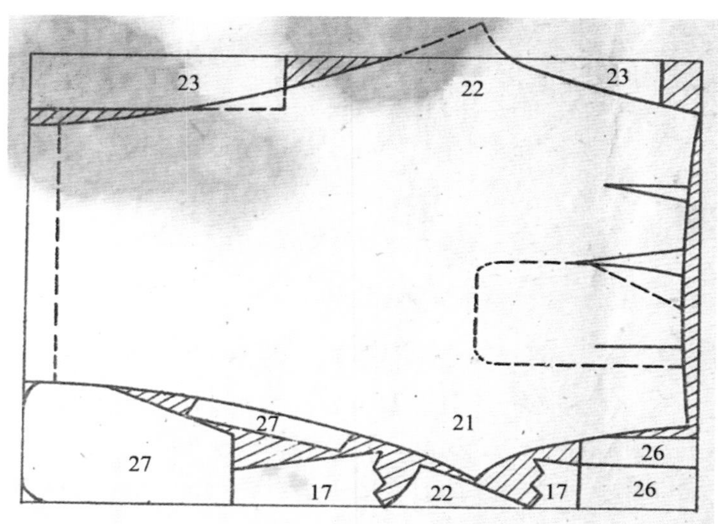

（b）主结构裁剪

图 4-45　中西式女裤式Ⅱ裁剪（单位：寸）

综上所述，民国汉族传统女装裤型的结构设计在材料的影响下展现出变幻莫测的结果，但是其中的规律却是最为鲜明和固定的，由裆部余量营造形成平面“倒V”型范式，并在其指导下进行了裆下及腰部的结构改良。

第五章 民国汉族传统女装领型的结构废黜与衍生

衣领是装饰、包裹、保护脖颈的服饰部件。无论在现代设计还是传统造物中，衣领设计都是服饰设计中极为重要的环节。这与人体脖颈的特殊性有关。立领，指衣领穿着时紧贴于脖颈呈向上直立状态，是中华传统服饰领型设计中应用最为广泛，也是最受近现代人们接受的传统领型之一。曾起何时，立领与大襟、右衽等一道，俨然成为国内外新中式、中国风创意设计中的经典元素，影响颇大。然而针对立领的起源、发展，尤其是废黜等学术问题的研讨一直较少开展甚至被忽视。

基于此，本章首先考证中华立领的创制，厘清立领的历史发展脉络，并指出其在清末民初发展至鼎盛，出现"时尚奇观"；其次，以民国女性最常用的服饰单品——旗袍为例，整理并还原立领在民国女装中的制式变化，极大地丰富了立领的形制与结构；最后，再现"废领"运动史实，揭示立领在民国时期曾一度遭到废黜的社会现象，并提出其合理性与正当性，重点解析立领废黜之后衍生的诸多西式新领型，探讨西式领型在"窄衣化"服饰、"文明新装"及旗袍等中式服饰中的形制嫁接与结构转译，以期构建"中衣西领"的设计改良范式。

第一节　中华立领之制及其在民初的鼎盛

学界目前大多认为立领最早源自明代中后期，频见于当下各种论著中，如蔡小雪等在论文《明代中后期女袄的形制与结构特点解析》(《纺织学报》2017 年）及《明代中后期女子袄服研究》(《服装学报》2018 年）中提出竖领即立领“最早出现在明代中期”；山东博物馆、孔子博物馆在图典《衣冠大成：明代服饰文化展》（2020 年）中对馆藏立领女袄、女衫描述介绍时，同样写道：“竖领又称立领，是明代出现的新领式，一般用于女装。明代后期，竖领的使用非常普遍。”相关论述不胜枚举，立领源起“明代说”几成定论。

那么，经典的中式立领到底从何而来？在清代广为流行之前，明代以前的立领又经历了哪些演变？针对立领源自“清代说”与“明代说”是否有进一步溯源的地方？本节中笔者结合大量的实物及图像资料，试图回溯与厘清古典华服中立领风尚的生成、发展、兴盛与演变。

一、源起西周的立领之制

立领的形制最早可以追溯至距今3000多年前的西周时代。2003年山西曲沃晋侯墓地八号墓出土一件西周的戴冠玉人（图5-1），穿上衣下裳，上衣采用立领，窄袖，颈下直开一短领口❶，是一款筒状的筒领形制。同时，在新疆鄯善苏贝希一号墓地四号墓还出土过一件西周的对襟褐衣（图5-2），立领、对襟，两袖紧窄，是先秦时代鲜有的交立领实物❷，历经数千年未腐。且该立领结构巧妙，后领与衣身拼缝，前领则与衣身连为一体，是明清代立领的直接雏形。此外，在四川绵阳出土的东汉陶舞女俑（图5-3）中，舞女内穿圆领长袖舞衣❸，外着右衽交领绣襦（一种没有边饰的短衣），形制仍为筒领。从出土文物数量来看，筒领是宋代以前立领的最常见形制，但也曾出现过形同清代的立领形制。洛阳金村韩墓出土的战国时期梳双辫、弄雀青铜女孩，上衣的领型便与清代立领完全一致，即前领头呈圆弧状。如图5-4所示采自沈从文研究样稿❹，虽然沈先生并未论及领型，但其学生陈娟娟及服饰史论家黄能馥在后来指定该女孩领型即为立领，且为在领窝处加领座制成❺。由此可见，早在先秦时期，诸多物证便已表明后世及现世人们所认知的立领元素即已存在。

图5-1　西周戴冠玉人着立领上衣

（资料来源：山西博物馆藏品）

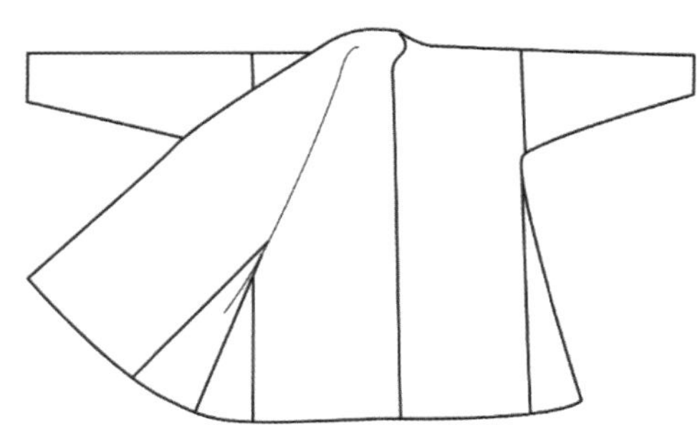

图5-2　西周对襟褐衣中的连身立领

（笔者绘，资料来源：新疆鄯善苏贝希一号墓地4号墓出土）

---

❶ 高春明.中国历代服饰文物图典[M].上海辞书出版社，2018:26.

❷ 高春明.中国历代服饰文物图典[M].上海：上海辞书出版社，2018:54.

❸ 高春明.中国历代服饰文物图典[M].上海：上海辞书出版社，2018:171.

❹ 沈从文.中国古代服饰研究[M].北京：商务印书馆，2015:91-92.

❺ 黄能馥，陈娟娟.中国服饰史[M].上海：上海人民出版社，2014:112.

这个发现不仅将中式立领400年（按源自明代算起）的历史延长为近3000年的历史，更是破解了当下所谓的立领源自“清代说”“明代说”等不严谨说法，特别是有力地驳斥了立领源自满清旗人之服的刻板认知，实证了立领是中国传统服饰中历史悠久、形制多变的经典领型之一。此争论主要来自当下各地“汉服运动”对以旗袍为代表的清代服饰的否定，简单地认为清代服饰即为满族服饰，故将其排于“汉服”之外。笔者一向强调“汉服”应释为“汉族服饰”，并应以历史的、融合的视角来看：只要是在历史上被汉族人集体地、长期地穿用过的服饰均可定义为“汉族服饰”。以旗袍为例，不谈其已在汉人中流行近百年之久，但看其立领、右襟的经典造型及平面十字形结构，在清代以前均已出现，并非满人首创。

图 5-3　东汉陶舞女俑内穿圆立领

（资料来源：绵阳博物馆藏品）

图 5-4　战国梳双辫弄雀青铜女孩着立领

（资料来源：沈从文《中国古代服饰研究》）

隋唐以后，立领的形象与实物更加常见，但形制基本沿袭前世，且以筒领为主。如图 5-5 所示为湖南长沙咸嘉湖唐墓出土的青瓷执物俑，同样身穿圆高领袍，袍式为对襟、窄袖[1]。至此可以总结，目前除西周的对襟褐衣及战国的弄雀女孩外，其他出土文物均表明宋代以前的立领形制主要依托圆领袍、圆领袄（衫）等圆领服，以筒领的形式而存在。并且需要特别指出的是，此时的立领在尺寸上已经达到了一定的高度，据中国丝绸博物馆对馆藏的北朝环人物纹绫袍、隋代交波联珠人物纹绮袍（图 5-6）、唐代斜襟联珠团花纹袍等立领的测量，领口高度已达 10.0cm 左右，已属于高领范畴。

---

❶ 高春明 . 中国历代服饰文物图典 [M]. 上海：上海辞书出版社，2018:536.

图 5-5　唐代青瓷执物俑着圆高领袍

（资料来源：湖南省博物馆藏品）

图 5-6　隋代交波联珠人物纹绮袍中立领

（资料来源：中国丝绸博物馆藏品）

唐宋以前，虽然立领的形制已经出现并定型，但是在普及的广度和流行的深度上均无明显突破。如前所述，前世的立领在本质上还是一种依附圆领袍衫的特殊领型。直至明代中期，立领才形成自身稳定、独立的固定领型，即双辫女孩所着的领型：左右领角位于衣身的前中线处，呈完全对称，立领的领型也呈中心对称。只是明代立领的领角形状与后世广为流行的弧形不同，以直角为主。明代袍、褂、袄、衫等领式多样，有交领、方领、圆领、立领等，但以前三种尤以交领最为流行。明中期后，尤其在女装中交领的使用逐渐减少，立领的设计越来越普及，在出土明代服饰最丰富的孔府旧藏中便有数件立领形制，不再赘举。此外，明代中期以后的立领形制，不仅领型造型与后世基本一致，在与其密切相连及搭配的门襟设置上，也形成了“立领右襟”或“立领对襟”的经典领襟搭配形式，并一直为后世承袭。至清代，立领更是成为女性服饰的主流领型。传世实物众多，笔者亦不赘述。

二、清末民初的“时尚奇观”

清末民国的立领在承袭前世基础上，将前领高不断拔高，创造出领子两端（领角处）高耸、后领较低，即前领高高于后领高的新式立领领型，因形似元宝，俗称“元宝领”（图 5-7）。1925 年，舞霜在《谈女子的衣领》中记：“八九年以前，女子的衣服，十分窄小，以为时髦，可是衣领很高，几有二寸左右，足足可将下额包围。当时女子的衣领，很像一座高高的城墙，下面很可以摆几个云梯，请小人国里的百姓来玩玩咧。”[1] 讽刺的是，服饰作为章身之具，至民国面对西方文化及时尚的强烈冲击，尽管“不合时宜的”传统服饰“博采西制，加以改良”[2]，积极开展了“窄衣化”的设计改良；但衣领却反其道而行，不仅没有改良，反而越拔越高、愈演愈烈。如图 5-8 ~ 图 5-10 所示，不管是婚俗场合还是日常生活，不管是严冬夹衣还是春夏单衣，“元宝领”都是标配。史称“时皆尚朴素，裁制宽博，妇女之衣长至蔽膝，光宣之间一变而为高领窄袖，女子则曳长裙，而衣则才及腰腹。”[3] 窄衣高领一度成为“时尚奇观”。

图 5-7　清末着元宝领女性侧影

（资料来源：1911 年《妇女时报》第 10 期）

图 5-8　清末刘君吉生与陈女史定真新式结婚时着元宝领

（资料来源：1911 年《妇女时报》第 2 期）

---

❶ 舞霜 . 谈女子的衣领 [J]. 紫葡萄，1925(4):1.

❷ 颜浩 . 民国元年：历史与文化中的日常生活 [M]. 西安：陕西人民出版社，2012:221.

❸ 张仁静，于定等修，钱崇威等纂 . 青浦县续志 [M].1934(卷 2):25.

图 5-9　民初着元宝领女性

（资料来源：1914 年《大公和画报》新剧画）

图 5-10　民初着元宝领的知识女性

（资料来源：1915 年《小说新报》第 4 期）

针对此特殊高领的由来，众说纷纭。民国综合性评论刊物《论语》曾提出一个有意思的说法："从前英后 Alexandra，因额上有一大黑痣，故以发覆之，英国妇女不知其故，争相效仿，以打前刘海为时髦。照这个道理推想起来，首创现在风行一时的高领者，必定是一个项颈上有瘰疬的女子。"[1] 当时还有一种为高领寻求合理性的说法——遮羞论，提出"中国女子之所以至今不肯袒肩露背而仍然维持其高领密襟之服装者，非有所爱惜，特因多数为瘦子，肌肉不丰，筋骨暴露，确不雅观，所以不得不借以掩其丑耳。"[2] 不管是何种原因促使了"元宝领"的形成，但其在清末民初的流行已经成为史实，并且从现存实物及图像来看，此种流行并非个案，而是一种"标配"和集体选择。

民国初期的"元宝领"形制与结构细节如图 5-11 所示。其中件（1）为民国浅玫红缎"蝶恋花"纹刺绣女袄衣领，前领高达 11.5cm，后领高 7.0cm，前后相差 4.5cm，呈现"前高后低"造型。由于前领较高，因此设计了 4 粒一字扣用以闭合。件（2）为民国绿松石色丝绸镶毛女衫衣领，领型与件（1）类似，但是前后领高均低于件（1），因此设计了 2 粒梅花形盘扣。此外，不同于衣身未加衬里，该衣领不仅在边缘镶嵌裘毛，还添置了深红色的里料，增加了衣领的厚度和挺阔感。件（3）为民初青色暗花元宝领女衫的衣领，整体尺寸介于件（1）、件（2）之间，特点在于领头呈 2 瓣圆弧花形，同时采用同质面料作为里料设计。此款衣领由于领头的类花瓣形设计，只能在领窝处设计 1 粒盘扣用以固定。由此可见，民初流行的"元宝领"在制式上总体特征明显，相互之间的差异并不大。

---

[1] 佚名 . 雨花：高领的由来 [J]. 论语，1932(3):26.

[2] 曲线怪 . 时装漫谈 [J]. 北洋画报，1931,14(672):1.

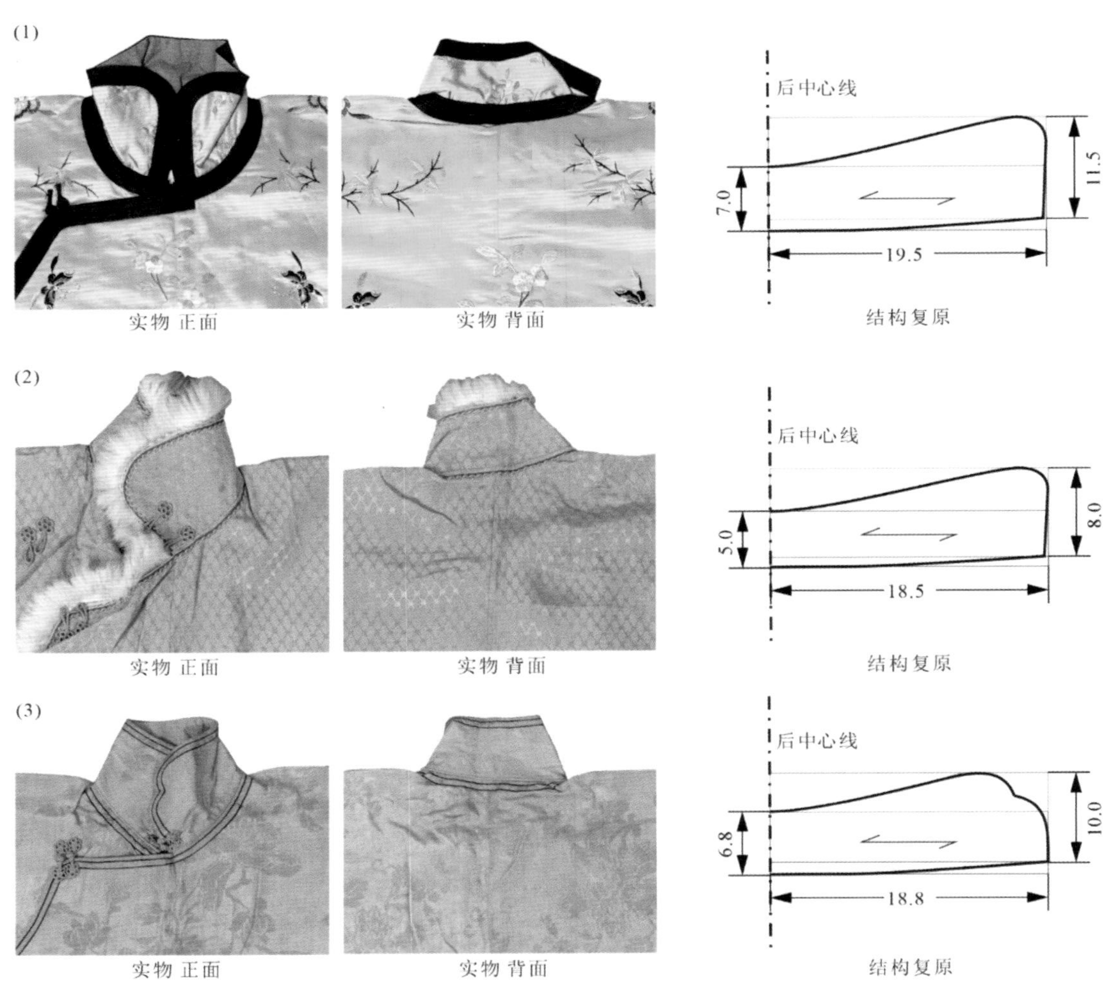

图 5-11　民国初期"元宝领"实物标本及结构分析（单位：cm）

（资料来源：广州市博物馆藏品）

第二节　盛极而衰下立领废黜及其衍生西领共生

被奉为华服经典造型之一的立领一直为人津津乐道，然而其在民初女性意识觉醒的时代洪流下曾因造型过于夸张而一度遭受废黜，史称“废领”运动。本节以大量传世实物及文献、图像史料为证，回归民国社会精英话语下的历史语境，揭示物极必反后“废领运动”肇始及其合理性与正当性，为女性衣领设计与穿用带来功用与审美的新认知；最后，破译“废领”之后设计方案，解析无领、扁领等衍生西式领型，复原其在“窄衣化”服饰、“文明新装”及旗袍等中式服饰中的形制嫁接与结构转译，实现了“中衣西领”的设计共生，以期为民国设计史及当下华服创新提供参鉴。

一、“废领”运动肇始带来美用新认知

民国时期，女性身体解放的呼声此起彼伏。“‘女子解放’四个字，无论什么报章杂志上面都堆满了。”❶1912 年在《女子参政同盟会简章草案》的政纲制定中提出“实行强迫放足”与“改良女子装饰”❷两项法案，第一次将女性解放及服饰改良写进宪法。19 世纪 10 ~ 20 年代的女人“初受西方文化的熏陶，醉心于男女平权之说”，服饰穿搭与设计开始连接技术、艺术与生活，突破传统，重建服饰与人的供需关系。与此同时，设计民生主义兴起。民国以后，关注“民”的孙中山在《民生主义》中首倡“衣食住行”，视“衣”为四大民生需要之首。虽然服饰的重要性在中国人心里是一以贯之的，但是人们对于服饰的认知与价值判断发生了迥然不同的变化。服饰被卸下封建帝制及礼教文化的重重枷锁，回归作为服用与装饰人体的本来样态，开始关注穿着者——作为自然“人”的本体性需求，实现了由“物本位”到“人本位”的重要跨越，成为人们单纯的日常生活事项之一。设计对人的本体性关注受到了空前的重视，服饰设计中以人为本的现代性被逐渐构建，并且最大限度地延续了传统，以期构建“展现民主风尚与科学主义的服饰设计文化”❸。“废领”运动正是在如此社会背景下得以肇始，并为女性衣领的设计与穿用带来了功用与审美上的新认知。

（一）从生理及生活功用看“废领”的正当性与合理性

“废领”作为一项运动，主要由当时社会及知识精英对如前所述高领时尚的质疑和批判声音构成。早在 1909 年，一位名为“碧”的人便在《图画日报》上发表文章《上海社会之现象：男女衣服高领头之诧异》，表示对当时高领风尚盛极的不理解：“又有高领头之男女各衣出现，其领竟有高至三四寸者。无论男子服之，点首回顾，已多不便。而妇女复于领口压以发髻，几有此颈若便，无从转侧之致。受累曷可言状。”❹指出高领对人体脖颈的束缚与“连累”。一年后，《图画日报》再次刊载该文，以为宣扬❺。

---

❶ 陈淑贞 . 随感录：女子身体上的解放 [J]. 民国日报・妇女评论，1923(76):3.

❷ 佚名 . 丛录：女子参政同盟会简章草案 [J]. 女子白话旬报，1912(3):38.

❸ 杨清泉 . 中国设计文化百年史 [M]. 南京：南京师范大学出版社，2018:33.

❹ 碧 . 上海社会之现象：男女衣服高领头之诧异 [J]. 图画日报，1909(97):7.

❺ 碧 . 上海社会之现象：男女衣服高领头之诧异 [J]. 图画日报，1910:28.

1914 年，社会上甚至编撰流传质疑和讨伐高领的歌谣，所谓《女衣高领谣》："好女儿，衣领高，高高欲将发髻包。发髻下垂包不得，压住衣领颈难侧。看郎不可暗回头，见郎难做低首羞。"[1]女性着高领之后，严重限制了"回头""低首"等最基本的生理活动需求，社会舆论也因此俨然形成了对高领风尚的批判之势，并且这种批判表现在领型中便是对立领的废弃。之后，徐訏等社会精英先后刊文指出高领的生理及生活功用缺陷："至于现在时行之领，每次扣上，粉颈立起红痕，实可有上吊未遂之误会；而谈必低声，后顾必赖'向后转'，仰视必赖突肚，俯视必赖弯腰，左右顾必赖瞟眼斜视，颈以致节骨之转动无形麻痹，声带亦遂而变态。"[2]批判高领的态度和提倡"废领"迫切性越来越强。并指出虽然高领在冬季有保暖的性能，但是完全可以用围巾代替，否则到了夏季，将"产生了许多把高硬的领子敞开着，露着齷齪的、或带一条发瘀的紫块的颈部之女子来！"[2]1932 年，知名服装设计师叶浅予更是直接呼吁："中国妇女因为身体发育关系，大都不宜穿袒胸的装束，但近来由于提倡运动及游泳跳舞的普遍，健康大有进步，在炎热的夏季里，何妨把旗袍的高领废去呢？"[3]因此，在民国"尚武（可舞）"[4]的设计总原则指导下，衣领设计中的"废领"变得正当与合理。

（二）"废领"对传统审美的丢弃及对身体美感的新认知

民国以前的封建社会，宋代以后在儒家礼教（理学）、三纲五常等规范下，女性以阴柔、病弱为美；服饰造型保守、拘束；此时的服饰艺术强调为国家政体、社会礼教、伦理纲常而服务。传统的削肩、细腰、平胸、缠足、卡脖等，诠释着"薄""小""紧"等审美标准。中国传统女性的身体在"大袄""中袄""小袄"等一层层衣衫的重压下失踪了，残存的只是一顶头颅及一副衣架。其中，"紧"是传统女装领型的最大特征，不管衣多宽、袖多博，衣领的设计始终紧扣脖颈的围度，丝毫不肯留出松量。这是古人通过服饰的方式，对女性身体（脖颈）加以塑形、强调和强化，泯灭了人欲。民国漱石批判这是古人形塑美人的病态做法："只闻古有强项令，强项美人谁下聘。噫嘻吁，强项殊为美人病。"[5]

---

[1] 漱石 . 高领谣 [J]. 最新滑稽杂志，1914(3):54.

[2] 徐訏 . 论女子的衣领 [J]. 论语，1934(34):485.

[3] 叶浅予 . 废领旗袍（附图）[J]. 玲珑，1932,2(54):167.

[4] 憎 . 言论：改良服装应行注意之要点 [J]. 邮声，1928,2(6):38.

[5] 漱石 . 高领谣 [J]. 最新滑稽杂志，1914(3):54.

如前所述，民初服饰在“窄衣化”的变革中，不仅未完成对衣领的设计改良，反而使衣领对女性脖颈的束缚更甚。张爱玲直言：“一向心平气和的古国从来没有如此骚动过。在那歇斯底里的气氛里。‘元宝领’这东西产生了——高得与鼻尖平行的硬领，像缅甸的一层层叠至尺来高的金属顶圈一般，逼迫女人们伸长了脖子。这吓人的衣领与下面一捻柳腰完全不相称。头重脚轻，无均衡的性质正象征了那个时代。”❶同时指出：“直挺挺的衣领远远隔开了女神似的头与下面丰柔的肉身。”❶时装的日新月异并不一定是流行或审美使然，张爱玲认为“恰巧相反”：“由于其他活动范围内的失败，所有的创作力都流入衣服的区域里去。在政治混乱期间，人们没有能力改良他们的生活情形。他们只能够创造他们贴身的环境——那就是衣服。我们各人住在各人的衣服里。❶笔者以为这是张爱玲《更衣记》中的核心思想，颇具哲思。民国女性对衣领的审美在众多批判中悄然发生了转变，由过去的流行和追捧转为当时的讨伐和讽刺。《论语》刊载系列漫画《高领女子受窘》❷，形象地刻画出一位拥有修长脖颈及衣领的时髦女性，在游逛动物园时被同样长颈的鸟兽、蛇等取笑，说她是在模仿自己，极其讽刺。

与衣领形塑脖颈之美相对的是袒露脖颈的自然之美。对于女性自然状态下脖颈的审美，古已有之。汉代《毛诗》(西汉时鲁国毛亨和赵国毛苌所辑和注的古文《诗》，也就是现在流行于世的《诗经》)云：“齐侯之子卫侯之妻，东宫之妹，邢侯之姨，谭公维斯，手如柔荑，肤如凝脂，领如蝤蛴，齿如瓠犀，螓首蛾眉，巧笑倩兮。”这里的“领”通“颈”。诗中蝤蛴指天牛一类的幼虫，生于木中，体白而长，古人常以此喻颈，来表现对女性脖颈的审美与关注。女子的脖颈是敏感的部位，陶渊明在名作《闲情赋》中便直抒：“愿在衣而为领，承华首之余芳。”因此，为了获取女性自然、灵动的身体曲线美，也要提倡“废领”。民国时期，徐訏指出女性之美区别于男性，道在于圆匀，并提出三层要素：第一在性器官与臀部，第二在乳，第三就是颈。认为若将竹筒一样的领子套在女性脖颈上则禁锢了脖颈的自由，限制了人性的发展，掩饰了女性脖颈活泼、灵巧、圆匀的优势，实属“暴殄天物、有伤风化”❸。

---

❶ 张爱玲 . 更衣记 [J]. 古今，1943(36):25-27.

❷ 佚名 . 高领女子受窘：书画多幅 [J]. 论语，1932(5):9.

❸ 徐訏 . 论女子的衣领 [J]. 论语，1934(34):485.

二、“废领”衍生“中衣西领”结构共生范式

“废领”所废之领即是立领，即传统服饰上的立领，呼吁女性废除衣领对脖颈的束缚。因此，“废领”衍生领型均属西式，形制多重，主要归为两类。第一，无领类，即直接去掉立领（领身）部分，只留下领窝部位，并且以领窝部位的形状为衣领造型线，根据构造细分为前开口型和套头型两种。第二，翻折领类，即将衣领由内而外翻折，平贴于前后衣身的领型，根据翻折后在前衣身呈现的廓型线可分为直线状、圆弧线状和部分圆弧部分直线状三种。可见“废领”不是简单粗暴地废黜立领，而是解放女性脖颈后，在传统服饰上开展了大量西式新领型的设计实践与结构转译，使得原本对立的“中衣”与“西领”得以共生。

（一）形制共生：基于“中衣西领”的形制设计转译

形制为结构的外显，“中衣”与“西领”的结合首先在形制上完成转译。民国著名版画家江枚在《今代妇女》上曾设计九种新形制领型[1]，无一例外地采取了无领及西式的翻领设计，以多变的造型在腾留出更多脖颈空间的同时也对其进行了精美的修饰。虽然在刊出时并未直接指出这些领型是专为华服设计的，但笔者考察大量实物及画报后发现这些领型形制在“文明新装”及旗袍等华服中均常出现。

在服饰“窄衣化”量变引起的第一次质变，亦即“文明新装”创制后，由“倒大袖”上衣与筒裙搭配而成的新式“上衣下裳”，一时之间成为中国女性接受和追捧的时尚风潮。“文明新装”由于对衣身、衣袖以及裙长、裙围等的设计改良，成为当时服饰改良以及“文明”的代名词。但是其领型依然沿用了传统束颈的立领造型。在“废领”运动影响下，“文明新装”于20世纪10年代末20年代初出现了很多无领和翻折领的创新设计。衣领形制“减低了不算，甚至被黜免了的时候也有。领口挖成圆形、方形、鸡心形、金刚锁形”。[2]1934年以前，“女子解放运动的最高潮的时候，我们看见的女性服饰是短的裙，短而没有领子的衫，和不施脂粉的面孔。”[3]这里短而无领的衫便属于“文明新装”上衣。

---

[1] 江枚．衣领衣袖式样各九种：画图多幅[J]．今代妇女，1930(16):35.

[2] 张爱玲．更衣记[J]．古今，1943(36):27.

[3] 张建文，陈嫣然．美容术的技巧(附照片)[J]．良友，1939(139):24.

如前所述，无领类领型并非简单地废黜立领的形式，而是突出领围线的设计与装饰，追求领围线与体型的完美结合，修饰美化女性颈部及脸部。因此，领型的变化较多，常见的有圆领、方领、V字领等。图5-12示出低领（图右）及无领（图左）设计的“文明新装”，图5-13示出三位着圆领设计“文明新装”的新女性，图5-14分别示出海军领（图左）、方领（图右）在“文明新装”中的设计应用。如图5-15所示为笔者在广州市博物馆调研时看到的一件“倒大袖”上衣，采用了类“鸡心领”形制，并通过花边镶边使新领型与衣裳完美地融合与共生。

图5-12　民国“文明新装”中的低领与无领设计

图5-13　民国穿无领“文明新装”的女性们

图5-14　民国海军领、方领在“文明新装”中的设计

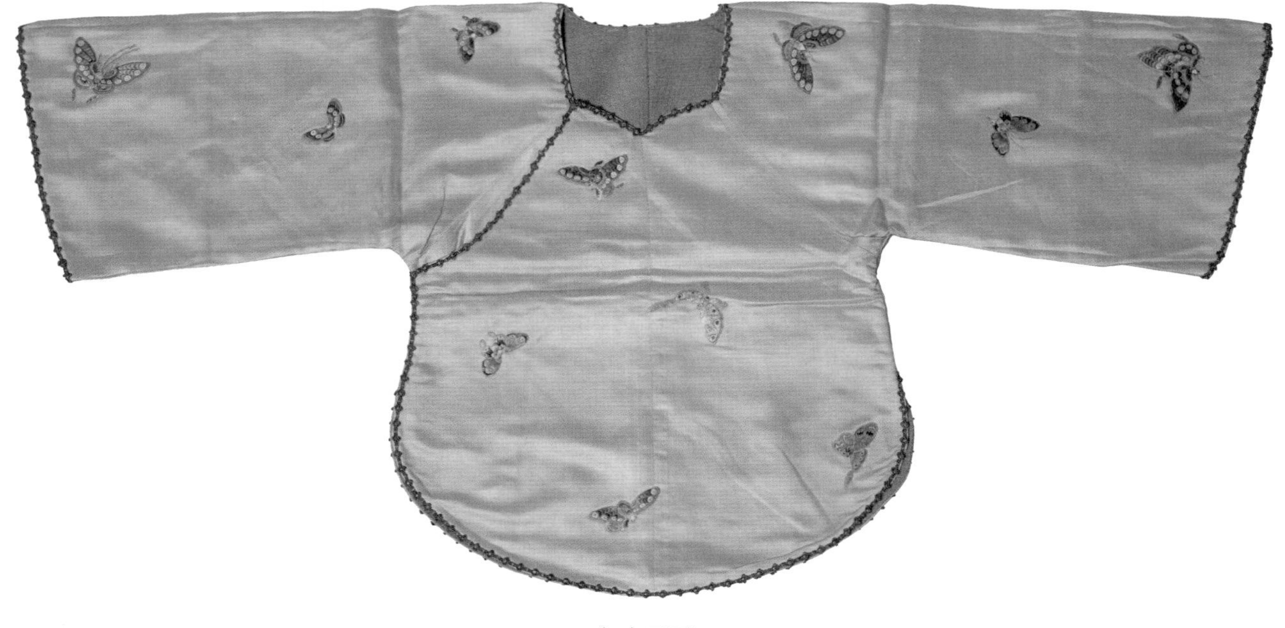

（a）正面

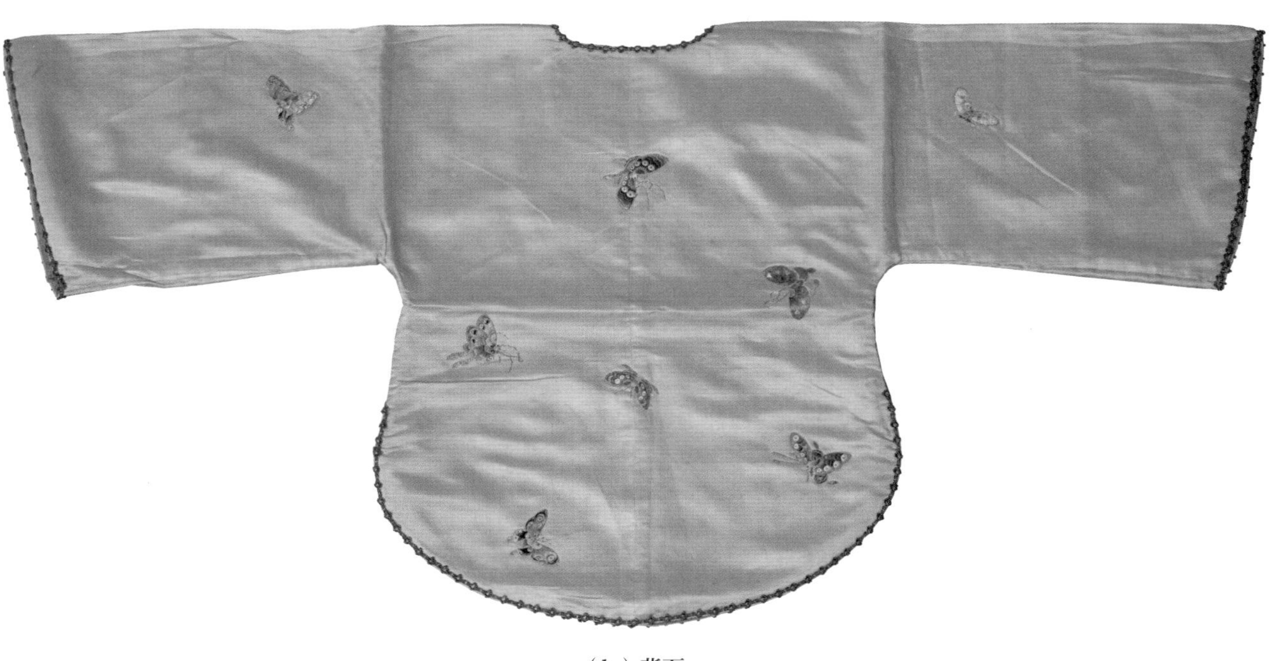

（b）背面

图 5-15　民国浅绿绸地刺绣无领“倒大袖”上衣

（资料来源：广州市博物馆藏品）

20世纪20年代以后，传统女装“窄衣化”迎来了第二次质变，即“文明新装”的“接班人”——旗袍隆重登场。融汇中西、雅俗共赏的改良旗袍，引领了民国中后期中国女性服饰的绝对流行[1]。在如今人们对旗袍细节设计的“领袖观”[2]认知中，立领无疑是构成旗袍与设计旗袍不可置疑和动摇的绝对范式。然而，笔者想强调的是，在民国“废领”运动的影响下（除了民国的“废领”运动外，国际上无领服饰的流行对中国女装领型设计同样起到了重要的影响。1934年《号外画报》刊图宣传：“好莱坞最近又风行无领肩之外衣，袖极长，上部以手为边缘，下部则长曳於地”[3]），旗袍还是做出了积极的回应与设计实践，衍生出多款“废领”的形制。

1933年7月29日何志贞在《时事新报》提出领袖改革时指出：“旗袍的领，把它撤去并不觉难看，尤其是在炎日里穿着高领旗袍，实太闷气了，用绿黄碎花绸和黄绸（或纱亦可）接连而成旗袍，领口方形，但后面较浅，左端以晶扣压上沙结，袖之下段，最好用纱，腰前两排扣子的点缀，不是也很美妙吗？”如图5-16所示为叶浅予在呼吁“废领”运动之时，设计刊出的两则夏季所着“废领旗袍”形制手稿[4]，采用了圆领设计，领口宽大，且一则设计了波浪形制；既解放了女性的脖颈，也较好地装饰了肩颈的部位。图5-17示出当时三位女性着无领素色短袖旗袍的影像，旗袍的样式及结构与叶浅予设计如出一辙。除了圆领外，旗袍的“废领”设计还出现了翻领、交领等其他领型。在图5-18所示为20世纪30年代末40年代初北京旧影中女性着无领短袖旗袍中，可见其翻领的造型。但总体来看，“废领”在旗袍领型中设计实践的广度和强度相较“文明新装”要低很多。

---

[1] 王志成，崔荣荣，梁惠娥．接受美学视角下民国旗袍流行的细节、规律及意义[J]．武汉纺织大学学报，2020,33(6):53-59.

[2] 李迎军．民国旗袍造型的“领袖观”[J]．装饰，2020(1):70-72.

[3] 佚名．好莱坞最近又风行无领肩之外衣袖极长上部以手为边缘下部则长曳於地：照片[J]．号外画报，1934(117):1-2.

[4] 叶浅予．废领旗袍(附图)[J]．玲珑，1932,2(54):167.

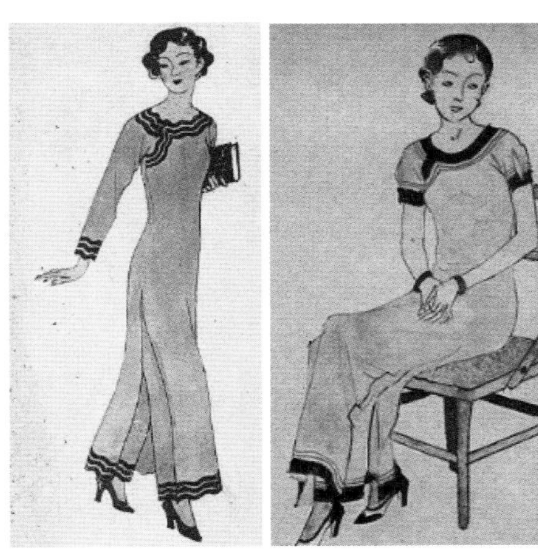

图 5-16　民国“废领旗袍”及“新装”中的无领设计

（资料来源：叶浅予设计稿）

图 5-17　民国三位女性着新式无领素色短袖旗袍

图 5-18　20 世纪 30 年代末 40 年代初北京旧影中女性着无领旗袍

除了上述较传统的旗袍外，在时装旗袍的设计中，无领的作品更为多见。1933 年 6 月 18 日，在《时事新报》“新妆图说”上刊载何志贞图文：“这是一件没领旗袍的创制，袖仅过腋，很是凉爽，领开小圆形，在右面透下至腰处为止，袍身用白绸，而滚边则以红底白条之料子，领口处缀以红白二色的钮子，但襟则用暗扣，胸前另镶一幅，下端系尖形，但背后不须此样，可说是夏日最配身的旗袍。”圆领旗袍设计稿如图 5-19 所示，除了腰身、底摆和开衩设计外，旗袍的领袖及门襟设计改革创新十分明显，简约的圆领设计在深色镶边的搭配下大气而美观。同年 7 月 15 日，何志贞还发表“尖领旗袍”图文，指出“这是一件裁制简单而式样美异的旗袍，上身以条子绸，接上色调和谐的素绸做身，连合处是划成一三角綦，领口缀以蝶结，这也是一件没领旗袍的新贡献”。何志贞所设计旗袍如图 5-20 所示，整体廓型与形制和上件旗袍类似，但是领型的设计换成了类似“鸡心领”的尖领设计，并在领口处装饰了蝴蝶结，与两侧的荷叶边袖摆形成呼应。

此外，从此尖领旗袍的设计稿上还可以看出装袖的结构细节。如前所述，从实物史料整理得出接袖旗袍与装袖旗袍一般被认为出现在 20 世纪 40 年代中后期，但是该旗袍设计于 1933 年，早了近 10 多年。由此可见，装袖的结构早在 30 年代便已出现，只是设计稿与实物制作之间还存在一定的时间差，设计作为一种创意和理念，一般具有引领和开创的意义，往往早于具体实物的制作与流行。

特别指出的是，在旗袍的废黜设计中，除了对立领的直接弃用外，也有通过对立领开合方式的改良，实现对传统立领束缚脖颈的“废黜”。1937 年 3 月，方雪鸪在《妇人画报》发表图文指出：“在以前旗袍的领头总是高而且硬，所以颈部的活动，是非常的不方便，这一帧就在领头有些新的改革，而于胸前的剪裁和西装衬衫一样制法，衣料是适宜于淡蓝色点子图案的印花绸，衬以墨蓝色的缎子阔相边。”❶ 如图 5-21 所示，立领虽然沿用了传统形制，但是取消了盘扣等闭合设计，使立领自然敞开，呈喇叭状。为了解放双臂，同时与门襟及下摆形成呼应，在两侧袖口上也采用了开衩及镶边设计。

图 5-19　圆领旗袍设计稿
（资料来源：1933 年 6 月 18 日《时事新报》）

图 5-20　尖领旗袍设计稿
（资料来源：1933 年 7 月 15 日《时事新报》）

图 5-21　翻领旗袍设计稿
（资料来源：1937 年《妇人画报》第 46 期）

❶ 方雪鸪 . 新装画图三幅 [J]. 妇人画报，1937(46):30.

（二）结构共生：基于“中衣西领”的结构设计转译

其实，西式领型在中式服装上的形制设计转译，还只是表象——视觉的表象，其中结构层面的设计转译才是本质，也是所谓“中衣西领”的设计价值所在。换句话说，“废领运动”所带来的西式新领型在中式服装上的应用，不是简单的“拿来”和“嫁接”，而是通过结构上的设计改良进行转译与融合的。

这种结构的转译，是由中、西服装结构体系的迥异导致的。除了无领等简单领型外，西装领、反驳领、衬衫领等结构复杂的西式领型，原本都是存在于西式具有省道的、立体的服装结构中，现将其取下应用于中式平面的服装结构上，必然存在结构与工艺上的问题。

为了厘清此问题，笔者整理发现一件非常罕见的民国女褂（图5-22～图5-24），设计将西式戗驳领（俗称“西装领”）嫁接在中式传统女褂披风礼服中。不难看出，此礼服是民国时期腰身收窄、曲线初现的“窄衣化”服饰设计的典范。但衣领的搭配不再是如前所述“窄衣高领”，而是“窄衣宽领”。驳领形是翻折领的一种，但其多一个与衣身相连的驳头，故作为一种独立领型存在于服装设计中，且基本应用在西服、大衣等正式场合穿着的礼服中。驳领造型主要由领座、翻折线及驳头三部分构成。驳头是指衣片向外翻折出的部分，长短、宽窄及方向均有变化。驳头向上者为戗驳领、向下者为平驳领，较宽比较休闲、较窄比较正式。另外，驳领的工艺结构也是翻折领中最为复杂的。

（a）正面

（b）背面

图 5-22　民国朱红绸盘金绣西装领女褂婚礼服

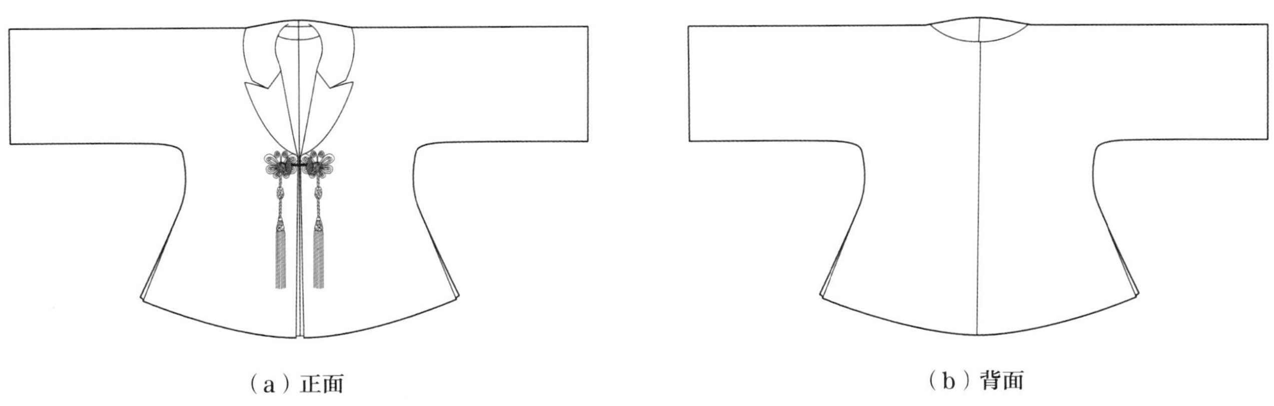

（a）正面　　（b）背面

图 5-23　民国西装领女褂形制图

图 5-24　民国西装领女褂衣里

但是，经笔者反复测量、绘图、比对与裁片复原实验，发现此领并非戗驳领，而是类似扁领、平领的结构范畴，只是将一般扁领的形制设计成了戗驳领的形制。从实物图可看出该领的领下口线线曲度逐步与领口曲度趋于吻合，领座基本全部变成翻领贴于肩部。图 5-25 和图 5-26 示出笔者绘制出的可复原的结构制图，图中领外口线比前后衣片对应部位的尺寸短些，由领下口线曲度比实际领口曲度偏直所致。按此结构制成的领子外口通常向颈部拱起，造成接缝内移、领口微拱，并产生微小领座的穿着效果。因此，看似戗驳领的形制，但在结构设计与工艺处理上完全区别于西服系统中的手法，而是国人结合中式平面十字形的结构特征以及制衣理念而形成的新的范式，实现了“中衣”与“西领”之间结构的转译与共生。

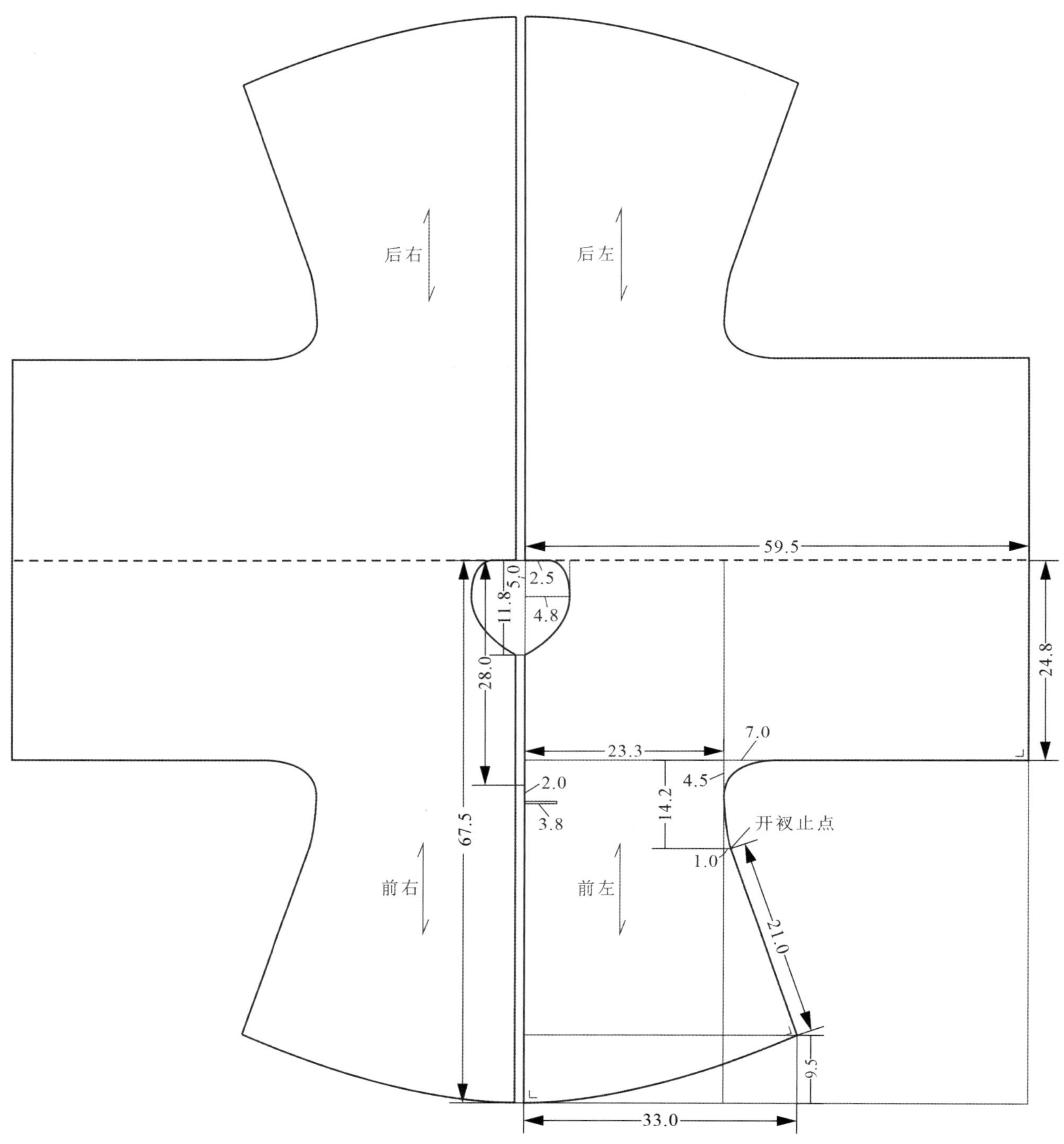

图 5-25　民国西装领女褂衣身主结构测绘与复原（单位：cm）

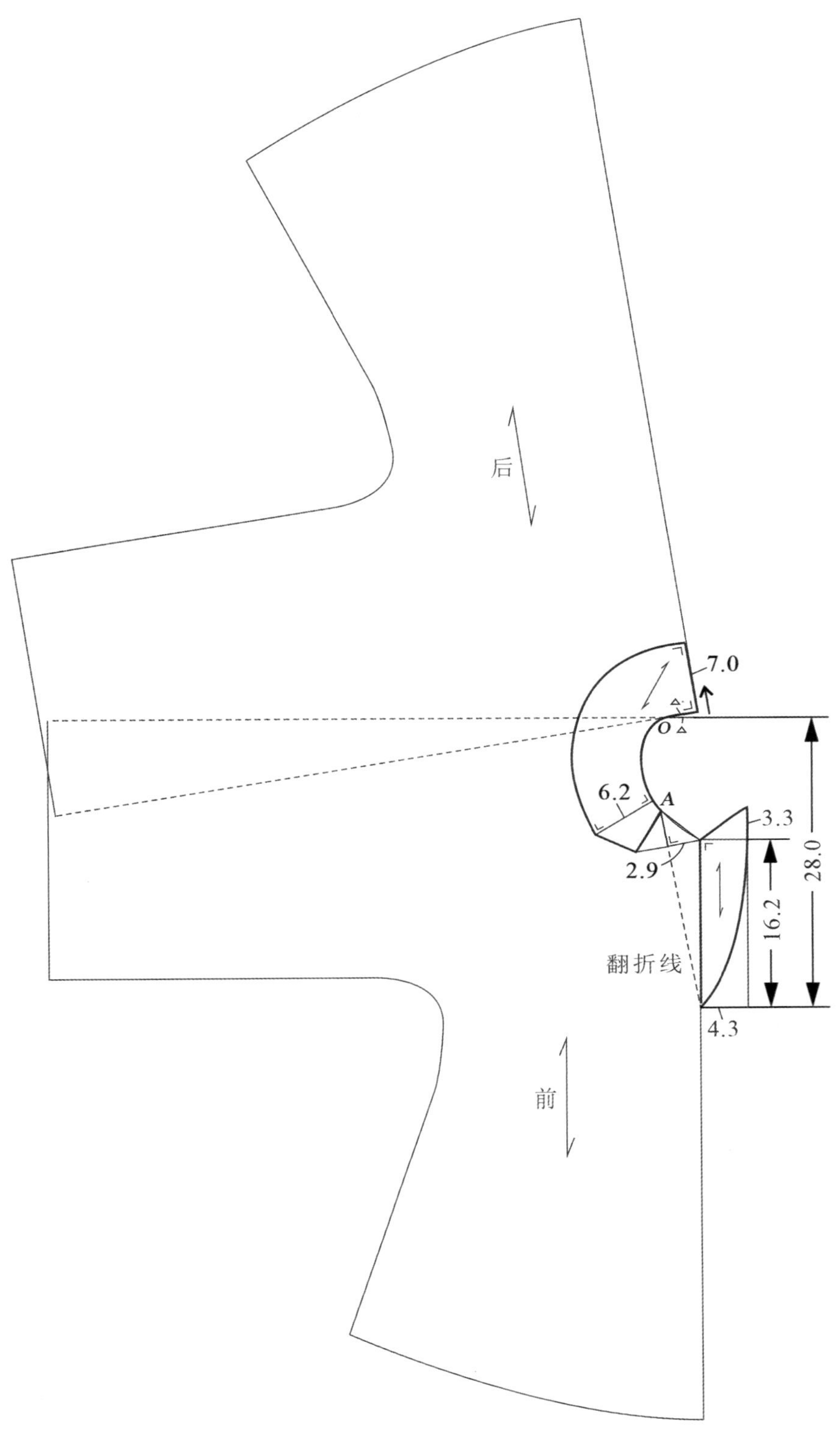

图 5-26　民国西装领女褂衣领主结构测绘与复原（单位：cm）

第三节　立领废黜之后民国中晚期立领的复兴及演变

如果说西式领型是“废领”的“衍生”，那么“废领”运动之后重新出现的立领则是“新生”，属于“衍生”的演变升级版。可见，立领作为中华传承千年的领型制式，已成为中式服饰的代表性基因之一，难以割舍。诚然，此后的立领不再像民初“元宝领”那样的夸张和极致，在不影响女性生理健康与生活习惯的前提下，立领在有限领高的范围内开展了大量的设计改良和创新，引领民国中晚期的另一领型风尚。

为了实证这一点，笔者选取民国中晚期流行度最广的女装——旗袍为例开展整理。旗袍之所以经久不衰，正是由于其具备了极具创造力的设计改良能力，除了袍身结构的发展演变外，领、袖、门襟等部件更是设计创新的重要元素，其中领型的变化当属最明显之一，“废领”之后立领的新生及演变在旗袍设计中表现得淋漓尽致。本节以苏州中国丝绸档案馆珍藏的民国旗袍为例，整理并测绘了 64 件旗袍的领型尺寸数据，如表 5-1 所示。

表 5-1　民国旗袍立领主要结构尺寸测量统计

馆藏编号	起翘 /cm	领围 /cm	领高 /cm		领子闭合情况	
			后领高	前领高	闭合件及数量 / 个	位置或间距 /cm
8001－001－0747	1.0	34.0	6.5	5.5	1 盘扣，1 挂扣	2.5
8001－1－2018－792	0	35.0	5.5	4.0	2 树叶扣	2.0
8001－011－0742	1.0	33.0	7.5	5.5	4	1.5
8001－1－2018－793	0	35.0	7.0	4.5	4	1.5
8001－11－2015－70	0	32.0	4.5	4.5	1	0
8001－11－2015－104	0	35.0	4.5	4.0	1	0
8001－11－2015－111	0	39.5	5.9	5.5	1	0
8001－11－2015－435	1.0	33.0	5.0	4.0	2	0
8001－11－2015－440	2.0	33.0	5.0	4.0	2	2.0
8001－11－2015－474	2.5	35.0	4.5	2.5	2	1.0
8001－11－2015－477	0	36.5	5.5	3.5	2	1.5
8001－11－2015－557	0	35.0	3.5	2.7	1	0
8001－11－2015－666	0	39.5	5.5	5.5	1	0
8001－11－2015－685	0	37.0	5.0	3.0	1	1.5

续表

馆藏编号	起翘 /cm	领围 /cm	领高 /cm		领子闭合情况	
			后领高	前领高	闭合件及数量 / 个	位置或间距 /cm
8001－11－2015－692	1.5	32.5	4.5	3.5	2	1.5
8001－11－2018－281	1.5	37.5	5.0	4.0	2	2.0
8001－11－2018－681	2.0	34.5	5.0	3.0	3	1.0
8001－11－2018－695	0	31.0	3.0	2.0	1	0
8001－11－2018－739	1	37.5	3.0	2.0	1	0
8001－11－2018－741	1.7	32.0	4.5	3.4	1 暗扣	1.0
8001－11－2018－743	0.7	34.0	8.0	6.0	4	1.3~1.6
8001－11－2018－744	1.5	34.5	3.0	2.0	1	0
8001－11－2018－745	1.5	33.0	2.5	2.0	1	0
8001－11－2018－749	1.5	37.0	7.0	4.5	4	1.5
8001－11－2018－748	2.0	36.0	8.0	6.0	4	1~1.5
8001－11－2018－752	1.0	34.0	4.0	3.0	2	1.5
8001－11－2018－753	1.0	34.0	5.0	4.0	2	2.0
8001－11－2018－754	1.0	34.0	2.0	1.0	1	0
8001－11－2018－756	1.0	33.5	3.5	2.5	1 花扣	0
8001－11－2018－757	1.5	33.0	3.5	2.5	1	0
8001－11－2018－758	1.0	34.0	6.0	5.0	4	1.0
8001－11－2018－759	1.0	35.0	4.5	4.0	2 暗扣	1.5
8001－11－2018－760	2.0	35.0	6.5	4.0	3	1、1.5
8001－11－2018－761	5.0	34.0	3.2	2.5	2	0
8001－11－2018－762	1.0	33.5	5.0	4.0	1 风纪扣	1
8001－11－2018－765	1.3	35.0	4.0	3.0	1	0
8001－11－2018－767	1.0	36.0	4.5	3.5	—	0
8001－11－2018－768	0	33.0	3.0	2.0	1	0
8001－11－2018－769	1.5	33.0	3.0	2.5	2	0.8
8001－11－2018－770	1.5	36.5	7.0	5.5	4	1.2~1.5
8001－11－2018－771	0.5	35.0	5.5	3.5	2	2.0
8001－11－2018－772	1.5	35.0	4.0	3.0	1	0
8001－11－2018－774	1.0	32.0	4.5	3.5	2	1.5
8001－11－2018－775	0.5	36.0	8.0	4.5	1 暗扣	0
8001－11－2018－776	1.5	33.5	3.5	2.5	1	0
8001－11－2018－778	1.5	35.0	5.5	4.5	3	1

馆藏编号	起翘 /cm	领围 /cm	领高 /cm		领子闭合情况	
			后领高	前领高	闭合件及数量 / 个	位置或间距 /cm
8001－11－2018－779	2.0	32.5	5.5	4.5	2	2.0
8001－11－2018－783	1.5	36.5	7.5	5.0	3	1.3
8001－11－2018－784	1.0	34.5	6.0	5.0	3	1.2~1.4
8001－11－2018－785	0	36.0	4.0	3.0	1 盘扣，1 暗扣	2.0
8001－11－2018－787	1.0	34.0	5.0	4.0	1 盘扣，1 暗扣	0
8001－11－2018－788	0	35.0	5.0	4.0	1	1.5
8001－11－2018－790	1.0	36.0	4.0	3.0	1	0
8001－11－2018－791	3.0	35.0	4.0	3.0	2	1.5
8001－11－2018－755	0.5	34.0	3.0	1.8	—	1.5
8002－05－2019－425	1.0	34.0	5.0	4.0	2	1.5
8002－05－2018－93	0.5	32.5	2.5	2.0	1	1.0
8002－05－2018－302	1.6	29.5	3.3	2.3	1	0
8002－05－2019－428	1.5	34.0	4.3	4.0	2	1.5
8058－18－2015－13	1.0	33.0	5.5	4.5	2	1.5
8058－18－2015－14	0	34.0	5.0	4.0	3	1.2
8058－18－2015－5	1.0	36.0	4.0	3.5	—	0
T001－02－2013－193	0	41.0	6.5	5.5	4	1~1.2
T001－02－2773	0	31.0	5.0	4.0	2	1.5

为了使测量数据更具科学性和参考性，在选择旗袍标本时，只选择成年女性所着旗袍，取消了对女童旗袍的整理，避免儿童旗袍由于自身尺寸较小对成人旗袍产生影响，尽可能使测量数据更具对比性。在测量部位上，将领高细分为前领高和后领高，除了领围外还增加对起翘量的测量，同时记录衣领闭合情况，一方面列举闭合件的数量及品类，另一方面测量闭合件距离领窝的位置（高度）以及多个闭合件之间的距离，从而更全面、立体地整理出民国旗袍立领的制式细节。

通过对表 5-1 的汇总和对比分析，得出民国旗袍立领前后领高、领围、起翘以及闭合情况的区间、峰值和平均值，如表 5-2 所示，并发现以下内容。

表 5-2　民国旗袍立领测量数据分析

项目	起翘 /cm	领围 /cm	领高 /cm		领子闭合情况	
			后领高	前领高	闭合件数量 / 个	位置或间距 /cm
区间	0~5.0	29.5~41.0	2.0~8.0	1.0~6.0	0~4	0~2.5
最大值	5.0	41.0	8.0	6.0	4	2.5
最小值	0	29.5	2.0	1.0	0	0
平均值	1.1	34.6	4.8	3.7	1.9	0.9

（1）在起翘的量上，大部分旗袍立领采用了 1.0cm 左右的设计，共计 19 件，占比近 1/3，其余有 16 件采用了无起翘设计，占比 1/4。

（2）从前后领高的对比发现，旗袍的立领造型区别于“元宝领”：“元宝领”是前领高于后领，呈“前高后低”式；旗袍立领为后领高于前领，呈“前低后高”式，在所获数据中尚未发现前领高与后领者。

（3）领围的变化较小，通过对峰值旗袍衣长、袖长、胸围、臀围等其他尺寸的测量和对比发现，领围的大小取决于着袍女性的实际尺寸。易言之，旗袍领围的尺寸是由人体颈围加上固定松量而得，各件旗袍立领均为适体设计。

（4）闭合件以盘扣为主，风纪扣等暗扣为辅，数量最多为 4 件，且闭合件数量的多寡取决于前领高的高低。

此外，表 5-1 中所框数值及编号为各峰值及其藏品编号，下面将其作为案例进行详细测绘与整理研究。

一、领高的高低

表5-1中编号8001-11-2018-743旗袍的立领最高，属于高领制式，如图5-27所示，前后领高相差2.0cm，领角呈超90°的直角形。该领作为“最高领”，也只有5.0～8.0cm，不及前面的“元宝领”。“废领”运动在时间的跨越上并不长，主要是对女性审美和设计理念的影响，经此运动之后的立领，即使再高也会有所节制。因此，在20世纪20年代中期立领便得以迅速复兴。早在1926年，保铨便在《国闻周报》上称“已过去之高领，近复盛行，惟不若□（“□”代指文献中因缺损模糊而无法识别的文字）昔元宝领凹凸之甚”[1]，实证了这一点。

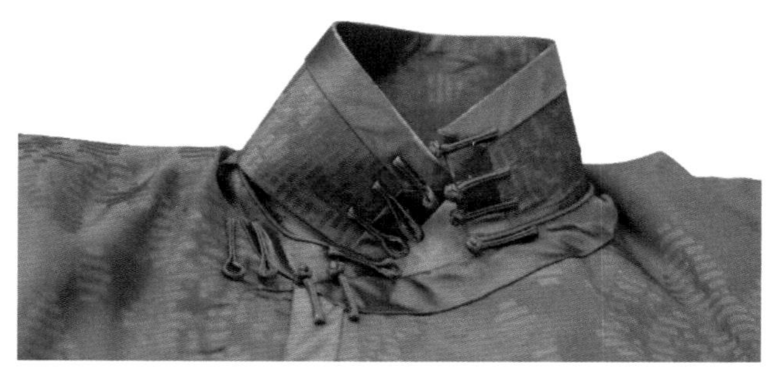

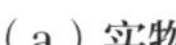

（a）实物

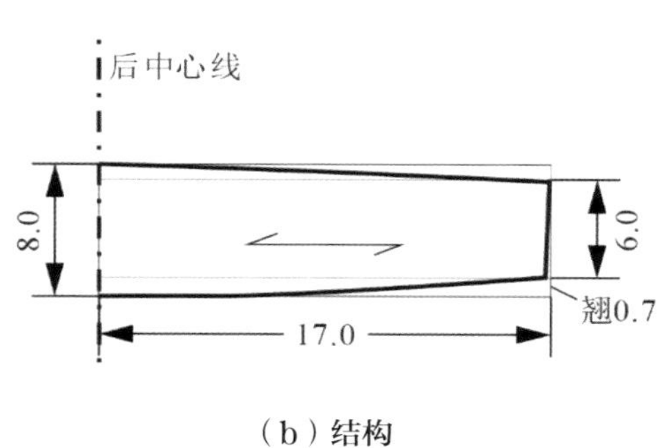

（b）结构

图5-27　编号8001-11-2018-743旗袍的高领结构分析（单位：cm）

（资料来源：苏州中国丝绸档案馆藏品）

从历史演变的角度看，高领也是旗袍创制及流行初期的经典样式，引领了10余年的时尚。至20世纪40年代以后，领高逐渐变低，中领（或称“半高领”）及低领旗袍的设计逐渐成为新的流行。1946年，柳絮在《风光》中详细记载了40年代前5年立领流行的规律：“高到二寸以上的旗袍领，流行了近十年。直到五年前，始一变而为低领，看起来像是愈低愈漂亮，普通只有半寸高。此五年中，旗袍已屡翻新样，领头则并无变化。现在又流行半高领了，其标准为一寸至一寸二分之间，先是流行于北里，以及金屋中的女主人之类；因此，‘半高领’被称为‘姨太太式’。如今则少女，从时装公司裁制出来的旗袍，也大抵属于‘半高领’，样子比

[1] 保铨便.海上新装[J].国闻周报，1926,3(19):42.

低领的来得温文而大方。”表 5-1 中编号为 8001-11-2018-754 的旗袍为所记录的最低领，属于典型的低领制式，如图 5-28 所示，前后领高相差 1.0cm，平均只有 1.5cm（约半寸）高，即文献所载于 1940 年左右最流行的“半寸高”领。由此也可判断此件旗袍属于 20 世纪 40 年代初期。

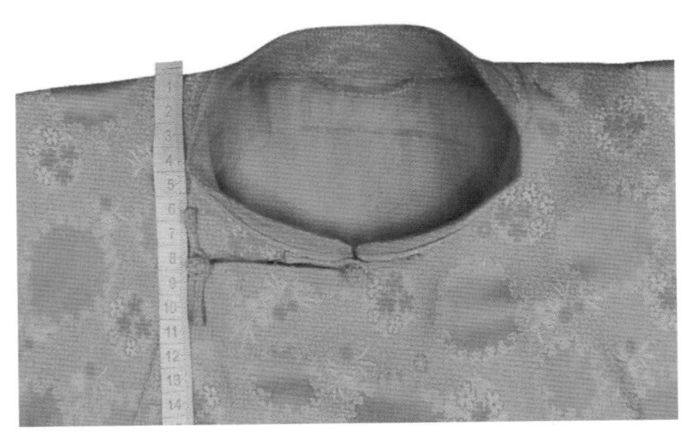

（a）实物

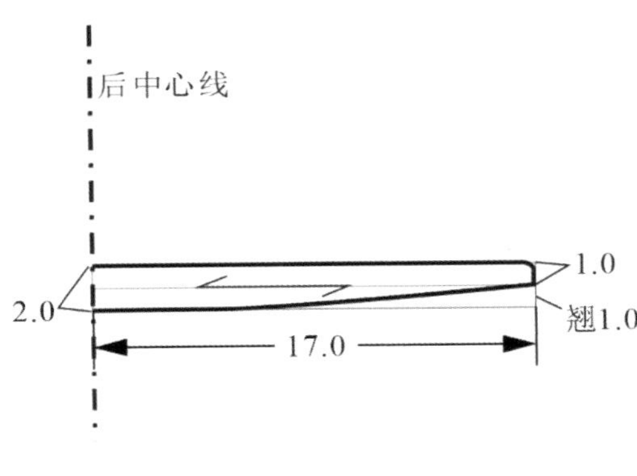

（b）结构

图 5-28 编号 8001-11-2018-754 旗袍的低领结构分析（单位：cm）

（资料来源：苏州中国丝绸档案馆藏品）

此外，民国旗袍中的立领还是可以拆卸和替换的，这种替换既可以是同种领型的新、旧替换，及时替换掉陈旧、破损或褪色等领子，也可以是不同领型之间的替换，只要替补领子的领围契合旗袍即可。如图 5-29 所示为广州市博物馆珍藏的一件旗袍及其替换领子，替换衣领为同款同质的领型。为了替换的便捷和灵活，同时减少对袍身的损害，采用了（8 对）揿扣的闭合方式，取代了传统以针线缝合的常见工艺，实现衣领与袍身的拼合。

（a）正面

（b）背面

图 5-29　民国旗袍的替换衣领

（资料来源：广州市博物馆藏品）

二、起翘的程度

领型的起翘指领下口线上翘的设计现象，一般立领呈钝角结构。由表 5-2 发现旗袍立领起翘的平均程度为 1.1cm，这也符合现代立领的设计规律，即在领宽相对不变的情况下起翘量等于领口长与颈围差的 1/2。因此，起翘的程度设计要考虑立领上口围度大于颈围，以便脖颈的正常活动。表 5-1 中编号 8001-11-2018-761 旗袍立领的起翘程度最大，高达 5.0cm，如图 5-30 所示，在设计此式高翘度立领时，需要考虑两点：第一，领高不能过大，因为领高越低，起翘程度对立领上口线的影响越低；第二，可适当增加领围，即开大领口，使领下口线远离脖颈，从而降低上领口线对脖颈的束缚。

此外，该旗袍衣领为筒式，或称“围领”领，开合方式设置在侧颈点，并以暗扣严格固定，对脖颈的束缚比一般立领要大，故常应用在春秋季节穿着的夹袍上。1928 年《上海漫画》刊文指出：“夏季衣衫，不宜围领，假使出了汗，闷住了使你难受，奉劝诸位小姐奶奶，以及太太，开领非但形式美观，而且十分舒服，所以无论长袖旗袍、短袖旗袍，马甲，一律屏除围领勿用。”[1]

（a）实物

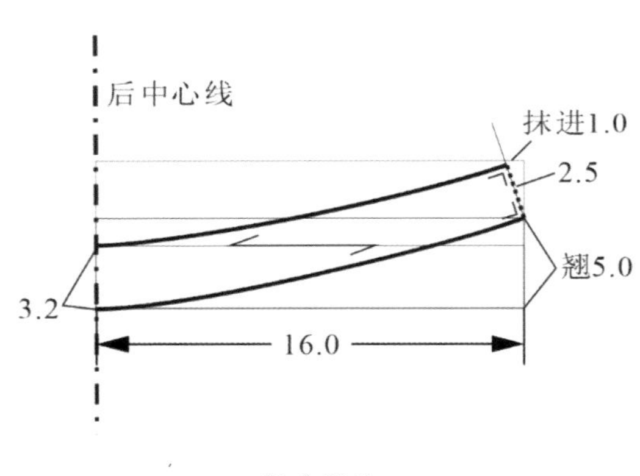

（b）结构

图 5-30　编号 8001-11-2018-761 旗袍立领的起翘结构分析（单位：cm）

（资料来源：苏州中国丝绸档案馆藏品）

[1] 佚名 . 开领和围领 [J]. 上海漫画，1928(10):7.

三、领窝的范式

在上述女装结构考证中，未就领窝结构做详细说明，特在此处统一解释。这也是因为传统服装结构体系中的领窝结构相对稳定，与衣身及袖型的长短肥瘦、立领的设计变化不同，领窝的结构依托于颈跟围线（通过后颈椎点、颈侧点和前颈窝点的圆顺曲线），为基于女性颈根围的合体设计。因此，传统领型的领窝存在固定范式。结合前期实物史料的整理与测绘，辅以技术史料[1]的佐证，得出领窝设计（俗称“领窝开法”）最具代表性的结构范式，如图 5-31 所示（以右半边为例）。

[1] 天津市第二轻工业局服装设计室，天津市和平区第二缝纫服务合作社益民门市部. 服装裁剪 [M]. 天津：天津人民出版社，1972:59.

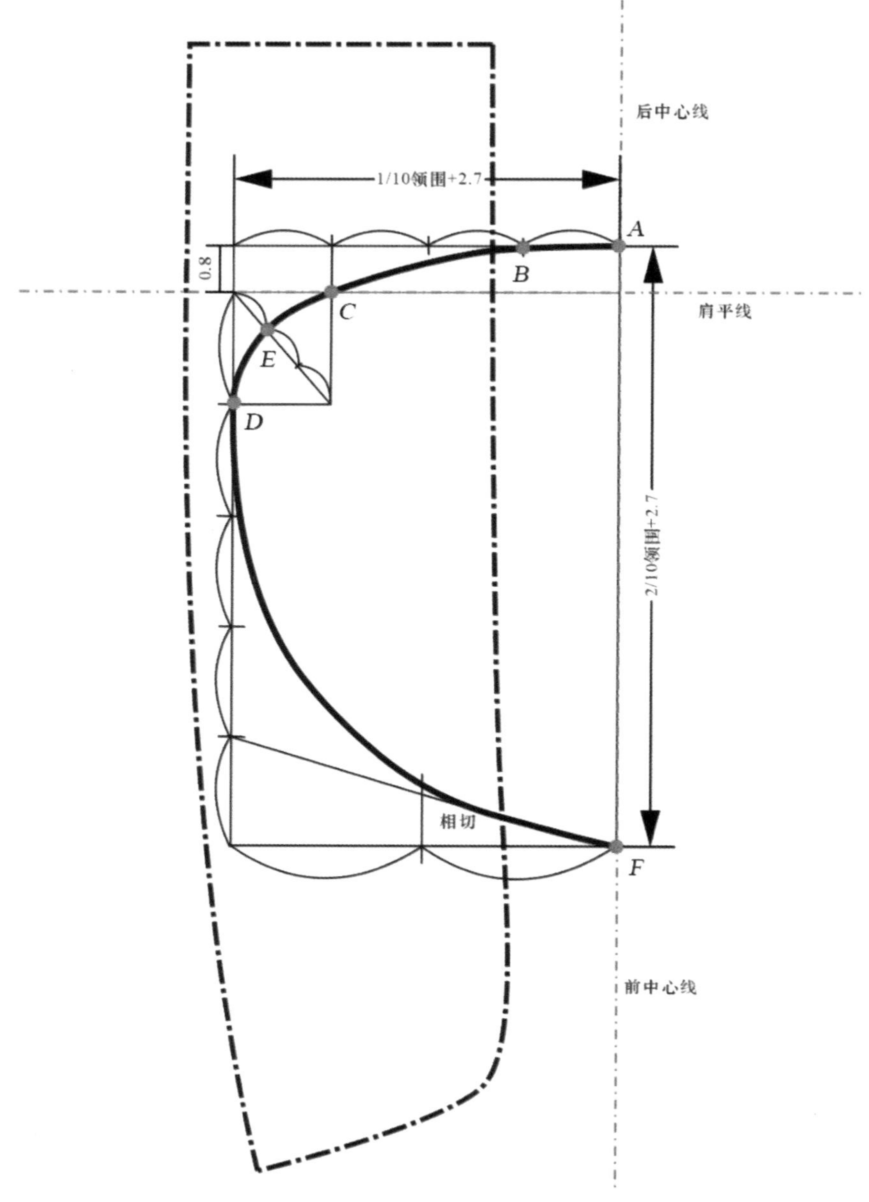

图 5-31　传统领窝结构设计范式（单位：cm）

（1）确定领窝的基本尺寸：领窝宽为领围的 1/10 加 2.7cm；领深（前领深 + 后领深）为领围的 2/10 加 2.7cm；后领深为 0.8cm。

（2）提炼总结出“2-3-3-5”等分制图秘诀：“2”是对领（窝）宽在前领处的 2 等分；“3”是对由后领（窝）宽 1/4 与前领深 1/5 在侧颈点形成的矩形对角线的 3 等分；“4”是领（窝）宽在后领处的 4 等分；“5”是对前领深的 5 等分。最终形成 *A*（后颈点）、*B*、*C*（侧颈点）、*D*、*E*、*F*（前颈点）6 点位置，以圆滑、饱满的弧线分别经过这 6 点，依次绘制后领口弧线、前领口弧线，完成领窝（一半）的绘制。

结　语

本书选取大量民国时期汉族传统女装的传世实物标本作为主要研究资料，结合民国时期以及中华人民共和国成立之后的相关女装结构与裁剪的技术文献资料、图像资料、口述资料等，开展艺工结合的交叉研究，主要形成的新结论、新观点如下。

（1）民国汉族传统女装结构演变的基本规律。民国时期汉族传统女装并未直接传承传统，即清代旧制，面对当时的新社会、新生活和国际时尚全球化的背景，对传统女装开展了大量的结构改良设计，构成了民国汉族女装结构演变的基本脉络。研究发现，在此脉络中，除了已有研究对旗袍、“倒大袖”上衣、筒裙等质变结构成果的研究，还存在大量的量变过程和结构改良细节，而这些才是构成民国汉族传统女装结构演变的核心内容，是其规律和特色所在。基于此，在 1912 ~ 1949 年的民国历史阶段中，本书遵循事物的客观、科学发展规律，强调传统女装结构演变中的设计细节和特色，体现服装设计研究过程中的实证性、实践性和反思性，形成规律如下。

① 衣型的窄化与新装。本书指出民国汉族传统女装上衣由“窄衣化”向“文明新装”——“倒大袖”上衣的渐变过程，发现结构窄化过程中服装改制与衍生结构的过渡性价值。

② 袍型的创制与嬗变。本书指出民国汉族传统女装袍型由不论性别的大襟“长衣”向出现曲势且存在收省结构的改良旗袍演变，过程中“倒大袖”旗袍、马甲旗袍、短袖旗袍、蕾丝旗袍、手工编结旗袍及儿童旗袍等先后不断创制。

③ 裙型的过渡与定型。本书指出民国汉族传统女装裙装由清代围式结构向筒式结构过渡和渐进，复原出由马面裙闭合而成、改制而成的“筒裙”，以及存在“马面”结构的筒裙结构，指出这是一条马面裙结构逐渐退化，筒裙结构逐渐凸显的演变之路。

④ 裤型的变化与范式。本书指出民国汉族传统女装裤型各种形制的结构设计和变化应用，认为变化的规律和基础是不变的平面“倒 V”型结构范式。在“变”与“不变”中研究传统女裤的结构演变。

⑤ 领型的废黜与衍生。本书指出民国汉族传统女装立领按照历史发展所呈现出的“盛极—废黜—衍生—复兴”废立脉络，更加立体地揭示民国女装领型以立领为中心的结构设计与演变规律。

（2）基于“新空间”的民国汉族传统女装结构设计特色。针对传统女装改良后出现的服装内空间减少的问题，为了避免服装对人体的束缚，降低服装对人体的压力，总结出两个结论。

① 省道营造“新空间”。省道在民国传统女装中的出现与使用，并不局限于 20 世纪 40 年代后期的旗袍之中，笔者发现，在常服上衣、“倒大袖”上衣和女裤等其他女装形制的结构设计中均有存在，而且除了胸省外，还有腰省、袖省以及育克结构等不同类型。特别是常服长衣与改良女裤的收省结构设计，对中华人民共和国成立之后至 20 世纪末的中国常服，即中西式服装结构设计产生了直接影响。

② 褶裥营造“新空间”。除了省道结构的设计外，通过褶裥的设计替代省道作用，完成服装内空间的扩展。这一点集中表现在定型筒裙后的侧身褶裥设计，通过不同层次的褶裥设计，可以增加筒裙侧摆宽约半米的余量，并且这种结构设计还是在不影响服装美观性的前提下开展的，例如筒裙侧身所设侧裥在静止或女体站立状态下并不外显，只有在下肢活动时才若隐若现。

（3）基于“新利用”的民国汉族传统女装结构设计特色。在汉族传统服装由清代结构向改良结构演变过程中，存在大量的结构改制现象。在民国时期社会动荡、物资匮乏的生活背景下，人们以经济、美观和适用的指导思想，通过“旧衣改制”来设计制作出“因人而宜”“因衣而宜”的服装，实现了旧材料的新利用。

同时，在改制过程中，还解决了材料问题、卫生问题、设计问题、实现问题和品质问题等，从“材料创新”和“形制创新”两个层面构建了“同类改制”“异类改制”等完整范式。目前，已实验复原并考证研究的改制方案主要有：马面裙改制民国草绿绸龙凤纹盘金绣对襟女褂方案、民国浅粉红绸牡丹刺绣收省“倒大袖”女袄袖型及收省改制方案、民国绿绸襕干马面裙改制成“筒裙”方案、民国正红绸牡丹刺绣改制女裤方案等，完全包括了衣型、袍型、裙型和裤型。

（4）基于“新面料”的民国汉族传统女装结构设计特色。已有民国服装结构研究囿于丝绸等梭织面料，本书对针织面料的汉族传统女装结构首次进行考证研究，重点对民国蕾丝旗袍和手工编结旗袍的形制结构开展研究。

① 实证得出蕾丝旗袍在民国影星名人与日常生活女性中的普遍流行，考据蕾丝旗袍的形制与结构设计细节，总结其以植物元素为主的花型结构、以立领半开襟为主的领襟形制以及明暗组合式的闭合方式等；从使用角度指出衬裙不仅在色彩上与蕾丝旗袍形成内外呼应、内浅外深的搭配方案，而且在结构上也可以与旗袍“合二

为一”，以“假两件”的形式制成具有“里子”的蕾丝旗袍，更加便于女性穿着。

② 实证得出手工编结旗袍创制于20世纪30年代末，编结工艺除材料及工具选择外，先后经“前身—中腰—大襟—后身—立领—滚边—系结”7步工序，以“自下而上、由前到后”方式手工编结。本书指出编结旗袍的创制不仅使旗袍的面料、工艺及造型艺术等更加丰富多元，亦是民国女性延续传统女红文化的重要载体，是民国汉族女装结构创新的重要实例。笔者认为虽然手工编结的方式效率低下，与当时“去手工化”主旋律相悖，未能在民国以后大规模流行流通，但是现代市场中出现的机织旗袍解决了工业化的技术问题，为未来针织旗袍的广泛流行提供了可能。

（5）基于“新技术”的民国汉族传统女装结构设计特色。为了解决结构改良后的制作工艺问题、穿着问题，民国汉族传统女装还通过相关技术的介入，更好地实现结构的服用功能。

① 裁剪技术。研究发现民国汉族传统女装上衣中的“偏出”技术，通过裁片在裁剪过程中的适当位移，打破前后衣片完全对称的范式，使前后衣片在水平宽度上存在一定误差，形成“前宽后窄”的结构特征，从而为前片门襟留出缝份。并通过反复实践与佐证，复原出后中不破缝对襟上衣的“偏出”技术和后中不破缝大襟上衣的“偏出”技术设计方案。

② 闭合技术。研究发现民国汉族传统改良女装结构的闭合技术也进行了创新和组合，如定型筒裙中纽扣与风纪扣组合、系带抽绳及其与揿扣组合等裙腰闭合方式改良方案。在民国象牙白暗花缎育克抽褶改良女裤中，针对复杂的腰部结构设计，此裤在闭合方式上也采用了复杂的设计，首先在尺寸较大的后腰上设置了松紧带；其次以子母扣对量变开衩进行闭合；最后以左右各2副纽扣对前后腰头进行固定。通过3种不同闭合牢度程度的交叉设计，使改良女裤更加合体和舒适。

（6）民国汉族传统女装结构演变的改良和创新价值。民国服饰变革是中国服饰史上的第五次，也是最后一次变革，其革新力度毋庸置疑。作为存续传统的“一元”——民国汉族传统女装为了适应新的时代背景及社会生活方式，积极吸纳西方先进经验及艺术养分，在结构等设计构成上开展了积极主动的改良，以延续自身的生命力。面对社会变迁和生活方式的变革，民国汉族传统女装不是简单地“拿来”西方服装，也不是粗略地排斥，而是立足民族传统下的时代革新。时人通过对传统服饰的集体选择与改良创新，在西风东渐的时代洪流下最大限度地延续了传统，并使其成为新的时尚，继续服用于人。重要的是，在传统文化的回归与西风东渐的双重浸染下，改良后的传统服饰始终占据了民国时尚的主导权。在此过程中，服饰设计中人的本体性需求被空前彰显，人们开始关注设计活动中人的主观能动性，并追求个人生活的合理化，体现了设计改良的价值核心——以“人”为本，而这也是推动民国汉族传统女装结构发生演变的最核心驱动力。因此，民国汉族传统女装结构的设计改良，不仅拉开了中国现代服饰设计的序幕，也为当代中国传统服饰文化传承与创新设计做出了优秀示范。

此外，本书研究得出的新观点、新结论，还有民国汉族传统女装礼服衣型的结构改良、礼服旗袍的结构改良、“倒大袖”上衣的衍生结构、具有“倒大袖”袖型的马甲旗袍结构等，不再赘述。因此，本书通过“新规律”“新空间”“新利用”“新面料”“新技术”和“新体系”等结论和观点的形成，构建了民国汉族传统女装结构演变的总体规律和设计特色。

由于研究重点所限，本书主要集中在民国汉族传统女装结构演变的过程考证、规律总结与特色凝练，以期构建民国汉族传统女装结构改良的完整知识谱系和设计方案，但仍有进一步研究的空间。

其一，再设计。基于本书所复原出的大量民国传统汉族女装结构改良与优化案例，如何结合新时代社会背景，立足当下人们的生活方式与时尚审美开展传统结构的创新设计实践，是一项极具应用价值的研究方向。同时，本书整理并测绘复原出的各形制民国汉族传统女装的全息结构数据、图谱以及虚拟试衣效果，可以为当下汉服设计师、时尚设计师提供直接的参考资料。

其二，再评价。本书基于CLO3D技术对民国汉族传统女装的不同结构进行虚拟试穿和基本压力测评，具有一定的验证和对比研究价值。后续还可以通过其他特别是新兴的服装设计与工程相关技术、软件、平台，对民国传统女装结构进行更加具体和深入的评价。